GMAT für Dummies

Scott Hatch und Lisa Hatch

GMAT für Dummies

Übersetzung aus dem Amerikanischen von
Ralf Schmitz und Dr. Jan Hendrik Schneider

Fachkorrektur von Dr. Patrick Kühnel

WILEY-VCH Verlag GmbH & Co. KGaA

**Bibliografische Information
der Deutschen Nationalbibliothek**

Die Deutsche Nationalbibliothek verzeichnet diese
Publikation in der Deutschen Nationalbibliografie;
detaillierte bibliografische Daten sind im Internet über
http://dnb.d-nb.de abrufbar.

1. Auflage 2009

© 2009 WILEY-VCH Verlag GmbH & Co. KGaA, Weinheim

Das vorliegende Werk wurde sorgfältig erarbeitet. Dennoch übernehmen Autoren und Verlag für die Richtigkeit von
Angaben, Hinweisen und Ratschlägen sowie eventuelle Druckfehler keine Haftung.

Printed in Germany

Gedruckt auf säurefreiem Papier

Korrektur: Dr. Patrick Kühnel

Satz: Druckhaus »Thomas Müntzer«, Bad Langensalza
Druck und Bindung: CPI – Ebner & Spiegel, Ulm
Cover-Foto © Getty Images

ISBN 978-3-527-70557-3

Über die Autoren

Scott und **Lisa Hatch** bereiten seit über 25 Jahren Studenten auf den Eintritt ins College vor. Um seine eigene Ausbildung zu finanzieren, gab Scott Hatch bereits in den siebziger Jahren als Jurastudent LSAT-Vorbereitungskurse in Südkalifornien. Er schlug sich dabei so gut, dass er sich nach seinem Abschluss selbstständig machen konnte. Mit selbst entwickelten Lehrmaterialien machte er Tausende von nervösen potenziellen Probanden für Prüfungen wie SAT, ACT, PSAT, LSAT, GRE und den GMAT fit.

Vor einigen Jahren nahm Lisa an einem von Scotts Vorbereitungskursen an der University of Colorado teil und verbesserte damit ihr Liebesleben genauso wie ihr LSAT-Ergebnis. Da sie gerne unterrichtete und schrieb, ergänzten sie und Scott sich vortrefflich, gaben gemeinsam Kurse, erarbeiteten Lehrmaterialien und gingen kurz darauf den Bund der Ehe ein.

Seither haben sie Studenten in der ganzen Welt auf Prüfungen vorbereitet. Gegenwärtig bieten mehr als 300 Universitäten und Colleges ihre Kurse online und als Lehrveranstaltungen an und Scott und Lisa Hatch haben für beide Formate die Lehrpläne verfasst. Die von ihnen gegründete Firma *Center for Legal Studies* wartet nicht nur mit Vorbereitungskursen für standardisierte Tests auf, sondern gibt auch Kurse für Menschen, die den Wunsch haben, Karriere auf dem Gebiet der Rechtspflege zu machen, darunter Rechtsassistenten, Rechtsanwaltssekretäre, Opfervertreter und andere.

Scott Hatch hat seit 1979 Vorbereitungskurse für Standardtests im Programm und ist im *Who's Who in California* und im *Who's Who Among Students in American Colleges and Universities* aufgeführt. Darüber hinaus wurde er von den United States Jaycees in die Liste der Outstanding Young Men of America aufgenommen. Er hat seinen Studienabschluss an der University of Colorado gemacht und an der Southwestern University School of Law als Jurist promoviert.

Lisa Hatch gibt seit 1987 Vorbereitungskurse für Hochschulabschlüsse und standardisierte Tests. Sie hat ihr Englischstudium an der University of Puget Sound mit Auszeichnung beendet und an der California State University ihren Master gemacht. Sie und Scott haben gemeinsam eine große Anzahl von Texten über Jura und Standardtests geschrieben.

Cartoons im Überblick

von Rich Tennant

Fax: 001-978-546-7747
Internet: www.the5thwave.com
E-Mail: richtennant@the5thwave.com

Inhaltsverzeichnis

Kapitel 4
Bestseller sind spannender: Die Textaufgaben 81

Kapitel 5
Alles klar? Die Logikaufgaben 105

Kapitel 6
Alles noch mal im Miniübungssprachteil 129

Kapitel 12
Jetzt wird's malerisch: Geometrie
227

Kapitel 13
Rasterfahndung: Rechnen und Geometrie
in Koordinatensystemen
251

Kapitel 14
Zahlen manipulieren: Statistik und Mengen 269

Kapitel 15
Alles eine Sache der Präsentation: Aufgabenarten
im mathematischen Bereich 289

Kapitel 16
Und nun alle zusammen: Ein »Mini-Mathematischer Teil«
zum Üben 301

Einleitung

Sie blättern fröhlich durch die Zulassungsbedingungen des MBA-Studiengangs (*Master of Business Administration*) Ihrer Wahl, als es Ihnen plötzlich wie Schuppen von den Augen fällt: Für Ihren absoluten Lieblingsstudiengang – für den Sie jederzeit sterben würden – müssen Sie den sogenannten Graduate Management Admission Test (GMAT) absolvieren. Fast alle MBA-Studiengänge in den USA und viele renommierte und begehrte in Deutschland, Europa und anderen Teilen der Welt setzen den GMAT voraus. Und Sie hatten schon geglaubt, sie müssten nie wieder kleine Kreise ankreuzen oder samstags in aller Herrgottsfrühe aufstehen, während alle anderen noch in den Federn liegen!

Da Sie sicher nicht der Einzige sind, der sich für einen internationalen MBA-Studienplatz bewerben will, werden Sie am Prüfungstag in guter Gesellschaft sein. Bloß, wie bereitet man sich auf einen so umfassenden Test vor? Wie gehen Sie's am besten an? Müssen Sie etwa Ihre alten Schulhefte rauskramen und Ihr Gekritzel von damals durchackern, bis Ihnen schwarz vor Augen wird? Es ist womöglich Jahre her, dass Sie zum letzten Mal eine Geometrieaufgabe gelöst haben und Ihre Grammatikkenntnisse aus dem Grundkurs Englisch sind vermutlich auch schon ein bisschen eingerostet.

Also benötigen Sie eine lesbare, übersichtlich geordnete Lernhilfe. Willkommen! Hier sind Sie richtig! *GMAT für Dummies* gibt Ihnen alles an die Hand, was Sie zur Bewältigung des GMAT brauchen. Wir frischen Ihre Mathematik- und Grammatikkenntnisse auf und zeigen Ihnen, wie Sie die Fallstricke umgehen, mit denen die Macher des GMAT Ihnen das Leben erschweren wollen. Außerdem wollen wir die Lektüre so vergnüglich gestalten, wie das bei einem Buch, in dem es um Gleichungen und Beweisführungen geht, irgend möglich ist.

Über dieses Buch

Gehen wir mal davon aus, dass Sie nicht gerade scharf darauf sind, den Graduate Management Admission Test zu machen, und auch nicht übertrieben große Lust haben, sich darauf vorzubereiten. Deshalb haben wir es ja darauf angelegt, die Vorbereitung auf den Test durch klare schriftliche Anweisungen in lockerem Ton so schmerzlos wie möglich zu gestalten. Wir wissen doch, dass Sie im Moment fast alles lieber tun würden und haben die Informationen daher mundgerecht in leicht verdauliche Häppchen aufgeteilt. Wann immer Sie also vor Ihrem Pilates-Kurs oder so ein Stündchen Zeit haben, können Sie sich ein Kapitel oder sogar einen bestimmten Abschnitt eines Kapitels einverleiben. (Falls Sie die Essensmetaphern hungrig gemacht haben, bitte, gönnen Sie sich eine Zwischenmahlzeit.)

Dieses Buch bietet Ihnen

✔ Jede Menge Musteraufgaben auf Englisch, die Ihnen zeigen, wie der GMAT ein bestimmtes Thema abfragt. Unsere Musteraufgaben lesen sich genau wie die echten Testaufgaben, damit Sie sich an die Formulierungen der Testfragen und der Auswahlantworten gewöhnen können.

✔ Zwei Übungstests. Schließlich bereitet man sich auf einen standardisierten Test am besten vor, indem man zur Übung möglichst viele Testfragen durchgeht – und in diesem Buch finden Sie etwa 200 solcher Aufgaben. Auch diese gibt es auf Englisch.

✔ Zeitgebundene Techniken zur Verbesserung Ihres Punktestands. Wir zeigen Ihnen, wie Sie falsche Antworten schnell aussortieren und schlau die richtigen Lösungen anpeilen.

✔ Tipps für ein gut durchdachtes Zeitmanagement.

✔ Vorschläge, wie Sie sich wieder entspannen können, wenn Sie während des Tests womöglich doch mal in Panik geraten.

Aber keine Sorge, bei uns finden Sie alles, um den GMAT locker und mit dem bestmöglichen Ergebnis zu bewältigen!

Konventionen in diesem Buch

Sie werden vermutlich keine große Mühe haben, sich in diesem Buch zurechtzufinden, ein paar Kleinigkeiten bedürfen jedoch der Erläuterung. Einige Kapitel enthalten Kästen (jeweils ein oder zwei grau unterlegte Abschnitte). In diesen Kästen finden Sie Zusatzinformationen, die Sie vielleicht interessieren, die für die Lösung des GMAT aber nicht entscheidend sind. Wenn Sie Zeit sparen wollen, können Sie die Kästen auch getrost überblättern.

Das Buch hebt Informationen, die Sie im Gedächtnis behalten sollten, auf unterschiedliche Weisen hervor: Auflistungen sind nach Punkten gegliedert und durch einen Balken links von der Liste markiert; besonders wichtige Informationen im Text sind durch Symbole am Seitenrand gekennzeichnet. Diese Markierungen helfen Ihnen, die wesentlichen Abschnitte aller Kapitel auch später möglichst schnell wieder aufzufinden.

Törichte Annahmen über den Leser

Es mag ja sein, dass Sie dieses Buch nur gekauft haben, weil in Ihnen eine unsterbliche Liebe zu Mathematik, Grammatik und Argumentationsanalysen lebt, aber wahrscheinlich ist es doch eher so, dass Sie demnächst den Graduate Management Admission Test bestehen wollen. (Wir sind dafür berühmt, immer auf Anhieb das Offensichtliche zu erkennen!) Und oberschlau, wie wir sind, haben wir uns gedacht, dass Sie daher vermutlich auch vorhaben, einen MBA-Studiengang zu absolvieren und als Master of Business Administration abzuschließen.

Sehr gute Englischkenntnisse sind die Grundvoraussetzung für ein erfolgreiches internationales MBA-Studium – egal ob sich Ihr Lieblingsstudienplatz in den USA, in Großbritannien, in Frankreich, der Schweiz, in Deutschland oder einem anderen Land der Welt befindet. Ohne sehr gute Englischkenntnisse können Sie weder den Vorlesungen folgen, noch Ihre Aufgaben erfüllen – und natürlich brauchen Sie Ihr Englisch, um die GMAT-Aufgaben verstehen und lösen zu können. Sollten Sie feststellen, dass Ihre Englischkenntnisse vor dem Test verbessern sollten, müssen Sie in den sauren Apfel beißen und englischsprachige Texte lesen, Grammatik büffeln, Vokabeln pauken und das Essayschreiben üben.

Wir bieten Ihnen im Buch als Hilfestellung Formulierungen und Vokabeln an, die Sie kennen sollten, um die Tücken hinter den GMAT-Fragen zu durchschauen,

MBA-Studiengänge sind anspruchsvoll, wir nehmen also außerdem an, dass Sie ein besonders hoch motivierter, gelehriger Schüler sind. Vielleicht haben Sie sich noch vor Kurzem in Kursräumen und Hörsälen gesessen und können sich deshalb noch gut an den Mathematik- und Grammatikunterricht erinnern, vielleicht haben sie schon seit zehn Jahren keinen Fuß mehr in einen Kursraum gesetzt, aber inzwischen so viel Lebens- und Berufserfahrung gesammelt, dass Sie trotz der verstrichenen Zeit eine hohe GMAT-Punktzahl erzielen können.

Falls Ihre Mathe- und Grammatikkenntnisse noch frisch sind und Sie nur genau wissen wollen, was Sie erwartet, wenn Sie mit dem Test beginnen, liefert Ihnen dieses Buch die richtigen Antworten. Wenn die Schule aber schon ein Weilchen hinter Ihnen liegt, geben wir Ihnen neben den Hinweisen für Fortgeschrittene auch die nötigen Grundlagen mit auf den Weg, damit Sie den GMAT umfassend vorbereitet meistern können.

Wie dieses Buch aufgebaut ist

Im ersten Teil machen wir Sie mit der Natur des GMAT-Monsters vertraut und verraten Ihnen, wie Sie es bezähmen können. Darauf folgt eine genaue Erörterung, wie Sie die Fragen im Sprachteil des Tests angehen und beantworten. Wir geben Ihnen Tipps, wie Sie mit den Satzaufgaben (*sentence correction questions*) und Textaufgaben (*reading comprehension questions*) sowie den Logikaufgaben (*critical reasoning questions*) in diesem Abschnitt klarkommen und zeigen Ihnen anschließend, wie Sie die Essays schreiben. Selbst wenn Sie seit einer Ewigkeit nichts anderes als Einkaufslisten mehr verfasst haben, werden Sie am Prüfungstag sogar die Bibel fließend auslegen können. Anschließend polieren wir Ihre Grundkenntnisse in Mathematik von Zahlengattungen bis zu Standardableitungen gründlich auf. Jede Erläuterung mündet in einen kurzen Übungstest zur Vorbereitung auf die beiden großen Übungstests am Ende des Matheteils. Diese beiden Tests dienen dazu, Ihr Wissen auf die Probe zu stellen und anhand der erreichten Punktzahl Ihren Erfolg zu messen.

Teil I: Erste Einblicke in den GMAT

Lesen Sie diesen Teil, wenn Sie mehr darüber wissen wollen, welches Wissen der GMAT abfragt und wie Sie am besten damit klarkommen.

Teil II: Ran an den Sprachteil

Im sprachlichen Teil des GMAT geht es um drei verschiedene Fragestellungen: Satzaufgaben; Textaufgaben und Logikaufgaben. Wir zeigen Ihnen, auf welche Fehler Sie bei den Satzaufgaben achten müssen, wie Sie, um die Textaufgaben zu meistern, schnell und flüssig einen Text erfassen und wie Sie bei den Logikaufgaben eine Beweisführung analysieren und knacken. Am Ende dieses Teils steht ein kleiner Übungstest mit zufällig angeordneten Fragen zu allen drei Themengebieten.

Teil III: Schreiben Sie einen Aufsatz

Der GMAT beinhaltet zwei Essays, eine Themenanalyse und eine Argumentationsanalyse. Wir erklären Ihnen, worauf es bei den Aufsätzen ankommt und geben Ihnen Hinweise, wie Sie einen gut gegliederten, überzeugenden Essay schreiben.

Teil IV: Bezwingen Sie den Matheteil

Dieser Teil kommt Ihnen zugute, wenn Sie schon seit einer Weile keine Gleichungen mehr gelöst oder wenn Sie tagtäglich mit mathematischen Problemen zu tun haben. Hier behandeln wir die Grundlagen von Arithmetik und Algebra (also alles, was Sie im Lauf der Jahre womöglich vergessen haben) und erläutern Ihnen auch komplexere Gebiete wie Geometrie und Standardableitungen. Auch diesen Teil schließen wir mit einem kleinen Übungstest zu allen Mathebereichen und den beiden mathematischen Fragenkategorien ab, die im GMAT vorkommen.

Teil V: Übung macht den Meister

Sobald Sie sich an die GMAT-Fragen gewöhnt haben, können Sie sich an den beiden großen Tests in diesem Teil abarbeiten. Beide Übungstests enthalten Erläuterungen zum Bewertungssystem und zu den Aufgaben, damit Sie leicht herausfinden, in welchen GMAT-Bereichen Sie bereits fit sind und welche Sie sich noch etwas genauer ansehen müssen.

Teil VI: Der Top-Ten-Teil

Dieser Teil fasst noch einmal sichere Aufgaben, vermeidbare Schreibfehler und die wichtigsten Matheformeln zusammen.

Symbole, die in diesem Buch verwendet werden

Mit das Beste an diesem Buch sind die Symbole, die Sie auf besonders wichtige Textstellen hinweisen. Diese Bildchen am Seitenrand lenken Ihre Aufmerksamkeit auf Abschnitte, die Sie sich ganz genau durchlesen sollten.

Dieses Symbol hebt Informationen hervor, die Sie über die Lektüre unseres Buches hinaus im Gedächtnis behalten sollten.

Überall im Buch finden Sie Hinweise darauf, wie Sie gut mit dem GMAT klarkommen. Unsere Tipps zeigen Ihnen, wie Sie massig Zeit sparen und erläutern spezielle Kniffe, die Sie bei der Lösung der Testaufgaben beherzigen sollten.

 Es ist sicher kein Beinbruch, wenn Sie unsere Warnhinweise nicht beachten, aber ihr Punktestand könnte schon darunter leiden. Nehmen Sie unseren guten Rat also lieber an und vermeiden Sie unnötige Fehler, die Sie Punkte kosten könnten.

 Wo immer dieses Symbol am Seitenrand auftaucht, weist es Sie auf Übungsfragen zu dem gerade behandelten Themenbereich nach dem Vorbild der echten Testaufgaben hin. Unsere Beispiele enthalten auch ausführliche Erläuterungen zum richtigen Umgang mit den GMAT-Aufgaben und zur Vermeidung typischer Fallgruben.

Wie es weitergeht

Natürlich verfügt jeder Mensch über unterschiedliche Stärken und Schwächen, wir haben unser Buch deshalb so aufgebaut, dass jeder Leser sich je nach seinen Vorlieben darin zurechtfindet. Wenn Sie ein Matheass sind und lediglich Ihre sprachlichen Fähigkeiten auffrischen wollen, können Sie Teil IV weglassen und sich ausschließlich mit den Teilen I, II und III beschäftigen. Wenn Sie die letzten zehn Jahre mit dem Schreiben von Anträgen zugebracht haben, können Sie Teil III guten Gewissens überfliegen und sich ausführlich über den Matheteil IV hermachen.

Trotzdem sollten Sie sich, unserer Meinung nach, alle Teile wenigstens mal angeschaut haben. Machen Sie sich in den ersten beiden Kapitel mit dem Test im Großen und Ganzen vertraut und führen Sie sich dann die gesamte GMAT-Prüfung vom sprachlichen Teil über das analytische Schreiben bis zum mathematischen Teil zu Gemüte. Achten Sie bei den Themengebieten, in denen Sie sich gut auskennen, nur auf die Tipps und Warnhinweise und lösen Sie in diesen Abschnitten die Beispielaufgaben.

Manche unserer Schüler wollen, ehe sie zu lernen anfangen, einen Einstufungstest absolvieren. Mit anderen Worten: Sie lösen lieber erst mal die beiden Übungstests in Teil V, bevor Sie sich unser Buch im Ganzen vornehmen. Auf diese Weise können Sie herausfinden, welche Testbereiche Sie schnell abhaken können und auf welche Sie sich noch gründlich vorbereiten müssen. Nach einer solchen »Trockenübung« können Sie sich bei der Testvorbereitung auf die Themenbereiche konzentrieren, die Ihnen während der Übungsprüfung die größten Schwierigkeiten bereitet haben. Nachdem Sie das ganze Buch (also die Teile I, II, III und IV) durchgearbeitet haben, können Sie die Übungstests wiederholen und Ihre Punktzahl mit der aus dem ersten Durchgang vergleichen. So können Sie nachvollziehen, wie viel Ihnen die Übungen im Buch wirklich gebracht haben.

Da der GMAT ein computergestützter Test ist und da wir Ihnen mit dem Buch keinen Computer mitliefern können, schauen Sie sich besser die offizielle GMAT-Website unter www.mba.com an und laden sich dort die frei erhältliche GMATPrep-Software zur Testvorbereitung herunter. Diese Software folgt dem computergestützten Testformat und gibt Ihnen Gelegenheit, zu üben, wie Sie im Ernstfall die Maus handhaben und Ihren Augen nicht allzu viel Anstrengung zumuten. Bis zur Veröffentlichung unseres Buchs gab es noch keine Mac-Version; wenn Sie also mit einem Mac-Rechner arbeiten, sollten Sie sich, falls Sie die Übungssoftware nutzen wollen, vorübergehend bei einem Freund mit geeignetem PC einmieten. Auf diese Weise gewöhnen Sie sich rechtzeitig daran, wie es ist, sich auf einem Computermonitor mit den Testfragen herumzuschlagen.

Wenn Sie sich ein paar Wochenstunden mit den Tipps und Tricks in unserem Buch beschäftigen, werden Sie an dem Tag, an dem Sie den GMAT am PC absolvieren, gewiss ein ausgezeichnetes Ergebnis erzielen. Wir wünschen Ihnen jedenfalls viel Erfolg und die bestmögliche GMAT-Punktzahl!

Teil I
Erste Einblicke in den GMAT

»Ist einer von euch auf die Falle in Frage 7
hereingefallen?«

In diesem Teil ...

Der erste Teil unseres Buchs macht Sie mit den Wundern des GMAT bekannt. Die folgenden Kapitel stellen Ihnen das Testformat vor und erläutern, wie Sie ernsthaft (aber nicht allzu ernst) an die Testaufgaben herangehen. Sie fühlen sich womöglich versucht, diesen Teil zu überspringen und sich direkt auf die Testaufgaben zu stürzen. Aber auch in diesem Fall sollten Sie später unbedingt noch mal zu diesem Teil zurückblättern, denn hier finden Sie wichtige Hinweise, die wir an keiner anderen Stelle wiederholen.

Unter anderem erfahren Sie hier, womit Sie es während des Tests zu tun bekommen, wie die Punkte gezählt werden, wie CAT *(computer-adaptive test)*, also das computergestützte Testformat funktioniert und welche Wissensbereiche in den drei Testteilen (dem sprachlichen, dem mathematischen und dem Teil, in dem es um die Essays geht) abgefragt werden. Außerdem geben wir Ihnen Hilfestellung hinsichtlich Ihrer Zeiteinteilung und der Frage, wie Sie sich wieder beruhigen können, wenn Sie doch mal die Nerven verlieren.

Wie's so läuft mit dem GMAT

In diesem Kapitel...

▶ Wie MBA-Studiengänge Ihre GMAT-Punkte werten

▶ Wann Sie den GMAT machen sollten und was dazu erforderlich ist

▶ Alles über das GMAT-Format

▶ Wie das mit der GMAT-Bewertung funktioniert

▶ Wann Sie den GMAT wiederholen sollten

*H*erzlichen Glückwunsch zu einem wesentlichen Schritt auf dem Weg nach oben! Schon mehr als 100 Länder bieten den GMAT (*Graduate Management Admission Test*) an und über 1800 Studiengänge nutzen diesen Test als Bestandteil ihrer Zulassungsbedingungen. Vermutlich reißen Sie sich trotzdem nicht darum, sich mit dem GMAT herumschlagen zu müssen. Und wahrscheinlich ist die Aussicht auf diese Erfahrung alles andere als ein Grund zur Vorfreude.

Aber der GMAT muss nicht unbedingt ein Lauf über glühende Kohlen sein. Schon ein paar bescheidene Vorkenntnisse sorgen für Nervenschonung, daher erfahren Sie in diesem Kapitel, wie Ihre Punktzahl beim Zulassungsverfahren gewertet wird, und erhalten Antwort auf Ihre Fragen zum GMAT-Format sowie zum Prüfungsverfahren und zur Bewertung.

Warum der GMAT so wichtig ist

Wenn Sie sich unser Buch gekauft haben, denken Sie vermutlich daran, sich für einen MBA-Studiengang einzuschreiben. Und wenn Sie sich für einen MBA-Studiengang einschreiben wollen, müssen Sie zuvor den GMAT absolvieren. So einfach ist das! Denn fast alle MBA-Studiengänge verlangen, dass Sie vor der Zulassung Ihr GMAT-Ergebnis einreichen.

Ihr GMAT-Ergebnis liefert der Zulassungskommission ein zusätzliches Kriterium, anhand dessen sich Ihre Fähigkeiten einschätzen und mit denen anderer Bewerber vergleichen lassen. Allerdings fragt der GMAT nicht nach Ihren Kenntnissen auf einem bestimmten Wissensgebiet oder in einem bestimmten Studienfach, sondern gibt der Zulassungsstelle einen verlässlichen Eindruck von Ihrer Tauglichkeit für die Anforderungen einer Business School. Auch wenn der GMAT weder Ihre Erfahrung noch Ihre Motivation bewertet, liefert er doch einen Annäherungswert hinsichtlich Ihrer »Hochschulreife« für ein Studium an einer Business School.

 Nicht alle Bewerber für einen MBA-Studiengang bringen die gleichen schulischen Voraussetzungen mit, trotzdem muss jeder Bewerber zunächst die gleiche standardisierte Zulassungsprüfung ablegen. Andere Zulassungskriterien wie Examina, Berufserfahrung, die Bewerbung oder das Vorstellungsgespräch

mögen wichtig sein, aber nur der GMAT bietet der Zulassungskommission die Möglichkeit, Ihre Leistungen unmittelbar mit denen anderer Bewerber zu vergleichen.

Die anspruchsvollsten Business Schools entscheiden sich vor allem für Bewerber mit hohen GMAT-Punktzahlen. Eine hohe Punktzahl erleichtert Ihnen daher den Zugang zu jedem Studiengang, aber Sie sollten den Kopf nicht hängen lassen, wenn Sie bei den Übungstests weniger als 90 Prozent der Gesamtpunktzahl erreichen. Nur sehr wenige Probanden erzielen beim GMAT auf Anhieb die volle Punktzahl. Auch wenn Sie nicht so viele Punkte erzielen, wie Sie sich vorgenommen hatten, hat Ihr Zulassungsprofil bestimmt andere Stärken zu bieten, zum Beispiel Berufserfahrung, Führungsqualitäten, einen guten Schulabschluss, Motivation oder Menschenkenntnis. Vielleicht sollten Sie die Zulassungsstellen der Business Schools Ihrer engeren Wahl kontaktieren, um vorab herauszufinden, wie hoch das jeweilige Institut den Nutzen des GMAT veranschlagt. Aber der GMAT ist auf jeden Fall ein wesentlicher Bestandteil des Zulassungsverfahrens, und da Sie den Test ja sowieso ablegen müssen, sollten Sie alles dafür tun, ein möglichst gutes Ergebnis zu erzielen.

Perfektes Timing: Wann Sie den GMAT absolvieren sollten (und was Sie dafür brauchen)

Sie müssen sich nicht nur für den »richtigen« MBA-Studiengang entscheiden. Sobald Sie wissen, welche Business School Sie besuchen wollen, sollten Sie die Vorbereitungen für den GMAT in Angriff nehmen. Sie müssen sich entscheiden, wann der passende Zeitpunkt für den Test kommt und was Sie, wenn es so weit ist, alles dazu brauchen.

Wann Sie sich anmelden und den GMAT absolvieren sollten

Wann ist der beste Zeitpunkt für den GMAT? Da es um einen Computer-Test geht, ist diese Frage natürlich umso drängender. Als die Prüfung noch mit Papier und Bleistift abgelegt wurde und man es mit einem Fragebogen und einem Lösungsblatt mit kleinen Kreisen zu tun hatte, gab es, was den Testtermin anging, keine sonderlich große Auswahl – man konnte die Prüfung höchstens alle zwei Monate oder so ablegen. Heute kann man sich aussuchen, an welchem Tag man sich auf den Test einlassen will. Sie können sich beinah zu jedem beliebigen Zeitpunkt vor Ihren Computer setzen und mit der Maus die Lösungen Ihrer Wahl anklicken.

Melden Sie sich an, wenn Sie so weit sind

Der erste Schritt bei der Anmeldung zum GMAT ist die Terminvereinbarung, aber vereinbaren Sie diesen Termin nicht auf dieselbe Weise wie einen Zahnarztbesuch (auch wenn Sie sich beides womöglich lieber verkneifen würden!). Je nach Jahreszeit könnten Sie sehr schnell einen Termin bekommen, im Allgemeinen müssen Sie jedoch mindestens zwei Monate warten. Einen Überblick über freie Termine können Sie sich auf der offiziellen GMAT-Website unter www.mba.com und unter »Take the GMAT« verschaffen. Dort können Sie auswählen, wo sie den Test machen wollen, und sich informieren, an welchen Tagen und zu welchen Zeiten Sie den Test dort absolvieren können. Wenn Sie einen passenden Termin gefunden haben, können Sie sich online, telefonisch oder per Post oder Fax anmelden.

Sie absolvieren den GMAT am besten dann, wenn Sie zuvor vier bis sechs Wochen Zeit hatten, sich intensiv darauf vorzubereiten, und in einem Zeitraum, in dem Sie von möglichst wenig anderen Dingen abgelenkt sind. Wenn Ihre Bewerbung für einen MBA-Studiengang in vier Wochen fällig ist, sollten Sie natürlich alles stehen und liegen lassen und schleunigst einen Termin für den GMAT vereinbaren! Aber auch wenn Sie noch Zeit haben, sollten Sie den GMAT so bald wie möglich angehen – sofern Sie sich gut genug vorbereitet fühlen. Unter den folgenden Umständen sollten Sie sich möglichst bald anmelden:

✔ **Sie wollen Ihren MBA-Studiengang auf der Stelle antreten.** Wenn Sie Ihr Studium in den nächsten Semestern beginnen wollen, sollten Sie den GMAT in allernächster Zeit absolvieren. Sobald Sie Ihre Punktzahl kennen, lässt sich die Zahl der infrage kommenden Business Schools besser einschränken. Sie können sich außerdem auf die übrigen Bestandteile Ihrer Bewerbung konzentrieren und müssen sich keine Sorgen wegen Ihrer in einem Monat fälligen Bewerbung machen, ohne Ihre GMAT-Punktzahl pünktlich vorweisen zu können.

✔ **Sie denken daran, eine Business School zu besuchen.** Vielleicht sind Sie sich noch nicht sicher, ob Sie einen MBA-Studiengang absolvieren wollen. Trotzdem kein schlechter Zeitpunkt für den GMAT. Womöglich verrät Ihnen Ihre Punktzahl, ob Sie grundsätzlich für ein Studium an einer Business School geeignet sind oder nicht. Vielleicht haben Sie sich gar nicht für qualifiziert genug gehalten und Ihr Abschneiden beim GMAT überrascht Sie selbst am meisten! Wenn Sie sich nun für einen MBA-Studiengang entscheiden, haben Sie ein Element Ihrer Bewerbung schon mal in trockenen Tüchern.

✔ **Wenn Sie in Kürze Ihren Bachelor machen (oder schon gemacht haben).** Wenn Sie kurz vor den Abschlussprüfungen oder schon ein Bachelorstudium hinter sich haben und einen MBA-Studiengang in Erwägung ziehen, sollten Sie nicht lange warten und den GMAT lieber gleich in Angriff nehmen. Sie sind jetzt noch ans Lernen und an Prüfungen gewöhnt. Und Mathematik und Grammatik sind Ihnen noch so geläufig wie später vermutlich lange nicht mehr.

Sie müssen ja nicht sofort mit einem MBA-Studiengang anfangen. Ihre GMAT-Punktzahl verfällt schließlich frühestens in fünf Jahren, sodass Sie den Test jetzt gleich ablegen, von ihrem frisch erworbenen Schulwissen profitieren und mit dem Studieneinstieg noch eine Weile warten können.

 Vier bis sechs Wochen Vorbereitungszeit reichen aus, um den GMAT zu meistern, ohne dass allzu viel Zeit verstreicht und Sie alles wieder vergessen haben, wenn Sie über den Testaufgaben brüten.

Planen Sie den Erfolg

Bevor Sie sich anmelden, müssen Sie sich hinsichtlich des Prüfungstermins über ein paar Dinge klar werden. Machen Sie sich die Flexibilität des Computerformats zunutze. Der GMAT muss heute nicht mehr an einem Samstag um acht Uhr morgens absolviert werden, Sie können die Prüfung vielmehr an sämtlichen Wochentagen (außer am Sonntag) und zu einer fast beliebigen Uhrzeit zwischen etwa acht Uhr früh und ein Uhr mittags ablegen. So können Sie den Test Ihrem Leben anpassen und müssen nicht länger Ihr Leben dem Test unterordnen!

Verzichten Sie, wenn Sie ein Morgenmuffel sind, lieber auf einen frühen Termin! Wenn der Nachmittag die Zeit ist, zu der Sie besonders leistungsfähig sind und am besten mit einem zweieinhalb Stunden dauernden Hagel von Fragen klarkommen – ganz zu schweigen von den Essays –, dann legen Sie Ihre Prüfung am besten auf einen Nachmittag. Wenn Sie sich für eine Ihnen gemäße Zeit entscheiden, können Sie sicher sein, dass Sie den Test in Ruhe bewältigen und nicht so leicht in Panik geraten. Schließlich kann man wohl davon ausgehen, dass Sie sich über genug andere Dinge den Kopf zerbrechen müssen, auch ohne sich noch einen unpassenden Prüfungstermin aufzuhalsen.

Bereiten Sie sich zu unterschiedlichen Tageszeiten auf die Prüfung vor, um herauszufinden, wann Sie in Höchstform sind, und legen Sie den Prüfungstermin auf die entsprechende Tageszeit. Das lohnt sich auch dann, wenn Sie sich dafür frei nehmen oder ein paar Schulstunden oder Vorlesungen ausfallen lassen müssen, da es allemal ratsam ist, den Test zu der für Sie am besten geeigneten Tageszeit durchzuführen.

Sie sollten bei der Planung nicht nur die Tageszeit im Auge behalten, sondern auch den passenden Wochentag. Für manche ist der Samstag womöglich immer noch ein guter Prüfungstag – wenn auch nicht gerade um acht Uhr morgens! Für andere ist das Wochenende für diese Art konzentrierter intellektueller Anstrengungen denkbar ungeeignet. Wenn Sie daran gewöhnt sind, am Wochenende die Hände in den Schoß zu legen, sollten Sie sich vielleicht lieber für einen Prüfungstermin unter der Woche entscheiden.

Aber zu welcher Tageszeit und an welchem Wochentag Sie den GMAT machen wollen, liegt letztendlich bei Ihnen. Legen Sie sich Rechenschaft über Ihre Gewohnheiten, Ihre Vorlieben und Ihren Tagesablauf ab und suchen Sie sich einen Tag aus, an dem Sie sich am ehesten selbst übertreffen können.

Was Sie für den GMAT brauchen (und was Sie getrost vergessen können)

Was Sie vor allem mitbringen sollten, ist eine positive Einstellung und der Wille zum Erfolg. Wenn Sie jedoch Ihren Zulassungsbeleg oder Ihr Identifikationsfoto vergessen, kommen Sie gar nicht dazu, Ihre Leistungsbereitschaft unter Beweis zu stellen! Zusätzlich zu Beleg und Foto sollten Sie eine Liste mit fünf Business Schools zur Hand haben, denen Ihr GMAT-Ergebnis zugestellt werden soll. Sie können Ihr Ergebnis bis zu fünf Instituten kostenlos zukommen lassen, wenn Sie sich bereits im Rahmen der Vorabinformationen auf der GMAT-Website auf bestimmte Business Schools festlegen. Sie können natürlich auch weniger als fünf angeben, wenn Sie sich jedoch später dafür entscheiden, weitere Business Schools mit Ihrem Ergebnis zu beehren, kostet Sie das eine zusätzliche Gebühr. Wenn Sie sich indes bei fünf bewerben wollen, können Sie Ihr Ergebnis auch unentgeltlich selbst einschicken.

Da Sie die Möglichkeit haben, zwei fünfminütige Pausen einzulegen, raten wir Ihnen dazu, an eine kleine Zwischenmahlzeit zu denken, zum Beispiel einen Müsliriegel und vielleicht eine Flasche Wasser. Sie dürfen zwar keine Verpflegung in den Prüfungsraum mitnehmen, doch Sie bekommen vor der Prüfung ein kleines Schließfach, das Sie während der Pause nutzen können.

Darüber hinaus benötigen Sie nichts. Einen Taschenrechner dürfen Sie nicht benutzen und ein Notepad, das anstelle von Papier und Bleistift vorgeschrieben ist, wird Ihnen zur Verfügung gestellt.

Der erste Eindruck: Das GMAT-Format

Der GMAT ist ein standardisierter Test und als Schüler oder Student wissen Sie vermutlich, worum es sich dabei handelt: jede Menge Fragen und nur wenig Zeit für ihre Beantwortung, keine Chance, vorgefertigte Lösungen zu büffeln oder auswendig zu lernen, und kaum eine Möglichkeit, die Maximalpunktzahl zu erreichen. Abgefragt werden Begabungen, über die angehende MBA-Studenten nach der Überzeugung führender Business Schools unbedingt verfügen sollten, nämlich sprachliche, mathematische und analytische Fähigkeiten.

Was Sie für den GMAT draufhaben sollten

Standardisierte Tests prüfen Ihre »Hochschulreife«, nicht aber, auf welchen Wissensgebieten Sie sich besonders gut auskennen. Der GMAT beschränkt sich dabei auf Bereiche, die Prüfungsausschüsse für MBA-Studiengänge als besonders relevant erachtet haben. Die folgenden Abschnitte sind eine Kurzeinführung in die drei GMAT-Bereiche, während der Rest unseres Buches Ihnen im Einzelnen erklärt, wie Sie sich dem jeweiligen Bereich nähern.

Zeigen Sie, dass Sie schreiben können

Im Zuge des GMAT müssen Sie zwei Essays abliefern. Sie haben jeweils 30 Minuten Zeit, sich Gedanken zu machen und das Ergebnis schriftlich niederzulegen. Bei einer Prüfung müssen Sie ein vorgegebenes Thema analysieren, bei der anderen geht es darum, eine Argumentation zu analysieren. Beide Essays müssen in Schriftenglisch abgefasst werden. Auch wenn Sie vorab weder das Thema noch die Argumentation am Prüfungstag kennen, können Sie sich anhand früherer Themen sehr gut auf die Fragestellungen vorbereiten, mit denen Sie es am Tag der Entscheidung zu tun bekommen.

Die Gutachter bewerten Ihre Essays nach der Qualität Ihrer Grundidee und Ihrer Fähigkeit, diese zu strukturieren, zu entwickeln, auszudrücken und zu begründen.

Die Bewertung Ihrer sprachlichen Fähigkeiten

Der Sprachteil des GMAT besteht aus 41 Fragen und ist in drei Abschnitte unterteilt: Textaufgaben, Satzaufgaben und Logikaufgaben. Bei den Textaufgaben müssen Sie Fragen zu Texten beantworten, die sich mit unterschiedlichen Themengebieten befassen; bei den Satzaufgaben geht es darum, Fehler zu erkennen und zu korrigieren; die Logikaufgaben erfordern die Analyse logischer Beweisführungen und Verständnis für die Bekräftigung oder Entkräftung von Argumenten.

Die Abfrage Ihrer mathematischen Fähigkeiten

Der GMAT-Matheteil entspricht weitgehend den allermeisten standardisierten Matheprüfungen, bloß dass Sie es hier mit einen abweichenden Fragenformat zu tun haben und auf Ihre Kenntnisse hinsichtlich Statistik und Wahrscheinlichkeitsrechnung geprüft werden. Der 37 Fragen umfassende Prüfungsteil testet anhand von Standardaufgaben Ihr Wissen auf den Gebieten Arithmetik, Algebra, Geometrie und Datenauswertung. Dabei müssen Sie Aufgaben lösen und die richtige Antwort aus je fünf vorgegebenen Lösungsmöglichkeiten auswählen.

Außerdem geben Ihnen die GMAT-typischen mathematischen Aufgabenstellungen jeweils zwei Aussagen vor und Sie müssen entscheiden, ob die Aufgabe anhand der in der ersten Aussage enthaltenen Informationen, der in der zweiten Aussage enthaltenen Informationen oder der in beiden Aussagen enthaltenen Informationen gelöst werden kann oder ob keine der in beiden Aussagen enthaltenen Informationen ausreicht, um das Rätsel zu knacken. Wie genau Sie diese ungewöhnlichen Matheaufgaben lösen könne, verraten wir Ihnen in Kapitel 15.

Wie das Computerformat funktioniert

Der GMAT kann nur als sogenannter *computer-adaptive test* (CAT) durchgeführt werden. Der CAT passt sich Ihrem Leistungsniveau an und stellt Ihnen auf der Grundlage Ihrer Antworten Fragen unterschiedlicher Schwierigkeitsgerade. Je mehr Fragen Sie richtig beantworten, desto schwierigere Fragen sucht der Computer für Sie aus und tastet sich auf diese Weise allmählich an die Grenzen Ihres beeindruckenden Intellekts heran. Wenn Sie jedoch einen schlechten Tag erwischt haben und Fragen falsch beantworten, stellt der Computer Ihnen entsprechend einfachere Fragen, um sich so dem Ihnen angemessenen Schwierigkeitsgrad anzupassen.

Das CAT-Format weist Ihnen Ihre Punktzahl also nicht nur nach der Menge der richtig oder falsch beantworteten Fragen zu, sondern auch nach dem Schwierigkeitsgrad der gestellten Fragen. So können Sie bei einigen Fragen durchaus danebenliegen und trotzdem noch ein sehr gutes Ergebnis erzielen, wenn die falsch beantworteten Fragen aus dem Vorrat der Aufgaben mit dem höchsten Schwierigkeitsgrad stammten. Nach jedem Prüfungsabschnitt wertet der Computer Ihre Leistung auf der Grundlage ihres Leistungsniveaus.

Wie Sie die Fragen angemessen beantworten

Das CAT-Format sortiert die Fragen des Sprach- und Matheteils anders als gewöhnliche Tests mit einem Fragebogen und einem Lösungsblatt. Bei den ersten zehn Fragen trifft der CAT eine Vorauswahl für Sie, die Reihenfolge der folgenden Fragen hängt dann davon ab, ob Sie die ersten Fragen richtig oder falsch beantworten. Wenn Sie also die ersten zehn Aufgaben richtig lösen, reagiert Frage 11 mit einer größeren Herausforderung auf Ihren Erfolg. Wenn Sie die Eingangsfragen jedoch vermasseln, macht es Ihnen Frage 11 gleich weniger schwer. Auf diese Weise stellt das Programm alle Antworten in Rechnung und passt die weiteren Fragen Ihrer persönlichen Leistungsmarge an.

Die größte Besonderheit des CAT besteht womöglich darin, dass Sie zu keiner früheren Frage zurückgehen können, weil ja jede neue Frage von Ihren Antworten auf die früher gestellten Fragen abhängt. Also müssen Sie die Aufgaben lösen, wie sie kommen. Jede einmal gegebene Antwort ist endgültig! Aber machen Sie sich keine Sorgen, wenn Ihnen auffällt, dass Sie drei Fragen früher einen Bock geschossen haben, denn schließlich basiert Ihre Wertung nicht allein auf der Anzahl der richtig oder falsch beantworteten Fragen, sondern auch auf dem Schwierigkeitsgrad der Aufgaben.

Behalten Sie das Zeitlimit im Auge

Sowohl für den Sprachteil als auch für den Matheteil gilt ein Zeitlimit von 75 Minuten. Da der Matheteil aus 37 Fragen besteht, bleiben Ihnen zur Lösung jeder Aufgabe etwa zwei Minuten, während Sie für die Beantwortung der 41 Fragen des Sprachteils pro Frage weniger, nämlich nur jeweils ungefähr eindreiviertel Minuten Zeit haben. Auch für die beiden Essays steht Ihnen nicht uneingeschränkt viel Zeit zur Verfügung: Bei einer Gesamtzeit von 60 Minuten entfallen auf jeden der beiden Aufsätze lediglich je 30 Minuten.

Die zeitlichen Beschränkungen wirken sich maßgeblich auf Ihre Prüfungsstrategie aus. Wie wir weiter unten erläutern werden, hängt Ihre GMAT-Punktzahl (unter anderem) von der Anzahl der gelösten Aufgaben ab. Wenn Ihnen die Zeit unter den Händen zerrinnt und Sie am Ende eines Prüfungsabschnitts nicht alle Fragen beantwortet haben, beeinträchtigt die Anzahl der nicht gelösten Aufgaben natürlich Ihr Testergebnis. In Kapitel 2 machen wir Sie mit einer ebenso einfachen wie wirksamen Strategie bekannt, die Ihnen hilft, mit der zur Verfügung stehenden Zeit zu haushalten und Ihr Testergebnis zu verbessern.

So verbessern Sie Ihre Computerkenntnisse für den GMAT

Fassen Sie sich ein Herz und stellen Sie sich der technischen Herausforderung! Um das CAT-Format und damit den GMAT zu meistern, müssen Sie nicht allzu gut über Computer Bescheid wissen. Genau genommen müssen Sie viel weniger über Computer wissen als später während des MBA-Studiums! Für die Essays müssen Sie sich ein bisschen mit Textverarbeitung auskennen und für die Multiple-Choice-Abschnitte sollten Sie wissen, wie man mit der Maus oder der Computertastatur die richtigen Antworten auswählt. Mehr müssen Sie für den GMAT gar nicht auf der Pfanne haben.

Damit Sie wissen, wo Sie stehen: Über die Punktwertung

Schön, jetzt wissen Sie also, wie das GMAT-Format funktioniert und wie viele Fragen auf Sie zukommen. Aber wie steht's mit dem, was Sie am meisten interessiert, der alles entscheidenden Punktwertung am Schluss? Da vermutlich die wenigsten Menschen standardisierte Prüfungen zum Vergnügen absolvieren, beschäftigen wir uns jetzt mit diesem heiklen Thema.

Wie die GMAT-Gutachter Ihr Ergebnis berechnen

 Da der GMAT ein Computer-Test ist, basieren Ihre Ergebnisse im Sprach- und Matheteil nicht bloß darauf, wie viele Aufgaben Sie richtig lösen, sondern hängen von insgesamt drei Faktoren ab:

✔ **Vom Schwierigkeitsgrad der beantworteten Fragen:** Je mehr Aufgaben Sie lösen, desto schwieriger werden die Fragen. Wenn Sie also echt harte Nüsse zu knacken bekommen, heißt das bloß, dass Sie auf einem guten Weg sind.

✔ **Von der Anzahl der beantworteten Fragen:** Wenn Sie die Fragen des Sprach- und Matheteils nicht vollständig beantworten, vermindert sich Ihre Punktzahl mit der Anzahl der ausgelassenen Fragen. Wenn Sie zum Beispiel fünf der insgesamt 37 Aufgaben des Matheteils nicht lösen, wird sich Ihr Ergebnis um 13 Prozent verschlechtern, sodass Sie statt 90 Prozent nur noch 75 Prozent der Gesamtpunktzahl erreichen.

✔ **Von der Anzahl der richtig beantworteten Fragen:** Abgesehen vom Schwierigkeitsgrad der gelösten Aufgaben wertet der GMAT auch, ob Sie diese Fragen richtig beantwortet haben.

Die GMAT-Gutachter stellen außerdem Ihre sogenannte AWA-Wertung (*analytical writing assessment*) fest, werten also Ihr mit den Essays erzieltes Ergebnis. Zu dem Zweck lesen Angehörige unterschiedlicher Hochschulfakultäten Ihre Lösungen der Aufgabestellungen und zwei Gutachter weisen Ihren beiden schriftlichen Arbeiten unabhängig voneinander »Schulnoten« auf einer Skala von eins bis sechs zu, wobei die Sechs die »Höchstnote« darstellt. Das Endergebnis bildet der Mittelwert aus den »Noten« beider Gutachter für beide Essays.

Wenn einer der Gutachter Ihnen eine Wertung zuweist, die um mehr als einen Punkt von der des anderen abweicht, wird ein dritter Gutachter hinzugezogen, der dann den Ausschlag gibt. Wenn Ihnen zum Beispiel ein Gutachter eine Sechs gibt, der andere sich aber für eine Vier entscheidet, wird der entsprechende Aufsatz auch noch einem dritten Gutachter zur Beurteilung vorgelegt.

Wie die GMAT-Richter ihr Urteil verkünden

Ihr Endergebnis setzt sich aus den Einzelwertungen Ihrer Leistungen im Sprach- und Matheteil sowie den »Noten« für Ihre Essays zusammen. Sobald Sie die Prüfung beendet haben – oder die Zeit abgelaufen ist –, berechnet der Computer auf der Stelle Ihre Punktzahl in den sprachlichen und mathematischen Prüfungsabschnitten auf einer Skala von null bis 60 sowohl im Sprach- als auch im Matheteil. Die beiden Einzelwertungen werden anschließend addiert und rechnerisch auf eine Gesamtskala von 200 bis 800 Punkten übertragen, wobei die durchschnittliche Gesamtpunktzahl gewöhnlich bei etwa 500 liegt.

Die »Benotung« Ihrer Aufsätze erhalten Sie, sobald Ihre Arbeiten gelesen und bewertet wurden. Diese Wertung fließt dann in den offiziellen Prüfungsbericht ein, der Ihnen entweder per Post zugeschickt wird oder etwa 20 Tage nach dem Prüfungstermin online abgerufen werden kann. Obwohl Sie die Ergebnisse des Sprach- und Matheteils sowie die daraus ermittelte Gesamtpunktzahl unmittelbar nach dem Test einsehen können, müssen Sie sich noch drei Wochen gedulden, ehe Sie erfahren, wie Sie bei der AWA-Wertung abgeschnitten haben.

Die AWA-Wertung erscheint im offiziellen Endergebnis als eine Zahl zwischen eins und sechs, die aus allen vier Urteilen über Ihre beiden Essays ermittelt wird (also aus den beiden »Noten« für Ihre Themenanalyse und den beiden »Noten« für Ihre Argumentationsanalyse). Das Endergebnis wird auf- oder abgerundet, sodass ein Mittelwert von 4,8 folgerichtig eine »Benotung« von 5 ergibt.

Das offizielle, aus den Einzelwertungen des Sprach- und Matheteils, deren Gesamtpunktzahl und der AWA-Wertung zusammengesetzte Endergebnis wird nicht nur Ihnen, sondern auch den von Ihnen zuvor ausgewählten Business Schools übermittelt. Dieser Prüfungsbericht enthält alle oben aufgeführten Einzelwertungen sowie eine Übersicht darüber, wie viele Prüfungsteilnehmer prozentual schlechter abgeschnitten haben als Sie. (Wenn Sie beispielsweise eine Gesamtpunktzahl von 670 erzielt haben, haben etwa 89 Prozent aller Testteilnehmer eine niedrigere Punktzahl als Sie.) Wenn Sie sich bis zum Prüfungstermin (höchstens) fünf Schulen ausgesucht haben, wird diesen Ihr Endergebnis unentgeltlich zugeschickt, für jede weitere Business School, der Sie Ihr Testergebnis in einem Zeitraum von bis zu fünf Jahren zukommen lassen wollen, müssen Sie eine Gebühr entrichten.

Warum Sie Ihre GMAT-Punktzahl unter (fast) keinen Umständen löschen lassen sollten

Unmittelbar nachdem Sie den GMAT beendet haben und bevor der Computer Ihre Punktzahl anzeigt, wird Ihnen die Möglichkeit gegeben, Ihr Ergebnis zu löschen. Falls Sie einen miesen Tag erwischt haben, kommt Ihnen das womöglich wie ein Segen vor und Sie wollen die Gelegenheit, Ihr »Versagen« in sämtlichen Prüfungsteilen vergessen zu machen, am liebsten dankbar beim Schopf packen.

 Aber Vorsicht! Aus mehreren guten Gründen ist es nicht ratsam, Ihre GMAT-Punktzahl zu löschen:

✔ **Die meisten Menschen über- oder unterschätzen Ihre Leistungen bei standardisierten Tests.** Da der GMAT nicht von Ihnen wissen will, ob Sie die Hauptstädte bestimmter Länder kennen oder chemische Verbindungen auswendig gelernt haben, ist es nicht ganz einfach, zu erraten, wie gut oder schlecht Sie abgeschnitten haben. Solange Sie die meisten Fragen beantwortet haben und sich während der Prüfung einigermaßen auf die Essays konzentrieren konnten, wird Ihr Endergebnis wahrscheinlich nicht allzu sehr von der Durchschnittspunktzahl abweichen, die Sie erzielen, wenn Sie den Test wiederholen. Wer auch immer den GMAT oder einen anderen Standardtest wiederholt, wird vermutlich kein wesentlich anderes Ergebnis erzielen, es sei denn, er war beim ersten Mal nicht gut genug vorbereitet und bereitet sich beim nächsten Mal deutlich gründlicher vor. Aber da Sie unser Buch lesen, gehören Sie sicher nicht zu dieser Sorte von Prüfungsteilnehmern.

✔ **Sie haben keine Zeit für einen neuen Prüfungstermin.** Es kann unter Umständen einige Zeit dauern, bis Sie sich neu anmelden können. Und wenn Ihre Bewerbung bereits fällig ist, kann es leicht passieren, dass Sie den Stichtag verpassen, weil Sie Ihr GMAT-Ergebnis nicht rechtzeitig einreichen können.

✔ **Sie können nicht wissen, wie Sie abgeschnitten haben.** Wenn Sie Ihre Wertung löschen, werden Sie nie erfahren, wie Sie abgeschnitten haben und auf welchen Gebieten Nachholbedarf besteht, um bei einem möglichen neuen Prüfungstermin besser dazustehen als beim ersten Durchgang.

✔ **Die Löschung Ihrer Punktzahl wird registriert.** Wenn Sie Ihre Bewertung löschen, wird das in zukünftigen GMAT-Prüfungsberichten vermerkt, und manche MBA-Studiengänge werten die Wiederholung zu Ihrem Nachteil.

Allerdings sollten Sie die Löschung Ihrer Punktzahl unter Umständen doch in Erwägung ziehen. Das hängt davon ab, wie Sie Ihrer Meinung nach bei aller Unabwägbarkeit unter bestimmten mildernden Umständen abgeschnitten haben:

✔ **Wenn Sie sich am Prüfungstag richtig mies fühlen.** Wenn Sie im Testfall 40 Grad Fieber haben oder wenn Ihnen während der Prüfung schlecht wird, sollten Sie Ihren GMAT-Punktestand vielleicht besser aus der Welt schaffen.

✔ **Wenn Sie sich während der Prüfung nicht konzentrieren können.** Ungewöhnliche Umstände wie ein Todesfall in der Familie oder das Ende einer Beziehung könnten Sie so sehr ablenken, dass Sie mitten in der Prüfung zur Salzsäule erstarren.

✔ **Wenn Sie zu viele Fragen nicht beantworten.** Wenn Sie die Zeitmanagementtechnik, die wir Ihnen in Kapitel 2 vorstellen, nicht beherzigen und daher allzu viele Fragen sowohl im Sprach- als auch im Matheteil unbeantwortet lassen, sollten Sie darüber nachdenken, Ihre Punktzahl zu löschen.

Alles auf Anfang: Wenn Sie den GMAT wiederholen

Da die meisten Business Schools nur die Besten nehmen, kann es, falls Sie mit Ihrem Endergebnis nicht zufrieden sind, durchaus in Ihrem eigenen Interesse sein, den GMAT zu wiederholen. Die GMAT-Administratoren lassen Sie den Test, wenn Sie darauf bestehen, durchaus einige Male wiederholen (was angesichts der Tatsache, dass Sie jedes Mal neu bezahlen müssen, äußerst großherzig ist). Aber sorgen Sie im Wiederholungsfall dafür, dass Sie das ganze Testverfahren (jedes Mal wieder) ernst nehmen. Achten Sie darauf, dass sich Ihre Punktzahl erhöht, da Business Schools sich durch steigende Punktzahlen eher beeindrucken lassen als durch fallende.

Die meisten Business Schools winken dankend ab, wenn Sie sehen, dass Sie den Test mehr als zwei- oder dreimal absolviert haben. Also kommt es darauf an, dass Sie sich möglichst schon beim ersten Mal ausreichend vorbereiten. Aber darauf haben Sie es, da Sie unser Buch gekauft haben, ja offensichtlich sowieso angelegt.

Die offiziellen GMAT-Prüfungsberichte listen die Ergebnisse aller abgelegten Prüfungen auf. Wenn Sie den Test zweimal absolvieren, erscheinen darin also beide Punktwertungen. Es liegt ganz bei den Business Schools, was sie mit diesen Wertungen anfangen. Manche legen die höhere Punktzahl zugrunde, andere entscheiden sich dagegen für den Mittelwert. Und denken Sie daran, dass Ihre neue Punktzahl den Empfängern früherer Wertungen nicht automatisch mitgeteilt wird. Sie sollten also im Wiederholungsfall auch die Auswahl Ihrer favorisierten Studiengänge von Neuem treffen.

Verbessern Sie Ihr GMAT-Endergebnis

2

In diesem Kapitel...

▶ Treffen Sie eine gute Wahl: Strategien für Ratefüchse

▶ Das Rennen gegen die Zeit: Kluges Zeitmanagement

▶ Wie Sie falsche Antworten erkennen

▶ Vermeiden Sie sinnlose Aktionen, die Ihren Punktestand vermasseln

▶ Immer mit der Ruhe: Entspannungstechniken

A ls Erstes betreten Sie das Prüfungszentrum und setzen sich an den Computer, der die nächsten dreieinhalb Stunden Ihr ärgster Feind sein wird. Der GMAT auf dem Monitor ist Ihre Nemesis und Ihre einzigen Hilfsmittel bei diesem Showdown sind ein Notepad und Ihr kluger Kopf. Die Fragen folgen Schlag auf Schlag und die einzige Belohnung für eine richtig beantwortete Frage ist eine neue, in den meisten Fällen noch kniffligere Aufgabe. Wie konnten Sie Ihre kostbare Freizeit bloß für diese Quälerei aufgeben?

Aber bis zu dem Termin, an dem Sie den GMAT absolvieren, haben Sie schon zahllose Stunden Ihrer Freizeit für die Prüfungsvorbereitung geopfert, Sie haben sich über Business Schools informiert und sich endlos Gedanken über Ihre Zukunft gemacht. Die dreieinhalb Stunden am Computer bedeuten eine Art Initiationsritus, den Sie auf sich nehmen müssen, damit Sie Ihre Ziele überhaupt erreichen können. Und da der Test nun mal ein notwendiges Übel darstellt, können Sie sich auch ebenso gut darum bemühen, ein möglichst gutes Endergebnis zu erzielen.

In diesem Kapitel finden Sie die richtigen Mittel und Wege zum Erfolg. Sie bringen den nötigen Grips mit, das Prüfungszentrum stellt Ihnen das Notepad zur Verfügung und wir versorgen Sie mit allen übrigen Hilfsmitteln zur Maximierung Ihrer Punktzahl.

Die richtige Wahl: Strategien für Ratefüchse

Dass wir dieses Kapitel mit Tipps beginnen, wie Sie richtige Lösungen erraten können, mag Sie auf den ersten Blick überraschen. Vermutlich stellen Sie sich vor, die allermeisten Aufgaben am GMAT-Prüfungstag im Idealfall auf Anhieb richtig lösen zu können und sich nicht zwangsweise aufs Raten verlegen müssen! In Wirklichkeit ist fast niemand in der Lage, sämtliche GMAT-Fragen richtig zu beantworten. Denken Sie nur an Ihre Führerscheinprüfung oder an andere Multiple-Choice-Tests. Da mussten Sie doch auch bei manchen Fragen raten – oder etwa nicht?

Der Computer war schuld: Erzwungene Ratespiele

Bedenken Sie, dass standardisierte Tests wenig mit den Klausuren und Prüfungen Ihrer Schulzeit gemeinsam haben. Solange Sie da fleißig gelernt haben, konnten Ihnen die Prüfungen zur Mittleren Reife oder im Abitur nicht allzu viel anhaben und Sie haben sicher nicht viele Fragen falsch beantwortet und am Ende ein zufriedenstellendes Ergebnis erzielt.

Beim GMAT jedoch liegt fast jeder bei mehreren Aufgaben in den einzelnen Prüfungsabschnitten daneben. Das liegt daran, dass der GMAT darauf abzielt, die »Allgemeine Hochschulreife« zukünftiger MBA-Studenten zu bestimmen. Zu dem Zweck müssen manche Aufgaben geradezu lächerlich schwierig sein, um den einen Einstein unter Millionen auf die Probe zu stellen, der sich mit dem GMAT abgibt. Machen Sie sich also keine Sorgen, wenn Sie raten müssen, sorgen Sie lieber dafür, möglichst erfolgreich zu raten!

Bei einem Computer-Test (CAT) kommt es mehr denn je darauf an, eine Strategie für erfolgreiches Raten zur Hand zu haben. Der Computer lässt nicht zu, dass Sie Fragen überspringen, also bleibt Ihnen gar nichts anderes übrig, als hier und da einen Schuss ins Blaue zu wagen. Außerdem nimmt der Schwierigkeitsgrad der folgenden Fragen mit jeder richtig beantworteten Frage weiter zu. Selbst wenn Sie sich noch so gut schlagen, werden Sie früher oder später doch raten müssen. Beim GMAT wird also zwangsläufig *jeder* zum Ratefuchs!

Bis zum bitteren Ende: Es kommt darauf an, jede Aufgabe zu lösen

Um die volle Punktzahl für richtig beantwortete Fragen zu bekommen, müssen Sie sich allen Fragen aller Prüfungsabschnitte stellen. Wenn Sie nicht alle Fragen beantworten, vermindert sich mit jeder nicht beantworteten Frage Ihre Punktzahl. Es ist deshalb wichtig, dass Sie die Prüfung so zügig absolvieren, dass Sie möglichst alle Aufgaben lösen können.

Eine der Gefahren des CAT-Formats liegt darin, dass Sie anfänglich zu viel Zeit damit vergeuden, besonders schwierige Aufgaben zu lösen. Wenn Sie sich dagegen sperren, es auch mal mit Raten zu versuchen, und sich bei mehreren schwierigen Fragen ein oder zwei Minuten Zeit lassen, bleibt Ihnen für die relativ einfachen Fragen gegen Ende nicht mehr genug Zeit.

Beantworten Sie alle Fragen der einzelnen Testteile! Wenn Sie merken, dass Sie für einen Prüfungsabschnitt nur noch drei oder vier Minuten Zeit haben, sollten Sie die verbleibende Zeit darauf verwenden, möglichst alle Fragen in diesem Abschnitt abzuhaken, auch wenn Sie nicht genug Zeit haben, die Fragen vorher gründlich zu studieren. Sie haben auch dann noch eine Chance von 20 Prozent, zufällig die richtige Antwort auf eine Frage zu erwischen, was allemal besser ist, als die Frage überhaupt nicht zu beantworten. Falls Sie am Ende eines Prüfungsabschnitts gezwungen sind, die Fragen nur noch abzuhaken, sollten Sie Ihr »Kreuzchen« bei jeder Frage an der gleichen Stelle machen. Entscheiden Sie sich zum Beispiel jeweils für die zweite Lösungsmöglichkeit von unten. Auf diese Weise stehen Ihre Chancen, wenigstens eine von fünf Fragen richtig zu beantworten, gar nicht mal so schlecht. Außerdem sparen Sie so Zeit, da Sie nicht lange überlegen müssen, für welche Antwortmöglichkeit Sie sich jeweils entscheiden. Mit dieser Ratestrategie im Hinterkopf müssen Sie sich darüber nicht mehr groß den Kopf zerbrechen.

Selbst die GMAT-Macher warnen ausdrücklich davor, die Prüfung nicht vollständig abzulegen. So heißt es, dass Ihr Punktestand, wenn Sie nur fünf der 41 Fragen des Sprachteils unbeantwortet lassen, bereits von 91 Prozent der Gesamtpunktzahl auf 77 Prozent abstürzen kann Ein Unterschied, der fatale Auswirkungen auf Ihre Zulassung zu einem MBA-Studiengang haben kann!

Gewinnen Sie das Rennen gegen die Zeit: Kluges Zeitmanagement

Wenn Sie raten, bringt Ihnen dass gegen Ende der Prüfungszeit mehr, als die verbleibenden Fragen überhaupt nicht zu beantworten, auch wenn das sicher keine empfehlenswerte Methode für den ganzen Test ist. Stattdessen sollten Sie sich auf ein Zeitmanagement verlassen, das sich aus einem zügigen Tempo, zupackender Lösungskompetenz und der Bereitschaft zum Raten zusammensetzt.

Behandeln Sie alle Fragen gleich

Sie haben womöglich aufgeschnappt, dass Sie auf die ersten zehn Fragen der einzelnen Testteile besonders viel Zeit verwenden sollten, da Ihr Endergebnis vor allem von diesen Aufgaben abhängt. Aber obwohl es stimmt, dass Ihre Antworten auf die ersten zehn Fragen dem Computer einen ersten Eindruck von Ihrer Leistungsfähigkeit vermitteln, kommt diesen Aufgaben letztendlich keine größere Bedeutung zu als allen übrigen Aufgaben. Schließlich müssen Sie alle Fragen der jeweiligen Prüfungsabschnitte beantworten, sodass es keinen vernünftigen Grund gibt, sich mit den ersten zehn Fragen länger aufzuhalten als mit allen anderen.

Wenn Sie für die ersten zehn Fragen zu lange brauchen und alle richtig beantworten, steht Ihnen für die verbleibenden 31 Fragen des Sprachteils sowie für die verbleibenden 27 Fragen des Matheteils nicht mehr genug Zeit zur Verfügung. Der Computer weist Ihnen zudem nach den ersten zehn richtig beantworteten Fragen einen hohen Schwierigkeitsgrad zu, wobei Ihr Leistungsniveau während der Restprüfung womöglich ständig sinkt, wenn Sie sich nämlich nur mehr durch die verbleibenden Aufgaben hetzen und bei den letzten Fragen in der Kürze der Zeit vielleicht nur noch raten können. Der schlimmste Fall tritt dann ein, wenn Sie nicht alle Fragen des jeweiligen Prüfungsabschnitts beantworten und Ihre Hoffnungen auf ein gutes Endergebnis mit jeder unbeantworteten Frage weiter schwinden. Es ist nicht möglich, dem System ein Schnippchen zu schlagen, indem Sie sich auf die ersten Fragen jedes Prüfungsabschnitts konzentrieren. Und wenn doch, würden die superschlauen und gut bezahlten Erfinder des Tests bestimmt einen Weg finden, Ihnen einen Strich durch die Rechnung zu machen.

Zeit genug für die letzten zehn Fragen

Anstatt sich unnötig mit den *ersten* zehn Fragen aufzuhalten, sollten Sie sich lieber genug Zeit bei der Lösung der *letzten* zehn Aufgaben des Sprach- sowie des Matheteils lassen. Denn der beste Weg zu einem guten Endergebnis besteht darin, jeder Frage ausreichend Zeit zu widmen, im Notfall zu raten und die Prüfung auf jeden Fall vollständig zu absolvieren. Daher sollten Sie lieber nicht übertrieben viel Zeit mit der Beantwortung der Fragen am Anfang der einzelnen Testteile vergeuden.

Und so wird's gemacht:

1. **Gehen Sie die ersten 55 Minuten des Mathe- und des Sprachteils zügig an (gönnen Sie sich dabei etwa zwei Minuten für die Aufgaben des Matheteils und für jede Frage des Sprachteils ein bisschen mehr als anderthalb Minuten).**

2. **Halten Sie sich keinesfalls länger als drei Minuten mit den Fragen der ersten drei Viertel des Mathe- beziehungsweise des Sprachteils auf.**

3. **Sehen Sie, wenn Sie in einem Prüfungsabschnitt noch zehn Fragen beantworten müssen (wenn Sie also im Matheteil bei Frage 27 und im Sprachteil bei Frage 31 angekommen sind), auf die Uhr und passen Sie Ihr Tempo der verbleibenden Zeit an.**

   Wenn Sie die ersten 27 Fragen des Matheteils in nur 50 Minuten beantwortet haben, bleiben Ihnen für die restlichen zehn Fragen noch insgesamt 25 Minuten. Was bedeutet, dass Sie pro Frage etwa zweieinhalb Minuten Zeit haben. Diese zusätzlichen 30 Sekunden für jede Frage entscheiden womöglich darüber, wie hoch der Prozentsatz der richtig gelösten Aufgaben auf der Zielgeraden ausfällt. Vermeiden Sie nach Möglichkeit, bei den letzten unbeantworteten Fragen beider Prüfungsabschnitte raten zu müssen.

   Das soll aber nicht heißen, dass Sie sich in den ersten 55 Minuten des Test allzu sehr beeilen, um massenhaft Zeit für die letzten zehn Fragen herauszuholen. Stattdessen sollten Sie ein Tempo vorlegen, das Ihnen für jede Aufgabe etwa gleich viel Zeit lässt. Sie können unmöglich fünf oder sechs Minuten an einer Aufgabe hängen bleiben, ohne dadurch Ihre Leistungen am Ende des Tests zu beeinträchtigen, achten Sie also darauf, ein gleichmäßiges Tempo beizubehalten.

Aber sollte Ihnen für die letzten zehn Fragen mehr Zeit zur Verfügung stehen, nutzen Sie diese auf jeden Fall. Während ein nicht abgeschlossener Testteil empfindliche Strafen nach sich zieht, gibt es keinerlei Belohnung, wenn Sie vor der Zeit fertig werden.

Wenn Sie sich die ersten 75 Prozent beider Prüfungsabschnitte sorgfältig und gleichmäßig vornehmen, werden Sie dafür hingegen mit einer Punktzahl am oberen Ende der Prozentskala belohnt, die sich gegen Ende eines Prüfungsabschnitts sogar noch erhöhen kann, wenn Sie die letzten Fragen dank zusätzlich herausgearbeiteter Zeit richtig beantworten. Unter Umständen ist gerade die letzte Frage eines Testteils die schwierigste überhaupt, weil Sie sich bis dahin gut geschlagen haben und den letzten Fragen besonders viel Aufmerksamkeit schenken konnten. Womöglich beenden Sie die Prüfung mit einem Paukenschlag!

Achten Sie auf Ihr Tempo

Sie denken jetzt vielleicht, dass Sie, um jeder Aufgabe die gleiche Zeit zu widmen, während des Tests ständig auf die Uhr schauen müssen – aber das ist nicht der Fall, wenn Sie die Prüfung mit einem Zeitplan im Gepäck beginnen. Sie können die Uhr am Computer verdecken, um sich nicht verrückt machen zu lassen. Ab und an sollten sie aber doch einen Blick auf die Uhr werfen, um zu sehen, wie Sie vorankommen. Sie können sich beispielsweise vornehmen, alle acht Fragen auf die Computeruhr zu schauen, was bedeutet, dass Sie die Uhr bei jedem Testteil fünf- oder sechsmal aufdecken. Sie brauchen ein oder zwei kostbare Sekunden, um auf die Uhr zu schauen und sich (hoffentlich) davon zu überzeugen, dass Sie noch im Zeitplan sind.

Wenn Sie bereits während der Übungstests zu Hause Ihre Zeit nehmen, können Sie bis zum Ernstfall womöglich ein Gefühl dafür entwickeln, wann Sie hinterherhinken, sodass Sie nicht mehr so häufig auf die Uhr sehen müssen. Wenn Sie den Verdacht haben, sich zu lange (mehr als drei Minuten) bei einer Frage aufzuhalten, sollten Sie einen Blick auf die Uhr werfen. Wenn mehr als drei Minuten vergangen sind, entscheiden Sie sich spontan für eine der infrage kommenden Lösungsmöglichkeiten und nehmen Sie sich die nächste Aufgabe vor.

Wie man falsche Antworten vermeidet

Wir haben darauf hingewiesen, dass der Schlüssel zum Erfolg in einem zügigen Tempo besteht, damit Sie alle Fragen beantworten und ein möglichst gutes Endergebnis erzielen. Dazu müssen Sie vermutlich an manchen Stellen raten, und intelligent raten Sie nur, wenn Sie wissen, wie man falsche Antworten ausschließt

Beim GMAT kommt es unter anderem darauf an, manche Lösungsmöglichkeiten von vornherein zu eliminieren. Für die meisten Aufgaben werden fünf Lösungsmöglichkeiten angeboten, wobei gewöhnlich (vor allem im Sprachteil) ein oder zwei Möglichkeiten ganz offensichtlich falsch sind. Schließen Sie alle Antwortmöglichkeiten, die nicht infrage kommen, aus und halten Sie sich keine Sekunde länger damit auf. Jede ausgeschlossene *falsche* Antwort bringt Sie der *richtigen* Antwort schon ein Stück näher!

Wie Ihnen ausgeschlossene Lösungsmöglichkeiten beim CAT-Format nicht ins Gehege kommen

Vielleicht meinen Sie ja, es sei bei einem Computer-Test ganz unmöglich, Lösungsmöglichkeiten auszublenden. Natürlich ist das bei einem Test, der auf Papier durchgeführt wird, leichter, wo Sie offensichtlich falsche Antworten einfach durchstreichen können. Mit ein bisschen Übung können Sie auch bei einem Computer-Test gewissermaßen genauso verfahren. Sie müssen sich bloß daran gewöhnen, nur noch die infrage kommenden Antworten wahrzunehmen und nicht jedes Wort zu lesen, auf das ihr Blick fällt. Es kostet Sie viel zu viel Zeit, längst eliminierte Lösungsmöglichkeiten noch einmal zu lesen. Deshalb müssen Sie systematisch vorgehen.

Sie können zum Beispiel das Ihnen zur Verfügung gestellte Notepad nutzen, um Lösungsmöglichkeiten auszuschließen. Denken Sie daran, dass Sie Ihre alten Notizen nicht mehr brauchen. Sobald Sie eine Frage beantwortet haben, war's das! Da Sie sich einmal beantwortete Fragen sowieso nicht noch mal vornehmen können, sollten Sie auch Ihre Notizen zu einmal gelösten Aufgaben vergessen.

Die folgenden Tricks helfen Ihnen dabei, den Überblick über die ausgeschlossenen Lösungsmöglichkeiten nicht zu verlieren:

1. **Notieren Sie sich am Anfang eines Prüfungsabschnitts (vor allem im Sprachteil, in dem es einfacher ist, bestimmte Lösungsmöglichkeiten von vornherin auszuschließen) auf Ihrem Notepad untereinander die Buchstaben A, B, C, D und E.**

   A steht für die erste Lösungsmöglichkeit, B für die zweite, C für die dritte und so weiter, auch wenn diese Buchstaben auf dem Computermonitor gar nicht auftauchen.

2. **Löschen Sie bei allen ausgeschlossenen Lösungsmöglichkeiten den entsprechenden Buchstaben von Ihrem Notepad.**

   Wenn Sie zum Beispiel sicher sind, dass die Antworten zwei und fünf nicht infrage kommen, löschen Sie B und E von Ihrem Notepad.

3. **Wenn Sie auf Ihrem Notepad nur noch einen Buchstaben sehen, haben Sie alle falschen Lösungsmöglichkeiten eliminiert.**

   Sie müssen jetzt nicht mehr alle Lösungsmöglichkeiten noch einmal durchlesen, um sich für die richtige zu entscheiden, da diese ja bereits auf Ihrem Notepad steht.

4. **Wenn Sie Ihre Auswahl nicht auf eine Lösungsmöglichkeit beschränken können, wachsen Ihre Chancen, richtig zu raten, mit jeder weiteren ausgeschlossenen möglichen Lösung. Wenn Sie zum Beispiel zwei oder drei Antworten ausschließen, müssen Sie sich auch nur noch zwischen zwei oder drei Lösungsmöglichkeiten entscheiden.**

5. **Notieren Sie die gelöschten Buchstaben neu und beginnen Sie bei der nächsten Frage von vorne.**

 Vergessen Sie nicht, die von Ihrem Notepad gelöschten Antwortmöglichkeiten zu ersetzen, bevor Sie sich der nächsten Frage zuwenden.

Üben Sie diese Methode schon während der Prüfungsvorbereitungen zu Hause. Die Buchstaben von Ihrem Notepad zu löschen ist nicht schwer, es ist viel schwerer, Ihre Augen daran zu gewöhnen, die falschen Lösungsmöglichkeiten auf dem Bildschirm zu ignorieren. Ihr Gehirn drängt Sie dazu, bei jedem Blick auf den Monitor alle Lösungsmöglichkeiten aufs Neue zu studieren. Auf dem Papier könnten Sie jede falsche Antwort durchstreichen und beim nächsten Blick auf die Lösungsmöglichkeiten einfach überspringen, während Sie die falschen Antworten bei Computer-Tests sozusagen mental durchstreichen müssen. Sich das anzugewöhnen braucht seine Zeit, aber die Beherrschung dieser Fähigkeit hilft Ihnen vor allem im Sprachteil des GMAT, in dem Sie es bisweilen mit einer langen Auflistung von Lösungsmöglichkeiten zu tun bekommen.

Besorgen Sie sich, um den Ernstfall schon zu Hause richtig üben zu können, ein kleines Whiteboard samt Filzmarker und Trockenschwamm und absolvieren Sie die GMAT-Übungstests mithilfe des Whiteboard anstelle von Papier und Bleistift. Dann sind Sie am Prüfungstag daran gewöhnt, ihre Notizen nach jeder beantworteten Frage zu löschen und Ihr Notepad auch da sinnvoll einzusetzen, wo es darum geht, falsche Lösungsmöglichkeiten auszuschließen. Aber denken Sie daran, dass Sie nur Filzmarker einer Farbe verwenden können.

Wie Sie falsche Antworten erkennen

Nun beherrschen Sie womöglich die Kunst der Eliminierung falscher Lösungsmöglichkeiten auf dem Notepad, fragen sich aber nach wie vor, wie Sie falsche Antworten denn überhaupt erkennen können. Vor allem im Sprachteil empfiehlt es sich, die Fragen nach dem Ausschlussverfahren zu beantworten, weil die Antworten nicht immer so eindeutig als richtig oder falsch zu erkennen sind wie vielleicht später im Matheteil. Im Matheteil lassen sich viele Aufgaben richtig lösen, sobald Sie die nötigen Berechnungen durchgeführt haben, manche Aufgaben können Sie sogar ohne komplizierte Berechnungen lösen, indem Sie sich die Lösungsmöglichkeiten ansehen und die offensichtlich unsinnigen Lösungen ausschließen. Wenn Sie sich also auf Ihren gesunden Menschenverstand verlassen und sich die zur Verfügung stehenden Informationen genau anschauen, können Sie einige Aufgaben richtig lösen, ohne sich allzu ausführlich mit der Aufgabenstellung zu beschäftigen.

Verlassen Sie sich auf den gesunden Menschenverstand

Wenn Sie die Fragen sorgfältig durchlesen, werden Ihnen erstaunlich viele Antworten auf Anhieb unsinnig erscheinen. Im Matheteil müssen Sie manche Aufgaben nicht mal durchrechnen, um zu erkennen, dass ein oder zwei Lösungsmöglichkeiten schlicht unlogisch sind. Im Sprachteil werden Sie bei einigen Logikaufgaben auf Lösungen stoßen, die nichts mit dem Thema der Beweisführung zu tun haben, und bei manchen Satzaufgaben mit Lösungsmöglichkeiten konfrontiert werden, die entweder grammatikalisch dürftig sind oder wegen ihres falschen Satzbaus unmöglich infrage kommen. Derartige Beleidigungen Ihrer Intelligenz können Sie natürlich sofort aus der engeren Wahl ausschließen. Und wenn eine Lösungsmöglichkeit jenseits aller Wahrscheinlichkeit liegt, müssen Sie diese ja auch nicht unbedingt noch mal durchlesen. Sehen Sie sich nur mal die folgende Logikaufgabe aus dem Sprachteil des GMAT an.

Most New Year's resolutions are quickly forgotten. Americans commonly make resolutions to exercise, lose weight, quit smoking, or spend less money. In January, many people take some action, such as joining a gym, but by February they are back to their old habits again.

Which of the following, if true, most strengthens the argument above?

(A) Some Americans don't make New Year's resolutions.

(B) Americans who do not keep their resolutions feel guilty the rest of the year.

(C) Attempts to quit smoking begun at times other than the first of the year are less successful than those begun in January.

(D) Increased sports programming in January motivates people to exercise more.

(E) People who are serious about lifestyle changes usually make those changes immediately and don't wait for New Year's Day.

In Kapitel 5 finden Sie jede Menge Hinweise zu den Logikaufgaben, aber diese hier müssen Sie sich nicht mal genau anschauen, um zu erkennen, dass Sie mindestens zwei mögliche Antworten auf den ersten Blick ausschließen können. Hier wird die Behauptung aufgestellt, dass viele Menschen sich nicht lange an Ihre guten Neujahrsvorsätze halten, und Sie werden aufgefordert, diese Behauptung zu bekräftigen. Dabei haben zwei Antwortmöglichkeiten gar nichts mit guten Vorsätzen zu tun und Sie können diese daher von vornherein verwerfen: Antwort A enthält völlig irrelevante Informationen, schließlich geht es in der aufgestellten Behauptung um Menschen, die sich zum Jahreswechsel etwas vornehmen, nicht um solche, die lieber gleich darauf verzichten. Und Antwort D wartet mit einem ganz neuen Thema auf, nämlich Sportaktivitäten, ohne dabei im Geringsten auf gute Vorsätze einzugehen.

Ohne besondere geistige Anstrengungen haben sie die möglichen Antworten nun schon auf drei reduziert. Es ist psychologisch viel einfacher, sich an drei Lösungsmöglichkeiten abzuarbeiten als an deren fünf. Und wenn bei dieser Frage die Zeit schon knapp ist und Sie deshalb raten müssen, stehen die Chancen, die richtige Antwort zu erwischen, jetzt schon viel besser als bei fünf Antwortmöglichkeiten.

Verlassen Sie sich auf Ihr Wissen

Ehe Sie sich daranmachen, eine Rechenaufgabe oder eine Satzaufgabe zu lösen, hilft Ihnen womöglich Ihr Vorwissen, um bestimmte Lösungsmöglichkeiten sofort zu eliminieren.

Wenn eine Rechenaufgabe zum Beispiel auf eine absolute Zahl hinausläuft, können Sie alle negativen Lösungsmöglichkeiten sofort verwerfen, da absolute Zahlen immer positiv sind. (In Kapitel 10 erfahren Sie mehr über absolute Zahlen.) Selbst wenn Sie nicht mehr wissen, wie die Aufgabe ausgerechnet werden muss, können Sie die Lösungsmöglichkeiten so immerhin einschränken und Ihre Chancen beim Raten erhöhen. Wenn Sie ein oder zwei Lösungsmöglichkeiten ausschließen können und genug Zeit haben, können Sie die verbleibenden Lösungsmöglichkeiten probeweise auf die Aufgabenstellung anwenden und so vielleicht auf die richtige Lösung kommen. Wenn Sie den Fragen also mit Ihrem geballten Vorwissen zu Leibe rücken, lassen sich am Ende womöglich mehr Fragen richtig beantworten, als Sie anfangs gedacht hätten.

Lassen Sie sich von den Fragen leiten

Wenn Sie schon mal *Wer wird Millionär?* im Fernsehen gesehen haben, wissen Sie, dass die richtige Antwort oft schon in der Fragestellung selbst versteckt ist. Aber auch wenn beim GMAT nicht alle Fragen so leicht zu beantworten sind wie »Wie lange dauerte der Dreißigjährige Krieg?«, finden Sie auch in manchen GMAT-Aufgaben nützliche Hinweise auf die richtige Antwort.

Bei der Logikaufgabe zu den guten Vorsätzen im vorigen Abschnitt hatten Sie es nach dem ersten Lesen noch mit drei möglichen Antworten zu tun. Wenn Sie genau darauf achten, wie die Frage formuliert ist, lässt sich leicht eine weitere mögliche Antwort ausschließen.

Sie werden aufgefordert, die Behauptung zu *bekräftigen*, nach der viele Menschen dazu neigen, ihre Neujahrsvorsätze schnell wieder zu vergessen. Doch Antwort B *schwächt* diese Behauptung eher, weil hier darauf hingewiesen wird, dass manche ihre Vorsätze weniger vergessen als vielmehr das ganze Jahr über von ihren aufgegebenen Vorsätzen verfolgt werden. Und da diese Antwort die Behauptung, wie in der Aufgabenstellung verlangt, nicht *stärkt*, sondern *schwächt*, können Sie auch diese Lösungsmöglichkeit eliminieren. Jetzt stehen sogar nur noch zwei mögliche Antworten zur Wahl, obwohl Sie sich mit der Logik der Beweisführung noch gar nicht auseinandergesetzt haben. Und zwei mögliche Antworten lassen sich in der zur Verfügung stehenden Zeit selbstverständlich wesentlich leichter abwägen als fünf oder drei, und sogar wenn Sie nur raten, stehen Ihre Chancen, die richtige Antwort zu treffen, nun schon bei fifty-fifty!

Die offensichtlich falschen Lösungsmöglichkeiten innerhalb von Sekunden auszuschließen bringt Sie der richtigen Lösung ein gutes Stück näher. Diese Strategie funktioniert im Matheteil des GMAT kein bisschen weniger zuverlässig. Schauen Sie sich mal die folgende Rechenaufgabe an:

If $\frac{1}{2}$ of the air is removed from a balloon every 10 seconds, what fraction of the air has been removed from a balloon after 30 seconds?

(A) $\frac{1}{8}$

(B) $\frac{1}{6}$

(C) $\frac{1}{4}$

(D) $\frac{5}{6}$

(E) $\frac{7}{8}$

Da in der Aufgabenstellung davon die Rede ist, dass die Hälfte der Luft in den ersten zehn Sekunden entweicht, können Sie auf der Stelle alle Lösungen mit Brüchen eliminieren, die kleiner sind als $\frac{1}{2}$. Die Lösungsmöglichkeiten A, B und C kommen also auf keinen Fall infrage. Sie haben es nun auch ohne irgendeine Rechenoperation nur noch mit zwei möglichen Lösungen zu tun.

Ein weiterer Vorteil, offensichtlich falsche Antworten zu eliminieren, besteht darin, dass Sie so versehentlich begangene folgenschwere Fehler vermeiden können. Der GMAT bietet in diesem Fall die Lösungsmöglichkeiten A, B und C nur an, um unachtsame Prüfungsteilnehmer in die Falle zu locken. Wenn Sie die Aufgabe fälschlicherweise durch die Multiplikation von $\frac{1}{2}$ mal $\frac{1}{2}$ mal $\frac{1}{2}$ zu lösen versucht haben, stehen Sie am Ende mit $\frac{1}{8}$ da. Wenn Sie diese Lösungsmöglichkeit jedoch bereits ausgeschlossen haben, wissen Sie, dass irgendetwas falsch gelaufen ist. Durch den Ausschluss der Ergebnisse, die unmöglich richtig sein können, haben Sie verhindert, auf ein klug eingefädeltes Ablenkungsmanöver hereinzufallen. $\frac{1}{8}$ entspricht übrigens der Menge Luft, die nach 30 Sekunden noch in dem Ballon enthalten ist. Wie viel Luft nach dieser Zeit entwichen ist, verrät Ihnen Antwort E, nämlich $\frac{7}{8}$ der Gesamt-menge, denn $1 - \frac{1}{8} = \frac{7}{8}$.

Und wie steht's mit den römischen Ziffern?

Hin und wieder werden Sie während der Prüfung mit einer bestimmten Sorte GMAT-Aufgaben konfrontiert: Dabei müssen Sie mit den römischen Ziffern I, II und III bezeichnete Aussagen auf Ihren Wahrheitsgehalt hin überprüfen. Fragen dieser besonderen Art werden Ihnen sowohl im Mathe- als auch im Sprachteil begegnen. Ihre Aufgabe besteht darin, sich, je nach Fragestellung, für die Lösungsmöglichkeit zu entscheiden, die die korrekte Auflistung wahrer oder falscher Aussagen enthält.

Gehen Sie bei den Aufgaben, die Ihnen mit römischen Ziffern bezeichnete Aussagen vorlegen, wie folgt vor:

1. **Bestimmen Sie den Wahrheitsgehalt der ersten Aussage oder der Aussage, deren Wahrheitsgehalt am einfachsten zu bestimmen ist.**

2. **Wenn die erste Aussage den in der Frage formulierten Voraussetzungen entspricht, müssen Sie also alle Lösungsmöglichkeiten verwerfen, in denen die Ziffer I nicht enthalten ist. Falls nicht, müssen Sie alle Lösungsmöglichkeiten eliminieren, in denen die römische I vorkommt.**

3. **Schauen Sie sich anschließend die übrigen Lösungsmöglichkeiten daraufhin an, welche der beiden verbleibenden Aussagen sich am ehesten auf ihren Wahrheitsgehalt prüfen lässt.**

4. **Prüfen Sie nun den Wahrheitsgehalt einer weiteren Aussage und schließen Sie je nach dem Ergebnis weitere Lösungsmöglichkeiten aus. Sie werden feststellen, dass Sie sich nun mit der dritten Aussage gar nicht mehr auseinandersetzen müssen.**

Hier ein Beispiel aus dem Matheteil, das Ihnen zeigt, wie es geht:

If x and y are different positive whole numbers, each greater than 1, which of the following must be true?

I. $x + y > 4$

II. $x - y = 0$

III. $x - y$ results in an integer

(A) II only

(B) I and II

(C) I, II, and III

(D) I and III

(E) III only

Gehen Sie die Aussagen eine nach der anderen durch. Beginnen Sie mit der I und überlegen Sie, ob es stimmt, dass $x + y > 4$. Da es sich x und y um unterschiedliche ganze Zahlen (integer) handeln und die kleinere von beiden wenigstens 2 sein muss, kann die zweite Zahl nicht kleiner als 3 sein: $2 + 3 = 5$, also muss $x + y$ mindestens 5 sein, die Aussage ist also wahr.

Lassen Sie Aussage II jetzt erst mal links liegen. Gehen Sie stattdessen die Lösungsmöglichkeiten durch und verwerfen Sie alle, in denen die I nicht aufgeführt ist. In A und E kommt die I nicht vor, löschen Sie diese Lösungsmöglichkeiten also von ihren Notepad. Die verbleibenden Lösungsmöglichkeiten geben Ihnen keinen Hinweis darauf, welche Aussage Sie als Nächstes auf Ihren Wahrheitsgehalt prüfen sollten, machen Sie daher mit der Prüfung der Aussage II weiter, die besagt, dass $x - y = 0$ ist. Diese Aussage kann nicht wahr sein, weil x und y verschiedene ganze Zahlen sein müssen. Wenn man eine Zahl von einer anderen Zahl subtrahiert, ist das Ergebnis nur dann 0, wenn es sich dabei um dieselbe Zahl handelt, da die Differenz von zwei verschiedenen ganzen Zahlen immer wenigstens 1 ergibt.

Da die Aussage II nicht wahr sein kann, lassen sich nun auch alle Lösungsmöglichkeiten eliminieren, in denen die II vorkommt. Damit fallen auch B und C weg und nur noch D bleibt übrig. Sie kommen also allein durch das Ausschlussverfahren auf die richtige Lösung D. Zwar kommen Ihnen nicht alle Aufgaben mit römischen Ziffern so weit entgegen, aber bei vielen können Sie mit dieser Methode jede Menge Zeit sparen!

Die Schlaumeiermethode: Was Sie während der Prüfung unbedingt vermeiden sollten

Dieses Kapitel handelt größtenteils davon, was Sie unternehmen sollten, um Ihr GMAT-Ergebnis zu verbessern. Aber es gibt auch ein paar Dinge, die Sie auf keinen Fall tun sollten. Wenn Sie die folgenden Fehler vermeiden, haben Sie die Nase gegenüber den anderen Prüfungsteilnehmern immer ganz weit vorne.

Verlieren Sie niemals den Faden

Sie sind womöglich bereits an die schnelllebige Welt der Geschäftsabschlüsse und Produktpräsentationen gewöhnt, die naturgemäß Gegenstand zahlreicher Wirtschaftsstudiengänge ist. Sie sollten daher nicht allzu überrascht sein, wenn ein 150 Minuten dauernder Multiple-Choice-Test und eine Stunde für zwei Aufsätze Sie ein wenig langweilen. Was für eine schockierende Aussicht!

Trotzdem sollten Sie nicht zulassen, dass Ihre Konzentration nachlässt. Legen Sie Ihrem Hirnkasten Zügel an und sehen Sie nicht tatenlos zu, wie Ihre Gedanken auf Wanderschaft gehen. Dieser Test ist dafür viel zu wichtig. Rufen Sie sich notfalls ins Gedächtnis, welche Bedeutung diese dreieinhalb Stunden für Ihre Zukunft haben. Nehmen Sie sich zusammen, konzentrieren Sie sich und verlassen Sie sich im Übrigen auf die Entspannungstipps am Schluss dieses Kapitels, um sich nicht ständig im Nirwana zu verlieren. Schließlich meistern Sie auch Ihr MBA-Studium, das Sie in Kürze beginnen, nicht ohne die nötige Konzentration!

Lesen Sie die Fragen nicht in Lichtgeschwindigkeit

Wir sagen Ihnen das nur ungern, aber aller Wahrscheinlichkeit nach sind Sie kein Superheld namens »Superschnellleser«. Kann ja sein, dass Sie vor dem Test so nervös sind, dass Sie die Fragen am liebsten alle auf einmal lesen würden, aber das wäre ein Riesenfehler! Sie bekommen keine Extrapunkte, wenn Sie vor der Zeit fertig werden, und Sie haben reichlich Zeit, um alle Fragen zu beantworten, sofern Sie sich für jede Frage angemessen viel Zeit lassen. Auch wenn Sie stolz drauf sein sollten, Romane in Rekordzeit durchzulesen, eine Fähigkeit, die Ihnen bei den Textaufgaben durchaus zugute kommt, die Ihnen beim Studium der Testfragen im Allgemeinen aber überhaupt nichts bringt. Sie müssen sich jede einzelne Frage sorgfältig zu Gemüte führen, damit Ihnen die Feinheiten des GMAT nicht entgehen und damit Sie genau verstehen, was Ihnen jeweils abverlangt wird.

Vielen Prüfungsteilnehmern, die bei manchen Fragen stecken bleiben und am Ende mit einem Testteil nicht fertig werden, ergeht es so aufgrund unzureichender Prüfungsstrategien und nicht etwa, weil Sie sich beim Studium der Fragen zu viel Zeit lassen. Tun Sie sich ein Gefallen und entspannen Sie sich, gönnen Sie jeder Frage die erforderliche Zeit und erhöhen Sie so Ihre Punktzahl!

Vergeuden Sie Ihre Zeit nicht mit den kniffligsten Fragen

Aber auch wenn Sie nicht die Schallmauer durchbrechen sollten, müssen Sie andererseits daran denken, sich nicht allzu lange mit besonders schwierigen Fragen aufzuhalten. Der Schwierigkeitsgrad der Aufgaben hängt (siehe oben) von der Person ab, die den Test macht. Alle Prüfungsteilnehmer, sogar die mit den besten Endergebnissen, stoßen während des Tests auf Fragen, die sie weniger leicht beantworten können als andere. Geben Sie auch bei den schwierigen GMAT-Fragen Ihr Bestes, schließen Sie so viele offensichtlich falsche Antworten wie möglich aus und raten Sie klug. Womöglich würden Sie eine besonders knifflige Frage auch nicht beantworten können, wenn Sie den ganzen Tag Zeit hätten. Wenn Sie sich also auf Ihr Gespür als Ratefuchs verlassen und wacker voranschreiten, werden Sie wahrscheinlich noch viele weitere Fragen richtig beantworten können.

Schummeln Sie nicht

Wir haben keine Ahnung, auf welche Weise Sie bei einem Computer-Test wie dem GMAT überhaupt schummeln könnten und wir werden uns auch nicht mit Überlegungen zu diesem Thema aufhalten! Nutzen Sie Ihre Zeit, um sich auf den Test vorzubereiten, und geben Sie Ihr Bestes. Schummeln hat sowieso keinen Zweck!

Am Rande des Nervenzusammenbruchs: Entspannungstechniken

Vielleicht hat das Gerede über Zeitmanagement, offensichtlich falsche Lösungsmöglichkeiten, Ratespiele und Konzentrationsmangel Sie nervös gemacht. Immer mit der Ruhe! Nach der Lektüre unseres Buches stehen Ihnen jede Menge Strategien zur Verfügung, wie Sie Ihre rasche Auffassungsgabe und Ihr Notepad für eine hohe GMAT-Punktzahl nutzen können. Womöglich sind Sie am Tag der Prüfung ein bisschen aufgeregt, aber keine Panik, ein Spritzer Adrenalin kann durchaus für die nötige Aufmerksamkeit sorgen. Sie sollten sich von Ihrer Nervosität bloß nicht lähmen lassen.

Es kann sein, dass Sie bisher gut vorangekommen sind und plötzlich, aus heiterem Himmel, stehen Sie vor einer Frage, die Sie nicht mal ansatzweise verstehen. Und anstatt ein paar Lösungsmöglichkeiten zu verwerfen und das Problem zu lösen, sitzen Sie da und starren auf die Frage wie das Kaninchen auf die Schlange und zerbrechen sich den Kopf darüber, ob es überhaupt Sinn gehabt hat, sich für den GMAT anzumelden. Sie geraten in Panik und denken plötzlich, dass Sie für ein MBA-Studium völlig ungeeignet sind. Kurz, Sie stehen am Rande eines Nervenzusammenbruchs und brauchen dringend … Hilfe!

Da der GMAT ein Computer-Test ist, bedeutet eine besonders schwierige Aufgabe zunächst mal, dass Sie sich bisher gut geschlagen haben. Und es bedeutet, dass Sie, falls Sie diese Frage vermasseln, als Nächstes eine leichtere Frage bekommen – es sei denn, Sie sind schon bei der letzten Frage angelangt und dann haben Sie erst recht keinen Grund zur Panik!

Wenn Sie irgendwann während der Prüfung dennoch von Ängsten heimgesucht werden und die oben aufgeführten Tatsachen hinsichtlich Computer-Tests Sie nicht wieder beruhigen, versuchen Sie es doch mal mit den folgenden Entspannungstechniken:

✔ **Atmen Sie tief durch.** In Stresssituationen atmet man flach und bekommt nicht genug Sauerstoff, um noch klar denken zu können. Tief durchatmen sorgt für die nötige Beruhigung und gibt Ihnen die Luft, die Sie brauchen, um ein gutes Ergebnis zu erzielen.

✔ **Strecken Sie sich.** Ängste führen zu Verspannungen, dasselbe gilt für die Arbeit am Computer. Ein paar einfache Dehnungsübungen schaffen Entspannung und helfen dem Blutkreislauf auf die Sprünge. Heben Sie die Schulter Richtung Ohren und rollen Sie den Kopf von einer Seite zur anderen. Sie können auch die Hände zusammenlegen und die Arme weit über dem Kopf ausstrecken oder strecken Sie auch mal die Beine aus und lassen Sie die Fußgelenke kreisen. (Oder machen Sie beides gleichzeitig!) Zum Schluss können Sie auch noch die Hände ausschütteln, als hätten Sie sie gerade gewaschen und könnten kein Handtuch finden, um sie abzutrocknen.

✔ **Gönnen Sie sich eine Minimassage.** Gegen schlimmere Verspannungen hilft eine Massage. Für gewöhnlich halten Schultern und Nacken die größte Körperspannung, daher sollten Sie mit der linken Hand Ihre rechte Schulter reiben und mit der rechten Hand die linke Schulter. Massieren Sie auch den Nacken. Das bringt zwar nicht so viel wie eine Profimassage, aber die können Sie nach dem Test zur Belohnung immer noch nachholen!

✔ **Denken Sie positiv.** Legen Sie kurze Pausen ein. Klar, der GMAT ist hart, aber lassen Sie sich nicht entmutigen. Richten Sie Ihre Gedanken auf etwas Positives, zum Beispiel auf die Fragen, die Sie bereits richtig beantwortet haben. Und denken Sie bei schwierigen Fragen daran, dass es ab jetzt nur besser werden kann.

✔ **Machen Sie Kurzurlaub.** Wenn gar nichts mehr hilft und die Nervosität nicht weichen will, stellen Sie sich einfach einen Ort vor, an dem Sie sich wohlfühlen und der Ihnen Selbstvertrauen einflößt. Statten Sie diesem Ort in Ihrer Fantasie einen Kurzbesuch ab und kehren Sie anschließend erfrischt zur nächsten Frage zurück!

Teil II
Ran an den Sprachteil

»Tschuldigung, weiß hier vielleicht jemand
was ›monoton‹ bedeutet?«

In diesem Teil ...

Der Sprachteil des GMAT testet mit drei verschiedenen Fragenkategorien eine Vielzahl von Fähigkeiten. In diesem Teil erfahren Sie, wie Sie in allen drei Kategorien gut abschneiden können.

Die Satzaufgaben wollen von Ihnen wissen, wie gut Sie sich mit den Regeln der englischen Schriftsprache auskennen. Da es dabei nicht um das *gesprochene* Englisch geht, können Sie sich bei der Satzkorrektur nicht bei allen Fragen darauf verlassen, ob sich etwas gut anhört oder nicht. Aber keine Sorge. Wir geben Ihnen alles an die Hand, was Sie brauchen, um die Fehler zu erkennen und zu verbessern, mit denen die GMAT-Macher Ihnen mit der größten Freude zu Leibe rücken.

Zum GMAT-Sprachteil gehören auch die handelsüblichen Textaufgaben, die Sie vermutlich von jedem anderen Standardtest kennen, den Sie in Ihrem Leben schon absolviert haben. Es ist nicht besonders schwierig, einen kurzen Text zu lesen und Fragen dazu zu beantworten, es sei denn, Ihnen stehen für diese Herausforderung nur ein paar Minuten zur Verfügung! Deshalb zeigen wir Ihnen in diesem Teil, wie Sie die Texte rasch durchgehen und sich dabei nur auf die Informationen konzentrieren, die Sie für die Beantwortung der Fragen brauchen.

Die Logikaufgaben sind so etwas wie Mini-Textaufgaben, bei denen es darauf ankommt, Informationen aufzunehmen und Fragen dazu zu beantworten. Wobei diese Schätzchen in der Regel auf einen Absatz und eine einzige Frage beschränkt sind. Aber da wir Ihnen demonstrieren, wie Sie unter Zeitdruck Beweisführungen zerpflücken, können Sie sich bei der Abwägung der Argumente und der Beantwortung der Fragen zu wahrer Meisterschaft aufschwingen.

Dieser Teil enthält eine Vielzahl von Informationen, und damit Sie sich später an alles erinnern, bildet eine Kurzversion des GMAT-Sprachteils den krönenden Abschluss. Dann sehen Sie, wie alle drei Fragenkategorien zusammenwirken.

Zeigen Sie, was Sie (hoffentlich) in der Schule gelernt haben: Die Satzaufgaben

3

In diesem Kapitel...

▶ Grundlagen der Grammatik

▶ Erkennen Sie häufig abgefragte Fehler

▶ Wie Sie die Satzaufgaben meistern

Sie sind sich sicher, dass Sie in der Geschäftswelt bestehen könnten, schön, aber wie lange haben Sie sich nicht mehr mit Grammatik beschäftigt? Und weshalb will der GMAT eigentlich wissen, wie gut Sie sich mit Grammatik auskennen? Na, weil Ihr Erfolg als Geschäftsmann oder -frau von vielen verschiedenen Talenten abhängt, und dazu gehört wesentlich auch die Fähigkeit, sich richtig und mit dem gewünschten Ergebnis ausdrücken zu können.

Da der GMAT (noch) nicht prüfen kann, wie gut Sie Englisch reden können, beschränkt sich der Test auf Ihre Fähigkeiten im Lesen und Schreiben. Genau genommen widmet der GMAT sogar mehr als die Hälfte seiner Aufmerksamkeit diesen beiden Kernkompetenzen. Und natürlich sind Ihre Kenntnisse im Schriftenglischen für Ihre Schreibkompetenz von entscheidender Bedeutung. Die GMAT-Macher haben daher teuflisch wirkungsvolle Methoden entwickelt, Ihren entsprechenden Kenntnissen mittels Multiple-Choice-Fragen auf den Grund zu gehen.

Womöglich rauben Ihnen Schlüssel zu guter Grammatik wie Interpunktion, Subjekt-Prädikat-Kongruenz, Parallelstruktur schon den Schlaf. Fassen Sie sich ein Herz. Wir werden nicht zulassen, dass Sie den MBA-Studiengang Ihrer Träume in den Wind schreiben können, bloß weil Sie an den Satzaufgaben (*sentence correction questions*) des GMAT gescheitert sind. Zum Glück bleiben sich die Fehler, die Sie während des GMAT korrigieren müssen, so ziemlich gleich, Sie können sich bei Ihren Prüfungsvorbereitungen also auf Altbewährtes konzentrieren.

Zuerst gehen wir die Grundlagen der Grammatik durch, die Sie am Tag der Prüfung unbedingt draufhaben sollten. Dann verraten wir Ihnen, wie die Satzaufgaben aussehen, mit denen Sie rechnen müssen, mit welcher Art Fehler der GMAT Sie besonders gern konfrontiert und wie Sie die Fragen am besten beantworten.

Bauen Sie nicht auf Sand: Grundlagen der Grammatik

Zum Glück sind die Grammatikregeln ziemlich logisch. Wenn Sie die Grundregeln der Wortarten und Satzteile erst einmal kapiert haben, kann eigentlich nichts mehr schiefgehen. Wir zeigen Ihnen, was Sie, um die Satzaufgaben zu lösen, unbedingt wissen müssen, wobei unser Nachhilfeunterricht Ihnen als Bonus auch beim Verfassen der GMAT-Essays helfen kann.

Wort für Wort: Die Wortarten

Die Satzaufgaben bestehen aus, wer hätte das gedacht, Sätzen und Sätze bestehen aus Wörtern und jedes Wort im Satz hat eine bestimmte Funktion. Die Wortarten der englischen Sprache, die Sie für den GMAT kennen sollten, sind Verben, Substantive, Pronomen, Adjektive, Adverbien, Konjunktionen und Präpositionen.

Tun Sie was: Verben

Jeder Satz beinhaltet ein Verb, was bedeutet, dass jeder Satz ohne Verb unvollständig ist. Mit drei Arten von Verben sollten Sie im Englischen auf vertrautem Fuß stehen:

✔ **Handlungsverb:** Diese Art Verben gibt an, was das Subjekt des Satzes tut: *run*, *jump*, *compile* und *learn* sind Beispiele sogenannter Handlungsverben.

✔ **To be:** Das Hilfsverb *to be* (konjugiert als *am*, *is*, *are*, *was*, *were*, *been* und *being*) funktioniert wie ein Gleichheitszeichen. Es verbindet das Subjekt mit einem Adjektiv oder einem Substantiv. Zum Beispiel: *Ben is successful* bedeutet *Ben = successful* und *She is a CEO* bedeutet *She = CEO*.

✔ **Kopula (auch Satzband genannt):** Diese Verben verknüpfen das Subjekt mit einem Adjektiv, das die Verfassung des Subjekts beschreibt. Genau wie das Verb *to be* drücken sie den Zustand des Subjekts aus, sagen dabei aber mehr über das Subjekt aus als *to be*. Häufige Kopulaverben sind zum Beispiel: *feel*, *seem*, *appear*, *remain*, *look*, *taste* und *smell*.

Die Dinge beim Namen nennen: Substantive (Hauptwörter)

Natürlich wissen Sie, dass Substantive Personen, Orte und Dinge bezeichnen. Substantive sagen also, was »Sache« ist, können aber in einem Satz in unterschiedlichen Rollen auftreten:

1. Das *Subjekt* spielt die Hauptrolle im Satz. Es zeigt an, worum es im Satz geht oder wer etwas tut.

2. Das *Direkte Objekt* ist das Ziel der Handlung des Handlungsverbs.

3. Das *Indirekte Objekt* empfängt das *Direkte Objekt*. Sätze mit einem *Direkten Objekt* brauchen nicht unbedingt ein Indirektes Objekt, aber um ein Indirektes Objekt einsetzen zu können, benötigt man zunächst ein Direktes Objekt.

4. Das *Präpositionalobjekt* bezieht auf sich eine Präposition. (Vergleichen Sie den Abschnitt »Gemeinsam sind wir stark: Konjunktionen und Präpositionen« weiter hinten in diesem Kapitel.)

5. Das *Objekt in einer Verbwendung* bezieht sich auf das *Gerundium* (also ein in ein Substantiv verwandeltes Verb wie zum Beispiel *singing*).

6. *Appositionen* (auch: Beifügung) erläutern andere Substantive oder ersetzen sie.

7. *Prädikatsnomen* folgen auf das Verb *to be* und beziehen sich auf das Subjekt.

Damit Sie sehen, wie die verschiedenen Substantivtypen funktionieren, haben wir Ihr Erscheinen in den beiden folgenden Beispielsätzen mit den ihnen zugeordneten Ziffern in der obigen Auflistung bezeichnet:

> *Being a businesswoman (5) with great leadership abilities (4), Anna Arnold (1), an MBA (6), gave her employees (3) the opportunity (2) to succeed. Anna (1) was a supportive supervisor (7).*

Der GMAT verlangt nicht von Ihnen, die unterschiedlichen Substantivfunktionen zu identifizieren, aber sie zu kennen hilft Ihnen bei der Erörterung der verschiedenen Fehler, mit denen Sie es bei den Satzaufgaben zu tun bekommen.

Eines der wichtigsten Dinge über Substantive und Verben, an die Sie sich während des GMAT erinnern sollten, ist, dass das Subjekt und das Prädikat eines Satzes in Zahl übereinstimmen müssen. Mehr darüber erfahren Sie in dem Abschnitt »Was Sie schon immer über die Satzaufgaben wissen wollten«.

Stellvertreter: Pronomen (Fürwörter)

Pronomen spielen in den Satzaufgaben des GMAT eine prominente Rolle. Pronomen treten an die Stelle von Substantiven und verhindern, dass Sie Namen und andere Substantive in einem Satz oder Absatz endlos wiederholen müssen. Im GMAT wimmelt es von falsch verwendeten Pronomen. Um diese Fehler korrigieren zu können, müssen Sie die drei Arten von Pronomen kennen: Personalpronomen (persönliche Fürwörter), Indefinitpronomen (unbestimmte Fürwörter) und Relativpronomen (bezügliche Fürwörter).

✔ **Personalpronomen:** Diese Wortart ersetzt bestimmte Substantive. Es gibt sie als Subjektpronomen oder als Objektpronomen.

- Die *Subjekt*pronomen sind *I, you, he, she, it, we* und *they. Subjektpronomen* werden verwendet, wenn das Pronomen für ein Subjekt oder ein Prädikatsnomen steht (mehr über die Substantivfunktionen erfahren Sie im vorigen Abschnitt).

- Die *Objekt*pronomen sind *me, you, him, her, it, us* und *them. Objektpronomen* kommen zum Einsatz, wenn sie im Satz für ein Objekt stehen.

✔ **Indefinitpronomen:** Diese Pronomen verweisen statt auf bestimmte Substantive auf allgemeine Substantive. *Everyone, somebody, anything, each, one, none,* und *no one* gehören zu dieser Kategorie Pronomen. Wichtig ist, dass die meisten unbestimmten Pronomen nur im Singular erscheinen, was bedeutet, dass sie auch entsprechende Verben nach sich ziehen: ***One** of the employees is being laid off.*

✔ **Relativpronomen:** Diese Pronomen wie *that, which* und *who* verknüpfen Relativsätze mit den Substantiven, die Sie näher bestimmen. *Who* bezieht sich auf Personen, während *which* und *that* sich vor allem auf Tiere und Sachen beziehen: *He is a manager,* **who** *is comfortable leading. The consulting work,* **that** *she does usually saves companies money,* **which** *makes her a very popular consultant.*

Näheres regeln die Adjektive (Eigenschaftswörter)

Adjektive beschreiben und bestimmen Substantive. *Zum Beispiel: The secretive culture of the corporation created* **discontented** *employees. Secretive* bestimmt die Firmenkultur und *discontented* beschreibt die Gefühle der Angestellten. Ohne die Adjektive wäre der Satz praktisch unverständlich: *The culture of the corporation created employees.*

Achten Sie bei den Satzaufgaben darauf, dass im Satz alles an der richtigen Stelle steht. Der Satz *I brought the slides to the meeting* **that I created** erweckt zum Beispiel den Eindruck, als hätte der Autor des Satzes eher die Besprechung angefertigt als die mitgebrachten Folien. Der Relativsatz *that I created* steht hier eindeutig an der falschen Stelle, richtig wäre *I brought the slides* **that I created** *to the meeting.*

Wie war das genau? Adverbien (Umstandswörter)

Wie Adjektive fügen auch Adverbien einem Satz Zusatzinformationen hinzu, wobei Adjektive gewöhnlich Substantive näher bestimmen, während Adverbien vor allem in Verbindung mit Verben in Erscheinung treten. Zu den Adverbien zählen alle Wörter und Wortgruppen (Adverbialbestimmungen), die auf die Fragen *where, when, how,* und *why* antworten: *The stock market* **gradually** *recovered from the 1999 crash. Gradually* bestimmt näher, auf welche Weise (nämlich *allmählich*) sich die Börsenkurse erholt haben.

Manche Adverbien bestimmen allerdings Adjektive oder andere Adverbien näher: *The* **extremely** *unfortunate plumber yodeled* **very well**. In Kapitel 6 erfahren Sie mehr über die Verwendung von Adverbien auf diese Weise.

Viele Adverbien sind leicht an der Endung *-ly* zu erkennen, bedauerlicherweise gilt das nicht für alle Adverbien. In dem Satz *The company's manufacturing moved* **overseas** beispielsweise gibt das Adverb *overseas* an, wohin die Produktion verlagert wurde. Und in dem Beispiel *The Human Resources director resigned* **today** verrät Ihnen *today*, zu welchem Zeitpunkt die Kündigung erfolgte.

Beim GMAT kommt es sehr darauf an, Adverbien an die richtige Stelle zu setzen. Die Trennung eines Adverbs von »seinem« angestammten Wort verdunkelt bloß den Sinn eines Satzes.

Gemeinsam sind wir stark: Konjunktionen (Bindewörter) und Präpositionen (Verhältniswörter)

Konjunktionen und Präpositionen verknüpfen einzelne Satzteile miteinander.

✔ **Konjunktionen:** Diese Wortart verbindet Wörter, Sätze und Satzteile. Es gibt *verbinden-de, nebenordnende* und *unterordnende* Konjunktionen, aber sie müssen sich diese Begriffe nicht unbedingt einprägen, merken Sie sich lediglich, dass es drei verschiedene Sorten Konjunktionen gibt.

- Die meisten Menschen denken bei Konjunktionen vor allen an die sieben verbindenden Konjunktionen: *and*, *but*, *for*, *nor*, *or*, *so* und *yet*.

- Nebenordnende Konjunktionen treten immer paarweise auf: *either/or*, *neither/nor*, *not only/but also*. Diese Konjunktionen setzen zwei gleiche Satzteile zueinander in Beziehung. Daher folgt auf jedes *either* in einem Satz unweigerlich ein *or*.

- Unterordnende Konjunktionen verknüpfen einen untergeordneten Nebensatz mit einem Hauptsatz. Die am häufigsten verwendeten unterordnenden Konjunktionen sind *although*, *because*, *if*, *when* und *while*. Im Abschnitt »Lange Rede, kurzer Sinn: Sätze und Satzteile« beschäftigen wir uns näher mit Haupt- und Nebensätzen.

✔ **Präpositionen:** Diese Wortart verbindet Substantive mit dem Rest eines Satzes. Um alle Präpositionen aufzuzählen, würden wir mehrere Seiten brauchen, eine Handvoll Beispiele soll daher genügen: *about*, *above*, *at*, *for*, *in*, *over*, *to* und *with*. Präpositionen haben im Satz nur dann einen Sinn, wenn Sie mit einem Substantiv verknüpft sind, Präpositionen treten daher ausschließlich in Präpositionalwendungen in Erscheinung. Solche Sätze bestehen aus einer Präposition sowie einem Substantiv, das in diesem Fall *Präpositionalobjekt* genannt wird: *The woman **in the suit** went **to the office** to sit down*. Die Präposition *in* verbindet ihr Objekt *suit* mit dem zweiten Substantiv *woman*; *in the suit* ist also eine Präpositionalwendung, die wie ein Adjektiv *woman* genauer beschreibt, während *to the office* wie ein Adverb die Handlung näher bestimmt, Ihnen also verrät, wohin die Frau im Satz gegangen ist. Aber beachten Sie, dass das Wörtchen *to* in *to sit down* keine Präposition ist, sondern ein Bestandteil der Infinitivform (Grundform) des Verbs *to sit* – der Satz besitzt kein Objekt, sodass Sie es hier nicht mit einer Präpositionalwendung zu tun haben.

 Präpositionen sind ein häufig vorkommender Bestandteil der GMAT-Satzaufgaben. Sie werden während der Prüfung mit falsch verwendeten Präpositionen wie in diesem einfachen Beispiel konfrontiert: *He watched the flood while sitting in the roof*. Die richtige Präposition wäre hier *on* und nicht *in*. Aber wahrscheinlich sind nicht alle Fragen zu den Präpositionen so leicht, deshalb beschäftigen wir uns in dem Abschnitt »Was Sie schon immer über die Satzaufgaben wissen wollten« genauer mit dieser Art Fragen.

Alle für einen: Die Satzteile

Die Wortarten bilden zusammen Sätze und welche Informationen in einem Satz enthalten sind, hängt von drei wesentlichen Elementen ab: dem Subjekt, dem Prädikat und einem Element, das beide miteinander verknüpft. Um einen Satz überhaupt verstehen zu können, müssen Sie sich diese drei Rosinen herauspicken. Alle anderen in einem Satz enthaltenen Informationen sind nebensächlich.

Ein dreifaches Problem: Subjekt, Verb und das Dritte im Bunde

Das Subjekt ist die Hauptsache im Satz, das Substantiv, das eine bestimmte Tätigkeit ausführt oder dessen Zustand der Satz ausdrückt. Das Verb beschreibt die Tätigkeit und übernimmt die Rolle des Prädikats (oder der Satzaussage). Je nach verwendetem Verb ist der dritte wesentliche Baustein eines Satzes ein direktes Objekt, ein Adverb, ein Adjektiv oder ein Prädikatsnomen. Der dritte Baustein eines Satzes mit einem *transitiven Verb* (einem Tätigkeitsverb, auf das ein direktes Objekt folgen muss) ist demnach immer ein direktes Objekt, während ein *intransitives Verb* (also ein Tätigkeitswort, auf das mit Sicherheit kein direktes Objekt folgt) zum Beispiel von einem Adverb ergänzt wird. Auf das Verb *to be* folgt indes entweder ein Adjektiv oder ein Prädikatsnomen. Wenn Sie die drei Hauptelemente eines Satzes erkennen, fällt Ihnen die Lösung der GMAT-Satzaufgaben schon viel leichter.

Nicht so wichtig: Die Verwendung von Nebensätzen

Nebensätze mit adverbialer Funktion beginnen mit unterordnenden Konjunktionen und antworten auf die Fragen *how, when, where* oder *why*: *The woman got the job **because she was more qualified**.* Der fett gedruckte Abschnitt ist ein Nebensatz, der verrät, *aus welchem Grund* die Frau den Job bekommen hat. Relativsätze dagegen beginnen gewöhnlich mit einem Relativpronomen und liefern Zusatzinformationen zu dem näher bestimmten Substantiv. So in diesem Beispielsatz: *The judge is a man, **who requires a silent courtroom**.* Hier erläutert der fett gedruckte Nebensatz, welche Art Mann der Richter ist. Aber Nebensätze können auch an die Stelle von Substantiven treten: *The insurance company was focusing on **how much money the hurricane would cost**.* In diesem Beispielsatz ist der Nebensatz das Objekt der Präposition *on*.

Lange Rede, kurzer Sinn: Sätze und Teilsätze

Außer den Hauptelementen kann ein Satz auch einzelne Wörter, Wendungen oder Teilsätze beinhalten (clause), durch die die Hauptbotschaft des Satzes um zusätzliche Informationen ergänzt wird. Wendungen und Teilsätze sind Wortgruppen, die zusammen an die Stelle einer einzelnen Wortart (Adverb oder Adjektiv) treten. Der Unterschied zwischen Wendungen und Teilsätzen besteht darin, dass Teilsätze ein eigenes Subjekt und Prädikat haben, Wendungen jedoch nicht. Diesen Unterschied und die »Natur« der Wendungen und Teilsätze zu verstehen wird Ihnen bei den GMAT-Satzaufgaben eine große Hilfe sein.

Wendungen (Phrasen)

Vor allem müssen Sie wissen, dass Wendungen Wortgruppen sind, die in ihrer Gesamtheit die Funktion von Wortarten übernehmen. Viele GMAT-Aufgaben beziehen sich auf Wendungen, daher gehen wir in dem Abschnitt »Was Sie schon immer über die Satzaufgaben wissen wollten« näher auf dieses Thema ein.

Haupt- und Nebensätze

Das entscheidende Merkmal von Teilsätzen ist, dass sie ein Subjekt und ein Prädikat beinhalten. Es gibt zwei Arten von Teilsätzen: Hauptsätze und Nebensätze. Bei zahlreichen GMAT-Satzaufgaben kommt es darauf an, Haupt- und Nebensätze zielsicher zu unterscheiden.

✔ **Hauptsätze:** Teilsätze dieser Art drücken vollständige Gedanken aus und sind daher vollständige Sätze. Hier ein Beispiel für einen Satz, der aus zwei Hauptsätzen besteht: *The firm will go public, and investors will rush to buy stock.* Jeder der beiden Teilsätze ist ein vollständiger Satz: *The firm will go public. Investors will rush to buy stock.*

Verbinden Sie zwei unabhängige Satzglieder durch ein Semikolon oder ein Komma und eine verbindende Konjunktion.

✔ **Nebensätze:** Satzteile dieser Art drücken unvollständige Gedanken aus und sind daher für sich genommen unvollständige Sätze. Obwohl Sie sowohl ein Subjekt als auch ein Prädikat enthalten, können Sie ohne Zusatzinformation unmöglich für sich selbst bestehen. In dem Beispiel *After the two companies merge, they'll need only one board of directors* ist der Satzteil *after the two companies merge* der Nebensatz. Der Satzteil besitzt ein Subjekt (*companies*) und ein Prädikat (*merge*), aber da der Leser weitere Informationen benötigt, handelt es sich eindeutig um einen unvollständigen Satz. Um einen vollständigen Satz daraus zu machen, muss ein Nebensatz von einem Hauptsatz begleitet werden.

Trennen Sie einen einleitenden Nebensatz durch ein Komma vom folgenden Hauptsatz. Falls sich der Nebensatz an den Hauptsatz anschließt, können Sie auf jede Interpunktion verzichten. *They'll need only one board of directors after the two companies merge.*

Wenn Sie den Unterschied zwischen Haupt- und Nebensätzen begriffen haben, werden Sie unvollständige Sätze und Bestimmungsfehler gleich viel schneller erkennen (mehr darüber im Abschnitt »Was Sie schon immer über die Satzaufgaben wissen wollten«).

Doch ehe wir zu den Fehlern kommen, die in den GMAT-Satzaufgaben am häufigsten abgefragt werden, müssen wir uns noch einem anderen Aspekt der Nebensätze zuwenden. Nebensätze können nämlich *restriktive* oder *nicht restriktive* sein, wobei der Unterschied oft nur schwer zu erkennen ist.

✔ **Restriktive (einschränkende) Nebensätze sind für die Bedeutung eines Satzes unverzichtbar.** Ohne sie ist der Satz schlicht nicht mehr wahr. Im Beispiel *She never wins her cases that involve the IRS* enthält erst der restriktive Nebensatz *that involve the IRS* die entscheidende Information, welche besonderen Prozesse die angesprochene Frau nie gewinnt. Es kommt in dem Satz vor allem darauf an, dass sie ihre IRS-Prozesse verliert. (Übrigens: IRS steht für Internal Revenue Service und ist die US-Steuerbehörde).

✔ **Nicht restriktive Nebensätze enthalten Zusatzinformationen, die für die Bedeutung des Satzes verzichtbar sind.** In dem Satz *She never wins her cases, which involve the IRS* liefert der nicht restriktive Nebensatz *which involve the IRS* lediglich eine Zusatzinformation darüber, mit welchen Prozessen die Frau »unter anderem« beschäftigt ist. In diesem Satz geht es vor allem darum, dass sie alle ihre Prozesse verliert.

Beachten Sie bei den oben stehenden Beispielen, dass der restriktive Nebensatz mit *that* eingeleitet wird, während der nicht restriktive mit *which* beginnt. Da es sich um einen restriktiven Nebensatz und damit um ein wesentliches Satzglied handelt, haben wir vor dem *that* kein Komma gesetzt. Nicht restriktive Nebensätze sollten Sie allerdings durch ein Komma vom Hauptsatz trennen.

Was Sie schon immer über die Satzaufgaben wissen wollten

Die Satzaufgaben des GMAT prüfen Ihre Fähigkeit, Texte zu bearbeiten, daher halten sie sich an die Regeln des Schriftenglischen. Die Aufgaben bestehen aus Sätzen mit unterstrichenen Wörtern. Aus den fünf Lösungsmöglichkeiten müssen Sie diejenige auswählen, deren Bedeutung dem unterstrichenen Satzteil nach den Regeln des Schriftenglischen entspricht.

Dabei ist die erste Lösungsmöglichkeit immer mit dem unterstrichenen Satzteil der Aufgabe identisch. Wenn Sie also glauben, dass der Satz, so wie er ist, in Ordnung geht, sollten Sie sich für die erste Lösungsmöglichkeit entscheiden. Die anderen vier Lösungsmöglichkeiten bieten Ihnen Alternativen, die Sie versuchsweise an die Stelle des unterstrichenen Satzteils setzen können. Ihre Aufgabe besteht darin zu entscheiden, ob der unterstrichene Satzteil einen Fehler enthält und welche der vier Alternativen diesen möglichen Fehler korrigiert.

Sie kommen den Fehlern in den Satzaufgaben am besten durch die Anwendung der Grundregeln der englischen Grammatik auf die Schliche. Die gute Nachricht ist, dass Sie weder Wörter bestimmen oder buchstabieren noch irgendwelche Sätze analysieren und schematisch darstellen müssen! Und Sie müssen auch in keinem Fall die Interpunktion korrigieren, auch wenn Ihnen die Beherrschung der Kommaregeln mitunter dabei hilft, bestimmte Lösungsmöglichkeiten von vornherein auszuschließen.

Sie machen den GMAT, weil Sie auf einen MBA-Studiengang scharf sind, daher drehen sich die Satzaufgaben vor allem um Fehler, die Ihnen Ihre zukünftige Geschäftskorrespondenz versauen würden, also um unpassende Wortwahl, unvollständige Sätze oder fortlaufende Sätze, falsche Zeitformen oder Kongruenzfehler. Die Sorte Fehler, um die es bei den GMAT-Satzaufgaben geht, ist genau die Sorte, die Sie als Geschäftsmann oder -frau, wenn Sie Erfolg haben wollen, auf jeden Fall vermeiden sollten.

Und wie geht's jetzt weiter? Fehlerhafte Subjekt-Prädikat-Kongruenzen und inkongruente Pronomen

Eine der wesentlichen Voraussetzungen für richtiges Schreiben ist die Fähigkeit, alle Elemente eines Satzes miteinander in Übereinstimmung (Kongruenz) zu bringen. Wenn Ihr Substantiv im Singular steht, Ihr Verb jedoch im Plural daherkommt, haben Sie ein Riesenproblem! Die mangelnde Übereinstimmung von Subjekt und Prädikat oder falsch zugeordnete Pronomen können sogar den Sinn weniger formeller Kommunikationsformen wie schnell mal hingeschriebener E-Mails verdunkeln. Sie können deshalb darauf wetten, dass Sie es bei den GMAT-Satzaufgaben immer mit ein paar Übereinstimmungsfehlern zu tun bekommen.

Subjekt-Prädikat-Kongruenz

Wenn wir von der Übereinstimmung von Subjekt und Prädikat sprechen, wollen wir damit keinesfalls sagen, dass die beiden in trauter Einigkeit auftreten, sondern nur, dass Subjekte im Plural unweigerlich Verben im Plural nach sich ziehen und dass Subjekte im Singular sich ausschließlich mit Verben im Singular vertragen. In einfachen Satzkonstruktionen sind Fehler dieser Art auf Anhieb zu erkennen, denn es klingt schon irgendwie falsch, wenn man zum Beispiel sagt: *He attend classes at the University of Michigan.*

Wenn das Subjekt aber nicht so schlicht oder nicht sofort auszumachen ist, sieht die Sache schon ganz anders aus. Schauen Sie sich nur mal diesen Satz genau an: *His fixation with commodities markets have grown into several prosperous ventures, including a consulting business.* Das Subjekt ist *fixation*, doch die Präpositionalwendung *with commodities markets* bringt Sie womöglich auf den irrigen Gedanken, dass *markets* das Subjekt ist. Aber *markets* ist ein Substantiv und steht im Plural, würde also, wenn es das Subjekt wäre, zwingend ein Prädikat im Plural erfordern. Aber *markets* kann offensichtlich nicht das Subjekt des Satzes sein, weil *markets* Bestandteil einer Präpositionalwendung ist. Es ist vielmehr das Objekt der Präposition *with*, und ein Substantiv kann niemals zugleich Objekt und Subjekt sein. Das Subjekt muss also in jedem Fall *fixation* sein, sodass statt *have* hier *has* stehen müsste.

 Konzentrieren Sie sich bei komplexen Sätzen immer zuerst auf die drei wesentlichen Satzbausteine, indem Sie im Geiste alles verwerfen, was für die Kernaussage des Satzes nicht weiter von Bedeutung ist. Anschließend können Sie Subjekt und Prädikat leichter auf Ihre Übereinstimmung überprüfen. Wenn Sie im Beispielsatz die Präpositionalwendung *with commodities markets* streichen, bleibt *His fixation have grown* stehen und die Unvereinbarkeit von Subjekt und Prädikat fällt sofort ins Auge.

Kongruente Pronomen

Eine weitere Übereinstimmung, die Sie im Auge behalten sollten, ist die der Substantive und der Pronomen, die zu Ihnen in Beziehung stehen. Das Pronomen muss zahlenmäßig mit dem zugehörigen Substantiv (oder anderen Pronomen) übereinstimmen. Substantive im Plural erfordern Pronomen im Plural, Substantive im Singular verlangen nach Pronomen im Singular. Im folgenden Beispielsatz stimmen Substantiv und Pronomen nicht überein: *You can determine the ripeness of citrus by handling them and noting their color. Citrus* ist ein Substantiv im Singular, das keinesfalls mit Pronomen im Plural in Verbindung gebracht werden darf. Richtig müsste es also heißen: *You can determine the ripeness of citrus by handling it and noting its color.*

Eine andere Schwierigkeit hinsichtlich der Pronomen ist ihr womöglich unklarer Bezug. Um zu erkennen, ob ein Pronomen mit seinem Subjekt übereinstimmt, müssen Sie sich darüber im Klaren sein, worauf das Pronomen sich bezieht. Im folgenden Beispielsatz ist nicht klar, auf welches Substantiv sich das Pronomen des Satzes bezieht: *Bobby and Tom went to the store, and he purchased a candy bar.* Da das Subjekt des ersten Satzglieds im Plural steht, könnte sich das Pronomen *he* ebenso gut auf Bobby wie auf Tom oder sogar auf eine dritte Person beziehen. Um Unklarheiten in diesen Fall zu vermeiden, empfiehlt es sich, anstelle des Pronomens den Namen der gemeinten Person zu verwenden.

 Wenn der unterstrichene Satzteil in einer GMAT-Satzaufgabe ein Pronomen enthält, überzeugen Sie sich davon, ob das Pronomen sich auf ein bestimmtes Substantiv im Satz bezieht und ob es in Zahl mit diesem übereinstimmt. Falls nicht müssen Sie eine Lösungsmöglichkeit finden, die die Beziehung klärt oder bei der Substantiv und Pronomen in Zahl übereinstimmen.

Hier ein Beispielsatz, der Kongruenzfehler beider Kategorien enthält:

 Much work performed by small business owners, like managing human relations, keeping track of accounts, and paying taxes, <u>which are essential to its successful operation, have gone virtually unnoticed by their employees.</u>

(A) which are essential to its successful operation, have gone virtually unnoticed by their employees.

(B) which are essential to successful operations, have gone virtually unnoticed by their employees.

(C) which is essential to its successful operation, have gone virtually unnoticed by its employees.

(D) which are essential to successful operation, has gone virtually unnoticed by their employees.

(E) which are essential to successful operation, has gone virtually unnoticed by its employees.

Der unterstrichene Teil des Satzes enthält mehrere Übereinstimmungsfehler und es ist Ihr Job, jeden einzelnen zu finden und zu beheben. Um das hinzukriegen, sollten Sie zunächst die drei wesentlichen Elemente des Satzes isolieren.

✔ Das Subjekt ist *work*. Keines der übrigen Substantive oder Pronomen oder Substantivwendungen im Satz kann das Hauptsubjekt sein, da sie alle entweder Objekte (*owners, managing, keeping, paying, relations, accounts, taxes, operation, employees*) oder Subjekt eines Nebensatzes (*that*) sind.

✔ Das Hauptverb ist *have gone*. Das andere Verb (*are*) gehört zum Nebensatz, kann daher unmöglich das Hauptverb sein.

✔ Das dritte Hauptelement ist *unnoticed*.

Der Hauptsatz heißt also *work have gone unnoticed*. Tja, aber das klingt doch irgendwie seltsam! Natürlich muss das Verb im Singular stehen, also *has*, damit es mit dem ebenfalls im Singular stehenden Subjekt *work* übereinstimmt. Sie können also jede Lösungsmöglichkeit eliminieren, in der *have* nicht zu *has* wird, womit also noch D und E übrig bleiben.

 Achten Sie darauf, dass sowohl in D als auch in E *are* als Verb erscheint, was daran liegt, dass das Relativpronomen *which* sich auf *managing*, *keeping* und *paying* bezieht (die alle miteinander im Plural stehen), sodass das zu *which* gehörende Verb ebenfalls im Plural stehen muss. Mit diesen beiden übrig gebliebenen Alternativen haben Sie korrekterweise auch gleich die beiden Lösungsmöglichkeiten eliminiert, in denen *successful operation* auf *its* folgt, da nicht klar ist, worauf *its* sich bezieht.

Der Unterschied zwischen den beiden übrigen Lösungsmöglichkeiten besteht darin, dass in E statt *their* das Wort *its* erscheint. Fragen Sie sich nun, auf welches Substantiv sich das Pronomen vor *employees* bezieht. Wer oder was hat hier Angestellte? Als Antwort kommt nur *business owners* infrage, also ein im Plural stehendes Substantiv. Also muss auch das dazu gehörende Pronomen im Plural stehen. *Their* steht im Plural, *its* aber nicht. Deshalb ist D die einzig richtige Lösungsmöglichkeit: *Much work by small business owners, like managing human relations, keeping track of accounts, and paying taxes, which are essential to successful operation, has gone virtually unnoticed by their employees.*

Verstoß gegen die Bauvorschriften: Falscher Satzbau

Fehler beim Satzbau gefährden die Stabilität, die Lesbarkeit und sogar die Existenz eines Satzes! Man hat Ihnen wahrscheinlich spätestens seit Ihrer Schulzeit beigebracht, unvollständige Sätze ebenso zu vermeiden wie Bandwurmsätze, da beides gleichermaßen nur dazu geeignet ist, Ihre Leser in Verwirrung zu stürzen. Es gibt Sätze, die zwar grammatikalisch korrekt sind, aber in rhetorischer Hinsicht so miserabel daherkommen, dass kein Mensch versteht, worum es eigentlich geht. Ein guter Satzbau hängt sowohl grammatikalisch als auch rhetorisch von der Zeichensetzung, der Anordnung der Satzteile und der Parallelstruktur ab. Viele gravierende Fehler bedürfen oft nur kleiner Korrekturen. Fangen wir mit den Fehlern an, die die Existenz eines Satzes aufs Spiel setzen.

Fehlerhafte Grammatik

Die Grammatikaufgaben des GMAT beziehen sich vor allem auf Satzfragmente, Bandwurmsätze und mangelnde Parallelstruktur. Wenn Sie diese Probleme erst mal auf dem Schirm haben, werden Ihnen Verstöße vermutlich auf Anhieb ins Auge springen.

Verstümmelte Sätze

Bei den GMAT-Fragen, die auf Satzfragmente abzielen, geht es in erster Linie um Nebensätze, die vorgeben, vollständige Gedanken auszudrücken, oder um einen Haufen Wörter, unter denen sich scheinbar ein Verb versteckt, das in Wahrheit gar keins ist (der Fachausdruck dafür lautet *infinite Verbform*).

✔ **Allein stehende Nebensätze sind kein vollständiger Satz, weil sie keinen vollständigen Gedanken ausdrücken.** Der folgende Satz beispielsweise besitzt sowohl ein Subjekt als auch ein Prädikat: *Although many companies have failed to maintain consistent profits with downsizing.* Und obwohl er mit der unterordnenden Konjunktion *although* beginnt, verläuft der Satz anschließend ohne weitere Informationen im Sand.

✔ **Sätze mit einer infiniten Verbform anstelle eines Verbs können vollständig wirken, wenn man sie nicht sorgfältig liest.** Bei den Verbwendungn im folgenden Satz scheint es sich zunächst um Verben zu handeln, bei näherem Hinsehen erfüllen Sie die Funktion von Verben jedoch nicht: *The peacefulness of a morning warmed by the summer sun and the verdant pastures humming with the sound of busy bees. Warmed* und *humming* können in einem anderen Zusammenhang durchaus vollgültige Verben sein, in diesem Satz jedoch sind sie lediglich Bestandteile von Wendungen, die etwas beschreiben, ohne dass man etwas über den Zustand oder die Tätigkeit der Subjekte (*peacefulness* und *pastures*) erfahren würde.

Um Satzfragmente zu erkennen, benötigen Sie nichts als ein wenig Übung. Am Ende sollten Sie selbst bei oberflächlichem Lesen sofort erkennen, ob ein Satz einen vollständigen Gedanken ausdrückt oder nicht.

In den meisten Fällen ist es nicht besonders schwer, Satzfragmente zu korrigieren. Ergänzen Sie einfach die zur Vollständigkeit des Gedankens erforderliche Information oder verwandeln Sie eine Verbwendung in ein richtiges Verb. So könnten Sie *although many companies have failed to maintain consistent profits with downsizing* in einen vollständigen Satz verwandeln, indem Sie ein Komma und *some still try* hinzufügen: *Although many companies have failed to maintain consistent profits with downsizing,some still try.* Um *the peacefulness of a morning warmed by the summer sun and the verdant pastures humming with the sound of busy bees,* könnten Sie die Verbwendung wie folgt ändern: *The peacefulness of a morning is warmed by the summer sun, and the verdant pastures hum with the sound of busy bees.*

Bandwurmsätze

Bandwurmsätze entstehen, wenn ein aus mehreren Hauptsätzen zusammengesetzter Satz falsch interpunktiert wird. Hier ein Beispiel: *I had a job interview that morning so I wore my best suit.* Sowohl *I had a job interview* als auch *I wore my best suit* sind Hauptsätze. Um aus dem Ganzen einen vollständigen Satz zu machen, genügt es nicht, eine verbindende Konjunktion zwischen beide zu schieben, daher verraten wir Ihnen nun die beiden Regeln, nach denen mehrere Hauptsätze in einem Satz miteinander verknüpft werden:

✔ **Hauptsätze können zum Beispiel durch ein Komma und eine verbindende Konjunktion miteinander verknüpft werden.** Das Problem lässt sich also durch ein Komma leicht beheben: *I had a job interview that morning, so I wore my best suit.*

✔ **Hauptsätze können aber auch durch ein Semikolon miteinander verknüpft werden.** In diesem Fall sähe der Satz so aus: *I had a job interview that morning; I wore my best suit.*

Natürlich könnten Sie auch einen der beiden Hauptsätze in einen Nebensatz verwandeln. Zum Beispiel so: *Because I had a job interview that morning, I wore my best suit.* Wenn Sie so verfahren, müssen Sie, wenn der Nebensatz dem Hauptsatz vorausgeht, daran denken, die beiden Satzteile durch ein Komma zu trennen.

Wahrscheinlich stoßen Sie während des GMAT auf keinerlei Bandwurmsätze, es sei den in Gestalt von verlockenden Lösungsmöglichkeiten, durch die sich der Aufgabensatz jedoch in einen Bandwurmsatz verwandeln würde. Achten sie also darauf, dass die Lösung Ihrer Wahl Sie in dieser Hinsicht nicht aufs Glatteis führt.

Die richtige Zeit für Verben

Achten Sie nicht nur auf die Subjekt-Prädikat-Kongruenz, sondern auch darauf, dass die Verben im unterstrichenen Teil der Satzaufgaben die richtige Zeitform haben. Orientieren Sie sich dazu an den Verben im nicht unterstrichenen Abschnitt der Satzaufgabe und passen Sie die übrigen der entsprechenden Zeitform an.

Mangelnder Parallelismus

Jede Wette, dass mehrere Satzaufgaben von Ihnen verlangen, Sätze mit mangelnder Parallelstruktur zu erkennen. Die Grundregel hinsichtlich der Parallelstruktur besagt, dass durch Konjunktionen verknüpfte Satzglieder denselben Satzbau haben müssen. Der folgende Beispielsatz wird dieser Parallelismusregel nicht gerecht: *Anne spent the morning e-mailing clients, responding to voice mails, and wrote an article for the newsletter.*

Der Fehler in diesem Satz besteht darin, dass der Satzbau der drei durch das Bindewort *and* verknüpften Satzglieder unterschiedlich ist. *E-mailing* und *responding* stehen im Gerundium (oder der *-ing*-Form), *wrote* jedoch nicht. Der Schaden lässt sich also leicht dadurch beheben, dass Sie sich auch bei *wrote* für das Gerundium entscheiden: *Anne spent the morning e-mailing clients, responding to voice mails, and writing an article for the newsletter.*

Parallelismus ist auch dann ein Thema, wenn Sie Verbwendungen mit einer der Erscheinungsformen des Verbs *to be* verbinden. Da das Verb *to be* schon auf *Gleichheit* hindeutet, müssen die beiden Seiten der Gleichung über denselben Satzbau verfügen. Beim folgenden Beispielsatz ist das nicht der Fall: *To be physically healthy is as important ls being prosperous in your work.* In diesem Satz wird ein Satzteil im Infinitiv (*to be physically healthy*) auf derselben Ebene wie ein Satzteil im Gerundium (*being prosperous in your work*) abgehandelt. Gleichen Sie einen der beiden Satzteile der Form seines Gegenüber an und schon ist das Problem gelöst: *Being physically healthy is as important as being prosperous in your work.*

Bei Satzaufgaben mit einer unterstrichenen Aufzählung sollten Sie besonders auf die Parallelstruktur achten. Halten Sie zudem Ausschau nach Satzgliedern, die durch Bindewörter verknüpft sind. Sobald Wendungen oder Satzglieder sich im Satzbau voneinander unterschieden, gilt es, einen Parallelismusfehler zu korrigieren.

Hier ein Beispiel für eine GMAT-Aufgabe, bei der es um die Parallelstruktur geht:

The consultant recommended that the company <u>eliminate unneeded positions, existing departments should be consolidated, and use outsourcing when possible.</u>

(A) eliminate unneeded positions, existing departments should be consolidated, and use outsourcing when possible.

(B) eliminate unneeded positions, consolidate existing departments, and outsource when possible.

(C) eliminate unneeded positions, existing departments should be consolidated, and when possible outsourcing used.

(D) eliminate unneeded positions and departments and use outsourcing when possible.

(E) eliminate unneeded positions, existing departments are consolidated, and outsourcing used when possible.

Der unterstrichene Abschnitt dieses Satzes enthält eine durch *and* verknüpfte Aufzählung, die Ihnen einen Hinweis darauf liefert, dass Sie es hier mit einem Parallelismusfehler zu tun haben. Da Sie wissen, dass der Satz fehlerhaft sein muss, können Sie die Lösungsmöglichkeit A von vornherein ausschließen.

Als Nächstes können Sie alle Lösungsmöglichkeiten verwerfen, die das Problem nicht lösen. C behält den fehlerhaften Satzbau der ersten beiden Empfehlungen der Originalaussage bei und trägt sogar noch weiter zur Verwirrung bei, indem *use* hier durch *used* ersetzt und ans Ende der dritten Empfehlung gerückt wird. Daher können Sie auch C zweifelsfrei verwerfen. Dasselbe gilt für die Lösungsmöglichkeit E, die ebenfalls noch größere Mängel aufweist als die Aufgabenstellung, denn hier ist jedes der drei Satzglieder anders konstruiert.

Sowohl B als auch D scheinen den Fehler durch eine ähnliche Konstruktion zu Beginn aller drei Empfehlungen zu beheben, doch D schafft nur neuen Verdruss, da diese Lösungsmöglichkeit den Sinn des Satzes entstellt. Wenn Sie sich für D entscheiden, bekennen Sie sich zu der Aussage, dass manche Abteilungen ebenfalls nicht gebraucht werden und deshalb abgeschafft gehörten, während es in der Originalaussage heißt, dass bestehende Abteilungen gestärkt werden sollten. Und da eine mögliche Antwort, die den Sinn der Originalaussage verzerrt, nicht zutreffen kann, ist auch D falsch.

Nur B löst das Problem, ohne die Bedeutung des Satzes zu verändern, und ist deshalb die einzig richtige Wahl: *The consultant recommended that the company eliminate unneeded positions, consolidate existing departments, and outsource when possible.*

Weitere Konstruktionsfehler

Es mag Sie überraschen, aber manchmal sind die GMAT-Satzaufgaben grammatikalisch sogar völlig richtig, bedürfen aber trotzdem der Korrektur. Sätze mit unschönem, weitschweifigem, ungenauem, überfrachtetem oder unklarem Satzbau brauchen Ihre helfende Hand. Solche Missgriffe heißen im GMAT *rhetorische Satzbaufehler*. Die gute Nachricht ist, dass Sie solche Schäden häufig allein durch lautes Lesen beheben können, da sich die zutreffende Antwort oft einfach besser anhört.

✔ **Der Gebrauch des Passivs anstelle des Aktivs lässt einen Satz unter Umständen ausdrucksarm und weitschweifig wirken.** Das Passiv redetlieber um den heißen Brei herum, anstatt auf den Punkt zu kommen, und schafft daher Unklarheit. Der folgende Passivsatz verschleiert, wer sich hier eine Rede anhört: *The speech was heard by most members of the corporation.* Der Satz ist streng genommen zwar nicht falsch, aber so klingt es doch schon viel besser: *Most members of the corporation heard the speech.* Beachten Sie außerdem, dass der Aktivsatz mit weniger Wörtern auskommt. Sie sollten sich daher, wenn alles andere übereinstimmt, im Zweifelsfall immer für das Aktiv anstelle des Passivs entscheiden.

✔ **Wiederholungen fügen einem Satz unnötig Wörter hinzu und wirken sprachlich unbedarft.** Kein Satz sollte mehr Wörter haben als notwendig. Der folgende Beispielsatz wirkt ein bisschen albern: *The speaker added an additional row of chairs to accommodate the large crowd.* Auch die Kombination von *added* und *additional* ist grammatikalisch nicht falsch, aber eine unnötige Wiederholung. Genauer und weniger umständlich könnte man sagen: *The speaker added a row of chairs to accommodate the large crowd.*

Es gilt die Faustregel, nach der jeder Satz, der für seine Aussage übertrieben viele Wörter verwendet, einen Konstruktionsfehler haben muss. Oft gesellt sich Weitschweifigkeit im unterstrichenen Abschnitt einer Satzaufgabe zu einer anderen Fehlleistung. Die zutreffende Lösungsmöglichkeit ist dann häufig die mit den wenigsten Wörtern.

Recently, the price of crude oil <u>have been seeing fluctuations with</u> the demand for gasoline in China.

(A) have been seeing fluctuations with

(B) have fluctuated with

(C) fluctuate with

(D) has fluctuated with

(E) has changed itself along with

Der Hauptfehler des Satzes betrifft die Subjekt-Prädikat-Kongruenz. Das im Singular stehende Subjekt (*price*) erfordert ein im Singular stehendes Prädikat. Außerdem ist der unterstrichene Abschnitt unnötig wortreich. Sie können also zunächst alle Lösungsmöglichkeiten verwerfen, die den Übereinstimmungsfehler nicht beheben, und sich dann auf die Lösungsmöglichkeiten in einer möglichst klaren Sprache konzentrieren.

Die Lösungsmöglichkeiten B und C beinhalten Verben im Plural und tragen daher nichts zur Problemlösung bei. Sie können sie also ebenso ausschließen wie A und müssen es nun nur noch mit den Alternativen D und E aufnehmen.

E ist allerdings noch fehlerhafter als der Originalsatzbau, deshalb bleibt D als einzig richtige Lösung übrig: *Recently, the price of crude oil has fluctuated with the demand für gasoline in China.*

Wie man so sagt: Standardausdrücke richtig eingesetzt

Idiomatische Ausdrücke sind Konstrukte, die englisch sprechende Menschen verwenden, weil, nun, man etwas eben so und nicht anders sagt! Bestimmte Ausdrücke werden also bloß deshalb auf eine bestimmte Weise verwendet, weil man bestimmte Dinge eben genau so und nicht anders ausdrückt. Alles klar? Aber selbst Menschen, deren Muttersprache Englisch ist, verwenden idiomatische Ausdrücke nicht immer korrekt. Oft hört man jemanden *further* statt *farther* sagen, wenn er oder sie über Entfernung spricht, oder *less* anstelle von *fewer*, wenn es um die Anzahl zählbarer Dinge geht.

Der GMAT testet Ihr Wissen über idiomatische Ausdrücke, weil idiomatisch falsche Sätze Ihre Glaubwürdigkeit aufs Spiel setzen und den Sinn Ihrer Sätze verdunkeln können. Um auf diesem Gebiet sicher zu werden, bleibt Ihnen nichts anderes übrig, als massenweise idiomatische Ausdrücke auswendig zu lernen. Aber zum Glück beherrschen Sie die meisten vermutlich längst, und beim Rest hilft Ihnen unsere Tabelle 3.1 auf die Sprünge, in der einige häufig abgefragte idiomatische Ausdrücke aufgelistet sind und die Ihnen verrät, wie Sie diese richtig verwenden.

Ausdruck	Regel	Richtige Anwendung
among/between	Verwenden Sie *among* beim Vergleich von drei oder mehr Dingen oder Personen, *between* bei zwei Dingen oder Personen.	*Between* the two of us there are few problems, but *among* the four of us there is much discord.
as … as	Verwenden Sie *as* bei Vergleichen immer als Fügung *as … as*.	The dog is *as* wide *as* he is tall.
being	Benutzen Sie *being* nie nach *regard as*.	She is *regarded as* the best salesperson on the team. (Not: She is *regarded as being* the best salesperson.)
better/best und worst/worst	Verwendem Sie *better* und *worse*, wenn Sie zwei Dinge vergleichen und *best* und *worst* beim Vergleich von mehr als zwei Dingen.	Of the two products, the first is *better* known, but this product is the *best* known of all 20 on the market.
but	Verwenden Sie *but* nie nach *doubt* oder *help*.	He could not *help* liking the chartreuse curtains with the mauve carpet. (Not: He could not *help but* like the curtains.)
different from	Benutzen Sie *different from*, nicht *different that*.	This plan is *different from* the one we implemented last year. (Not: This plan is *different than* last year's.)
effect/affect	Verwenden Sie *effect* im Allgemeinen als Substantiv und *affect* als Verb.	No one could know how the *effect* of the presentation would *affect* the client's choice.
farther/further	*Farther* bezieht sich auf Entfernungen und *further* auf Zeit oder Mengen.	Carol walked *farther* today than she did yesterday, and she vows to *further* study the benefits of walking.
hopefully	Das Adverb *hopefully* bedeutet *with hope* und sollte nie in der Bedeutung von *I hope* oder *it is hoped* verwendet werden.	*I hope* they offer me the managerial position. (Not: *Hopefully,* they'll offer me the managerial position.)

Ausdruck	Regel	Richtige Anwendung
however	Am Satzanfang (ohne Komma) bedeutet *however* so viel wie *to whatever extent*.	*However* they try to discourage his antics, he continues to engage in office pranks.
imply/infer	Verwenden Sie *imply* im Sinne von *suggest* oder *indicate* und *infer* in der Bedeutung von *deduce*.	From his *implication* that the car was packed, I *inferred* that it was time to leave.
in regard to	Benutzen Sie *in regard to* und nicht *in regards to*.	The memo was *in regard to* the meeting we had yesterday. (Not: The memo was *in regards to* the meeting.)
less/fewer	*Less* bezieht sich auf die Quantität und *fewer* auf die Anzahl.	That office building is *less* noticeable because it has *fewer* floors.
less/least	Verwenden Sie *less*, um zwei Dinge zu vergleichen und *least* bei mehr als zwei Dingen.	He is *less* educated than his brother is, but he is not the *least* educated of his entire family.
like/as	Verwenden Sie *like* vor einfachen Substantiven und Pronomen und *as* vor Wendungen und Satzteilen.	*Like* Ruth, Steve wanted the office policy to be just *as it* had always been.
loan/lend	Verwenden Sie *loan* als Substantiv und *lend* als Verb.	Betty asked Julia to *lend* her a car until she received her *loan*.
many/much	*Many* bezieht sich auf die Stückzahl und *much* auf die Menge.	*Many* days I woke up feeling *much* anxiety, but I'm better now that I'm reading »GMAT für Dummies«.
more/most	Verwenden Sie *more*, um zwei Dinge zu vergleichen, und *much* für den Vergleich von mehr als zwei Dingen.	Of the two girls, the older is *more* educated, and she is the *most* educated person in her family.
try/come	Nach *try* und *come* folgt ein Verb im Infinitiv.	*Try to* file it by tomorrow. (Not: *Try and* file it by tomorrow.)

Tabelle 3.1: Idiomatisch korrekte Ausdrücke

Zusätzlich zu den Ausdrücken in Tabelle 3.1 sollten Sie auch die korrelierenden Ausdrücke in Tabelle 3.2 auswendig lernen, in der Wendungen aufgeführt sind, die im selben Satz gemeinsam vorkommen müssen. Um die Parallelstruktur zu gewährleisten, sollten auch die auf die beiden Bestandteile der Konstruktionen folgenden Satzteile einander entsprechen. Wenn also auf *not only* ein Verb und ein Akkusativobjekt folgen, sollten auch dem unweiger-lich danach kommenden *but also* ein Verb und ein Akkusativobjekt folgen.

Wendung	Beispiel
not only … but also	He *not only* had his cake *but also* ate it.
either … or	*Either* you do it my way, *or* you take the highway.
neither … nor	*Neither* steaming locomotives *nor* wild horses persuade me to change my mind.

Tabelle 3.2: Korrelierende Ausdrücke

Never before had American businesses confronted <u>so many challenges as they did during the Great Depression.</u>

(A) so many challenges as they did during the Great Depression.

(B) so many challenges at one time as they did during the Great Depression.

(C) at once so many challenges as they did during the Great Depression.

(D) as many challenges as it confronted during the Great Depression.

(E) as many challenges as they confronted during the Great Depression.

Sie haben sich eingeprägt, dass die richtige Vergleichskonstruktion *as … as* ist und haben daher sofort erkannt, dass der Satz (der sich zudem irgendwie seltsam für Sie angehört hat) eine idiomatisch unpassende Wendung enthält. Verwerfen Sie alle Lösungsmöglichkeiten, die Ihnen statt mit *as … as* mit *so many … as* kommen. Die Lösungsmöglichkeiten A, B und C bewahren die falsche Fügung und können guten Gewissens gestrichen werden.

Schauen Sie sich nun D und E genau an. In beiden ist das Originalverb, das in der falschen Zeitform stand, geändert. Der Satz vergleicht zwei verschiedene Epochen miteinander: Der erste Teil des Satzes bezieht sich auf die Epoche vor der Weltwirtschaftskrise und erfordert daher ein im Plusquamperfekt (vollendete Vergangenheit, engl. Past Perfect) stehendes Verb, also *had … confronted*. Der unterstrichene Teil des Satzes verlangt aber nur nach dem im Imperfekt (nicht vollendete Vergangenheit, engl. Simple Past) stehenden Verb *confronted*. Die Lösungsmöglichkeiten D und E enthalten beide das Verb in der richtigen Zeitform, aber D bringt einen neuen Fehler ins Spiel und verwendet das im Singular stehende inkongruen-te Pronomen *it* im Zusammenhang mit dem im Plural stehenden Substantiv *businesses*. Also ist E die einzig mögliche Antwort: *Never before had American businesses confronted as many challenges as they confronted during the Great Depression.*

Eine Gebrauchsanweisung für die Satzaufgaben

Um die Satzaufgaben richtig zu lösen, gehen Sie am besten systematisch vor:

1. **Stellen Sie fest, um welche Art Fehler es sich im Originalsatz handelt (falls es überhaupt einen gibt).**

   Wenn eine Satzaufgabe mehr als nur einen Fehler enthält, sollten Sie sich einen Fehler nach dem anderen vornehmen. Machen Sie sich, wenn möglich, rasch ein Bild davon, wie der Fehler korrigiert werden kann, damit Sie überhaupt eine Ahnung haben, wonach Sie in den Lösungsmöglichkeiten Ausschau halten müssen.

2. **Gehen Sie die Lösungsmöglichkeiten durch und schließen Sie alle aus, die den Fehler nicht beheben.**

3. **Verwerfen Sie dann alle Lösungsmöglichkeiten, die zwar den Originalfehler korrigieren, dafür aber mit neuen Fehlern aufwarten.**

   Am Ende sollte nur eine mögliche Antwort stehen bleiben, die den Originalfehler behebt, ohne dabei neue Fehler ins Spiel zu bringen.

4. **Lesen Sie die Satzaufgabe noch einmal mit der Lösungsmöglichkeit Ihrer Wahl durch, um sich davon zu überzeugen, dass Ihnen nichts entgangen ist und dass der Satz so auch wirklich Sinn ergibt.**

   Um Ihnen zu demonstrieren, wie Sie dabei erfolgreich vorgehen, greifen wir in den folgenden Abschnitten immer wieder auf diesen Beispielsatz zurück:

Because the company is disorganized, <u>they will never reach their goal.</u>

(A) they will never reach their goal.

(B) it will never reach their goal.

(C) it will never reach its goal.

(D) their goal will never be reached.

(E) its goal will never be reached.

Entdecken Sie den Fehler

Achten Sie beim Lesen der Satzaufgaben vor allem auf den unterstrichenen Abschnitt und halten Sie nach mindestens einem Fehler Ausschau.

✔ Wenn der unterstrichene Abschnitt Verben enthält versichern Sie sich, dass diese mit ihren Subjekten übereinstimmen und in der richtigen Zeitform stehen.

✔ Überprüfen Sie alle Pronomen darauf, ob Sie in Zahl mit den Substantiven übereinstimmen, auf die sie sich beziehen.

✔ Achten Sie bei Aufzählungen auf die Parallelstruktur des Satzbaus.

✔ Achten Sie auf die richtige Verwendung kniffliger idiomatischer Wendungen.

✔ Haben Sie ein Auge auf Wiederholungen und andere Weitschweifigkeiten.

Wenn Sie keinen offensichtlichen Fehler erkennen, sollten Sie sich die Lösungsmöglichkeiten (noch einmal) genau daraufhin ansehen, ob Ihnen nicht etwas Wichtiges entgangen ist. Wenn Sie dann immer noch nicht fündig werden, können Sie sich getrost für die erste Lösungsmöglichkeit entscheiden. Etwa 20 Prozent der Satzaufgaben enthalten nämlich überhaupt keinen Fehler.

Suchen Sie nicht in den Satzteilen der Aufgabe nach Fehlern, die nicht unterstrichen sind. Selbst wenn Sie auf einen Missgriff stoßen, können Sie diesen nicht korrigieren!

Der unterstrichene Abschnitt der Beispielaufgabe oben enthält ein Prädikat (*will reach*), das jedoch mit seinem Subjekt übereinstimmt und in der richtigen Zeitform erscheint. Und es gibt das Pronomen *they*, das sich auf *company* bezieht, aber *company* steht im Singular und das Pronomen *they* im Plural. Dabei kann sich ein Pronomen im Plural niemals auf ein Substantiv im Singular beziehen; der unterstrichene Abschnitt enthält deshalb mit Sicherheit ein nicht kongruentes Pronomen.

Verwerfen Sie Lösungsmöglichkeiten, die keine Fehler korrigieren

Lesen sie sich, sobald Sie in dem unterstrichenen Abschnitt einen Fehler entdecken, die Lösungsmöglichkeiten genau durch und verwerfen Sie alle, die Sie bei der Fehlerbehebung nicht weiterbringen. Fangen Sie, falls Sie in dem unterstrichenen Abschnitt mehr als einen Fehler ausmachen, mit demjenigen an, dessen Richtigstellung für sie am nächstliegenden ist. Wenn Sie zum Beispiel sowohl auf einen rhetorischen Fehler als auch auf eine mangelhafte Subjekt-Prädikat-Kongruenz stoßen, wenden Sie sich am besten zuerst dem Kongruenzfehler zu. Dann können Sie alle Lösungsmöglichkeiten, die keine Übereinstimmung herstellen, ohne Umschweife verwerfen. Nachdem Sie alle Antworten ausgeschlossen haben, die Ihnen bei Ihrer dringlichsten Frage nicht weiterhelfen, können Sie sich mit den übrigen Fehlern beschäftigen. Der Vergleich des rhetorischen Satzbaus der verschiedenen Lösungsmöglichkeiten kann einige Zeit in Anspruch nehmen, Sie sparen also Zeit, wenn Sie vorher schon ein paar Lösungsmöglichkeiten ausgeschlossen haben.

Lesen Sie bereits verworfene Lösungsmöglichkeiten nicht noch einmal! In Kapitel 2 finden Sie einige Hinweise, wie Sie falsche Lösungsmöglichkeiten aus dem Gedächtnis »löschen« können. Befolgen Sie unsere Ratschläge in Kapitel 2, um keine kostbare Zeit mit längst als falsch erkannten Lösungsmöglichkeiten zu vergeuden.

In unserem Übungssatz ist eindeutig ein Fehler versteckt, also können Sie A von vornherein ausschließen. Als Nächstes können Sie alle Lösungsmöglichkeiten verwerfen, die nichts zur Korrektur des falschen Pronomenbezugs beitragen. Das gilt für die Lösungsmöglichkeit D, da sich hier das im Plural stehende Pronomen *their* immer noch auf ein Substantiv im Singular bezieht. Streichen Sie D ein für alle mal aus dem Gedächtnis. Die übrigen Lösungsmöglichkeiten B, C und E dagegen scheinen dieses spezielle Pronomenproblem zu lösen.

Aber der unterstrichene Abschnitt enthält noch eine weitere Schwierigkeit hinsichtlich der Kongruenz des Pronomens: Im Originalsatz steht *their* im Plural, bezieht sich aber auf das im Singular stehende Substantiv *company*. Obwohl B das erste Ponomen im Plural durch ein Pronomen im Singular ersetzt, ändert es an dem zweiten Pronomenproblem gar nichts, sodass Sie auch diese Lösungsmöglichkeit vergessen können. Bleiben also noch C und E.

Verwerfen Sie Lösungsmöglichkeiten, die für neuen Verdruss sorgen

Als Nächstes müssen Sie alle Lösungsmöglichkeiten ausschließen, in denen neue Fehler enthalten sind.

Neue Fehler in Lösungsmöglichkeiten gehören im Allgemeinen nicht zu derselben Fehlerkategorie wie die Missgriffe im unterstrichenen Abschnitt der Satzaufgabe. Die GMAT-Autoren wissen, dass Sie auf der Jagd nach Pronomenfehlern sind, sobald Sie in der Satzaufgabe einen Pronomenfehler entdecken, also handelt es sich bei einem neuen Fehler in einer Lösungsmöglichkeit womöglich um einen Ausdrucksfehler oder ein Verb in einer unpassenden Zeitform.

Überprüfen Sie die verbliebenen Lösungsmöglichkeiten auf zusätzliche Fehler. In E ist zwar kein Übereinstimmungsfehler enthalten, der unterstrichen Abschnitt hat sich hier aber unversehens in eine Passivkonstruktion verwandelt. Aber, wie wir gesehen haben, ist das Aktiv dem Passiv bei den GMAT-Satzaufgaben immer vorzuziehen. Also ist C die Lösungsmöglichkeit, die das Pronomenproblem aus der Welt schafft, ohne Sie mit neuen Fehlern zu belasten.

Am Ende sollten Sie es nur noch mit einer Lösungsmöglichkeit zu tun haben, die alle Fehler behebt, ohne für neuen Verdruss zu sorgen. Wenn Sie die Wahl zwischen zwei scheinbar richtigen Antworten haben, lesen Sie sich beide noch einmal im Zusammenhang mit dem Originalsatz aufmerksam durch. In einer ist mit Sicherheit ein Fehler versteckt, den Sie noch nicht bemerkt haben.

Vom Lesen ganzer Sätze

Überspringen Sie diesen Schritt lieber nicht! Überprüfen Sie Ihre Entscheidung, indem Sie den unterstrichenen Abschnitt der Aufgabe durch die Lösungsmöglichkeit Ihrer Wahl ersetzen und sich den neu entstandenen Satz im Ganzen genau durchlesen. Achten Sie dabei nicht bloß darauf, ob sich das Ganze gut anhört, halten Sie außerdem nach Fehlern Ausschau, die Ihnen während der Lösung der Aufgabe vielleicht entgangen sind.

Und Ihnen kann leicht ein Fehler entgehen, wenn Sie sich nur auf den unterstrichenen Satzabschnitt konzentrieren. Aber vielleicht springen Ihnen zusätzliche Fehler ja erst ins Auge, nachdem Sie die Lösungsmöglichkeit Ihrer Wahl in die Satzaufgabe eingebaut haben. Die Lektüre des Aufgabensatzes inklusive Lösungsmöglichkeit ist daher die beste Methode, Ihre Entscheidung noch mal zu überdenken.

Wenn Sie unseren Beispielsatz nun also mit der Lösungsmöglichkeit C lesen, erhalten Sie das folgende Ergebnis: *Because the company is disorganized, it will never reach its goal.* Erst in dieser Fassung stimmen Substantiv und Pronomen wirklich überein.

Das Ganze noch mal und wie Sie bei den Satzaufgaben raten können

Was wir Ihnen in diesem Abschnitt ans Herz legen, geht solange gut, wie Sie Zeit genug haben, den Fehler in der Aufgabenstellung zu finden oder festzustellen, dass es gar keinen Fehler gibt. Wenn die Zeit Ihnen jedoch zwischen den Fingern verrinnt oder wenn Sie nicht erkennen, ob der vorliegende Satz einer Korrektur bedarf oder nicht, sind Sie womöglich darauf angewiesen zu raten. Aber verwerfen Sie erst mal alle Lösungsmöglichkeiten, die falsch sein müssen, weil in ihnen neue Fehler enthalten sind, und lesen Sie sich dann die verbleibenden Lösungsmöglichkeiten im Kontext der Aufgabenstellung noch einmal durch. Vielleicht stoßen Sie jetzt ja auf Fehler, die Sie vorher nicht bemerkt hatten. Und wenn Sie sich immer noch nicht für eine Antwort entscheiden können – raten Sie! Eine Handvoll geratener Lösungen wird Ihnen Ihr Endergebnis schon nicht vermasseln.

Und hier eine weitere Probe aufs Exempel:

Most state governors now have the power of line item veto, <u>while the U.S. President does not.</u>

(A) while the U.S. President does not.

(B) a power which is not yet available to the U.S. President.

(C) which the U.S. President has no such power.

(D) the U.S. President does not.

(E) they do not share that with the U.S. President.

Fangen Sie immer damit an, den Fehler im unterstrichenen Abschnitt der Aufgabenstellung ausfindig zu machen. Sie werden unter den unterstrichenen Wörtern kein einziges Pronomen finden und Subjekt und Prädikat stimmen miteinander überein, Sie haben es hier also nicht mit Kongruenzfehlern zu tun. Auch die Parallelstruktur scheint hier nicht das Thema zu sein. Ihre Nachforschungen ergeben erst mal überhaupt keinen Fehler, aber lesen Sie sich nun, um sich von der Richtigkeit Ihres Eindrucks zu überzeugen, alle Lösungsmöglichkeiten im Zusammenhang mit der Satzaufgabe genau durch, um herauszufinden, ob Sie auf diese Weise auf einen bisher übersehenen Fehler aufmerksam werden. Die Lösungsmöglichkeit B ist ein Musterbeispiel mangelhaften rhetorischen Satzbaus (anstelle von *which* würde hier besser *that* stehen, da es sich um einen restriktiven Nebensatz handelt: Die Einschränkung des Präsidenten ist für den Sinn des Satzes von entscheidender Bedeutung.) Die Lösungsmöglichkeit C ist kein gutes Englisch. Und da es sich bei D und E um Hauptsätze handelt, wäre bei Einfügung einer dieser Lösungsmöglichkeiten die Zeichensetzung verbesserungswürdig (denn Sie können zwei Hauptsätze nicht bloß durch ein Komma verknüpfen). Außerdem würden bei diesen Lösungsmöglichkeiten Bandwurmsätze entstehen; daher muss A die einzig mögliche Lösung sein.

Denken Sie immer daran, dass der unterstrichene Abschnitt in 20 Prozent aller Fälle überhaupt keinen Fehler enthält.

While all state governments faced budget problems after the economic down-turn of 2000, the problems were <u>worse</u> in states with high-tech industries.

(A) worse

(B) worst

(C) more

(D) great

(E) worsening

In diesem Beispiel ist nur ein Wort unterstrichen, was sehr nett ist, da Sie so sofort wissen, worauf Sie sich konzentrieren müssen. Aber wenn Sie sich hier bloß auf Ihr Sprachgefühl verlassen, könnten Sie auf die Idee kommen, dass der Beispielsatz keiner Verbesserung bedarf. Wahrscheinlich haben Sie schon oft gehört, dass Menschen, die von Hause aus Englisch sprechen, _worse_ im Alltagssprachgebrauch auf eben diese Weise verwenden. Aber es kommt beim GMAT nicht auf Umgangssprache an, sondern auf korrektes Schriftenglisch.

Man verwendet _worse_, um zwei Dinge miteinander zu vergleichen und _worst_ bei drei oder mehr Dingen.

In dem Beispielsatz geht es um eine Situation, die im Jahr 2000 alle Regierungen betraf. _Worse_ wäre aber beim Vergleich von nur zwei Regierungen oder zwei Gruppen von Regierungen angebracht. Doch der Satz behandelt Haushaltsprobleme, mit denen alle Regierungen zu kämpfen hatten, also ist hier der Superlativ angesagt.

Verwerfen Sie alle Lösungsmöglichkeiten, die den Fehler nicht korrigieren, was in diesem Fall bedeutet, dass Sie sämtliche Lösungsmöglichkeiten bis auf eine ausschließen können. Da Sie einen Fehler gefunden haben, kann A schon mal nicht richtig sein. C und D verfehlen den Superlativ und E verwendet eine falsche Wortart, denn man benutzt bei einem Vergleich nicht die Verbform _worsening_. Einzig die Lösungsmöglichkeit B liefert Ihnen den korrekten Superlativ von _bad_.

Lesen Sie den vollständigen Satz zur Sicherheit noch einmal: _While all state governments faced budget problems after the economic downturn of 2000, the problems were worst in states with high-tech industries._

Bestseller sind spannender: Die Textaufgaben

4

In diesem Kapitel...

▶ Gewöhnen Sie sich an das Format der Textaufgaben

▶ Wie Sie Texte richtig lesen

▶ Lernen Sie die für den GMAT typischen Texte kennen

▶ Die vier Kategorien von Textaufgaben

Wenn Sie gerade 350 Wörter über weiße Zwerge im Weltraum lesen, brüten Sie mit einiger Wahrscheinlichkeit über einer GMAT-Textaufgabe, denn die GMAT-Macher haben noch eine weitere Methode gefunden, sich in Ihr armes Hirn zu bohren. In diesem Fall müssen Sie einen nicht ganz kurzen Text lesen und anschließend Fragen dazu beantworten. Die Fragen sind mitunter ziemlich speziell und beziehen sich auf bestimmte, hervorgehobene Textstellen oder es geht dabei um eher allgemeine Aufgabenstellungen wie die berühmte Frage: Was will der Autor uns damit sagen?

Die Textaufgaben (*reading comprehension questions*) legen es darauf an, Ihr Verständnis von zuvor unbekannten Texten auf die Probe zu stellen. Aber vermutlich sorgen Sie sich weniger darum, aus welchem Grund diese Textaufgaben zum GMAT dazugehören, als viel mehr darum, wie Sie diese ganzen Texte lesen und die Fragen dazu so beantworten können, dass Ihnen auch noch genug Zeit für die verflixten Satzaufgaben sowie die Logikaufgaben übrig bleibt. Aber mit Sicherheit wollen Sie sich Ihr zukünftiges MBA-Studium nicht dadurch vermasseln, dass Sie über einem Text zur Geschichte der italienischen Bekleidungsindustrie zur Salzsäule erstarren.

Sie brauchen also eine bewährte Strategie. Die kriegen Sie von uns, indem wir Ihnen zeigen, mit welcher Art Texten und Fragen Sie rechnen müssen, und Ihnen anschließend verraten, wie Sie am besten damit klarkommen.

Auf den ersten Blick durchschaut: Wie die Textaufgaben aussehen

Im GMAT-Sprachteil sind Textaufgaben, Logikaufgaben und Satzaufgaben bunt durcheinander gewürfelt. Es kann also sein, dass Sie gerade eine Handvoll Grammatikfehler korrigiert haben und als Nächstes vor der Aufgabe stehen, einen kleinen Text lesen und durchschauen zu müssen. Dabei erscheint auf der linken Seite des geteilten Bildschirms ein Artikel und auf der rechten Seite eine Frage mit fünf möglichen Antworten. Bei etwa einem Drittel der 41 Aufgaben des GMAT-Sprachteils handelt es sich um derartige Textaufgaben.

Obwohl Sie zu jedem Text mehrere Fragen beantworten müssen (gewöhnlich zwischen fünf und acht Fragen pro Text), erscheint auf dem Bildschirm immer nur eine Frage auf einmal. Sie lesen zuerst den Text (der nie aus mehr als 350 Wörtern besteht), dann die erste Frage und klicken anschließend auf die Antwort Ihrer Wahl. Sobald Sie sich entschieden und Ihre Wahl durch einen Mausklick bestätigt haben, erscheint auf der rechten Bildschirmseite die nächste Frage, während der Text links unverändert stehen bleibt. Manche Fragen beziehen sich auf eine bestimmte Textstelle. In solchen Fällen wird die Textstelle, auf die Sie sich bei der Beantwortung der Frage konzentrieren müssen, deutlich hervorgehoben.

Wie man einen Text liest

Die Textaufgaben verlangen Ihnen nichts ab, was Sie nicht schon unzählige Male gemacht haben. Bestimmt haben Sie seit der Grundschule schon einmal Texte lesen und Multiple-Choice-Fragen dazu beantworten müssen. Wenn es Ihnen trotzdem schwer fällt, die Text-aufgaben des GMAT richtig zu lösen, liegt das sicher nicht daran, dass Sie an einer Lese-schwäche leiden, sondern daran, dass Sie nicht mit der besonderen Art des Lesens vertraut sind, die Sie für den GMAT draufhaben müssen.

Sie haben für jede Textaufgabe weniger als zwei Minuten, inklusive der Zeit, die Sie für die reine Textlektüre veranschlagen müssen. Sie sollten nie mehr als fünf Minuten auf die Text-lektüre verwenden, ehe Sie sich an die Beantwortung der Fragen machen, und müssen den Text daher auf Anhieb so »effizient« wie möglich verinnerlichen. Sie benötigen also einen Plan, um sich einen Text so einzuverleiben, dass Sie die dazu gehörenden Fragen richtig und schnell beantworten können. Konzentrieren Sie sich beim Lesen auf die folgenden Schwer-punkte:

✔ Das Thema des Textes

✔ Die Ausdrucksweise des Autors

✔ Die Gliederung des Textes

Sie werden sich kaum alle Einzelheiten eines Textes lange genug einprägen können, um anschließend alle Fragen dazu beantworten zu können, es sei denn Sie verfügen über ein fotografisches Gedächtnis. Versuchen Sie also gar nicht erst, sich während des Lesens jede Kleinigkeit zu merken. Sollte eine der Fragen auf irgendein Detail abzielen, können Sie die betreffende Textstelle dann immer noch von Neuem lesen. Bemühen Sie sich darum, anstelle der Feinheiten die Hauptaussage des Autors zu erfassen, die Ausdrucksweise des Autors und die Reihenfolge, in der Ihnen die Informationen präsentiert werden.

Erkennen Sie die Botschaft: Die Hauptaussage

Autoren schreiben Texte im Allgemeinen, um ihre Leser zu informieren oder zu überzeugen. Die meisten Texte des GMAT gehören zur ersten Kategorie und selbst die »Streitschriften« sind in der Regel ziemlich zahm.

In den GMAT-Textaufgaben geht es meistens darum, ein Thema zu erörtern (*to discuss a topic*), den Leser zu informieren (*to inform the reader about a phenomenon*) oder Gedankengänge gegeneinander abzuwägen (*to compare one idea to another*). Nur sehr selten wird irgendeine bestimmte Position verdammt, kritisiert oder begeistert vertreten.

Da die meisten Autoren Ihre Hauptaussage im ersten oder zweiten Absatz vorstellen, werden Sie vermutlich schon nach wenigen Sekunden kapiert haben, worum es eigentlich geht. Wenn die Hauptaussage nicht schon in den ersten Absätzen auftaucht, wird sie ganz sicher im letzten Absatz benannt, in dem der Autor seinen Gedankengang noch einmal zusammenfasst. Sobald Sie herausgefunden haben, worauf es vor allem ankommt, sollten Sie sich als Gedächtnisstütze ein paar Notizen auf Ihrem Notepad machen. Wenn es zum Beispiel um die Unterschiede im Flugverhalten von Stubenfliegen und Pferdebremsen geht, könnten Sie sich die Wörter *Flug – vergleichen – Stube – Pferd* aufschreiben. Ihre Notizen helfen Ihnen, sobald Sie die unausweichliche Frage nach dem Hauptthema des Textes beantworten müssen (mit der wir uns übrigens weiter hinten in diesem Kapitel in dem Abschnitt »Kommen Sie auf den Punkt: Fragen zur Hauptaussage« näher befassen).

Sinn fürs Drumherum: Der Ausdruck des Autors

Abgesehen vom Thema müssen Sie erkennen, wie der Autor zum Gegenstand seines Textes steht. Hinweise zum Ausdruck oder der Einstellung des Autors liefert Ihnen die Wortwahl. Die GMAT-Texte wenden sich entweder mit einer Mitteilung an den Leser oder wollen ihn auf die Seite des Autors ziehen. Informative Texte sind häufig nüchterner geschrieben als solche, die den Leser überzeugen wollen der Ausdruck des Autors verrät also eher Neutralität, während streitlustige Autoren Ihre Texte emotionaler formulieren. Sie werden daher oft sehr schnell merken, ob ein Autor kritisch, sarkastisch, pessimistisch oder optimistisch ist oder ob er vehement für sein Thema eintritt. Wenn Sie verstehen, wie ein Autor zu seinem Thema steht, können Sie auf Ihrem Notepad eine kurze Charakterisierung festhalten, zum Beispiel: *objektiv, hoffnungsvoll* oder *ansatzweise kritisch*. Wenn Sie den Ausdruck eines Textes richtig einschätzen, können Sie leichter die Antworten finden, die der Ausdrucksweise oder den Vorlieben des Autors entsprechen.

Lassen Sie sich aber ungeachtet der Stimmung eines Autors bei der Beantwortung der Fragen nicht von Ihrer eigenen Meinung beeinflussen. Wenn Sie der Inhalt einer Textaufgabe emotional berührt, kann schnell Ihr Urteilsvermögen getrübt werden. Unbewusst verlassen Sie sich bei der Beantwortung der Fragen womöglich sowieso auf Ihre Meinung; um das möglichst zu vermeiden, sollten Sie sich daran erinnern, dass die richtige Antwort ausschließlich hinsichtlich des Textes selbst oder seines Autors »richtig« ist.

Der richtige Rahmen: Die Gliederung des Textes

Es ist viel wichtiger, die Struktur eines Textes zu erkennen, als all seine Einzelheiten zu erfassen. Anstatt jedes Wort, das der Autor geschrieben hat, verstehen zu wollen, sollten Sie Ihr Augenmerk lieber darauf richten, auf welche Weise der Autor seine Informationen präsentiert.

Essays bestehen gewöhnlich aus einer Einleitung, zwei oder drei ausführenden Absätzen und einem Schluss. Viele GMAT-Texte sind Auszüge aus umfangreicheren Arbeiten, genügen der oben beschriebenen Standardform daher nicht in allen Fällen, dennoch werden Sie in ihnen Anzeichen für alle drei Elemente finden. Bestimmen Sie beim Lesen zuerst das Hauptthema und dann die Gedanken der einzelnen Absätze.

Vielleicht hilft es Ihnen, schon während des Lesens auf Ihrem Notepad eine kurze Zusammenfassung des Textes festzuhalten. Notieren Sie unter der Hauptaussage mit ein oder zwei Worten, welche Art von Information die einzelnen Absätze enthalten. So könnte unter der »Überschrift« *Flug – vergleichen – Stube – Pferd* die folgende Übersicht über die ausführenden Absätze stehen: *unterschiedliche Flügelspanne, Größenunterschied – Pferd 3 mal größer – Flugverhalten nutzt Stube*. Diese Übersicht verrät Ihnen, dass der erste Absatz sich mit der unterschiedlichen Flügelspanne der beiden Plagegeister beschäftigt, während Sie im zweiten Absatz erfahren, dass die Pferdebremse sich unter anderem deshalb anders in der Luft hält, weil sie größer ist als die Stubenfliege. Und der dritte Absatz klärt Sie über den alltäglichen Nutzen auf, den die Stubenfliege aus ihrem Flugverhalten zieht. Auch wenn Sie nicht alle faszinierenden Einzelheiten, die der Autor auflistet, erfassen, haben Sie, wenn es an die Beantwortung von Detailfragen geht, doch einen Überblick darüber, wo Sie was im Text finden.

Wenn Sie sich einen schriftlichen Überblick verschaffen, finden Sie bestimmte Textstellen bei Detailfragen später schneller wieder, und wenn danach gefragt wird, *wie* ein Autor seine Argumentation aufbaut, bringt auch das Sie nicht so schnell in Verlegenheit.

Auch wenn Sie nicht alle Einzelheiten erfassen und verstehen müssen, um die Textfragen richtig zu beantworten, empfehlen wir Ihnen dringend, den Text ganz zu lesen, ehe Sie sich den Fragen dazu zuwenden. Schließlich müssen Sie erst einmal in etwa wissen, worum es im Text geht und wie er gegliedert ist. Jede Minute, die Sie gewinnen, wenn Sie sich die Textaufgabe nicht gründlich durchlesen, wird später dafür draufgehen, den Text noch einmal und womöglich bei jeder Frage neu zu lesen, da Sie nicht wissen, wo sich die entscheidende Information versteckt oder worum es überhaupt geht.

Beim Thema bleiben: Texte über Gott und die Welt

Da der GMAT Ihre Qualifikation für MBA-Studiengänge prüft, könnten Sie auf die Idee kommen, dass es bei den Textaufgaben ausschließlich um Themen wie Marketing und Wirtschaft geht. Weit gefehlt! Obwohl manche Texte sich tatsächlich um Wirtschaftsfragen drehen, bekommen Sie es auch häufig mit Themen aus den Bereichen Wissenschaft, Kultur und Gesellschaft zu tun. Der GMAT will von Ihnen wissen, wie gut Sie sich analytisch auf Texte unterschiedlicher Art einstellen können, ganz gleich, ob Sie mit dem jeweiligen Thema vertraut sind oder nicht, daher müssen Sie mit Texten über die Herstellung von Stahl ebenso rechnen wie mit solchen über archäologische Funde aus der Bronzezeit.

Versuchsanordnungen mit naturwissenschaftlichen Texten

Physik und Biologie versprechen immense Profite: Zu den Wirtschaftszweigen, die von Forschung und Wissenschaft abhängig sind, zählen die pharmazeutische Industrie, die Landwirtschaft, die Rüstungsindustrie, die Produktion von Haushaltsgeräten oder die Herstellung von Rohmaterialien (wie Plastik oder Polymere). Zusammengenommen haben all diese Industriezweige einen nicht zu unterschätzenden Einfluss auf die Lebensqualität und das Bruttosozialprodukt moderner Gesellschaften. Stellen Sie sich nur mal vor, wie Ihr Leben ohne Computer oder Medikamente aussehen würde, ganz zu schweigen von der modernen Landwirtschaft!

Aber auch wenn Sie bereitwillig zugeben, dass Naturwissenschaften von großer Bedeutung sind, haben Sie womöglich keine Lust, sich im Zuge des GMAT-Sprachteils mit Texten aus dem Bereich Chemie herumzuschlagen. Die gute Nachricht ist, dass der GMAT nicht von Ihnen erwartet, dass Sie zum jeweiligen Thema irgendwelche Vorkenntnisse mitbringen. Also, entspannen Sie sich, wenn Sie auf eine Chemiefrage stoßen und seit Ihrer letzten Chemiestunde mindesten 20 Jahre ins Land gegangen sind, denn die Antworten auf alle Fragen sind irgendwo im Text selbst verborgen.

Sie müssen wirklich kaum etwas über ein bestimmtes Themengebiet wissen, um die Fragen dazu beantworten zu können. Zwar wird jemand, der einen Leistungskurs Chemie hinter sich hat, einen Text über Polymere vermutlich schneller erfassen als jemand, der nie einen Chemiesaal von innen gesehen hat, aber das bedeutet noch lange nicht, dass der Chemieexperte mehr Fragen richtig beantwortet als der Rest der Welt. Vielleicht ist der Chemieexperte sogar im Nachteil, weil er Chemiefragen mithilfe seines Spezialwissens zu beantworten versucht, anstatt sich auf die in der Textaufgabe gegebenen Informationen zu konzentrieren.

 Die GMAT-Textaufgaben prüfen Ihr Textverständnis, nicht die Menge der Details, die Sie in Ihrem Langzeitgedächtnis abgespeichert haben. *Verlassen Sie sich bei der Beantwortung der Fragen niemals auf Ihr Wissen*, wenn Sie auf einen Text über ein Thema stoßen, mit dem Sie auf gutem Fuß stehen! Überzeugen Sie sich lieber davon, dass die Antworten Ihrer Wahl durch die im Text enthaltenen Informationen gedeckt sind.

Naturwissenschaftliche Texte schlagen im Allgemeinen einen nüchterneren, objektiveren Ton an als solche, die Sie von etwas zu überzeugen versuchen. Daher geht es in naturwissenschaftlichen Texten gewöhnlich eher um die *Erklärung*, die *Erläuterung* oder die *Vermittlung* eines bestimmten Themas. Hier ein Beispiel für einen netten, neutralen Naturwissenschaftstext im Rahmen des GMAT:

A logarithmic unit known as the decibel (dB) is used to represent the intensity of sound. The decibel scale is similar to the Richter scale used to measure earthquakes. On the Richter scale, a 7.0 earthquake is ten times stronger than a 6.0 earthquake. On the decibel scale, an increase of 10 dB is equivalent to a 10-fold increase in intensity or power. Thus, a sound registering 80 dB is ten times louder than a 70 dB sound. In the range of sounds audible to humans, a whisper has an intensity of 20 dB; 140 dB (a jet aircraft taking off nearby) is the threshold of immediate pain.

The perceived intensity of sound is not simply a function of volume; certain frequencies of sound appear louder to the human ear than do other frequencies, even at the same volume.
10 Decibel measurements of noise are therefore often »A-weighted« to take into account the fact that some sound wavelengths are perceived as being particularly loud. A soft whisper is 20 dB, but on the A-weighted scale the whisper is 30 dBA. This is because human ears are particularly attuned to human speech. Quiet conversation has a sound level of about 60 dBA.

Continuous exposure to sounds over 80 dBA can eventually result in mild hearing loss, while
15 exposure to louder sounds can cause much greater damage in a very short period of time. Emergency sirens, motorcycles, chainsaws, construction activities, and other mechanical or amplified noises are often in the 80–120 dBA range. Sound levels above 120 dBA begin to be felt inside the human ear as discomfort and eventually as pain.

Unfortunately, the greatest damage to hearing is done voluntarily. Music, especially when
20 played through headphones, can grow to be deceptively loud. The ear becomes numbed by the loud noise, and the listener often turns up the volume until the music approaches 120 dBA. This level of noise can cause permanent hearing loss in a short period of time, and in fact, many young Americans now have a degree of hearing loss once seen only in much older persons.

Dieser Text besteht aus nahezu 350 Wörtern und schöpft damit den möglichen Umfang der GMAT-Textaufgaben fast vollständig aus. Lassen Sie sich von den gewöhnungsbedürftigen wissenschaftlichen Inhalten nicht aus dem Konzept bringen. Der Begriff *Dezibel* sagt Ihnen ja sicher etwas, aber wahrscheinlich haben Sie noch nie etwas von Dezibel-A-Bewertung oder abgekürzt *dBA* gehört. Behalten Sie die Hauptaussage des Textes im Auge, die sich mit dBAs und ihrer Aufnahme durch das menschliche Ohr befasst, und darauf, welcher Informationstyp in den einzelnen Absätzen auftaucht.

Das öffentliche Leben: Geisteswissenschaften und Gesellschaft im GMAT

Außer Fragen zu naturwissenschaftlichen Themen stellt Ihnen der GMAT auch Fragen zu Geisteswissenschaften wie Rechtswissenschaft, Philosophie, Geschichte, Politikwissenschaft, Archäologie, Soziologie und Psychologie. Verwandte Themengebiete sind Literatur, Film, Englisch, Religion und Fremdsprachen. (Aber keine Panik! Sie müssen keine weiteren Fremdsprachenkurse belegen, sämtliche GMAT-Textaufgaben sind auf Englisch!)

Gut zu wissen, dass Themen aus Kultur und Gesellschaft in den Medien und in Alltagsgesprächen eher eine Rolle spielen als zum Beispiel Physik! Fragen zu diesen Themen sind daher im Allgemeinen leichter zu beantworten, auch wenn Sie sich nicht unbedingt zu den Spezialisten auf diesen Gebieten zählen. Und obwohl Texte dieser Art meistens auch informativ und beschreibend sind, müssen Sie hier eher mit einer »Streitschrift« rechnen als bei naturwissenschaftlichen Textaufgaben und sich auf unterschiedliche Ausdrucksmittel einstellen. So verrät der folgende philosophische Beispieltext schon weit mehr vom Charakter und der Weltanschauung des Autors als wir zuvor über den Verfasser des naturwissenschaftlichen Beispiels erfahren haben.

For most Americans and Europeans, this should be the best time in all of human history to live. Survival—the very purpose of all life—is nearly guaranteed for large parts of the world, especially in the »West.« This should allow people a sense of security and contentment. If life is no longer as Thomas Hobbs famously wrote, »nasty, brutish and short,« then should it not
5 be pleasant, dignified and long? To know that tomorrow is nearly guaranteed, along with thousands of additional tomorrows, should be enough to render hundreds of millions of people awe-struck with happiness. And modern humans, especially in the West, have every opportunity to be free, even as they enjoy ever-longer lives. Why is it, then, that so many people feel unhappy and trapped? The answer lies in the constant pressure of trying to meet
10 needs that don't actually exist.

The term »need« has been used with less and less precision in modern life. Today, many things are described as needs, including fashion items, SUV's, vacations, and other luxuries. People say, »I need a new car,« when their current vehicle continues to function. People with many pairs of shoes may still say they »need« a new pair. Clearly this careless usage is
15 inaccurate; neither the new car nor the additional shoes are truly »needed.«

What is a need then? The Oxford English Dictionary defines the condition of »need« as »lack of means of subsistence.« This definition points the way toward an understanding of what a need truly is: A need is something required for survival. Therefore, the true needs of life are air, food, water, and in cold climates, shelter. Taken together, this is the stuff of survival.
20 Since the purpose of life is to survive, or more broadly, to live, then these few modest requirements are all that a modern human truly needs. Other things make life exciting or enjoyable, and these are often referred to as »the purpose of life«—but this is surely an exaggeration. These additional trappings are mere wants and not true needs.

Und jetzt zu den Wirtschaftstexten

In den Textaufgaben, die sich mit Wirtschaftsfragen beschäftigen, geht es unter anderem um Betriebswirtschaft, Marketing, Produktionsmittelmanagement und Buchführung. Super, endlich mal Themen, mit denen Sie sich auskennen! Archäologische Ausgrabungen in Neuseeland oder Fragen zur Anatomie des Riesenhirschkäfers können Sie schon mal überspringen, hier jedoch geht es um Ihr Lieblingswissensgebiet, die Wirtschaft. Zumindest interessieren Sie sich für dieses Thema mehr als für andere. Also werden Sie die meisten Textaufgaben dieser Sorte einigermaßen schnell abhaken können. Aber lassen Sie sich dadurch nicht zu Nachlässigkeiten verführen. Sie benötigen für alle Textaufgaben das gleiche Maß an Konzentration.

Verlassen Sie sich bei der Beantwortung von Fragen zu einem vertrauten Thema nicht auf Ihre Kenntnisse. Es ist zwar ein Vorteil, sich auf einem bestimmten Wissensgebiet auszukennen, aber nur, wenn Sie daran denken, dass alle Informationen, die Sie für die Beantwortung der Fragen brauchen, im Text selbst enthalten sind und Sie sich nicht an Ihr letztes Semester BWL oder irgendein Verkaufsgespräch erinnern müssen, das Sie letzte Woche geführt haben.

Hier ist ein Textbeispiel, wie Sie es im GMAT finden könnten.

In 1980, Washington, D.C., city officials, hard-pressed for tax revenues, levied a 6 percent tax on the sale of gasoline. As a first approximation (and a reasonable one, it turns out), this tax could be expected to increase the price of gasoline by 6 percent. The elasticity of demand is a key factor in the consequences of this action, because the more sharply the sales of gasoline fall, the less tax revenue the city will raise. Presumably, city officials hoped that gasoline sales would be largely unaffected by the higher price. Within a few months, however, the amount of gasoline sold had fallen by 33 percent. A 6 percent price increase producing a 33 percent quantity reduction means the price elasticity was about 5.5.

The sharp sales drop meant that tax revenue was not increased. Further indications were that when consumers had fully adjusted to the tax, tax revenues would actually decrease. (There had been a 10 cent per gallon tax before the 6 percent tax was added, so although the 6 percent levy was raising revenue, the gain was largely offset by the loss in revenue from the initial 10 cent tax following the reduction in sales.) This was not a general increase in gasoline prices but a rise only within the D.C. city limits. Gasoline sold in the District of Columbia is a narrowly defined product that has good substitutes — gasoline sold in nearby Virginia and Maryland. Higher gasoline prices in the District of Columbia, when the prices charged in Virginia and Maryland are unchanged, indicate high elasticity in the market.

No economist would be surprised at the results of this tax, but apparently city officials were. Observed one city councilman: »We think of ourselves here in the District as an island to ourselves. But we've got to realize that we're not. We've got to realize that Maryland and Virginia are right out there, and there's nothing to stop people from crossing over the line.« The 6 percent gasoline tax was repealed five months after it was levied.

This passage is an excerpt from *Microeconomics Theory and Applications*, 9th edition, by Edgar K. Browning and Mark A. Zupan (Wiley).

Wie Sie mit den Textaufgaben klarkommen

Der GMAT-Sprachteil besteht aus insgesamt 41 Fragen, für deren Beantwortung Sie nicht mehr als 75 Minuten Zeit haben. Das ergibt weniger als zwei Minuten pro Frage. Verwenden Sie nicht allzu viel Zeit auf die Textaufgaben, um bei den Satzaufgaben und den Logikaufgaben, die der Sprachteil ja auch noch für Sie bereithält, nicht unnötig unter Druck zu geraten. Ein System für die Lösung der Textaufgaben ist also ebenso wichtig wie eine angemessene »Lesetechnik« für die Texte. Gehen Sie am besten wie folgt vor:

✔ Machen Sie sich klar, um welchen Texttyp es sich handelt

✔ Verwerfen Sie falsche Lösungsmöglichkeiten

✔ Erkennen Sie, wie Sie mit Fragen umgehen, deren Antwort *nicht* durch den Text gestützt wird

Erkennen Sie den Fragentyp

Bevor Sie eine Textaufgabe lösen können, müssen Sie erst einmal herausfinden, um welchen Fragentyp es sich dreht. Die meisten Textaufgaben gehören zu einer der vier folgenden Kategorien:

✔ Zusammenfassung des Hauptthemas

✔ Auffinden bestimmter Informationen

✔ Folgerungen ziehen/Ableitungen treffen

✔ Beurteilung der Ausdrucksweise

Jeder der vier Fragentypen erfordert eine etwas andere Herangehensweise. Fragen nach dem Hauptthema oder dem Ausdruck zielen auf den Text als Ganzes ab, während Sie sich bei den Aufgaben, bei denen es um Detailinformationen oder Schlussfolgerungen geht, auf bestimmte Textstellen konzentrieren müssen. Wenn Sie zum Beispiel wissen, dass eine Frage auf eine Einzelheit im Text abzielt, können Sie Ihre Aufmerksamkeit auf den Textabschnitt beschränken, auf die sich die Aufgabenstellung bezieht.

Kommen Sie auf den Punkt: Fragen zur Hauptaussage

Bei Fragen nach der Hauptaussage müssen Sie erkennen, worum es in der Textaufgabe im Wesentlichen geht. Es gibt fast zu jeder Textaufgabe mindestens eine Aufgabe, bei der nach dem Grundgedanken gefragt wird, oft handelt es sich dabei um die erste Frage zu einem bestimmten Text.

 Fragen dieser Art können Sie meistens schon daran erkennen, wie sie formuliert sind. Hier einige Beispiele für typische Fragen nach dem Hauptthema:

✔ The author of the passage is primarily concerned with which of the following?

✔ The author's primary goal (or purpose) in the passage is to do which of the following?

✔ An appropriate title that best summarizes this passage is

Achten Sie schon beim Lesen auf das Hauptthema, da Sie mit ziemlicher Sicherheit auch danach gefragt werden. Wenn Sie sich zum Beispiel den dBA-Text im Abschnitt »Versuchsanordnungen mit naturwissenschaftlichen Texten« weiter vorne in diesem Kapitel durchlesen, werden Sie bemerken, dass der Autor sich um die Wirkung von Lärm und um mögliche Gehörschäden vor allem durch den falschen Gebrauch von Kopfhörern sorgt. Sie könnten den Grundgedanken des Textes etwa wie folgt wiedergeben: »Der Autor versucht seine Leser über die Messung von Lärm zu unterrichten und vor der Gefahr von Taubheit durch Lärm zu warnen.« Wenn Sie nun nach dem Hauptthema des Textes gefragt werden, müssen Sie nur noch nach einer Antwort Ausschau halten, deren Gehalt Ihrer Zusammenfassung der Autorenabsicht am ehesten entspricht.

Antworten auf Fragen nach dem Hauptthema sind eher allgemein gehalten als speziell. Wenn eine Lösungsmöglichkeit Informationen enthält, die lediglich in einem Absatz der Textaufgabe erörtert werden, handelt es sich wahrscheinlich nicht um die richtige Antwort. Hier noch ein paar Methoden, wie Sie falsche Antworten auf Fragen zum Hauptthema verwerfen können:

✔ Schließen Sie alle Lösungsmöglichkeiten mit Informationen aus, die sich nur im Mittelteil der Textaufgabe finden, da es dort vermutlich um Unterpunkte und nicht um den Grundgedanken geht.

✔ Verwerfen Sie alle Lösungsmöglichkeiten mit Informationen, die in der Textaufgabe überhaupt nicht auftauchen.

✔ Manche Lösungsmöglichkeiten können Sie schon nach den ersten Worten ausschließen. Wenn Sie zum Beispiel auf der Suche nach der richtigen Antwort auf eine Frage zu einem objektiv gehaltenen naturwissenschaftlichen Text sind, können Sie alle Antworten ausschließen, die nicht objektive Wendungen wie to *argue that ...* , to *criticize ...* , to re*fute the opposition's position that* enthalten.

Unter ferner liefen: Fragen nach bestimmten Informationen

Manche GMAT-Textaufgaben zielen auch auf bestimmte Textstellen ab. Fragen dieser Art sind womöglich besonders einfach zu beantworten, da die Informationen, die Sie brauchen, im Text selbst ausdrücklich enthalten ist. Sie müssen sie nur noch finden. Es kann sich dabei um quantitative Informationen wie Jahreszahlen oder Zahlen und Nummern oder um qualitative Informationen wie Vorstellungen, Gefühle oder Gedanken handeln.

Fragen dieser Sorte kommen in unterschiedlichsten Formulierungen vor, sie beziehen sich aber fast immer unmittelbar auf die Textaufgabe. Zum Beispiel so:

✔ The passage states that ...

✔ According to the passage, ...

✔ In the passage, the author indicates that ...

Manchmal ist die Textstelle, auf die sich eine bestimmte GMAT-Frage bezieht, gelb markiert. In solchen Fällen können Sie davon ausgehen, dass Sie nicht bloß eine Lösungsmöglichkeit finden müssen, die genauso formuliert ist wie die entsprechende Textstelle.

Um Fragen dieser Art richtig zu beantworten, sollten Sie sich die Frage zuerst genau durchlesen und sich an Ihrer Kurzfassung der Textaufgabe auf Ihrem Notepad orientieren, um sich ins Gedächtnis zu rufen, an welchen Stellen sich der Text auf bestimmte Informationen bezieht. Und denken Sie daran, dass die richtige Antwort den Text unter Umständen umschreibt und nicht bloß wortwörtlich wiedergibt.

Zwischen den Zeilen lesen: Ableitungsfragen

Fragen dieser Kategorie verlangen, dass Sie Informationen erkennen, die in der Textaufgabe zwar mit enthalten, aber nicht ausdrücklich ausgeführt sind. Hier wird Ihre Fähigkeit auf die Probe gestellt, anhand von im Text verborgenen Hinweisen die richtige Ableitung vorzunehmen. Dabei müssen Sie normalerweise eine der folgenden drei Leistungen erbringen:

✔ Eine abweichende Interpretation der Aussage erkennen.

✔ Die eigentliche Bedeutung eines im übertragenen Sinn verwendeten Wortes ableiten

✔ Die Aussage einen Schritt über den schriftlich fixierten Text hinaus interpretieren

Stellen Sie sich beispielsweise vor, Sie lesen einen Text über das Flugverhalten von Stubenfliegen und Pferdebremsen und im zweiten Absatz erfahren Sie, dass Pferdebremsen im Winter nach Süden auswandern. Im vierten Absatz lesen Sie dann, dass der Purpurflügler eine Abart der Pferdebremse ist. Aus beiden Informationen zusammen geht zwingend hervor, dass der Purpurflügler im Winter nach Süden fliegt. Dieses Beispiel entspricht Punkt drei, da Sie dem Text hier eine Information entnehmen, die nicht ausdrücklich darin enthalten ist.

Die Pferdebremsenableitung erfordert nicht mal große logische Sprünge. Halten Sie bei der Beantwortung derartiger Fragen einfach nach Lösungsmöglichkeiten Ausschau, die den Gehalt der Textaufgabe um ein Weniges erweitern. Antworten, die den Textrahmen sprengen, sind dagegen höchstwahrscheinlich falsch. Und Antworten, die von Ihnen verlangen, sich mit Informationen herumzuschlagen, die in der Textaufgabe gar nicht vorkommen, können Sie von vornherein verwerfen.

Manchmal ist es gar nicht so gut, allzu viel über das Thema einer Textaufgabe zu wissen, da Sie versucht sein könnten, die Fragen auf der Grundlage Ihres Wissens und nicht der des Textes zu beantworten. Beantworten Sie alle Fragen schlicht so, wie Sie gestellt werden, und verlassen Sie sich bei Ihren Ableitungen ausschließlich auf die im Text gegebenen Informationen.

Ableitungen dieser Art werden im Zuge des GMAT-Sprachteils in großer Zahl von Ihnen verlangt. Da Aufgaben dieser Kategorie häufig Wörter wie *infer* oder *imply* enthalten, sind Sie, wie die folgenden Beispiele zeigen, zum Glück leicht zu erkennen:

✔ It can be inferred from the passage that …

✔ The passage implies (or suggests) that …

✔ The author brings up southern migration patterns to imply which of the following?

Bringen Sie sich in Stimmung: Fragen zum Ausdruck und Stil des Autors

Beim Lesen der Textaufgaben sollten Sie nicht nur die Absicht des Autors im Auge behalten, sondern auch Hinweise auf Ausdruck und Stil, da Sie bei einigen Fragen ermessen müssen, wie der Autor sich zu seinem Thema verhält. Bei den Fragen nach Ausdruck und Stil geht es gewöhnlich um die Einstellung des Autors oder darum, seinen Gedankengang logisch nachzuvollziehen und zu ergänzen. Der Verfasser kann neutral, negativ oder positiv zu seinem Thema stehen oder zu unterschiedlichen Informationen in ein und demselben Text unterschiedliche Meinungen vertreten. Ihre Aufgabe besteht darin, der in der Textaufgabe verwendeten Sprache zu entnehmen, wie sich der Verfasser zum Thema verhält und wie ausgeprägt seine Meinung dazu ist. Mit einiger Übung wird es Ihnen ohne Weiteres gelingen, zwischen einem enthusiastischen und einem Autor zu unterscheiden, der bloß vorgibt, begeistert zu sein, und sich in Wahrheit über seinen Gegenstand lustig macht.

Auch die Stil- und Ausdrucksfragen lassen sich leicht anhand ihrer Formulierung identifizieren. Hier ein paar Beispiele für typische GMAT-Fragen dieser Kategorie:

✔ The author's attitude appears to be one of …

✔ With which of the following statements would the author most likely agree?

✔ The tone of the passage suggests that the author is most skeptical about which of the following?

Wenn Sie den Ausdruck und Stil eines Autors einschätzen wollen, sollten Sie sich den Text immer als Ganzes anschauen. Auch in einem sonst kritischen Artikel stößt man bisweilen auf zwei oder drei lobende Worte. Begehen Sie daher nicht den Fehler, einen Text schon nach den ersten Formulierungen, die Ihnen ins Auge fallen, vorschnell als so oder so abzustempeln. Stellen Sie lieber erst einmal fest, worum es im Wesentlichen geht und worauf der Verfasser hinaus will (das müssen Sie, um die übrigen Fragen beantworten zu könne, ja sowieso tun), und nutzen Sie Ihre Erkenntnisse, um auch den Stil und Ausdruck zu bestimmen. Wenn der Verfasser zum Beispiel gegen einen bestimmten Standpunkt argumentiert, verrät womöglich schon die Wortwahl, mit der Vertreter dieses Standpunkts bedacht werden, die kritische Einstellung des Autors. Jedenfalls würden Sie bei einem Text, der diesem Standpunkt weitgehend zustimmt, aber dennoch die eine oder andere kritische Anmerkung macht, sicher nicht zu dem gleichen Ergebnis kommen.

Fragen dieser Art lenken Ihre Aufmerksamkeit entweder auf einen bestimmten Textabschnitt oder auf den Text in seiner Gesamtheit. Aber selbst wenn sich die Frage auf einen bestimmten Abschnitt bezieht, tut Sie das immer im Hinblick auf den Gesamttext. Wenn Sie beispielsweise gefragt werden, warum ein Autor in einem bestimmten Satz bestimmte Formulierungen verwendet, können Sie diese Frage gewöhnlich nur dann sinnvoll beantworten, wenn Sie den Kontext des ganzen Textes im Blick haben. Wenn Sie also den Grundgedanken, die Stoßrichtung des Autors und den Ausdruck des Textzusammenhangs kennen, sollte Ihnen die Beantwortung von Fragen nach einzelnen Wörtern oder Formulierungen in einem bestimmten Textabschnitt eigentlich keine Schwierigkeiten mehr bereiten.

Zum Teufel mit falschen Lösungsmöglichkeiten

Eine der besten Methoden, die Textaufgaben schnell und erfolgreich abzuhandeln, besteht darin, falsche Lösungsmöglichkeiten sofort zu verwerfen. Schließlich sind Sie ja auf der Suche nach der bestmöglichen Lösung und nicht nach der perfekten Antwort. Aber manchmal ist die beste Lösungsmöglichkeit eine von fünf verdammt guten möglichen Lösungen und in anderen Fällen haben Sie nur die Wahl zwischen fünf ziemlich kläglichen Antworten.

Und da Ihnen die einzig richtige Antwort meistens nicht auf Anhieb ins Auge springt, müssen Sie wissen, wie Sie erst mal die offensichtlich unsinnigen Lösungsmöglichkeiten ausschließen können. In Kapitel 2 finden Sie allgemeine Hinweise zur Eliminierung falscher Lösungsmöglichkeiten. In diesem Abschnitt zeigen wir Ihnen, wie Sie diese Methoden speziell auf Textaufgaben anwenden.

In vielen Fällen können Sie falsche Lösungsmöglichkeiten auf Anhieb verwerfen, ohne sich noch lange mit der Textaufgabe aufzuhalten. Solange Sie sich den Text aufmerksam durchlesen und eine Vorstellung davon haben, worum es im Wesentlichen geht, was der Autor Ihnen sagen will und in welchen Stil oder mit welchen Ausdrucksmitteln er das bewerkstelligt, sollten Sie ein paar falsche Antworten ausschließen können.

Falsche Lösungsmöglichkeiten sehen häufig so aus:

✔ **Lösungsmöglichkeiten mit Informationen, die im Text nicht enthalten sind.** Manche Lösungsmöglichkeiten enthalten Informationen, die den Rahmen der Textaufgabe eindeutig sprengen. Finger weg, selbst dann, wenn die Information stimmt! Sie sollten sich immer für Antworten entscheiden, die auf dem basieren, was der Text aussagt oder impliziert. Also weg mit allen anderen Antworten, auch wenn die Versuchung noch so groß ist.

✔ **Lösungsmöglichkeiten, die im Widerspruch zum Hauptthema, der Ausdrucksweise des Autors oder bestimmten Informationen im Text stehen.** Nachdem Sie die Textaufgabe studiert haben, sollte es Ihnen nicht schwer fallen, alle Lösungsmöglichkeiten auszuschließen, die mit dem, was Sie gelesen haben, nicht übereinstimmen.

✔ **Lösungsmöglichkeiten, die der Formulierungen der Frage zuwiderlaufen.** Manche Antworten fallen bereits aufgrund der in der Frage verwendeten Wortwahl weg. Sie könnten zum Beispiel gefragt, worin der Nachteil (*disadvantage*) einer in der Textaufgabe aufgestellten Behauptung liegt. Wenn dann eine der Lösungsmöglichkeiten statt eines Nachteils einen Vorteil erwähnt, müssen Sie nicht erst lange grübeln, um sie ein für alle Mal zu verwerfen. Oder Sie sollen angeben, welcher möglichen Antwort der Verfasser besonders optimistisch gegenübersteht. Wenn eine der Lösungsmöglichkeiten im Text pessimistisch beurteilt wird, können Sie auch diese Antwort guten Gewissens ausschließen.

Es kommt vor, dass der GMAT Sie mit Lösungsmöglichkeiten aufs Glatteis führt, die zwar in der Textaufgabe enthaltene Informationen aufgreifen, sich aber nicht auf die zuletzt gestellte Frage beziehen. Entscheiden Sie sich nie für eine Antwort, nur weil sie Ihnen irgendwie bekannt vorkommt, sondern vergewissern Sie sich, dass sie auch wirklich die Frage beantwortet.

✔ **Lösungsmöglichkeiten mit *strittiger* Wortwahl.** Vorsicht bei Lösungsmöglichkeiten mit Wörtern, die absolut keine Einschränkung erlauben, wie zum Beispiel *always, complete, never, every* oder *none*. Antworten, die keinen Raum für Ausnahmen lassen, sind in aller Regel falsch. Schließlich wollen die GMAT-Macher vermeiden, dass Sie von Anrufern belästigt werden, die irgendwo eine Ausnahme ausfindig gemacht und, zum Beispiel, ein nicht rotes Feuerwehrauto gesichtet haben. ***Vorsicht:*** Meistens liest sich der Rest einer

Antwort mit strittiger Wortwahl ganz vernünftig. Lassen Sie sich davon nicht ins Bockshorn jagen!

Aber schließen Sie nicht automatisch alle Lösungsmöglichkeiten mit einem strittigen Wort aus. Wenn die in der Textaufgabe enthaltenen Informationen Wörter wie _all_ oder _none_ rechtfertigen, kann das durchaus in Ordnung sein. Wenn ein Text beispielsweise angibt, dass alle Pferdebremsen im Winter nach Süden fliegen, ist die Antwort, in der das Wörtchen _all_ enthalten ist, vermutlich doch die richtige.

Und jetzt das Ganze noch mal: Textaufgaben am praktischen Beispiel

Um Ihnen zu demonstrieren, wie Sie falsche Antworten eliminieren, stellen wir Ihnen in diesem Abschnitt einige Beispielfragen auf der Basis der Texte, die Sie weiter vorne in diesem Kapitel finden.

Geisteswissenschaften und Gesellschaft

Die erste Frage bezieht sich auf den Text im Abschnitt »Das öffentliche Leben: Geisteswissenschaften und Gesellschaft im GMAT«. Lesen Sie sich den Text zunächst noch einmal genau durch und versuchen Sie anschließend, ein paar der unten aufgeführten Lösungsmöglichkeiten von vornherein auszuschließen.

Which of the following most accurately states the main idea of the passage?

(A) Modern Americans and Europeans feel unhappy and trapped because they don't distinguish true needs from mere wants.

(B) There are no human needs and all so-called needs are merely wants.

(C) Human needs can never be satisfied in this life and therefore people will always be unhappy.

(D) The satisfaction of human needs has resulted in nearly universal happiness for people in the United States and Europe.

(E) There is no difference between needs and wants; the desire for wealth and power are just as real as the need for food and shelter.

Identifizieren Sie zuerst den Fragentyp, was in diesem Fall nicht so schwierig ist, weil die Frage selbst bereits den Begriff _main idea_ enthält. Sie haben es hier mit einer Frage nach der Hauptaussage zu tun, die Antwort muss sich daher auf den Grundgedanken und die Stoßrichtung des Autors beziehen und ist vermutlich am Anfang oder am Ende der Textpassage zu finden.

Verwerfen Sie alle Lösungsmöglichkeiten, die den Informationsrahmen der Textaufgabe sprengen. Erinnern Sie sich, dass der Text _true needs_ von _mere wants_ unterscheidet. In der Lösungsmöglichkeit C heißt es »_Human needs can never be satisfied in this life ..._«, doch in der Textaufgabe ist an keiner Stelle von Bedürfnissen die Rede, die nicht innerhalb eines

Lebens befriedigt werden könnten. Ob Sie mit der in C aufgestellten Behauptung übereinstimmen oder nicht, spielt keine Rolle. Sie können diese Lösungsmöglichkeit auf jeden Fall ausschließen, da deren Aussage durch den Text nicht gestützt wird.

Suchen Sie als Nächstes nach Lösungsmöglichkeiten, die Ihrer Textlektüre widersprechen. In B wird behauptet, dass es gar keine menschlichen Bedürfnisse gibt (»*there are no human needs …*«). Aber im Text werden gewisse menschliche Bedürfnisse wie Nahrungsmittel, Wasser, Obdach und so weiter ausdrücklich erwähnt, also muss auch B falsch sein. Abgesehen davon erinnern Sie sich vielleicht noch, dass diese Aufzählung menschlicher Bedürfnisse zu einem Textabschnitt gehört, in dem der Verfasser zwischen Bedürfnissen und Wünschen unterscheidet. Lösungsmöglichkeit E sagt jedoch, dass es gar keinen Unterschied zwischen Bedürfnissen und Wünschen gibt. Da Sie wissen, dass der Text das Gegenteil behauptet, können Sie auch diese Antwort verwerfen.

Bleiben also noch die Lösungsmöglichkeiten A und D. Wenn Sie sich nicht entscheiden können, denken, Sie an das, was Sie eben gelesen haben. Konzentrieren Sie sich auf den ersten Absatz, in dem steht, dass viele Amerikaner und Europäer unglücklich und bedrückt (»*unhappy and trapped*«) sind, obwohl sie allen Grund haben, glücklich zu sein. Nun können Sie auch D aus der Antwortenliste streichen.

Also ist A die richtige Antwort, aber nehmen Sie sich die Zeit, sich diese Lösungsmöglichkeit noch einmal durchzulesen und festzustellen, ob darin wirklich der Grundgedanke des Textes zum Ausdruck kommt. In A heißt es: »*Modern Americans and Europeans feel unhappy and trapped because they don't distinguish true needs from mere wants.*« Diese Behauptung stimmt mit der Überlegung des Autors hinsichtlich der Unzufriedenheit moderner Menschen im ersten Absatz sowie der Unterscheidung von Bedürfnissen und Wünschen im letzten Absatz überein. A ist also die richtige Antwort.

Naturwissenschaften

Die nächsten beiden Beispiele beziehen sich auf den Text im Abschnitt »Versuchsanordnungen mit naturwissenschaftlichen Texten«.

The author mentions that »emergency sirens, motorcycles, chainsaws, construction activities, and other mechanical or amplified noises« fall in the 80–120 dBA range. It can be inferred from this statement that these noises

(A) are unwanted, outside intrusions common in urban life

(B) can cause hearing loss with constant exposure

(C) are more dangerous to hearing than sounds of the same dBA level from headphones

(D) are loud enough to cause immediate pain

(E) have no negative impacts

Das Wort *infer* in der Frage liefert Ihnen bereits einen ziemlich deutlichen Hinweis auf den Fragetyp, mit dem Sie es hier zu tun haben. Und wieder können Sie zuverlässig nach dem Ausschlussverfahren vorgehen.

Schließen Sie zunächst alle Lösungsmöglichkeiten aus, die auf Informationen jenseits der Textaufgabe beruhen. Es geht in diesem Text um Lärmpegel und Gesundheitsschädigungen und nicht um gesellschaftliche Probleme wie die Belästigung durch übermäßigen Lärm in modernen Großstädten. Damit können Sie A auf Ihrem Notepad schon mal ausstreichen. Alle anderen Lösungsmöglichkeiten haben mit Lärmpegeln und Gesundheit zu tun und kommen daher vorläufig noch infrage.

Suchen Sie als Nächstes nach Lösungsmöglichkeiten, die dem Inhalt der Textaufgabe widersprechen. Unter anderem scheint der Autor mit seinem Text junge Menschen vor Hörverlust infolge des Missbrauchs von Kopfhörern warnen zu wollen. Es wäre demnach ein Widerspruch, wenn man behaupten wollte, dass der in der Frage angesprochene Lärm gefährlicher wäre als Lärm gleicher Lautstärke aus einem Kopfhörer. Da C nicht mit dem übereinstimmt, was Sie im Text gelesen haben, können Sie diese Lösungsmöglichkeit nun verwerfen.

Nutzen Sie die in der Fragestellung gegebenen Informationen, um Ihre Auswahl einzuschränken. Die Frage legt nahe, dass der angesprochene Lärm sich zwischen 80 und 100 dBA bewegt. 100 dBA sind schon sehr laut, bedenken Sie außerdem, dass der Grenzwert des für das menschliche Ohr Erträglichen bei etwa 120 dBA liegt. Es ist daher unlogisch (wie in der Lösungsmöglichkeit E) zu behaupten, dass Lärm von diesem Ausmaß keinerlei Gesundheitsrisiken birgt. Lärm dieser Größenordnung schädigt das Gehör!

Sie können E aber auch verwerfen, weil diese Antwortmöglichkeit ein implizit strittiges Wort enthält. Statt *no impacts* könnte man auch *none* sagen und Lösungsmöglichkeiten, die das Wort *none* enthalten, sind, wie wir gesehen haben, fast immer falsch, da *none* keine Ausnahme zulässt. Wenn die Antwort ein bisschen anders formuliert wäre und es beispielsweise hieße »*may have no negative impacts*«, wäre sie vielleicht sogar richtig. Denn kurze, vorübergehende Lärmbelästigungen müssen nicht unbedingt gesundheitsschädlich sein.

Nun haben Sie nur noch die Wahl zwischen zwei Lösungsmöglichkeiten. Wenn Ihnen nun wieder einfällt, dass die Schmerzgrenze bei 140 dBA liegt, können Sie die Frage ohne Rückbezug auf die Textaufgabe beantworten. Aber sollten Sie Zweifel plagen, ist es immer besser, sich noch ein paar Sekunden Bedenkzeit zu gönnen und sich zu vergewissern. Denken Sie daran, dass Sie bei einem Computer-Test keine Antwort zurücknehmen können. Jede einmal bestätigte Antwort zählt!

Der letzte Satz des ersten Absatzes weist eindeutig auf die Schmerzgrenze von 140 dBA hin und im dritten Absatz erfahren Sie, dass schon 120 dBA schlussendlich schmerzhaft sind (»*eventually lead to pain*«). Damit können Sie auch D ausschließen und sich mit einiger Sicherheit für B entscheiden. Ein letzter Blick auf den Text bestätigt Ihnen, dass ein konstanter Lärmpegel von über 80 dBA zu Taubheit führen kann. Also ist B tatsächlich die richtige Antwort.

In the second paragraph of the passage, the author introduces the concept of the A-weighted decibel scale. For any particular sound, the A-weighted decibel level differs from the unweighted decibel level in that

(A) The A-weighted number is 10 points higher than the unweighted number.

(B) The A-weighted number is based on the way the noise is perceived in the human ear.

(C) The unweighted number is always higher than the A-weighed number.

(D) The A-weighted number is measured by more accurate instruments.

(E) Only on the unweighted scale does a 10 dB increase in sound equal a tenfold increase in intensity.

Im Computer-Test würde sich eine Frage auf einen markierten Textabschnitt und nicht auf ein Zitat beziehen, für unsere Zwecke genügt jedoch das Zitat. Vermutlich geht es bei der Fragestellung um eine bestimmte Information, da diese ohne die Verwendung von Wörtern wie *infer* oder *imply* auf Einzelheiten im Text abzielt

E können Sie sofort verwerfen, da nirgendwo im Text zwischen einem Anstieg von zehn dB und zehn dBA unterschieden wird. Und auch die Lösungsmöglichkeit D bezieht sich auf Informationen, die in der Textaufgabe nicht vorkommen. Die Lektüre bietet keinen Hinweis darauf, dass Instrumente zur Messung der Dezibel-A-Bewertung exakter sind als andere, sondern nur darauf, dass Geräusche auf der Dezibel-A-Skala anders gemessen werden. Streichen Sie die Lösungsmöglichkeit D von Ihrem Notepad. Aber auch C ist falsch, weil diese Antwort im krassen Widerspruch zu wesentlichen Informationen im Text steht: Ein Flüstern zeigt einen höheren Wert auf der Dezibel-A-Skala an als eine leise geführte Unterhaltung. C kann also nicht richtig sein.

Die beiden verbleibenden Lösungsmöglichkeiten A und B sind beide inhaltlich korrekt, dennoch beantwortet nur eine die Frage. Ein Flüstern zeigt auf der Dezibel-A-Skala 30 dBA an, auf der normalen Dezibelskala jedoch lediglich 20 dB, was inhaltlich mit A übereinstimmt. Aber wenn Sie noch einmal die Textaufgabe zu Rate ziehen, werden Sie feststellen, dass einige Wellenlängen deutlicher hörbar sind als andere. Im Text heißt es eindeutig, dass der Grund für die Dezibel-A-Skala die Berücksichtigung von Geräuschen ist, die das menschliche Ohr besser wahrnimmt. Da der Unterschied zur Normalskala genau darin besteht, ist B der Lösungsmöglichkeit A vorzuziehen.

Aus der Wirtschaft

Hier noch drei Fragen, die sich auf den Text im Abschnitt »Und jetzt zu den Wirtschaftstexten« beziehen.

It can be inferred from the passage that the word »elasticity« in the last sentence of the second paragraph refers to

(A) fluctuations in the price of gasoline in Washington, D.C.

(B) fluctuations in the price of gasoline in Virginia and Maryland.

(C) changes in the amount of tax collected at 6 percent.

(D) changes in the number of vehicles in the region.

(E) fluctuations in the demand for gasoline sold in Washington, D.C.

Hierbei geht es ziemlich eindeutig um eine Ableitungsfrage. Achten Sie darauf, dabei nicht den Rahmen dessen zu sprengen, was im Text selbst behauptet wird.

Schließen Sie falsche Lösungsmöglichkeiten aus. Da es sich in diesem Fall um eine Ableitung dreht, ist es womöglich nicht ganz einfach, die Antworten zu erkennen, die sich auf Wissen außerhalb der Aufgabenstellung beziehen. Schließlich kommt es bei einer Ableitung ja gerade darauf an, bei Ihren Überlegungen über das schriftlich Niedergelegte hinauszugehen. Aber eine Lösungsmöglichkeit schweift eindeutig zu weit von den im Text gegebenen Informationen ab. D erwähnt Veränderungen der Fahrzeuganzahl in der Region Washington D.C., aber der Text sagt nichts über Leute, die infolge steigender Benzinpreise Ihre Autos abstoßen oder weniger im Raum Washington D.C. unterwegs sind, also können Sie D getrost ausschließen.

B lässt sich nicht mit dem Text im Ganzen vereinbaren und hat daher auch nichts mehr auf Ihrem Notepad zu suchen. Die Textaufgabe befasst sich mit Preiserhöhungen in Washington D.C. und ausdrücklich *nicht* mit Preiserhöhungen in Maryland und Virginia. Damit bleiben Ihnen noch drei mögliche Antworten, deren jede zu dem Begriff im Text verwendeten *elasticity* passen könnte. Sie müssen sich deshalb den Satz, auf den es in der Fragestellung ankommt, noch einmal durchlesen. Am besten lesen Sie auch die Sätze davor und danach mit, um den entscheidenden Satz im Zusammenhang zu verstehen:

> »This was not a general increase in gasoline prices but a rise only within the D.C. city limits. Gasoline sold in the District of Columbia is a narrowly defined product that has good substitutes – gasoline sold in nearby Virginia an Maryland. Higher gasoline prices in the District of Columbia, when the prices charged in Virginia and Maryland are unchanged, indicate high elasticity in the market.«

Der Satz zielt eindeutig nicht auf »*the amount of tax collected at 6 percent*« ab, sodass Sie C auch wegstreichen können. Der Satz erwähnt vielmehr Preiserhöhungen in Washington D.C., aber wenn Sie den ganzen zweiten Absatz studieren, werden Sie erkennen, dass es dem Verfasser um die niedrigere Nachfrage in D.C. aufgrund guter Alternativen in Gestalt des Benzins in Virginia und Maryland geht. Der Absatz stellt fest, dass die Benzinpreise in Washington D.C. gestiegen sind – aber da es um eine Ableitung geht, müssen Sie nach einer versteckten Information Ausschau halten. Nicht die Benzinpreise sind *elastisch*, also ist die Lösungsmöglichkeit A falsch, die *Elastizität* muss sich vielmehr auf die Nachfrage nach Benzin beziehen, da zwischen niedrigen Preisen und der Nachfrage eindeutig ein Zusammenhang besteht. Damit ist E die beste Antwort auf diese schwierige Frage.

For which of the following reasons does the second paragraph of the passage mention the original gas tax of 10 cents per gallon?

(A) To show that Washington, D.C., residents were already overtaxed

(B) To distinguish between a straight 10 cent per gallon tax and a percent tax

(C) To explain why residents should not be subjected to different kinds of taxes

(D) To contrast the 10 cent tax that was included in the pump price and the 6 percent sales tax that was added after the sale

(E) To show that with a sufficient decrease in gasoline sales the city would actually lose money despite the higher tax

Auch hier wird eine Ableitung verlangt, auch wenn die Wortwahl nicht gleich darauf hindeutet. Dass es um eine Ableitung geht, verrät Ihnen die Frage nach dem Grund, aus dem der Autor etwas Bestimmtes zur Sprache bringt, sowie der Umstand, dass der Text diesen Grund nicht direkt angibt.

Fangen Sie wie immer damit an, die offenkundig unzutreffenden Lösungsmöglichkeiten auszuschließen, die sich nicht mit dem Thema der Textaufgabe befassen. Bewohner, die zu viel oder zu wenig Steuern zahlen, erwähnt der Verfasser erst gar nicht, sondern nur die Benzinpreise sowie eine schwankende Nachfrage. A können Sie also verwerfen. Lösungsmöglichkeit D stimmt auch nicht, weil es im Text nicht darum geht, die Steuern auf unterschiedliche Art oder zu unterschiedlichen Zeiten einzuziehen. Der Artikel macht keinen Unterschied zwischen einer auf zehn Cents festgesetzten Steuer und einer prozentualen Besteuerung, deshalb können Sie auch B eliminieren.

Nun haben Sie noch die Wahl zwischen C und E. Ein kurzer Blick in den zweiten Textabsatz verrät Ihnen, dass der Autor, ehe er auf die Zehn-Prozent-Steuer zu sprechen kommt, darauf hinweist, dass Nachfrageschwund zu geringeren Steuereinnahmen führen kann. Um diese Feststellung zu untermauern, wird daran erinnert, dass die Stadt, die zuvor für jede Gallone Benzin zehn Cents Steuern kassiert hat, diese Einnahmen einbüßte, sobald weniger Benzin verkauft wurde. E beantwortet die Frage daher eher als, weil diese Lösungsmöglichkeit unterstreicht, aus welchem Grund der Verfasser die frühere Benzinbesteuerung überhaupt erwähnt.

 The author is primarily concerned with doing which of the following?

(A) Arguing for increased gas taxes

(B) Arguing against increased gas taxes

(C) Ridiculing all local government officials

(D) Advancing a particular ideology

(E) Explaining certain principles of supply and demand

Wenn nach der Absicht des Autors gefragt wird, kann es nicht schaden, einen Blick auf die Anfangswörter der Fragestellung zu werfen. Da der Autor in diesem Fall nicht sonderlich streitbar oder herablassend ist, können Sie die Lösungsmöglichkeiten A, B und C höchstwahrscheinlich aus dem Rennen werfen. C weist außerdem das strittige Wort *all* auf, doch der Autor spricht nicht von *allen* Verwaltungsbeamten von Washington D.C., geschweige denn von *allen* Verwaltungsbeamten überhaupt.

Bleiben noch D und E. Aber D können Sie verwerfen, da der Autor keiner bestimmten »Weltanschauung« (»*a particular ideology*«) den Vorzug gibt. Stattdessen zeigt er sich verblüfft darüber, dass der Stadtrat offenbar nichts über die Basistheorie von Angebot und Nachfrage weiß. Also ist E die beste der fünf Lösungsmöglichkeiten.

Um sich zu vergewissern, können Sie sich die auf der Grundlage der Anfangswörter verworfenen Lösungsmöglichkeiten noch einmal anschauen. A ist eindeutig falsch, weil der Autor aufzeigt, dass Steuererhöhungen in Wahrheit zu verminderten Steuereinnahmen geführt haben. B wirkt da schon folgerichtiger, da der Verfasser die Schwierigkeiten nach der Benzinsteuererhöhung in Washington D.C. aufzeigt, aber wenn Sie den Text genau lesen, werden Sie feststellen, dass er sich an keiner Stelle für Steuersenkungen ausspricht. Es geht viel mehr darum, warum die Behörden im Fall von Washington D.C. mit Ihrer Benzinbesteuerung scheiterten, was jedoch nicht genügt, um in B die wesentliche Stoßrichtung des Artikels zu sehen. Offensichtlich geht es dem Autor in erster Linie darum, am Fallbeispiel der Benzinsteuer von Washington D.C. das Prinzip von Angebot und Nachfrage zu erläutern. Damit ist E die richtige Lösungsmöglichkeit.

Ausschlussfragen und wie man sie beantwortet

Bei den allermeisten Frage kommt es darauf an, die einzig richtige Antwort zu finden; doch es gibt auch Fragen, bei denen Sie aufs Glatteis geführt werden und die einzige falsche Antwort erkennen müssen. Wir haben diese Schmuckstücke auf den Namen *Ausschlussfragen* getauft. Sie sind leicht an der Verwendung eines negativen Worts in Großbuchstaben wie *EXCEPT* oder *NOT* zu erkennen. Wann immer Sie in einer Fragestellung ein solches Wort in Großbuchstaben sehen, wissen Sie, dass Sie nach der einen falschen Antwort Ausschau halten müssen, die den Erfordernissen der Frage nicht gerecht wird.

Der GMAT belästigt Sie nicht mit allzu vielen Ausschlussfragen, aber wenn Sie auf ein Wort in Großbuchstaben stoßen, sollten Sie einen Moment darüber nachdenken, worauf genau die Fragestellung abzielt. Lassen Sie sich nicht aus dem Konzept bringen, bewahren Sie Ruhe und stürzen Sie sich nicht auf die erste Lösungsmöglichkeit, die Ihnen irgendwie überzeugend vorkommt. Vergessen Sie nicht, dass Sie die einzige von fünf Lösungsmöglichkeiten finden müssen, die entweder falsch ist oder nichts mit den in der Fragestellung direkt oder indirekt gegebenen Informationen zu tun hat.

Ausschlussfragen sind gar nicht so schwer zu knacken, wenn Sie dabei systematisch ans Werk gehen. Aber um festzustellen, ob eine Antwort nichts mit der Textaufgabe zu tun hat, benötigen Sie etwas Zeit. Sie müssen sich den Text ganz genau ansehen und herausfinden, welche Lösungsmöglichkeit *nicht* darin angesprochen wird – und sich anschließend noch einmal von der Richtigkeit Ihrer Wahl überzeugen. Aber Halt! Es gibt noch eine bessere Methode! Statt sich mühselig zu entscheiden, um welche mögliche Antwort es im Text eindeutig *nicht* geht, können Sie auch die vier richtigen Antworten ausschließen, wobei am Ende die einzig falsche (und damit richtige) Lösungsmöglichkeit übrig bleibt.

Die Antworten zu erkennen, um die es im Text geht, ist viel einfacher, als die eine Antwort ausfindig zu machen, die mit dem Text gar nichts zu schaffen hat. Womöglich reicht Ihnen dazu schon Ihre Erinnerung an die Textaufgabe. Sobald Sie die vier richtigen Antworten gefunden haben (denken Sie daran, sich auch hierbei Ihr Notepad zunutze zu machen), können Sie die verbleibende Lösungsmöglichkeit als die einzig richtige Wahl bestätigen.

Schauen Sie sich die beiden auf einem ziemlich anspruchsvollen naturwissenschaftlichen Text basierenden Ausschlussfragen an:

Geologists have proposed the term eon for the largest divisions of the geologic time scale. In chronologic succession, the eons of geologic time are the Hadean, Archean, Proterozoic, and Phanerozoic. The beginning of the Archean corresponds approximately to the ages of the oldest known rocks on Earth. Although not universally used, the term Hadean refers to that
5 period of time for which we have no rock record, which began with the origin of the planet

4.6 billion years ago. The Proterozoic Eon refers to the time interval from 2500 to 544 million years ago.

The rocks of the Archean and Proterozoic are informally referred to as Precambrian. The antiquity of Precambrian rocks was recognized in the mid-1700s by Johann G. Lehman, a
10 professor of mineralogy in Berlin, who referred to them as the »Primary Series«. One frequently finds this term in the writing of French and Italian geologists who were contemporaries of Lehman. In 1833, the term appeared again when Lyell used it in his formation of a surprisingly modern geologic time scale. Lyell and his predecessors recognized these »primary« rocks by their crystalline character and took their uppermost boundary to be an un-
15 conformity that separated them from the overlying—and therefore younger—fossiliferous strata.

The remainder of geologic time is included in the Phanerozoic Eon. As a result of careful study of the superposition of rock bodies accompanied by correlations based on the abundant fossil record of the Phanerozoic, geologists have divided it into three major subdivisions,
20 termed eras. The oldest is the Paleozoic Era, which we now know lasted about 300 million years. Following the Paleozoic is the Mesozoic Era, which continued for about 179 million years. The Cenozoic Era, in which we are now living, began about 65 million years ago.

This passage is excerpted from *The Earth Through Time*, 7th edition, by Harold L. Levin (Wiley Publishing, 2003).

The passage uses all of the following terms to describe eons or eras EXCEPT

(A) Archean

(B) Paleozoic

(C) Holocene

(D) Phanerozoic

(E) Cenozoic

Auch wenn Ihnen die in diesem Text verwendeten Begriffe wenig sagen, sollten Sie nach gründlicher Lektüre eigentlich so ungefähr mitbekommen haben, worum es in der Abhandlung geht. Dieser Ausschlussfrage, die Sie mit unbekannten Begriffen konfrontiert, werden Sie am ehesten dadurch gerecht, dass Sie sich den Text genau anschauen und die vier Begriffe verwerfen, die für bestimmte Erdzeitalter stehen.

Wenden Sie sich zuerst den möglichen Antworten zu, damit Sie eine Vorstellung davon bekommen, wonach Sie Ausschau halten müssen. Dann fangen Sie oben im Text an und machen sich auf die Suche nach Wörtern, die den Ausdrücken der Lösungsmöglichkeiten ähneln. Behalten Sie dabei vor allem Aufzählungen im Auge, da Ausschlussfragen sich sehr oft auf Aufzählungen beziehen. Offenbar fällt es den GMAT-Machern schwer, sich Ausschlussfragen ohne Aufzählungen auszudenken.

Der Text enthält drei Aufzählungen, deren erste bereits im ersten Absatz zu finden ist und bei der es um die Namen bestimmter geologischer Perioden geht. Die Frage beschäftigt sich ebenfalls mit Erdzeitaltern und verwendet vier Begriffe, die ohne Frage an die möglichen Antworten erinnern. Streichen Sie nun alle Lösungsmöglichkeiten, die in der ersten Aufzählung im Text auftauchen. Sie finden darin _Archean_ und _Phanerozoic_ und können damit A und D schon mal ausschließen. Im zweiten Absatz stoßen Sie auf den Begriff _Precambrian_ (der nicht zu den möglichen Antworten gehört) und auf eine Aufzählung von Geologen, die sich mit präkambrischem Gestein beschäftigt haben. Der zweite Textabsatz hilft Ihnen nicht bei der Beantwortung der Frage, wenden Sie sich also rasch dem dritten Absatz zu.

Der dritte Absatz enthält wiederum eine Aufzählung von Perioden innerhalb des Phanerozoikums. Hier begegnen Sie den Begriffen _Paleozoic_, _Mesozoic_ und _Cenozoic_. Paläozoikum entspricht der Lösungsmöglichkeit B und Känozoikum der Lösungsmöglichkeit E, sodass Sie auch diese beiden Begriffe verwerfen können. Die einzig richtige Antwort auf die Frage muss deshalb der Begriff C, _Holocene_, sein, da dieser im Text überhaupt nicht vorkommt und außerdem weder ein Erdzeitalter (Äon) noch eine Ära bezeichnet, sondern die Epoche, in der Sie leben!

Hier eine weitere Ausschlussfrage zum selben Text:

Which of the following terms is NOT used in the passage to describe rocks more than 544 million years old?

(A) Precambrian

(B) Cenozoic

(C) Primary Series

(D) Archean

(E) Proterozoic

Diese Frage ist nicht so einfach zu beantworten, weil alle Antworten im Text vorkommen, aber eine bezieht sich nicht auf Gestein, das älter ist als 544 Millionen Jahre. Setzen Sie hier genauso an wie bei der vorigen Frage: Schauen Sie sich die Lösungsmöglichkeiten genau an, damit Sie wissen, nach welcher Begriffskategorie Sie suchen müssen.

Eliminieren Sie jedoch keinen Begriff automatisch. In diesem Beispiel müssen Sie sich davon überzeugen, dass es um Gestein geht, das älter als 544 Millionen Jahre ist, ehe Sie eine mögliche Antwort verwerfen.

Die Aufzählung im zweiten Satz des ersten Absatzes hilft Ihnen nicht weiter, weil hier die den Erdzeitaltern entsprechenden Zeitangaben fehlen. Im nächsten Satz indes heißt es, dass das Gestein aus dem Archaikum das älteste bekannte Gestein der Erde ist (»_oldest known rocks on earth_«). Damit fällt D vermutlich unter den Tisch, aber lesen Sie, um sich zu vergewissern, erst mal weiter. Der letzte Satz des Absatzes gibt an, dass Gestein aus dem Proterozoikum etwa 544 bis 2500 Millionen (oder 2,5 Milliarden) Jahre ist, und da Gestein aus dem Archaikum noch älter ist, können Sie D und E endgültig eliminieren.

Am Anfang des zweitens Absatzes erfahren Sie, dass die Erdzeitalter Archaikum und Proterozoikum auch als Präkambrium zusammengefasst werden. Da das Gestein aus beiden Erdzeitaltern älter als 544 Jahrmillionen ist, können Sie nun auch die Lösungsmöglichkeit A verwerfen. Schließlich finden Sie schon im folgenden Satz die Information, dass präkambrisches Gestein auch als Gestein der *Primary Series* bezeichnet wird. Damit fällt auch C weg und B entpuppt sich als die einzig richtige Wahl.

B erweist sich auch als die richtige Wahl, wenn Sie einen Blick auf den letzten Satz des Textes werfen. Der Satz verrät Ihnen, dass das Känozoikum gerade mal vor 65 Millionen Jahren begann. In der Frage geht es um Gestein, das NICHT älter als 544 Jahrmillionen ist. Und Gestein aus dem Känozoikum ist eindeutig höchstens 65 Millionen Jahre alt, daher kann nur B die einzig mögliche Antwort sein. Wenn Sie im Text zufällig über die passende Information stolpern, können Sie das Ausschlussverfahren natürlich abkürzen, aber leider funktioniert diese Methode nicht bei allen Ausschlussfragen. Sie gehen also besser so vor, dass Sie die vier Lösungsmöglichkeiten ausschließen, die Sie im Text finden oder die den Kriterien entsprechen, und sich auf diesem Weg allmählich der einzig verbleibenden Antwort annähern.

Ausschlussfragen brauchen mitunter etwas mehr Zeit, dafür gehören Sie zu den einfachsten Textaufgaben, da alle Antworten unmittelbar im Text zu finden sind! Verfallen Sie also nicht in Hektik, die nur zu unnötigen Fehlern führt. Entspannen Sie sich und setzen Sie auf die richtige Strategie, dann werden Sie auch Ausschlussfragen außerordentlich erfolgreich meistern.

Beweisführung nicht entgeht, die Sie am Anfang, in der Mitte oder am Ende des Textes finden. Erst wenn Sie die Schlussfolgerung erkannt haben, können Sie den Rest des Textes besser verstehen. Halten Sie bei der Textlektüre nach Unstimmigkeiten oder Lücken in der Beweisführung Ausschau, die Ihnen bei der Beantwortung der Frage helfen können. Indem Sie die Prämissen und Schlussfolgerungen unterscheiden, können Sie feststellen, wie der Autor bei seiner Beweisführung vorgegangen ist.

Der Beweisführungstext ist im Allgemeinen nicht allzu schwierig, Sie könnten daher versucht sein, zu schnell darüber hinwegzugehen. Zwingen Sie sich dazu, langsam und sorgfältig zu lesen, damit Ihnen das Schlüsselwort oder die Schlüsselwörter der Argumentation nicht durch die Lappen gehen. Bei gründlicher Lektüre können Sie womöglich ein paar – oder sogar die meisten – Lösungsmöglichkeiten von vornherein verwerfen. Wenn am Ende nur noch zwei mögliche Antworten stehen bleiben, können Sie ohne Weiteres noch einen zweiten Blick in den Text werfen, um sich von der Richtigkeit Ihrer Entscheidung zu überzeugen.

Gut durchdacht: Grundzüge nicht formaler Logik

Sie können bei den GMAT-Logikaufgaben auch dann ein gutes Ergebnis erzielen, wenn Sie von Logik keine Ahnung haben. Aber wenn Sie sich vorher eine Handvoll logischer Grundbegriffe und Konzepte aneignen, fällt Ihr Ergebnis sicher noch besser aus. Dazu müssen Sie lediglich die zwei Grundbestandteile jeder logischen Beweisführung und ein paar logische Verfahrensweisen kennen.

Ein fairer Kampf: Die Bestandteile der Beweisführung

Logische Beweisführungen setzen sich aus Prämissen und einer Schlussfolgerung (Konklusion) zusammen, Sie sollten also bei der Analyse einer Beweisführung zunächst herausfinden, wo sich die Prämissen und die Schlussfolgerung verbergen und dann weitersehen. Die *Prämissen* liefern die Beweisgrundlagen, von denen sich die Schlussfolgerung ableiten lassen. Die *Schlussfolgerung* ist gewöhnlich leicht zu erkennen, weil es sich dabei um eine Aussage handelt, der die Einleitung »*therefore*« (»deshalb«) vorausgehen könnte. Oft (aber nicht immer) bildet die Schlussfolgerung den letzten Satz der Beweisführung. So zum Beispiel in dieser einfachen Argumentation:

All runners are fast. John is a runner. Therefore, John is fast.

Die Prämissen der Beweisführung sind »*All runners are fast*« und »*John is a runner*«, was daran zu erkennen ist, dass diese beiden Sätze die Beweisgrundlagen für die mit »*therefore*« eingeleitete Schlussfolgerung enthalten, der zufolge auch John schnell ist. Aber nicht alle Schlussfolgerungen bei den GMAT-Logikaufgaben beginnen mit »*therefore*« oder ähnlichen Wörtern (wie »*thus*« oder »*so*«), aber um herauszufinden, ob eine Beweisführung stichhaltig ist, können Sie jeder Aussage, in der Sie die Schlussfolgerung zu erkennen glauben, probeweise ein »Deshalb« voranstellen. In diesem Kapitel können Sie anhand zahlreicher Beweisführungen üben, woran Sie Prämissen und Schlussfolgerungen erkennen.

Wie man von A nach B gelangt: Formen der Logik

Jede logische Beweisführung enthält Prämissen und eine Schlussfolgerung, aber nicht alle Beweisführungen gelangen auf dem gleichen Weg zur Schlussfolgerung. Für den GMAT sollten Sie zwei Grundformen des logischen Schließens kennen: deduktives und induktives Schließen. Sie benutzen beide Formen jeden Tag, doch von nun an können Sie Ihren überragenden Verstand auch noch mit den passenden Definitionen ausstatten.

Das kommt mir griechisch vor: Die Ursprünge des logischen Denkens

Der Legende nach lebte etwa von 540 bis 480 vor Christus in einer griechischen Kolonie vor der Westküste Italiens ein Philosoph mit Namen Parmenides und langweilte sich. Also vertrieb er sich die Zeit mit logischem Denken und wurde einer der ersten im Abendland, der seine Gedanken schriftlich festhielt. Er verfasste ein philosophisches Lehrgedicht, in dem eine namenlose Göttin ihn unterrichtet, auf welche Weise sich die Wahrheit über das Universum erkennen lässt. Das Gedicht untersucht den Unterschied zwischen Wahrheit und Erscheinung und charakterisiert Wahrheit als sicher und unumstößlich, wohingegen die Erscheinungen (die gewöhnlich das Denken der Sterblichen bestimmen) als unsicher und auf tönernen Füßen stehend gelten. Parmenides beeinflusste spätere griechische Philosophen wie Platon, Aristoteles und Plotin.

Bedauerlicherweise steht Ihnen während der Bewältigung der GMAT-Logikaufgaben keine Göttin zur Seite, aber Sie können sich bei der Prüfung der Beweisführungen auf die aristotelische Methode der Entwicklung von Syllogismen, das heißt Regeln des logischen Schließens, verlassen. Aristoteles ist der Erfinder des folgenden berühmten Syllogismus: Alle Menschen sind sterblich. Sokrates ist ein Mensch. Deshalb ist Sokrates sterblich.

Elementar, mein lieber Watson: Deduktives Schließen

Beim *deduktiven Schließen* gehen Sie von allgemeinen Voraussetzungen aus und gelangen so zu einer spezifischen Schlussfolgerung. Das Tolle an Deduktionen ist, dass, wenn die Prämissen wahr sind, auch die Schlussfolgerung *zwingend* wahr ist! Hier ein Beispiel für eine deduktive Beweisführung:

> All horses have hooves. (Allgemeine Prämisse)
>
> Bella is a horse. (Bestimmtere Prämisse)
>
> Therefore, Bella has hooves. (Sehr genaue Schlussfolgerung)

Wenn die Prämisse, dass alle Pferde Hufe besitzen, wahr ist, und wenn die gute Bella tatsächlich ein Pferd ist, dann muss Bella auf jeden Fall auch Hufe besitzen. Dasselbe gilt für alle Beispiele deduktiven Schließens, so auch für dieses:

> All who take the GMAT must complete an analytical essay. (Allgemeine Prämisse)
>
> You're taking the GMAT. (Bestimmtere Prämisse)
>
> Therefore, you have to complete an analytical essay. (Sehr genaue Schlussfolgerung)

Dieses Beispiel lässt die Beziehung zwischen dem Wahrheitsgehalt der Prämissen und dem der Schlussfolgerung erkennen. Die erste Prämisse (der Obersatz) ist zweifellos wahr: Der GMAT verlangt von Ihnen, dass Sie einen Essay verfassen. Die zweite Prämisse (der Untersatz) dagegen ist möglicherweise nicht wahr. Natürlich denken Sie darüber nach, den GMAT zu absolvieren, sonst würden Sie ja dieses Buch nicht lesen, aber Sie können sich auch immer noch gegen die Prüfung entscheiden. Aber diese Möglichkeit hat keine Auswirkung auf die Logik der Argumentation. Denken Sie daran, dass der Wahrheitsgehalt der Schlussfolgerung beim deduktiven Schließen davon abhängt, *ob* die Prämissen wahr sind oder nicht. Das heißt, wenn Sie den Test absolvieren, müssen Sie einen Essay schreiben, also ist die Beweisführung stichhaltig.

Denken Sie bei der Analyse der deduktiven Beweisführungen immer daran, dass Sie den Wahrheitsgehalt einer Schlussfolgerung ausschließlich nachweisen können, indem Sie feststellen, ob die Prämissen wahr sind oder nicht. Und dass eine falsche Schlussfolgerung ausschließlich daran zu erkennen ist, dass mindestens eine der beiden Prämissen falsch ist.

Vielleicht verallgemeinere ich bloß: Induktives Schließen

Beim deduktiven Schließen gelangen Sie von allgemeinen Voraussetzungen zu einer spezifischen Schlussfolgerung (vom Allgemeinen zum Besonderen). Beim *induktiven Schließen* hingegen gehen Sie genau umgekehrt vor und leiten eine allgemeine Schlussfolgerung aus spezifischen Voraussetzungen ab (vom Besonderen zum Allgemeinen). Diese Art logischer Schlussfolgerungen zeichnet sich aber noch durch ein weiteres wichtiges Unterscheidungsmerkmal aus. Beim induktiven Schließen kann die Schlussfolgerung nämlich auch dann falsch sein, wenn alle Prämissen wahr sind. In diesem Fall müssen Sie sich bei der Schlussfolgerung auf Ihr Urteilsvermögen verlassen, weil die induktive Beweisführung auf weniger verlässlichen Informationen beruht als die deduktive Beweisführung. Schauen Sie sich nur mal dieses Beispiel einer induktiven Beweisführung an:

Bella is a horse and has hooves. (Prämisse)

Smoky is a horse and has hooves. (Prämisse)

Nutmeg is a horse and has hooves. (Prämisse)

Shadow is a horse and has hooves. (Prämisse)

Therefore, it is likely that all horses have hooves. (Allgemeine Schlussfolgerung)

Da Sie beim induktiven Schließen vom Besonderen zum Allgemeinen gelangen, können Sie am Ende nicht mit unumstößlich wahren Aussagen rechnen. Selbst wenn alle Voraussetzungen stimmen, können Sie bestenfalls sagen, dass Ihre Schlussfolgerung wahr sein könnte oder aller Wahrscheinlichkeit nach wahr ist.

Induktive Beweisführungen gibt es in allen Geschmacksrichtungen, aber die GMAT-Macher bevorzugen eindeutig die drei Kategorien der analogen, der statistischen und der kausalen Beweisführung. Um sich erfolgreich zu schlagen, sollten Sie sich mit diesen Kategorien induktiven Schließens auskennen.

✔ **Kausale Beweisführungen:** Kausale Beweisführungen schließen von bestimmten Ursachen auf eine bestimmte Wirkung. Diese Art der Argumentation ist dann besonders überzeugend, wenn die Prämissen beweisen, dass die angegebene Ursache eines Ereignisses die wahrscheinlichste Ursache ist und dass es keine weiteren wahrscheinlichen Ursachen gibt. Wenn Sie zum Beispiel seit vielen Jahren Fußballfan sind, können Sie leicht zu der folgenden Schlussfolgerung gelangen: »Immer wenn ich mein Glückshemd anhabe, gewinnt meine Mannschaft. Darauf folgt, dass meine Mannschaft gewinnt, weil ich mein Glückshemd anhabe.« Das ist allerdings ein ziemlich zweifelhaftes Beispiel, da hier andere, möglicherweise überzeugendere Gründe für den Erfolg Ihrer Lieblingsfußballmannschaft (wie das Können der Fußballer) erst gar nicht berücksichtigt werden.

✔ **Analoge Beweisführungen:** Analoge Argumentationen versuchen zu zeigen, dass zwei oder mehr Konzepte einander gleichen, sodass der Wahrheitsgehalt des einen den Wahrheitsgehalt des anderen bezeugt. Die Stichhaltigkeit der Beweisführung hängt vom Ausmaß der Gemeinsamkeiten der miteinander verglichenen Personen, Gegenstände oder Sachverhalte ab. Wenn Sie beispielsweise Vermutungen über Susannes Vorlieben anstellen, könnten Sie zum Vergleich Peter heranziehen: »Peter ist Student und steht auf Rockmusik. Susanne studiert ebenfalls und steht deshalb sicher auch auf Rockmusik.« Ihre Argumentation wäre allerdings beweiskräftiger, wenn Sie weitere Gemeinsamkeiten angeben könnten, die tatsächlich etwas mit Rockmusik zu tun haben, wie die Plattensammlungen der beiden oder einen bestimmten Klamottenstil. Wenn Sie allerdings herausfinden, dass Peter auf Rockkonzerte geht, während Susanne zu Hause sitzt und Cellosuiten von Bach übt, wirkt Ihre Schlussfolgerung plötzlich nicht mehr besonders überzeugend.

✔ **Statistische Beweisführungen:** Statistisch begründete Beweisführungen bedürfen bezifferbarer Voraussetzungen. Diese Art Argumentationen besagen, dass alles, was auf eine statistisch ermittelte Mehrheit zutrifft, auch für den Einzelnen gilt. Aber da es sich hier um induktives Schließen handelt, lässt sich der Wahrheitsgehalt der Schlussfolgerung unmöglich eindeutig nachweisen. Wann immer Sie während des GMAT statistische Beweisführungen analysieren müssen, sollten Sie besonders darauf achten, ob die statistischen Daten überhaupt auf die Schlussfolgerung anwendbar sind. Um die Besucher Ihrer Website zum Kauf bestimmter Kleidungsstücke zu bewegen, könnten Sie zum Beispiel so verfahren: »Einer jüngst erhobenen Studie zu Verbrauchervorlieben zufolge surfen 80 Prozent aller befragten Konsumenten jeden Tag mehr als sechs Stunden im Internet, daraus folgt, dass Internetnutzer wahrscheinlich auch ihre Kleidung am liebsten online erwerben.« Sie würden Ihre Argumentation jedoch stützen, wenn Sie nachweisen könnten, dass ein Zusammenhang zwischen der im Internet verbrachten Zeit und einer Vorliebe für Online-Shopping bei Bekleidung existiert. Wenn sich Ihnen dieser Zusammenhang jedoch nicht erschließt, sagt die Statistik hinsichtlich der Surfzeiten nur sehr wenig über die Neigung der Befragten zum Kleiderkauf im Internet aus.

Um die Logikaufgaben erfolgreich zu meistern, müssen Sie die Prämissen und Schlussfolgerungen der Beweisführungen erkennen, feststellen, ob es sich um eine deduktive oder induktive Beweisführung handelt (in den meisten Fällen geht es um induktives Schließen) und sich bei induktiven Beweisführungen ein Bild davon machen, auf welchem Weg der Verfasser zu seiner Schlussfolgerung gelangt ist. Wie sich leicht induzieren lässt, helfen Ihnen ein paar Kenntnisse über logische Beweisführungen dabei, beim GMAT ein möglichst gutes Endergebnis zu erzielen!

Ordnung muss ein: Die Fragentypen

Vermutlich haben Sie schon als Kind in Klischees gedacht. Es gab die Sportskanonen, die Kiffer, die Schlauköpfe (zu denen Sie bestimmt selbst gehörten!) und Dutzende andere Kategorien. Solche Stempel waren nützlich, weil sie Ihnen Hinweise darauf lieferten, wie Sie mit den Angehörigen der jeweiligen Kategorien umgehen mussten. Sie wussten, dass Sie sich nicht auf eine Keilerei mit einer Sportskanone einlassen sollten, und klar war auch, dass die Kiffer immer ein Streichholz für Sie parat hatten. Tja, aus demselben Grund packen wir die GMAT-Aufgaben in verschiedene Kategorien. Wenn Sie erst mal wissen, mit welcher Sorte Logikaufgabe Sie es zu tun haben, wissen Sie auch, wie Sie damit umgehen müssen. Die allermeisten GMAT-Logikaufgaben gehören zu einer der folgenden fünf Kategorien:

✔ **Bekräftigen oder Entkräften einer Beweisführung:** Die Beweisführung liefert Ihnen Prämissen und eine Schlussfolgerung, und Sie müssen prüfen, welche der fünf Lösungsmöglichkeiten die Schlussfolgerung des Autors am ehesten bekräftigt oder entkräftet.

✔ **Bestimmen der Schlussfolgerung bei vorgegebenen Prämissen:** Die Beweisführung besteht aus Prämissen ohne Schlussfolgerung und Sie müssen die passende Schlussfolgerung auswählen.

✔ **Auffinden von Voraussetzungen:** Bei diesem etwas anspruchsvolleren Aufgabentyp müssen Sie die Prämisse bestimmen, die der Autor nicht ausdrücklich aufführt, ohne die seine Beweisführung jedoch insgesamt nicht überzeugen kann.

✔ **Ableitungen vornehmen:** Bei diesem eher seltenen Aufgabentyp müssen Sie mutmaßliche Informationen finden, die der Aufgabentext Ihnen vorenthält. In den meisten Fällen wird nach den Prämissen gefragt, gelegentlich müssen Sie aber auch die Schlussfolgerung vervollständigen.

✔ **Erkennen des logischen Verfahrens:** Hier müssen Sie sich unter den möglichen Lösungen für diejenige entscheiden, die der Beweisführung der Aufgabenstellung methodisch entspricht.

Da es für jede Aufgabenkategorie einen angemessenen Lösungsweg gibt, sollten Sie sich vor Ihrer Entscheidung unbedingt darüber klar werden, mit welcher Art Aufgabe Sie es zu tun haben. Aus diesem Grund lesen Sie sich zunächst die Aufgabenstellung durch und machen sich erst dann über die Beweisführung her. Wenn Sie die Argumentation im Licht der Fragestellung studieren, wissen Sie sofort, wonach Sie Ausschau halten müssen.

Wie Sie mit den verschiedenen Aufgaben klarkommen

Die Erkenntnis, welcher Aufgabentyp auf Ihrem Monitor erscheint, bringt Ihnen jedoch nur dann etwas, wenn Sie eine auf diese Kategorie abgestimmte Lösungsstrategie zur Hand haben. In diesem Abschnitt verraten wir Ihnen alles, was Sie brauchen, um die nötigen Lösungsstrategien zu verinnerlichen. Zusätzlich sorgt eine Handvoll Übungsaufgaben dafür, dass Sie immer wissen, worauf es ankommt.

Wenn Sie eine Beweisführung bekräftigen oder entkräften sollen

Die Logikaufgaben, die von Ihnen verlangen, eine Beweisführung zu stützen oder in der Luft zu zerreißen, sind nicht allzu anspruchsvoll, was ein Grund zur Freude ist, da sie der am häufigsten vorkommende Fragentyp sind. Vermutlich stellen Sie jeden Tag Gedanken auf den Prüfstand oder versuchen Argumente zu finden, mit denen sich bestimmte Standpunkte angreifen oder verteidigen lassen. Und da Sie die Fähigkeit, Argumente in die Waagschale zu werfen, längst besitzen, kostet es Sie gewiss nicht viel Mühe, diese Gabe auf die typischen GMAT-Logikaufgaben anzuwenden. Allerdings gibt es zwei »Unterarten« dieser speziellen »Aufgabengattung«: Bei einer müssen Sie eine Beweisführung *bekräftigen*, bei der anderen müssen Sie eine Beweisführung *entkräften*. Im Übrigen ist dieser Aufgabentyp in der Regel schon daran zu erkennen, dass die Fragestellung Wörter wie *strenghthen, weaken, support, bolster* (unterstützen) oder *impair* (schwächen) enthalten, die anzeigen, ob Sie eine Argumentation bekräftigen oder entkräften sollen, und daran, dass sie in fast allen Fällen zusätzlich über die Einschränkungsformel »*if true*« verfügen.

Hier ein paar Beispiele für mögliche Formulierungen:

✔ Which of the following statements, if true, would most seriously weaken the conclusion reached by the business owners?

✔ Which of the following, if true, provides the most support for the conclusion?

 Fast alle Aufgaben dieser Art enthalten die Formel »*if true*«, aber nicht alle Aufgabenstellungen, in denen »*if true*« vorkommt, sind deshalb schon solche, bei denen es darum geht, eine Beweisführung zu entkräften oder zu bekräftigen. Um sich in dem Punkt sicher zu sein, suchen Sie nach der Formulierung, die eindeutig anzeigt, ob es sich um diesen Aufgabentyp handelt oder nicht.

Gehen Sie, sobald Sie die Aufgabenkategorie identifiziert haben, folgendermaßen vor:

1. **Lesen Sie sich die Aufgabenstellung sorgfältig durch, damit Sie wissen, was genau Sie bekräftigen oder entkräften sollen.**

   In den meisten Fällen geht es um die Schlussfolgerung der zentralen Beweisführung, manchmal jedoch auch um eine andere Schlussfolgerung, zum Beispiel um die Sichtweise eines Vertreters der Gegenposition.

2. **Finden Sie die Prämissen und die Schlussfolgerung der Beweisführung und stellen Sie fest, mit welchem logischen Verfahren der Autor zu seiner Schlussfolgerung gelangt ist.**

   Im Allgemein gehen die Autoren der Aufgabenstellungen induktiv vor, sodass Sie entscheiden müssen, ob die Schlussfolgerung auf einer analogen, statistischen oder kausalen Beweisführung beruht. In den folgenden Abschnitten zeigen wir Ihnen, worauf Sie jeweils zu achten haben.

3. Prüfen Sie die Lösungsmöglichkeiten darauf, welche am besten zur Schlussfolgerung und zum logischen Verfahren des Verfassers passt.

Gehen Sie zunächst davon aus, dass alle Lösungsmöglichkeiten wahr sind, und finden Sie dann heraus, welche die in der Aufgabenstellung angesprochene Schlussfolgerung am ehesten untermauert oder unterminiert.

Gehen Sie immer davon aus, dass sämtliche Lösungsmöglichkeiten der Logikaufgaben, bei denen es um die Bekräftigung oder Entkräftung der Beweisführung geht, wahr sind. Fast alle Aufgabenstellungen enthalten die Formulierung »*if true*«, die Sie darauf hinweist, dass Sie in jedem Fall mit einer »wahren« Lösungsmöglichkeit rechnen müssen. Vermeiden Sie daher die Falle, jede einzelne Lösungsmöglichkeit auf ihren Wahrheitsgehalt abzuklopfen! Es geht ausschließlich darum, ob die möglichen Antworten die Beweisführung der Aufgabenstellung stützen oder nicht. Das bedeutet, dass sogar ein Satz wie »*humans do not breathe air*« eine Lösungsmöglichkeit sein kann, auch wenn Sie wissen, dass Menschen natürlich Luft atmen. Vielleicht müssen Sie ja eine Schlussfolgerung entkräften, die besagt, dass eine bestimmte Firma Luft in ein Unterwasserhabitat für Menschen pumpen will, was aber wenig Sinn hätte, wenn zuvor behauptet worden wäre, dass Menschen gar keine Atemluft benötigen. Passen sie also auf, dass Sie bestimmte Lösungsmöglichkeiten nicht bloß deshalb verwerfen, weil Sie erkennen, dass sie inhaltlich falsch sind.

Kausale Beweisführungen

Aufgaben, bei denen Sie den Wahrheitsgehalt einer Argumentation bestimmen müssen, betreffen in der Regel kausale Beweisführungen. Konzentrieren Sie sich in solchen Fällen stets auf die Ursachen. Fast immer ist die richtige Lösung einer Aufgabe, bei der Sie die Schlussfolgerung bekräftigen müssen, eine Lösungsmöglichkeit, die den Grund angibt, der am ehesten die Ursache der angegebenen Wirkung darstellt. Und die beste Lösung für eine Aufgabe, bei der Sie die Schlussfolgerung entkräften sollen, weist auf eine andere mögliche Ursache der angegebenen Wirkung hin. Und so sieht das Ganze in der Praxis aus:

Average hours of television viewing per American have rapidly increased for more than three decades. To fight the rise in obesity, Americans must limit their hours of television viewing.

Which of the following, if true, would most weaken the author's conclusion?

(A) A person burns more calories while watching television than while sleeping.

(B) Over the last 30 years, there has been an increase in the number of fast food restaurants in America.

(C) Americans spend most of their television time watching sports events rather than cooking shows.

(D) Television viewing in Japan has also increased over the past three decades.

(E) Studies show that the number of television commercials that promote junk food has risen over the past ten years.

Bestimmen Sie zunächst die Schlussfolgerung, die es zu entkräften gilt, sowie die aufgeführten oder implizierten Prämissen, die der Verfasser bei seiner Schlussfolgerung zugrunde gelegt hat. Die Schlussfolgerung ist hier nicht sehr schwer auszumachen. Der letzte Gedanke der Argumentation besagt, dass Amerikaner ihren Fernsehkonsum einschränken müssten, um der zunehmenden Fettleibigkeit (*obesity*) entgegenzuwirken,. Für dieses Urteil führt der Autor die folgenden Anhaltspunkte an:

✔ The author directly states that the number of television viewing hours has increased over the last 30 years.

✔ According to the author, the number of obese Americans has also increased.

✔ The author implies that television viewing causes obesity.

Um die Behauptung, dass die Amerikaner weniger fernsehen müssten, zu entkräften, müssen Sie die Lösungsmöglichkeit finden, die zeigt, dass die Gewichtszunahme eine andere Ursache hat.

Vielleicht würden Sie sich ja gerne für A entscheiden, da Fernsehen dieser Lösungsmöglichkeit zufolge weniger auf die Rippen geht als Schlafen. Allerdings findet sich hier keine andere überzeugende Ursache der zunehmenden Leibesfülle. A könnte daher nur richtig sein, wenn hier zugleich nachgewiesen würde, dass Amerikaner heute mehr schlafen als noch vor 30 Jahren. Aber dem ist nicht so. Also weiter im Text.

Andererseits wird mit der Feststellung, dass im gleichen Zeitraum die Anzahl der Schnellrestaurants dramatisch angestiegen ist, eine weitere mögliche Ursache für Fettleibigkeit ins Spiel gebracht, durch die die Schlussfolgerung, der zufolge die Amerikaner, um abzunehmen, bloß weniger fernsehen müssten, erst mal ins Wanken gerät. Vielleicht ist ja die Popularität der Hamburgertempel die Hauptursache für Dickleibigkeit! B liegt damit deutlich vor A, doch lesen Sie sich alle Lösungsmöglichkeiten durch, ehe Sie sich entscheiden. C ist Blödsinn, weil die Beweisführung nichts darüber sagt, dass die Fernsehprogramme, die Amerikaner besonders gerne sehen, irgendwas mit deren zunehmender Fettleibigkeit zu tun haben, und von geänderten Sehgewohnheiten in den letzten drei Jahrzehnten ist ebenfalls keine Rede. D ist auch aus dem Rennen, weil der Vergleich amerikanischer Fernsehzuschauer mit denen in Japan gleichfalls nicht zur Debatte steht. Sie haben keinen Schimmer, ob die Japaner in den vergangenen 30 Jahren Gewicht zugelegt haben, also bringt Sie D auch nicht wirklich weiter.

Wenn die Aufgabe von Ihnen erwarten würde, die Schlussfolgerung des Autors zu bekräftigen, wäre E eine gute Wahl, denn diese Lösungsmöglichkeit nennt einen Grund, warum mehr Fernsehen zu Fettleibigkeit führen könnte. Aber es geht darum, die Beweisführung zu entkräften, also ist B die beste aller möglichen Antworten, denn nur hier wird eine überzeugendere Ursache für die Gewichtszunahme aufgeführt.

Analoge Beweisführungen

Denken Sie daran, dass analoge Beweisführungen auf dem Vergleich von Personen, Gegenständen oder Sachverhalten beruhen. Wenn der Autor bei seiner Schlussfolgerung auf Analogien zurückgreift, untermauern die Lösungsmöglichkeiten, die Gemeinsamkeiten der gegenübergestellten Sachverhalte aufzeigen, die Schlussfolgerung, während Lösungsmöglichkeiten, die Unterschiede hervorheben, die Schlussfolgerung eher infrage stellen. Hier ein paar Beispiele für analoge Beweisführungen:

Hundo is a Japanese car company, and Hundos run for many miles on a gallon of gas. Toyo is also a Japanese car company; therefore, Toyos should get good gas mileage, too.

The author's conclusion would be best supported by which of the following?

(A) All Japanese car manufacturers use the same types of engines in their cars.

(B) British cars run for as many miles on a tank of gas as Hundos do.

(C) The Toyo manufacturer focuses on producing large utility vehicles.

(D) Toyo has been manufacturing cars for over 20 years.

(E) All Japanese cars have excellent service records.

In dieser Beweisführung sind die Prämissen und die Schlussfolgerung leicht auszumachen. Der Autor gibt an, dass es sich bei der Automarke Hundo um ein japanisches Fabrikat mit geringem Kraftstoffverbrauch handelt. Aus der Tatsache, dass Toyo eine japanische Marke ist, schließt er dann, dass auch diese Fahrzeuge wenig Sprit verbrauchen. An Ihnen ist es nun, die Lösungsmöglichkeit zu finden, die Gemeinsamkeiten von Hundos und Toyos herausstreicht.

Lösungsmöglichkeiten, die (wie in diesem Fall B, D und E) unerhebliche Informationen enthalten, können Sie von vornherein ausschließen. Da der Autor japanische Autos vergleicht, tun die Eigenheiten britischer Automarken nichts zur Sache. Seit wann Toyo schon im Geschäft ist, sagt ebenfalls nichts über Gemeinsamkeiten dieser Marke mit den Autos des Herstellers Hundo aus. Zudem geht es in der Aufgabenstellung um den Kraftstoffverbrauch, nicht aber um den Kundendienst, daher müssen Sie sich über die Lösungsmöglichkeit E auch keine Gedanken machen.

Lösungsmöglichkeit C verrät Ihnen etwas über die Produktpalette von Toyo, enthält aber keinen Hinweis auf den Konkurrenten Hundo. Damit bleibt A als einzig mögliche Antwort stehen: Wenn sämtliche Autofirmen in Japan Ihre Produkte mit den gleichen Motoren ausstatten und Hundo und Toyo japanische Automarken sind, ist es doch ziemlich wahrscheinlich, dass ein Toyo ähnlich wenig Benzin verbraucht wie ein Hundo.

Statistische Beweisführungen

Wenn eine Beweisführung durch eine Statistik untermauert wird, müssen Sie nach einer Lösungsmöglichkeit Ausschau halten, die Ihnen sagt, ob die Statistik der Schlussfolgerung inhaltlich tatsächlich entspricht oder nicht. Falls ja, können Sie die Schlussfolgerung als bekräftigt betrachten, falls nein, ist die Schlussfolgerung damit ein für alle Mal entkräftet. Hier ein schönes Beispiel für eine GMAT-Logikaufgabe mit einer statistischen Beweisführung:

In a survey of 100 pet owners, 80 percent said that they would buy a more expensive pet food if it contained vitamin supplements. Consequently, CatCo's new premium cat food should be a top-seller.

Which of the following best demonstrates a weakness in the author's conclusion?

(A) Some brands of cat food contain more vitamin supplements than CatCo's does.

(B) CatCo sells more cat food than any of its competitors.

(C) Some of the cat owners surveyed stated that they never buy expensive brands of cat food.

(D) Ninety-five of those pet owners surveyed did not own cats.

(E) Many veterinarians have stated that vitamin supplements in cat food do not greatly increase health benefits.

Da die Beweisführung auf statistischen Füßen ruht, können Sie alle Lösungsmöglichkeiten verwerfen, die sich nicht unmittelbar auf die statistischen Beweisgrundlagen beziehen. Die Befragten haben angegeben, mehr Geld für Katzenfutter mit Vitaminzusätzen ausgeben zu wollen, aber nichts darüber verlauten lassen, ob bei Ihrer Kaufentscheidung auch die Menge der Vitaminzusätze eine Rolle spielen könnte. Auch wenn A auf den ersten Blick noch so verlockend wirkt, enthält diese Lösungsmöglichkeit leider keinen Hinweis auf die für die Beweisführung herangezogene Statistik. Auch B lässt die Umfrageergebnisse außen vor und scheint die Schlussfolgerung zudem eher zu stützen als infrage zu stellen. Außerdem geht die Argumentation überhaupt nicht auf Tiermediziner ein, sodass auch E nichts auf Ihrer Liste zu suchen hat. Nur C und D haben etwas mit der vom Verfasser verwendeten Umfrage und seiner Schlussfolgerung zu tun, der zufolge CatCos bestes Katzenfutter voraussichtlich ein Riesenverkaufsschlager sein wird.

Sie könne auch alle Lösungsmöglichkeiten eliminieren, die von einer Ausnahme der statistischen Beweisgrundlage handeln, da statistische Beweisführungen durch Ausnahmen nicht entscheidend geschwächt werden.

Deshalb ist C falsch und D die beste aller Lösungsmöglichkeiten, da hier ein Schwachpunkt der für die Schlussfolgerung herangezogenen Statistik hervorgehoben wird. Denn die Vorlieben von Hunde- oder Vogelhaltern liefern keinen tragfähigen Hinweis auf die Gewohnheiten von Katzenfreunden.

Nur so viel zu deduktiven Beweisführungen

Beweisführungen, die auf deduktivem Weg zu einer Schlussfolgerung gelangen, eignen sich dagegen kaum für Logikaufgaben, bei denen es darum geht, die Argumentation zu bekräftigen oder zu entkräften. Es ist einfach viel zu schwer, Lösungsmöglichkeiten zu erfinden, die eine Deduktion schwächen könnten, weil zum einen die einzige Chance dazu darin besteht, die Stichhaltigkeit der Beweisführung infrage zu stellen, und zum anderen die richtige Lösungsmöglichkeit zu leicht zu bestimmen ist. Und bekräftigen lässt sich eine Deduktion nur durch die Bestätigung des Wahrheitsgehalts der Prämissen, was jedoch irgendwie albern anmutet. Aber obwohl die GMAT-Macher es Ihnen nicht allzu leicht machen wollen, werden Sie Ihnen bei den Logikaufgaben gewiss auch mit ein oder zwei deduktiven Beweisführungen kommen. Um eine Argumentation mit einer zwingend wahren Schlussfolgerung zu entkräften, sollten Sie nach einer Lösungsmöglichkeit suchen, die Ihnen verrät, dass mindestens eine der Prämissen falsch ist. Die Beweisführung könnte zum Beispiel so aussehen:

All horses have tails. Nutmeg is a horse. Therefore, Nutmeg must have a tail.

Sie können diese Beweisführung höchstens dann entkräften, wenn Sie nachweisen, dass einer der Prämissen nicht der Wahrheit entspricht. Daher würden nur Lösungsmöglichkeiten wie »*Scientists have recently developed a breed of horse that has no tail*« oder »*Although Nutmeg looks like a horse, she's really a donkey*« Ihr Problem befriedigend lösen.

Und so können Sie eine Beweisführung entkräften

Und hier noch ein Beispiel für Aufgaben, bei denen Sie eine Argumentation bekräftigen oder entkräften müssen:

It seems that Americans are smarter than they were 50 years ago. Many more Americans are attending college now than in the past, and the typical entry-level job in business now requires a college degree.

Which of the following statements, if true, would most weaken the argument above?

(A) High school courses are more rigorous now than they were in the past.

(B) Tuition at colleges and universities has more than tripled in the past 25 years.

(C) High school class sizes have gotten smaller, and computers have introduced a more individualized curriculum.

(D) Businesses are not requiring as high a level of writing or math skills as they did in past decades.

(E) Many of the skills and concepts taught in high school 50 years ago are now taught in college.

Lesen Sie sich zuerst die Aufgabenstellung durch, damit Sie wissen, worauf Sie im Text achten müssen. Da es hier darum geht, die Schlussfolgerung zu entkräften, liegt es auf der Hand, dass Sie sich zuerst ein Bild von der Schlussfolgerung und von dem logischen

Verfahren machen müssen, das den Verfasser von seinen Prämissen zur Schlussfolgerung geführt hat.

Wenn Sie sich die Beweisführung anschauen, wird Ihnen auffallen, dass die Schlussfolgerung hier an erster Stelle steht. Der Autor kommt zu dem Ergebnis, dass Amerikaner heute klüger sind als noch vor 50 Jahren, und stellt, um seine Schlussfolgerung zu untermauern, die Anzahl der College-Absolventen sowie die gesteigerten Ansprüche an Berufseinsteiger heute den Gegebenheiten in der Vergangenheit gegenüber. Das logische Verfahren gleicht einer Analogie, aber anstatt Gemeinsamkeiten zwischen Amerikanern heute und vor 50 Jahren aufzuzeigen, zielt der Verfasser in diesem Fall auf Unterschiede ab. Um die Schlussfolgerung zu entkräften, nach der Amerikaner heute klüger sind als damals, müssen Sie die Lösungsmöglichkeit ausfindig machen, die zeigt, dass die heutigen Gegebenheiten sich nicht so sehr von denen der Vergangenheit unterscheiden.

Verwerfen Sie zunächst alle Lösungsmöglichkeiten, die Sie mit irrelevanten Informationen behelligen. Weder die Höhe der College-Gebühren (*tuition*) noch die Anzahl der Studenten in den Lehrveranstaltungen oder der Lehrplan (*curriculum*) haben irgendetwas damit zu tun, wie schlau die Amerikaner sind oder nicht. B und C sind also Blödsinn. Außerdem suchen Sie nach einer Lösungsmöglichkeit, die Ihnen verrät, dass sich in den letzten 50 Jahren gar nicht so viel geändert hat, und B und C weisen im Gegenteil auf noch größere Unterschiede hin.

Als Nächste müssen Sie sich von allen Lösungsmöglichkeiten befreien, die der Schlussfolgerung, der zufolge die US-Bürger klüger geworden sind, eher neue Nahrung gibt, als sie zu entkräften. Anspruchsvollerer Highschool-Unterricht scheint eher zu bestätigen, dass die Intelligenz in Amerika zugenommen hat, daher sollten Sie A keine weitere Beachtung schenken. Bleiben also noch die Lösungsmöglichkeiten D und E, und Ihre Aufgabe ist es, zu entscheiden, welche von beiden nachweist, dass Heute und Gestern sich kaum voneinander unterscheiden. Aber D handelt nicht nur von einem Epochenunterschied, sondern bestreitet auch die Prämisse, nach der die Wirtschaft heute höherer Anforderungen an College-Absolventen stellt als früher.

Die richtige Lösungsmöglichkeit muss daher E sein. Wenn nämlich Fähigkeiten, die vor 50 Jahren Bestandteil der Highschool-Lehrpläne waren, heute auf dem College unterrichtet werden, kann sich das Ausbildungsniveau von gestern auf heute nicht allzu sehr verändert haben. Um die Fähigkeiten zu erwerben, die früher auf der Highschool vermittelt wurden, müssen Amerikaner heute ein College besuchen, daher bleibt potenziellen Arbeitgebern kaum etwas anderes übrig, als einen College-Abschluss zu verlangen, wenn sie sichergehen wollen, dass ihre zukünftigen Angestellten die gleichen Voraussetzungen mitbringen wie Highschool-Absolventen vergangener Zeiten. Wenn das Leistungsniveau jedoch gleich bleibt, sind die Amerikaner heute kein bisschen klüger als vor 50 Jahren.

 Sie müssen sich immer darüber im Klaren sein, worum es im Text geht, bevor Sie die Beweisführung bekräftigen oder entkräften können. Nehmen Sie sich Zeit, um die Prämissen, die Schlussfolgerung sowie das logische Verfahren zu erfassen, damit Sie falsche Lösungsmöglichkeiten rasch ausschließen und sich für die beste mögliche Antwort entscheiden können. Denn wenn Sie die Argumentation verstehen, müssen Sie sich um Angriff oder Verteidigung keine Sorgen mehr machen.

Schlüsse ziehen leicht gemacht

Ein weiterer häufig vorkommender Aufgabentyp stellt Ihre Fähigkeit auf die Probe, logische Schlüsse zu ziehen (oder Hypothesen aufzustellen). Dabei legt Ihnen der GMAT eine Reihe von Prämissen (Beweisgrundlagen) vor und Sie müssen die Lösungsmöglichkeit auswählen, die aus den gegebenen Informationen die beste Schlussfolgerung zieht. Aufgaben dieser Kategorie sehen zum Beispiel so aus:

✔ Which of the following conclusions is best supported by the information above?

✔ Assuming the statements above are true, which of the following must also be true?

✔ The experimental results listed above support which of the following hypotheses?

Überlegen Sie sich, während Sie sich die Prämissen anschauen, schon mal eigene logische Schlussfolgerungen. Schauen Sie sich anschließend das Lösungsangebot daraufhin an, ob eine Lösungsmöglichkeit dem Ergebnis Ihrer Überlegungen entspricht.

Der Trick bei der Lösung von Aufgaben, in denen es darum geht, eine passende Schlussfolgerung zu finden, besteht darin, die Lösungsmöglichkeit zu finden, die sämtliche in den Prämissen vorgegebenen Informationen berücksichtigt. Eliminieren Sie daher alle Lösungsmöglichkeiten, die nichts mit dem Thema zu tun haben oder unvollständig bleiben. Mögliche Antworten, die nur einen Teil der in den Prämissen gegebenen Informationen berücksichtigen, können durchaus einleuchtend wirken, eignen sich aber vermutlich trotzdem nicht als die beste aller Lösungsmöglichkeiten. Schauen Sie sich nur mal die Prämissen im folgenden Beispiel an:

Five hundred healthy adults were allowed to sleep no more than five hours a night for one month. Half of the group members were allowed 90-minute naps in the afternoon each day; the remaining subjects were allowed no naps. Throughout the month, the subjects of the experiment were tested to determine the impact of sleep deprivation on their performance of standard tasks. By the end of the month, the group that was not allowed to nap suffered significant declines in their performance, while the napping group suffered more moderate declines.

Die Schlussfolgerung aus den gegebenen Prämissen müsste Folgendes berücksichtigen:

✔ The nightly sleep deprivation of healthy adults

✔ The allowance for naps for half of the study group

✔ The smaller decline in performance of standard tasks for the group who took naps

Jede Lösungsmöglichkeit, die nicht auf alle drei Punkte eingeht, kann unmöglich die richtige Wahl sein. Die Aussage »*Sleep deprivation causes accumulating declines in performance among healthy adults*« zum Beispiel kann nicht Ihre erste Wahl sein, weil hier die Wirkung von Nickerchen außen vor bleibt. »*Napping helps reduce the declines in performance caused by nightly sleep deprivation among healthy adults*« wäre da schon eine bessere Schlussfolgerung.

Häufig entdecken Sie unter den Lösungsmöglichkeiten mehr als nur eine einleuchtende Schlussfolgerung. In solchen Fällen müssen Sie die am besten geeignete ausfindig machen. Fallen Sie nicht darauf herein, ausgerechnet die Lösungsmöglichkeit zu wählen, die lediglich eine der Prämissen noch einmal aufgreift. Derartige Lösungsmöglichkeiten wirken womöglich verlockend, weil sie einen Teil der in der Beweisführung enthaltenen Informationen wiedergeben. Doch die beste Lösungsmöglichkeit muss ein Element sämtlicher Informationen der Aufgabenstellung berücksichtigen.

Das geht wirklich ganz einfach, wie das folgende Beispiel beweist:

Over the last eight years, the Federal Reserve Bank has raised the prime interest rate by a quarter-point more than ten times. The Bank raises rates when its Board of Governors fears inflation and lowers rates when the economy is slowing down.

Which of the following is the most logical conclusion for the paragraph above?

(A) The Federal Reserve should be replaced with regional banks that can respond more quickly to changing economic conditions.

(B) The Federal Reserve has raised the prime rate in recent years to try to control inflation.

(C) The economy has entered a prolonged recession caused by Federal Reserve policies.

(D) The monetary policy of the United States is no longer controlled by the Federal Reserve.

(E) The Federal Reserve has consistently raised the prime rate over the last several years.

Hier verrät Ihnen schon die Sprache, dass es sich um eine Frage nach der passenden Schlussfolgerung handelt, Sie müssen in der Beweisführung also nicht erst lange nach einer Schlussfolgerung suchen. Lesen Sie die Prämissen und formulieren Sie eine vorläufige Schlussfolgerung, etwa »_Because the Federal Reserve has raised interest rates more than once a year over the last eight years, it must fear inflation._«

Verwerfen Sie nun alle Lösungsmöglichkeiten, die unerhebliche Informationen enthalten oder solche, die in den Prämissen gar nicht vorkommen. In der Beweisführung steht nichts von Regionalbanken oder über die Aufhebung der Kontrolle der US-Bundeszentralbank über die amerikanische Finanzpolitik, sodass Sie A und D keine weitere Beachtung schenken müssen. Als Nächstes sollten Sie die Lösungsmöglichkeiten eliminieren, die nicht alle Prämissen berücksichtigen. E gibt lediglich die erste Prämisse (den Obersatz) wieder und ist damit falsch. Nun haben Sie es nur noch mit B und C zu tun, doch C widerspricht den in den Prämissen gegebenen Informationen. In der Aufgabenstellung heißt es, dass die Bundeszentralbank auf die Wirtschaftsentwicklung reagiert, nicht umgekehrt; Die Behauptung, dass die Bundeszentralbank eine Rezession verursacht, ist deshalb nicht haltbar. Damit ist B richtig, da diese Lösungsmöglichkeit die Information berücksichtigt, dass die Bundeszentralbank die Zinssätze erhöht hat und die Erhöhung eine Reaktion auf die Inflation ist.

Achten Sie darauf, sich bei Logikaufgaben, die eine Schlussfolgerung von Ihnen erwarten, nicht auf Kenntnisse oder Auffassungen außerhalb der Aufgabenstellung zu verlassen. Vielleicht sind Sie ja ein intimer Kenner der amerikanischen Bundeszentralbank und machen sich so Ihre Gedanken über Geldpolitik und liebäugeln deshalb mit den Lösungsmöglichkeiten A, C oder D, die gewisse weit verbreitete Meinungen über die Bundeszentralbank wiedergeben. Lassen Sie sich niemals auf eine bestimmte Lösungsmöglichkeit ein, nur weil sie Ihrer eigenen Meinung entspricht.

Wie Sie stillschweigende Voraussetzungen erkennen

Bei einigen GMAT-Logikaufgaben müssen Sie eine Prämisse erkennen, die in der Beweisführung gar nicht ausdrücklich vorkommt. Bei diesem Aufgabentyp liefert Ihnen der Autor eine Reihe von Prämissen und eine eindeutige Schlussfolgerung, setzt aber, um zu seiner Schlussfolgerung zu gelangen, bestimmte Informationen stillschweigend voraus. Sie müssen herausfinden, welche Informationen der Verfasser als wahr voraussetzt, auf dem Weg zu seiner Schlussfolgerung, aber nicht ausdrücklich erwähnt. Aufgaben dieser Art sehen zum Beispiel folgendermaßen aus:

✔ The argument in the above passage depends on which of the following assumptions?

✔ The conclusion reached by the author of the above passage is a questionable one. On which of the following assumptions did the author rely?

✔ The above paragraph presupposes which of the following?

Deutliche Anzeichen für diesen Aufgabentyp sind Wörter wie *assume, rely, presuppose, depend on* und ihre Artgenossen. Denken Sie immer daran, dass es hier darum geht, nach den Gedanken des Autors zu fahnden, die seiner Argumentation unausgesprochen zugrunde liegen.

Achten Sie bei der Lektüre der Aufgabenstellung auf Informationen, die für die Beweisführung unabdingbar sind, vom Verfasser aber nicht aufgeführt werden. Der Verfasser setzt immer etwas als selbstverständlich voraus, auf das letztlich seine gesamte Argumentation fußt. Dieses »fehlende Glied« müssen Sie finden. Dazu sollten Sie sich für eine Lösungsmöglichkeit entscheiden, die eine Verbindung zwischen den vorgegebenen Prämissen und der Schlussfolgerung schafft. Die gesuchte Voraussetzung betrifft immer unmittelbar die Schlussfolgerung und verbindet sie mit mindestens einer, meistens jedoch mit der letzten Prämisse. Daher enthält die passende Lösungsmöglichkeit oft Informationen aus der letzten Prämisse sowie der Schlussfolgerung. Versuchen Sie es mal hiermit:

Women receive fewer speeding tickets than men do. Women also have lower car insurance rates. It is clear that women are better drivers than men.

The conclusion above is based on which of the following assumptions?

I. Men and women drive cars equal distances and with equal frequency.

II. Lower car insurance rates are a sign of a better driver.

III. Speeding tickets are equally awarded for violations without any gender bias on the part of police officers.

(A) I only

(B) III only

(C) I and III only

(D) II and III only

(E) I, II, and III

Lesen Sie sich wie immer zuerst die Frage durch. Da diese das Wort »*assumptions*« enthält, ist Ihnen sicher sofort klar, dass Sie es hier mit einer Aufgabe zu tun haben, bei der es um das Auffinden einer stillschweigenden Voraussetzung geht.

Studieren Sie anschließend die Beweisführung und versuchen Sie dahinter zu kommen, von welcher Voraussetzung oder welchen Voraussetzungen der Verfasser ausgeht, um zu der Schlussfolgerung zu gelangen, dass Frauen die besseren Autofahrer sind. Der Autor kommt ziemlich schnell von den Prämissen zur Schlussfolgerung und geht davon aus, dass weniger Strafzettel und niedrigere Versicherungsbeiträge ein Hinweis auf besseres Fahrverhalten sind. Außerdem setzt der Autor voraus, dass Männer und Frauen über die gleiche Fahrpraxis verfügen. Prüfen Sie nun anhand dieser Informationen Ihre Optionen.

Sehen Sie sich zuerst die Voraussetzung I an, die zur zweiten Beobachtung passt, der zufolge Autofahrer und Autofahrerinnen in etwa die gleichen Situationen erleben. Schließen Sie also alle Lösungsmöglichkeiten aus, in denen I *keine* Berücksichtigung findet. Damit fallen B und D schon mal unter den Tisch. Bleiben also noch die Lösungsmöglichkeiten A, C und E.

Bevor Sie sich die übrigen Optionen durchlesen, sollten Sie sich ein wenig Zeit nehmen und die verbleibenden Lösungsmöglichkeiten unter die Lupe nehmen. Sie werden erkennen, dass Sie sich als Nächstes die Voraussetzung II vornehmen sollten, denn wenn hier des Rätsels Lösung verborgen ist, wissen Sie, dass E die richtige Lösungsmöglichkeit ist, und müssen sich mit der Voraussetzung III gar nicht erst herumschlagen. III müssen Sie nur dann lesen, wenn II für Sie nicht infrage kommt. (In Kapitel 2 erfahren Sie mehr über Lösungsstrategien bei Aufgaben mit römischen Ziffern.)

Die unter II gegebene Information verknüpft die letzte Prämisse des Autors, die besagt, dass Frauen weniger Autoversicherung bezahlen, mit der Schlussfolgerung, der zufolge Frauen bessere Autofahrer sind. Damit trifft also auch II zu. Sie können nun auch A und C verwerfen und das Ausschlussverfahren ergibt, dass E die richtige Lösung sein muss. Wenn Sie sich die Voraussetzung unter III durchlesen, werden Sie feststellen, dass der Autor auch die Voraussetzung, dass für Männer und Frauen beim Autofahren sozusagen dieselben Spielregeln gelten, in seine Argumentation mit einbezieht.

Wenn Ihnen Logikaufgaben dieser Kategorie zu heikel vorkommen, versuchen Sie doch nur mal so zum Spaß, die Gegenposition einzunehmen. Sie könnten in unserer Beispielaufgabe ja die Gegenmeinung vertreten und behaupten, dass Männer die besseren Autofahrer sind. Dann müssen Sie natürlich auch

Möglichkeiten suchen, die Beweisführung des Autors zu unterminieren. Wenn Sie davon ausgehen, dass die Prämissen wahr sind, besteht die beste Methode, die Schlussfolgerung anzugreifen, darin, dem Verfasser nachzuweisen, dass er von falschen Voraussetzungen ausgeht. Sie können beispielsweise argumentieren, dass Männer häufiger in Unfälle verwickelt sind, weil sie mehr fahren als Frauen, oder dass Männer mehr Strafzettel kassieren, weil Polizisten bei Frauen eher mal ein Auge zudrücken, oder dass Männer höhere Versicherungsbeiträge bezahlen müssen, weil sie in der Regel größere, kostspieligere Autos fahren. Mit Gegenargumenten wie diesen könnten Sie den Autor womöglich in Bedrängnis bringen!

Mit ein bisschen Grips finden Sie die richtigen Ableitungen

Wahrscheinlich konfrontiert Sie der GMAT nur mit ein oder zwei Aufgaben, bei denen es um Ableitungen geht, vergeuden Sie daher nicht allzu viel Zeit mit der Vorbereitung auf diesen Fragentyp. Natürlich wissen wir, dass Sie immer Ihr Bestes geben wollen, deshalb versorgen wir Sie auch mit ein paar Tipps zu diesem Thema. Bei Aufgaben dieser Kategorie müssen Sie auf der Grundlage der Beweisführung (und durch induktives Schließen) die richtigen Schlüsse auf indirekte Art ziehen (inferieren). Diese Sorte Aufgaben erkennen Sie leicht an dem Wörtchen »*infer*«.

✔ Which of the following statements can be correctly inferred from the passage above?

✔ Which of the following can be inferred from the above statements?

Um auch diese Aufgaben zu lösen, sollten Sie wissen, dass Sie in den meisten Fällen eher eine der Prämissen ergänzen müssen und nicht die Beweisführung insgesamt oder die Schlussfolgerung. Da es bei diesem Aufgabentyp gewöhnlich um die Prämissen und nicht um die Schlussfolgerung geht, sollten Sie eine Lösungsmöglichkeit auswählen, die auf nachvollziehbare Weise wenigstens eine der Prämissen vervollständigt. Genau wie die Lösungsmöglichkeiten der Aufgaben, bei denen es auf die passende Schlussfolgerung ankommt, sprengen auch die möglichen Antworten dieser Fragenkategorie nie den Rahmen der in der Aufgabenstellung gegebenen Informationen. Und so sieht's aus:

The highest rated television shows do not always command the most advertising dollars. Ads that run during shows with lower overall ratings are often more expensive because the audience for those shows includes a high proportion of males between the ages of 19 and 34. Therefore, ads that run during sporting events are often more expensive than ads running during other types of programs.

Which of the following can properly be inferred from the passage above?

(A) Advertisers have done little research into the typical consumer and are not using their advertising dollars wisely.

(B) Sports programs have higher overall ratings than prime time network programs.

(C) Advertisers believe males between the ages of 19 and 34 are more likely to be influenced by advertisers than are other categories of viewers.

(D) Advertising executives prefer sports programs and assume that other Americans do as well.

(E) Ads that run during the biggest sporting events are the most expensive of all ads.

Sie wissen schon vor der Lektüre der Beweisführung, dass Sie es hier mit einer Ableitungsaufgabe zu tun haben, weil Sie sich zuerst die Aufgabenstellung angeschaut haben, die das Wort »*inferred*« enthält. Konzentrieren Sie sich beim Lesen auf die Prämissen, gehen Sie dann die möglichen Antworten durch und verwerfen Sie alle Lösungsmöglichkeiten, die sich nicht auf die Prämissen beziehen oder in denen Ihnen Ableitungen angeboten werden, die Zusatzinformationen erfordern.

In der Beweisführung steht nichts über Marktforschung oder darüber, ob die gegenwärtige Vorgehensweise klug ist oder nicht, daher können sie A von vornherein ausschließen. Außerdem überdehnen Sie den Informationsrahmen, wenn Sie vermuten, dass die Werbewirtschaft sich unklug verhält. Ebenso erörtert die Lösungsmöglichkeit D die Vorlieben und Unterstellungen der Werber, dabei geht es in den Prämissen der Beweisführung überhaupt nicht um die Werbewirtschaft, also können Sie auch D ausschließen. Die Ergänzung in E bezieht sich eher auf die Schlussfolgerung als auf eine der Prämissen, sodass Sie höchstwahrscheinlich auch diese Lösungsmöglichkeit vergessen können. Weiter bedeutet der Umstand, dass Werbespots während Sportveranstaltungen häufig teurer (»*often more expensive*«) sind als andere Werbespots nicht notwendigerweise, dass es sich dabei in allen Fällen um die teuersten Spots handelt. Bleiben also noch die Lösungsmöglichkeiten B und C.

Aber B widerspricht dem Informationsgehalt der Beweisführung. Der Autor deutet an, dass manche Sportübertragungen trotz zahlreicher Werbeunterbrechungen nur verhältnismäßig wenig Zuschauer erreichen. Damit bleibt Lösungsmöglichkeit C übrig. Sie benötigen eine Erläuterung der im zweiten Satz gegebenen Information, der zufolge die Werbekosten für Fernsehsendungen mit geringerer Zuschauerquote häufig höher ausfallen, wenn diese Sendung vor allem von Männern zwischen 19 und 34 gesehen werden. Diese Praxis wäre aber nur dann sinnvoll, wenn Männer in diesem Alter anfälliger für Werbung wären als andere Gruppen. Damit trägt C den Sieg davon.

 Denken Sie immer daran, Ihr Insiderwissen über die Themen der anstehenden Logikaufgaben zu checken! Wenn Sie zum Beispiel wissen, dass die Fernsehwerbung in den USA bei Superbowl-Übertragungen am teuersten ist, könnten Sie hier versucht sein, sich für E zu entscheiden. Wenn Sie sich statt auf den Informationsgehalt der Aufgabenstellung auf Ihr Vorwissen verlassen, kann es durchaus vorkommen, dass Sie bei Fragen, die Sie ohne dieses Wissen richtig beantwortet hätten, am Ende gründlich danebenliegen.

Wie Sie Fragen nach dem logischen Verfahren beantworten

Aufgaben, bei denen Sie das logische Verfahren bestimmen müssen, kommen beim GMAT eher selten vor. Bei dieser Fragenkategorie müssen Sie entweder erkennen, welches Verfahren der Autor der Beweisführung angewendet hat, oder Sie müssen (was häufiger der Fall ist) sich für eine Lösungsmöglichkeit entscheiden, in der dasselbe Verfahren zur Anwendung kommt wie in der Beweisführung. Fragen dieser Art könnten zum Beispiel so formuliert sein:

✔ Which of the following employs the same method of reasoning as the above argument?

✔ The author's point is made by which method of reasoning?

✔ David's argument is similar to Katy's in which of the following ways?

Ungeachtet der Unterschiede zwischen den beiden »Unterarten« dieser »Fragengattung« müssen Sie in beiden Fällen die gleiche Leistung erbringen: das in der Beweisführung angewendete logische Verfahren erkennen. Rufen Sie sich also ins Gedächtnis, dass Sie es beim GMAT grundsätzlich mit den folgenden Methoden zu tun bekommen:

✔ Deduktionen, bei denen Sie von allgemeinen Prämissen auf eine besondere Schlussfolgerung schließen.

✔ Induktionen, bei denen Sie von besonderen Prämissen auf eine allgemeine Schlussfolgerung schließen und die in die folgenden drei Unterarten zerfallen:

- Kausale Beweisführungen, bei denen Sie zeigen, dass eine bestimmte Wirkung auf eine bestimmten Ursache folgt

- Analoge Beweisführungen, bei denen Sie zeigen, dass ein Sachverhalt einem anderen gleicht, sodass alles, was für den einen gilt, auch auf den anderen zutreffen muss

- Statistische Beweisführungen, bei denen Sie zeigen, dass etwas, das (einer Umfrage zufolge) für wenige gilt, auch auf die Mehrheit zutrifft

Die Aufgaben, bei denen Sie nach der Methode gefragt werden, die einer bestimmten Beweisführung zugrunde liegt, sind leicht zu beantworten, daher beschränken wir uns bei unseren Ausführungen lieber auf die andere Sorte Aufgaben, bei der Sie sich für eine Lösungsmöglichkeit entscheiden müssen, die dem logischen Verfahren der Beweisführung entspricht. Sobald Sie diesen Fragentyp identifiziert haben, müssen Sie sich nur noch darauf konzentrieren, welches Verfahren der Verfasser anwendet, damit Sie möglichst die Antwort auswählen, die am ehesten die Logik der Aufgabenstellung nachvollzieht.

 Aber hüten Sie sich vor Lösungsmöglichkeiten, die der Beweisführung lediglich inhaltlich entsprechen. Solche Lösungsmöglichkeiten sind häufig Sackgassen, die Sie vom richtigen Weg zu der Antwort abbringen, die zwar ein anderes Thema behandelt, aber dasselbe logische Verfahren wie das vom Autor verwendete aufweist.

Es kommt auch nicht darauf an, dass die Beweisführung einen Sinn ergibt. Wenn die Argumentation selbst unlogisch ist, entscheiden Sie sich eben für die auf dieselbe Weise unlogische Lösungsmöglichkeit.

 Sie können sich womöglich besser auf die logische Verfahrensweise konzentrieren, wenn Sie die Gedanken der Beweisführung (im Geist oder auf Ihrem Notepad) durch Buchstaben ersetzen. Stellen Sie sich zum Beispiel vor, Sie haben es mit der folgenden Beweisführung zu tun: »*Balloons that contain helium float. Jerry's balloon doesn't float, so it contains oxygen rather than helium.*« Sie könnten die Logik der Argumentation auch so wiedergeben: »*All A (helium balloons) are B (floaters). C (Jerry's balloon) isn't B (a floater), so C isn't A.*« Anschließend übertragen Sie diese Formel auf die Lösungsmöglichkeiten und finden heraus, welche am besten passt.

Manchmal ist das logische Verfahren aber auch so unklar wie in dieser Beispielaufgabe:

 A teacher told the students in her class, »The information that you read in your history book is correct because I chose the history book and I will be creating the test and assigning your grades.«

The reasoning in which of the following statements most closely resembles that of the above argument?

(A) The decisions made by the Supreme Court are just because the Court has the authority to administer justice.

(B) The people who have fame are famous because they deserve to be famous.

(C) Those who play sports get better grades because of the link between the health of the body and the health of the mind.

(D) Since my favorite teacher chooses to drive this kind of car, I should as well.

(E) Of 100 professors surveyed, 99 agree with the conclusions reached by the scientist in his paper on global warming.

Wenn Sie sich zuerst die Frage durchlesen, werden Sie erkennen, dass Sie aufklären müssen, auf welchem Weg der Verfasser zu seiner Schlussfolgerung gelangt. Dann werden Sie feststellen, dass in dieser unlogischen kausalen Beweisführung behauptet wird, dass eine bestimmte Mitteilung nur deswegen wahr ist, weil sie von einer Autorität (einem Lehrer) gemacht wurde. Sie müssen also eine ähnlich unlogische, auf Macht und Autorität basierende Argumentation finden.

Da es sich hier um eine kausale Beweisführung handelt, können Sie alle Lösungsmöglichkeiten ausschließen, die nicht durch eine Verknüpfung von Ursache und Wirkung zu einer Schlussfolgerung gelangen. Alle möglichen Antworten außer D, die von einer Gemeinsamkeit zwischen einem Lieblingslehrer und der Verfasser ausgeht, und D, die auf statistischen Beweisgrundlagen beruht, scheinen zumindest teilweise kausale Beweisführungen zu sein. (Beachten Sie, dass D, bloß weil es auch in dieser Lösungsmöglichkeit um einen Lehrer geht, nicht schon die richtige Lösung liefert.) Verwerfen Sie D und E und legen Sie nun die drei übrigen Lösungsmöglichkeiten in die Waagschalen.

Unter A, B und C greift nur A auf den Faktor Macht als Begründung einer kausalen Beweisführung zurück. B ist Blödsinn, weil es sich hier um einen Zirkelschluss handelt, der die Schlussfolgerung zugleich als Prämisse benutzt, anstatt den Gedankengang durch den

Machtfaktor zu erweitern. C kommt auch nicht infrage, weil die Argumentation nicht unbedingt logisch fehlerhaft ist, sondern auf einen Zusammenhang von körperlicher Gesundheit und intellektueller Leistungsfähigkeit abzielt. Daher ist A die Lösungsmöglichkeit, die am ehesten dem logischen Verfahren der Originalbeweisführung entspricht.

 Mit einiger Übung werden Sie die Logikfragen vermutlich schon bald für die einfachsten GMAT-Aufgaben überhaupt halten. Noch mehr Logikaufgaben finden Sie im Übungssprachteil in Kapitel 6 und den vollständigen Übungstests in den Kapiteln 17 und 19.

Alles noch mal im Miniübungssprachteil

6

In diesem Kapitel...

▶ Üben Sie Satzaufgaben, Textaufgaben und Logikaufgaben

▶ Warum falsche Antworten falsch und richtige Antworten richtig sind

---

Die drei Aufgabentypen des Übungstests in diesem Kapitel sind genauso verteilt wie im richtigen GMAT-Sprachteil. Unser Übungstest setzt sich aus sieben Textaufgaben (*reading comprehension questions*), sieben Satzaufgaben (*sentence correction questions*) und sieben Logikaufgaben (*critical reasoning questions*) zusammen. Mit insgesamt 21 Fragen ist unser Minitest damit ungefähr halb so umfangreich wie der aus 41 Fragen bestehende GMAT-Sprachteil. Falls Sie noch mehr Übung brauchen, finden Sie in den Kapiteln 17 und 19 Übungstests in voller Länge.

Wenn Sie sich unter Wettbewerbsbedingungen vorbereiten und die Übungsaufgaben unter Zeitdruck lösen wollen, sollten Sie sich für die Beantwortung der 21 Fragen ein Zeitlimit von etwas mehr als einer halben Stunde setzen. Natürlich können wir mit unserem Buch keinen Computer nachahmen, aber lassen Sie sich davon nicht aus der Bahn werfen: Kennzeichnen Sie einfach die Auflösungen im Buch und schenken Sie ihnen so lange keine Beachtung, bis Sie die Aufgaben selbstständig gelöst haben.

Um dem Computer-Test so nahe wie möglich zu kommen, sollten Sie die Fragen eine nach der anderen beantworten und niemals zu einer früheren Frage zurückkehren und Ihre Antwort ändern, nachdem Sie sich bereits der nächsten Frage zugewandt haben. Da Sie im Ernstfall kein Testheft haben, um sich irgendetwas aufzuschreiben, sollten Sie zudem nichts anderes als Ihre Antworten schriftlich festhalten. Verwenden Sie für Ihre Notizen und zur Aufzeichnung verworfener Lösungsmöglichkeiten ein einzelnes Blatt Papier, einen gespitzten Bleistift und einen Radiergummi als Ersatz für das am Prüfungstag zur Verfügung gestellte Notepad. Wenn Sie die Prüfungsbedingungen möglichst genau simulieren wollen, können Sie sich selbstverständlich auch ein Whiteboard und entsprechende Filzmarker besorgen.

Nehmen Sie sich auch dann genug Zeit für die Erläuterungen der Lösungsmöglichkeiten, wenn Sie sich bei einer Aufgabe ganz sicher sind. Diese Erläuterungen wenden die Techniken aus den vorigen Kapiteln an und verraten Ihnen, warum eine bestimmte Lösungsmöglichkeit eine bessere Wahl ist als die Alternative.

Sicher wissen Sie inzwischen, worauf die drei Aufgabenkategorien des GMAT-Sprachteils jeweils abzielen, dennoch fassen wir, bevor es losgeht, alles noch mal kurz zusammen:

✔ Die Satzaufgaben geben Ihnen einen zum Teil unterstrichenen Satz vor. Entscheiden Sie sich für die Lösungsmöglichkeit, die den unterstrichenen Satzteil nach den Regeln des Schriftenglischen am besten ausdrückt. Dabei wiederholt die erste Lösungsmöglichkeit den unterstrichen Satzteil. Entscheiden Sie sich für diese mögliche Antwort, wenn Sie meinen, dass der Satz so, wie er dasteht, richtig ist. Die übrigen vier Möglichkeiten bieten Ihnen Satzalternativen an. Wählen Sie die Lösungsmöglichkeit, die den Satz der Aufgabenstellung grammatikalisch korrekt und klar variiert.

✔ Die Lösung der Textaufgaben hängt von dem ab, was in der Aufgabenstellung direkt oder indirekt ausgesagt ist. Entscheiden Sie sich für die beste Lösungsmöglichkeit.

✔ Die Logikaufgaben geben Ihnen eine Beweisführung vor und stellen Ihnen eine Frage zu dieser Argumentation. Treffen Sie auch hier die beste Wahl.

Wenn Sie so weit sind, kann's losgehen!

1. A study of energy consumption revealed that homeowners living within 100 miles of the Gulf of Mexico used less energy from November 1 to April 30 than did homeowners in any other region of the United States. The same study found that from May 1 to October 31, those same homeowners used more energy than any other homeowners.

Which of the following, if true, would most contribute to an explanation of the facts above?

(A) People who own homes near the Gulf of Mexico often own second homes in cooler locations, where they spend the summers.

(B) Air conditioning a home is a more energy efficient process than heating a similarly sized home.

(C) Homes near the Gulf of Mexico require very little heating during the warm winters, but air conditioners must run longer in the summer to cool the warm, humid air.

(D) The average daily temperature is lower year-round near the Gulf of Mexico than in other areas of the United States.

(E) Because of the large number of refineries located in the Gulf region, the price of energy there is less than in any other area of the country.

Bei dieser Logikaufgabe geht es darum, die kausale Beweisführung durch die Ergänzung eines fehlenden Gliedes zu vervollständigen. Bei Aufgaben, die sich auf Ursachen und Ihre Wirkungen beziehen, sollten Sie nach Lösungsmöglichkeiten suchen, die logisch die in den Prämissen angegebenen Wirkungen nach sich ziehen. In diesem Fall müssen Sie entscheiden, welche der fünf Lösungsmöglichkeiten erklärt, warum an der Golfküste gelegene Häuser im Winter wenig *und* im Sommer viel Energie verbrauchen. Auch ohne einen Blick auf die möglichen Antworten zu werfen, können Sie davon ausgehen, dass das Klima an der Golfküste im Winter milder und im Sommer womöglich noch wärmer sein muss als in anderen Landesteilen der USA. Daher wird sich die richtige Lösungsmöglichkeit aller Voraussicht nach mit diesem Thema beschäftigen.

Verwerfen Sie A. Wenn die meisten Golfanrainer den Sommer woanders verbringen würden, würden Ihre Häuser im Sommer nicht *mehr*, sondern *weniger* Energie verschlingen als andere. A würde das Gegenteil dessen bewirken, was in der Aufgabenstellung angeben ist. B können Sie ebenfalls vergessen, weil diese Lösungsmöglichkeit einen Vergleich zwischen dem Energieverbrauch in der Golfregion mit dem im Rest der Vereinigten Staaten nicht zulässt. B würde allenfalls begründen, warum der Energieverbrauch im Sommer niedriger ausfällt als im Winter, aber darum geht es in der Beweisführung nicht.

C liefert Ihnen einen Grund, warum die Golfbewohner im Winter weniger Energie verbrauchen könnten als im Sommer, was durchaus erklären würde, weshalb der Energieverbrauch sich insgesamt vom Landesrest unterscheidet. Diese Lösungsmöglichkeit ist wahrscheinlich die beste Wahl, aber lesen Sie sich, um sicherzugehen, auch noch die beiden übrigen Möglichkeiten genau durch.

D kommt nicht infrage, da Bewohner einer Region, in der es das ganze Jahr kalt ist, im Winter sicher mehr als im Sommer heizen und damit auch mehr Energie verbrauchen würden. Und E können Sie ausschließen, weil es in der Beweisführung um den Energieverbrauch geht und nicht um die Energiekosten. *Die richtige Lösung:* C.

2. A conservation group is trying to convince Americans that the return of gray wolves to the northern United States is a positive development. Introduction of the wolf faces significant opposition because of the wolf's reputation as a killer of people and livestock. So that the wolf will be more acceptable to average Americans, the conservation group wants to dispel the myth that the wolf is a vicious killer.

    Which of the following, if true, would most weaken the opposition's claim?

    (A) Wolves are necessary for a healthy population of white-tailed deer because wolves kill the weaker animals and limit the population to sustainable numbers.

    (B) In a confrontation, black bears are much more dangerous to humans than wolves are.

    (C) Wolves are superb hunters, operating in packs to track down their prey and kill it.

    (D) There has never been a documented case of a wolf killing a human in the 500-year recorded history of North America.

    (E) Wolves occasionally take livestock because domestic animals are not equipped to protect themselves the way wild animals are.

Bei dieser Logikaufgabe müssen Sie die Behauptung der Gegenseite entkräften, nach der Wölfe gefährliche Raubtiere sind. Halten Sie also nach einer möglichen Antwort Ausschau, der zufolge Wölfe keine Gefahr für Mensch und Vieh darstellen. Verwerfen Sie zuerst alle Lösungsmöglichkeiten, die mit der Schlussfolgerung nichts zu tun haben. A handelt davon, wie zuträglich Wölfe dem Ökosystem sind, sagt aber kein Wort über ihre Neigung zu Bösartigkeit, damit fällt diese Lösungsmöglichkeit schon mal aus. C können Sie ebenfalls vergessen, weil es nicht darum geht, wie erfolgreich Wölfe als Raubtiere sind; außerdem wäre dieses Argument eher geeignet, die Behauptung, dass Wölfe gefährlich sind, zu bekräftigen. Auch E entkräftet die zur Debatte stehende Schlussfolgerung keineswegs, da hier argumentiert wird, dass Wölfe durchaus eine Gefahr für Viehbestände sein können. Damit bleiben noch B und D. Lösungsmöglichkeit B setzt die Gefährdung von Wölfen in Beziehung zur Gefährdung von Mensch und Tier durch Schwarzbären. Aber selbst wenn Wölfe weniger gefährlich wären als Schwarzbären, wären sie doch immer noch ziemlich gefährlich. Damit ist D die beste Wahl, da diese Lösungsmöglichkeit eine Statistik ins Feld führt, die den Standpunkt der Gegenseite, der besagt, dass Wölfe Menschen gefährlich werden, nachhaltig entkräftet. *Die richtige Lösung:* D.

Questions 3 to 5 refer to the following passage:

It is hard for us to imagine today how utterly different the world of night used to be from the daylight world. Of course, we can still re-create something of that lost mystique. When we sit around a campfire and tell ghost stories, our goose bumps (and our children's) remind us of the terrors that night used to hold. But it is all too easy for us to pile in the car at the
5 end of our camping trip and return to the comfort of our incandescent, fluorescent, floodlit modern word. Two thousand, or even two hundred, years ago there was no such escape from the darkness. It was a physical presence that gripped the world from sunset until the cock's crow.

»As different as night and day,« we say today. But in centuries past, night and day really were
10 different. In a time when every scrap of light after sunset was desperately appreciated, when travelers would mark the road by piling up light stones or by stripping the bark off of trees to expose the lighter wood underneath, the Moon was the traveler's greatest friend. It was known in folklore as »the parish lantern.« It was steady, portable, and—unlike a torch— entailed no risk of fire. It would never blow out, although it could, of course, hide behind a
15 cloud.

Nowadays we don't need the moon to divide the light from the darkness because electric lights do it for us. Many of us never even see a truly dark sky. According to a recent survey on light pollution, 97 percent of the U.S. population lives under a night sky at least as bright as it was on a half-moon night in ancient times. Many city-dwellers live their entire lives
20 under the equivalent of a full moon.

This passage is excerpted from *The Big Splat, or How Our Moon Came to Be,* by Dana Mackenzie (Wiley Publishing, 2003).

3. The primary purpose of this passage is to

   (A) compare and contrast nighttime in the modern world with the dark nights of centuries past

   (B) explain why the invention of the electric light was essential to increasing worker productivity

   (C) lament the loss of the dark nights and the danger and excitement that moonless nights would bring

   (D) describe the diminishing brightness of the moon and the subsequent need for more electric lights

   (E) argue for an end to the excessive light pollution that plagues 97 percent of the U.S. population

Wenn Sie bei einer Textaufgabe bestimmen müssen, worum es in einem Text im Wesentlichen geht, sollten Sie daran denken, dass Sie nach dem Grund suchen, der den Verfasser dazu bewogen hat, zum Bleistift (oder was auch immer) zu greifen. Konzentrieren Sie sich deshalb auf den Text im Ganzen, nicht auf irgendeinen bestimmten Abschnitt. Hinweise auf die Hauptaussage oder die Absicht des Autors finden Sie im Allgemeinen in den ersten oder letzten Absätzen des Textes. Im vorliegenden Fall geht es vor allem darum, dass die Nacht in vergangenen Jahrhunderten etwas völlig anderes war als in unserer Zeit, und die Autorin will zeigen, was für den Wahrheitsgehalt dieser Behauptung spricht.

Manche Lösungsmöglichkeiten können Sie schon aufgrund der Wörter am Anfang verwerfen.

Compare and contrast, explain und *describe* entsprechen der Intention der Autorin, während *lament* and *argue* der Autorin mehr Gefühlsbeteiligung unterstellen, als der Text tatsächlich verrät, womit Sie C und E ausschließen können. B können Sie ebenfalls verwerfen, weil Arbeitsproduktivität rein gar nichts damit zu tun hat, dass unsere Vorfahren die Nacht anders sahen als wir. Lösungsmöglichkeit D ist schlicht und ergreifend Quatsch, da die Autorin keineswegs die Theorie vertritt, dass der Mond früher heller geschienen hat, sondern lediglich anführt, dass der Erdtrabant heutzutage von der elektrischen Strahlkraft der Städte in den Schatten gestellt wird. *Die richtige Lösung:* A.

4. The passage mentions all of the following as possible ways for travelers to find the path at night EXCEPT:

   (A) piles of light-colored stones

   (B) the moon

   (C) a torch

   (D) railings made of light wood

   (E) trees with the bark stripped off

Bei dieser Ausschlussfrage müssen Sie sich auf den Text beziehen und alle Antworten ausschließen, die Orientierungshilfen für Reisende bei Nacht enthalten, die tatsächlich im Text vorkommen. Im zweiten Textabsatz finden Sie A, hell gestrichene Wegsteine (»*piles of light-colored stones*«), B, den Mond (»*the moon*«), C, Fackeln (»*a torch*«), und E, Bäume, deren Borke entfernt wurde (»*trees with the bark stripped off*«). Geländer aus hellem Holz werden dagegen an keiner Stelle erwähnt. *Die richtige Lösung:* D.

5. The author includes the statistic »97 percent of the U.S. population lives under a night sky at least as bright as it was on a half-moon night in ancient times« to primarily emphasize which of the following points?

   (A) Modern humans have the luxury of being able to see well at night despite cloud cover or a moonless night.

(B) Most modern people cannot really understand how important the moon was to people in centuries past.

(C) Americans are unique among the people of the world in having so much artificial light at night.

(D) A full moon in ancient times was brighter than modern electric lights, which are only as bright as a half-moon.

(E) Light pollution is one of the most important problems facing the United States in the 21st century.

Bei dieser Aufgabe geht es um die Verwendung einer bestimmten Statistik. Rufen Sie sich, um diese Aufgabe zu lösen, noch einmal die Intention der Autorin in Erinnerung, über die Sie sich ja schon bei der dritten Aufgabe Gedanken gemacht haben. Entscheiden Sie sich für die Lösungsmöglichkeit, die die Statistik zu dem Vergleich der Nacht heute mit der Nacht vergangener Jahrhunderte überzeugend in Beziehung setzt. Verwerfen Sie C, weil die Autorin Epochen miteinander vergleicht und nicht Länder der Gegenwart. Und da der Text nicht behauptet, dass der Mond heller leuchtet als elektrisches Licht, können Sie auch D ausschließen. Auch wenn die 97-Prozent-Statistik Sie zu dem Schluss verleitet, dass die »Umweltverschmutzung durch Licht« ein ernstes Problem darstellt, verwendet die Autorin die Statistik nicht aus diesem Grund, vergessen Sie also auch E. A leuchtet da schon eher ein, dennoch ist B die bessere Wahl, weil es der Autorin offenbar mehr darum geht, dass der Nachthimmel heute anders wahrgenommen wird, als auszuführen, dass moderne, voll ausgeleuchtete Städte ein Luxus sind. *Die richtige Lösung:* B.

6. The sugar maples give us syrup in March, a display of beautiful flowers in spring, and their foliage is spectacular in October.

    (A) their foliage is spectacular in October.

    (B) spectacularly, their foliage changes color in October.

    (C) has spectacular foliage in October.

    (D) spectacular foliage in October.

    (E) October foliage that is spectacular in orange and red.

Bei dieser Satzaufgabe steht ein Parallelitätsproblem im Mittelpunkt des Interesses. Sie erkennen das leicht daran, dass der unterstrichene Abschnitt Bestandteil einer Aufzählung von Elementen ist, die durch eine Konjunktion verbunden sind und die nicht alle auf dieselbe Weise konstruiert sind. Das dritte Element ist als Teilsatz formuliert, die übrigen Elemente jedoch als Substantivwendungen. Da der Satz einen Fehler enthält, ist klar, dass A falsch sein muss, und B, C und E verwandeln den Teilsatz nicht in eine Wendung. *Die richtige Lösung:* D.

7. The Industrial Revolution required levels of financing which were previously unknown; for instance, Florence had eighty banking houses that took deposits, made loans, and performed many of the other functions of a modern bank.

    (A) which were previously unknown

    (B) that were previously unknown

(C) unknown before that time

(D) which had been unknown in earlier times

(E) that was previously unknown

In dieser Satzaufgabe sollte Ihnen ein falsch verwendetes Pronomen auffallen. Das Relativpronomen *which* leitet einen Nebensatz ein, aber da die auf *which* folgende Information für die Bedeutung des Satzes unabdingbar ist, muss hier stattdessen *that* stehen. Daher können Sie die Lösungsmöglichkeiten A und D von vornherein verwerfen, die beide auf *which* beharren. C macht zu viele Worte um zuvor Unbekanntes, während E zwar *which* durch *that* ersetzt, aber ein neues Problem verursacht, da *that* sich auf das im Plural stehende *levels* bezieht und hier folgerichtig statt *was were* stehen müsste. Also ist B die einzige Lösungsmöglichkeit, die Ihnen nicht zugleich neue Probleme beschert. *Die richtige Lösung:* B.

8. His efforts to learn scuba diving, a major goal Bob had set for himself for the coming year, <u>has not significantly begun, seeing as how</u> his fear of claustrophobia is triggered anytime he is underwater.

   (A) has not successfully begun, seeing as how

   (B) have not successfully begun, seeing as how

   (C) have not been successful because

   (D) has not been successful because

   (E) have not yet met with success, on account of

Der unterstrichene Teil dieser Satzaufgabe offenbart einen Mangel an Übereinstimmung und einen Ausdrucksfehler. Das im Plural stehende Subjekt *efforts* passt nicht zu dem im Singular stehenden Verb *has*. Weil die Aufgabenstellung Fehler enthält, können Sie A sofort vergessen. D verzichtet auf die Korrektur des Übereinstimmungsfehlers. Bleiben also noch B, C und E, die allesamt den Übereinstimmungsfehler beheben. Allerdings drücken Sie sich mit *because* zweifellos besser aus als mit *seeing as how* oder *on account of*. *Die richtige Lösung:* C.

Questions 9 and 10 are based on the following information:

Tom: The unemployment rate has dropped below five percent, and that is good news for America. A lower unemployment rate is better for almost everyone.

Shelly: Actually, a low unemployment rate is good for most workers but not for everyone. Workers are certainly happy to have jobs, but many businesses are negatively affected by a low unemployment rate because they have fewer applicants for jobs, and to expand their workforce, they have to hire workers they would not usually hire. The wealthiest Americans also privately complain about the inability to get good gardeners, housecleaners, and nannies when most Americans are already employed. So a low unemployment rate is not, in fact, good for America.

9. Which of the following, if true, would most weaken the argument that a low unemployment rate is bad for business?

(A) Businesses must pay skilled or experienced workers higher salaries when the unemployment rate is low.

(B) The states don't have to pay unemployment compensation to as many workers when unemployment is low.

(C) Higher unemployment generally means higher enrollment levels in college and graduate school.

(D) Inflation can increase with low unemployment, making capital more expensive for any business seeking to expand.

(E) Low unemployment rates generally mean that Americans have more money to spend on the goods and services created by American businesses.

Bei dieser Logikaufgabe geht es darum, Shellys Beweisführung zu entkräften, der zufolge eine niedrige Arbeitslosenquote schädlich fürs Geschäft ist. A und D liefern Beispiele dafür, wie ein »Mangel« an Arbeitslosen die Wirtschaft beeinträchtigen könnten, und untermauern die Beweisführung damit eher, anstatt sie zu widerlegen. Verwerfen Sie außerdem auch B und C, da diese Aussagen, in denen es sich um die Regierung und die Universitäten handelt, grundsätzlich am Thema vorbeigehen. E ist die richtige Lösungsmöglichkeit, da die arbeitende Bevölkerung mehr konsumiert und damit die Wirtschaft ankurbelt. _Die richtige Lösung:_ E.

10. Shelly's conclusion that »a low unemployment rate is not, in fact, good for America« relies on the assumption that

(A) What is bad for businesses owners and the wealthy is bad for America.

(B) Fluctuations in the unemployment rate affect the number of applicants for job openings.

(C) Wealthy Americans rarely employ other Americans to clean their houses or as nannies for their children.

(D) Business owners always want what is best for their workers even when it negatively impacts the bottom line.

(E) Low unemployment hurts some workers because they would prefer to stay at home and collect unemployment checks.

Bei dieser Logikaufgabe sollten Sie eine stillschweigende Voraussetzung erkennen, auf der Shellys Schlussfolgerung beruht, nach der eine niedrige Arbeitslosenquote der Wirtschaft schadet (»_is not good for America_«).

Suchen Sie, wann immer nach einer Voraussetzung gefragt wird, nach einer Aussage, welche die Schlussfolgerung stützt, ohne in der Beweisführung selbst vorzukommen.

Verwerfen Sie alle Lösungsmöglichkeiten, die nicht im Dienst der Schlussfolgerung stehen. Ob es Arbeitgebern mehr um Ihre Arbeitnehmer oder die Bilanzen geht, mag sich durchaus auf die Arbeitslosenzahlen auswirken, sagt aber nichts darüber, inwiefern eine niedrige Arbeitslosenquote der Wirtschaft schaden könnte. D ist also falsch. Auch E stützt die Schlussfolgerung nicht. In der Schlussfolgerung geht es um das Wohl und Wehe des ganzen Landes und nicht um eine Handvoll unmotivierter Arbeitnehmer.

Eine stillschweigende Voraussetzung kann nicht im Widerspruch zu einer ausdrücklichen Prämisse stehen, daher kann auch C unmöglich richtig sein. B mag zwar die Schlussfolgerung bekräftigen, ist aber schon in den angegebenen Prämissen enthalten und kann deshalb nicht zugleich eine Voraussetzung sein. A ist die einzig richtige Lösungsmöglichkeit, weil sie Shellys Prämissen hinsichtlich der Geschäftswelt und wohlhabender Amerikaner mit Ihrer Folgerung über Amerika im Allgemeinen logisch verknüpft. *Die richtige Lösungsmöglichkeit:* A.

11. A particular company makes a system that is installed in the engine block of a car and, if that car is stolen, relays the car's location to police via satellite. The recovery rate of stolen cars with this device is ninety percent. This system helps everyone because it is impossible for a thief to tell which cars it is installed on. For these reasons, insurance companies try to encourage customers to get this system by offering lower rates to those who have the system. Competing systems include brightly colored steel bars that attach to the steering wheel and loud alarms that go off when the car is tampered with. These systems simply encourage thieves to steal different cars, and when cars with these devices are stolen, the police rarely recovery them.

    Which of the following is the most logical conclusion to the author's premises?

    (A) Insurance companies should give the same discount to car owners that have any protective system because their cars are less likely to be stolen.

    (B) The police shouldn't allow car owners to install the loud sirens on their cars because everyone simply ignores the sirens anyway.

    (C) Car owners with the system that relays location to the police should prominently advertise the fact on the side window of their cars.

    (D) Thieves should simply steal the cars with loud alarms or bright steel bars because those cars probably wouldn't also have the more effective system installed.

    (E) Insurance companies should give less of a discount, or no discount at all, to the siren and steering wheel systems because they aren't as effective as the relay system.

Bei dieser Logikaufgabe müssen Sie aus den in der Beweisführung enthaltenen Prämissen eine Schlussfolgerung ziehen.

 Suchen Sie nach einer Lösungsmöglichkeit, die alle mit den Prämissen gegebenen Informationen berücksichtigt. Unvollständige oder am Thema vorbeigehende Lösungsmöglichkeiten können Sie dagegen verwerfen.

Eliminieren Sie alle Antworten, die nicht alle Elemente der Beweisführung enthalten. Weder B, C noch D gehen auf die Versicherungsgesellschaften ein, um die es in einer der Prämissen

geht. Damit stehen noch A und E zur Wahl, die Ihnen jedoch nahezu gegenteilige Schlussfolgerungen anbieten. Die Prämissen weisen darauf hin, dass einer der Gründe, aus denen
Versicherungsgesellschaften auf das Ortungssystem im Motorblock (_engine block_) setzen,
die Ahnungslosigkeit der Diebe ist, welche Autos jeweils über eine derartige Vorrichtung
verfügen. Lösungsmöglichkeit A schlussfolgert, dass die Versicherungsbeiträge für Autos, die
mit Sicherheitssystemen wie Alarmanlagen oder Lenkradsperren ausgestattet sind, sinken
sollten, da das Diebstahlrisiko für solche Fahrzeuge geringer ist. Aber diese Schlussfolgerung geht nicht logisch aus den Prämissen hervor, da als Gründe für Nachlässe bei der Autoversicherung die hohe Wiederbeschaffungsrate bei gestohlenen Fahrzeugen und die Ab-
schreckung von Autodieben im Allgemeinen angegeben werden. Keiner dieser Vorzüge ist
jedoch eine Folge von Alarmanlagen oder Lenkradsperren. E hingegen berücksichtigt
alle Prämissen und gelangt zu einem logischen Schluss der Beweisführung. _Die richtige
Lösung:_ E.

12. The managers were asked to rate <u>their depth of knowledge having been increased</u> as a
    result of the emergency simulation, and in each area, they reported large gains.

    (A) their depth of knowledge having been increased

    (B) how much their depth of knowledge had increased

    (C) if they had more knowledge

    (D) how deep their knowledge is

    (E) their knowledge depth

Der unterstrichene Abschnitt dieser Satzaufgabe steht im Passiv, sodass Sie die Lösungsmöglichkeit A sofort abhaken können. Weder C, D noch E berücksichtigen die Wissensquan-
tität _und_ die Wissensqualität, womit auch diese Wahlmöglichkeiten unter den Tisch fallen.
Die beste Wahl ist B, da diese Lösungsmöglichkeit die Konstruktion ins Aktiv abwandelt
und sowohl die Zunahme als auch das Ausmaß des Wissens mit einbezieht. _Die richtige
Lösung:_ B.

13. Keeping the nose of her kayak directly into the wind, she paddled fiercely toward the
    safety of the harbor <u>through the seeming endless waves, each of those larger than the
    last.</u>

    (A) through the seeming endless waves, each of those larger than the last.

    (B) through the seeming endless waves, each larger than the last.

    (C) through the seemingly endless waves, each of those larger than the last.

    (D) through the seemingly endless waves, each larger than the last.

    (E) through waves that seemingly have no end, each larger than the last.

Sie haben sicher sofort bemerkt, dass der unterstrichene Teil dieser Satzaufgabe mit einem
Bestimmungsfehler aufwartet. Adjektive wie _seeming_ bestimmen Nomen und Pronomen,
aber nie andere Adjektive wie _endless_. Diese Aufgabe übernehmen Adverbien. Also sollte hier
statt _seeming_ das Adverb _seemingly_ stehen. Daher können Sie A sofort über Bord werfen.
Auch B kommt nicht infrage, da diese Lösungsmöglichkeit _seeming_ beibehält, während C, D

und E das Adjektiv durch das Adverb *seemingly* ersetzen. Der Satz weist aber auch noch einen Redundanzfehler auf. *Each* genügt als Bezug zu *waves* völlig, der Zusatz *of those* ist überflüssig. Da C den Fehler nicht behebt, ist auch diese Lösungsmöglichkeit falsch. Bleiben also noch D und E. Beide korrigieren beide Fehler, aber E schafft neuen Verdruss. Der Satz steht in der Vergangenheit, daher muss auch das Verb *have* in der Vergangenheitsform *seemingly had no end* erscheinen. Nur die Lösungsmöglichkeit D behebt die beiden ursprünglichen Fehler und sorgt für keine neuen Misshelligkeiten. *Die richtige Lösung:* D.

14. Companies X and Y have the same number of employees working the same number of hours per week. According to the records kept by the human resources department of each company, the employees of company X took nearly twice as many sick days as the employees of company Y. Therefore, the employees of company Y are healthier than the employees of company X.

    Which of the following, if true, most seriously weakens the conclusion above?

    (A) Company X allows employees to use sick days to take care of sick family members.

    (B) Company Y offers its employees dental insurance and company X doesn't.

    (C) Company X offers its employees a free membership to the local gym.

    (D) Company Y uses a newer system for keeping records of sick days.

    (E) Both companies offer two weeks of sick days per year.

Bei dieser Logikaufgabe sollten Sie die Schlussfolgerung entkräften, der zufolge die Angestellten des Unternehmens Y gesünder sind als die Angestellten des Unternehmens X. Grundlage dieser Schlussfolgerung ist eine kausale Beweisführung, nach der mehr Krankmeldungen auf mehr kranke Angestellte schließen lassen.

 Um kausale Beweisführungen zu entkräften, sollten Sie nach Lösungsmöglichkeiten suchen, die eine mögliche andere Ursache für eine bestimmte Wirkung enthalten.

E unterscheidet nicht zwischen den beiden Firmen, sodass Sie hier vergeblich nach einem anderen Grund für den unterschiedlichen Krankenstand Ausschau halten. E kommt also schon mal nicht infrage. Lösungsmöglichkeit D differenziert zwischen den Aufzeichnungssystemen der beiden Unternehmen, erklärt aber nicht, wie das neue System des Unternehmens Y zu einem geringeren Krankenstand gelangt. Zahnarztversicherungen wirken sich vermutlich nicht auf die Anzahl der Krankheitstage aus, B können Sie also auch vergessen. C lässt den höheren Krankenstand des Unternehmens Y unberücksichtigt, sodass die kostenlosen Fitnessprogramme der Firma X allein keine Rolle spielen. Die beste Wahl ist A, da nur diese Lösungsmöglichkeit eine andere Ursache für die höhere Zahl von Krankmeldungen der Angestellten des Unternehmens X angibt als die Gesundheit der Angestellten. *Die richtige Lösung:* A.

Questions 15 to 18 refer to the following passage:

For millennia, the circulation of music in human societies has been as free as the circulation of air and water; it just comes naturally. Indeed, one of the ways that a society constitutes

itself as a society is by freely sharing its words, music, and art. Only in the past century or so has music been placed in a tight envelope of property rights and strictly monitored for unau-
5 thorized flows. In the past decade, the proliferation of personal computers, Internet access, and digital technologies has fueled two conflicting forces: the democratization of creativity and the demand for stronger copyright protections.

While the public continues to have nominal fair use rights to copyrighted music, in practice the legal and technological controls over music have grown tighter. At the same time, crea-
10 tors at the fringes of mass culture, especially some hip-hop and remix artists, remain con-temptuous of such controls and routinely appropriate whatever sounds they want to create interesting music.

Copyright protection is a critically important tool for artists in earning a livelihood from their creativity. But as many singers, composers, and musicians have discovered, the benefits
15 of copyright law in the contemporary marketplace tend to accrue to the recording industry, not to the struggling garage band. As alternative distribution and marketing outlets have arisen, the recording industry has sought to ban, delay, or control as many of them as possi-ble. After all, technological innovations that provide faster, cheaper distribution of music are likely to disrupt the industry's fixed investments and entrenched ways of doing business.
20 New technologies allow newcomers to enter the market and compete, sometimes on supe-rior terms. New technologies enable new types of audiences to emerge that may or may not be compatible with existing marketing strategies.

No wonder the recording industry has scrambled to develop new technological locks and broader copyright protections; they strengthen its control of music distribution. If metering
25 devices could turn barroom singalongs into a market, the music industry would likely de-clare this form of unauthorized musical performance to be copyright infringement.

This passage is excerpted from *Brand Name Bullies: The Quest to Own and Control Cul-ture,* by David Bollier (Wiley Publishing, 2005).

15. Which of the following most accurately states the main idea of the passage?

(A) Only with the development of technology in the past century has music begun to freely circulate in society.

(B) The recording industry is trying to develop an ever-tighter hold on the distribution of music, which used to circulate freely.

(C) Copyright protection is an important tool for composers and musicians who earn their living from their music.

(D) Technology allows new distribution methods that threaten to undermine the mar-keting strategies of music companies.

(E) If music is no longer allowed to flow freely through the society, then the identity of the society itself will be lost.

Bei dieser Textaufgabe sollten Sie die Hauptaussage des Textes auf den Punkt bringen.

 Die Antworten auf Fragen zum Hauptthema eines Textes sind in aller Regel eher allgemein als auf Einzelheiten bedacht formuliert.

Die Lösungsmöglichkeiten C und D handeln beide von nebensächlichen Themen des Textes, lassen die Hauptaussage aber außen vor. Natürlich geht es im Text auch um Urheberrechtsschutz und Technologie, aber darauf kommt es dem Verfasser im Wesentlichen nicht an. Vielmehr geht es ihm darum, dass die Musikindustrie die Verbreitung von Musik zu kontrollieren versucht. A können Sie ausschließen, weil diese Lösungsmöglichkeit durch den Text nicht abgedeckt wird. Der Text weist eindeutig darauf hin, dass Musik schon seit Jahrtausenden gesellschaftlich frei zirkuliert. E ist falsch, weil diese Wahlmöglichkeit inhaltlich weit über den Text hinausgeht. Der Autor mag zwar andeuten, dass eine Gesellschaft ohne die ungezügelte Verbreitung von Musik ihre Identität verliert, aber auch das ist nicht die Hauptstoßrichtung seiner Einlassung. *Die richtige Lösung:* B.

16. Given the author's overall opinion of increased copyright protections, what is his attitude toward »hip-hop and remix artists« mentioned in paragraph 2?

    (A) wonder that they aren't sued more for their theft of copyright-protected music

    (B) disappointment that they don't understand the damage they are doing to society

    (C) envy of their extravagant lifestyle and increasing popularity

    (D) approval of their continued borrowing of music despite tighter copyright controls

    (E) shock at their blatant sampling of the music of other artists

Bei dieser Textaufgabe geht es um die Einstellung des Autors zu den im zweiten Absatz besonders erwähnten *hip-hop and remix artists.* Dieser Abschnitt wäre im »richtigen« GMAT gelb markiert. Sie haben bereits eine Frage nach der Hauptaussage des Textes beantwortet und wissen daher, dass der Verfasser sich um den zunehmenden Einfluss der Plattenbosse auf die Verbreitung von Musik sorgt. Da die Hip-Hop- und Remixszene der Musikindustrie trotzt, wird der Autor dieser Szene vermutlich wohlwollend gegenüberstehen. Obwohl der Wahrheitsgehalt von A kaum bezweifelt werden kann, ist diese Lösungsmöglichkeit falsch, weil sie nicht durch den Text gestützt wird. Da der Autor die Hip-Hop- und Remixszene aller Wahrscheinlichkeit nach schätzt, geht er kaum davon aus, dass diese Musiker irgendeinen Schaden anrichten – daher kommt B überhaupt nicht infrage. Und weil Entsetzen und Missgunst (»*envy and schock*«) für eine GMAT-Textaufgabe zu starker Tobak sind, können Sie auch C und E ausschließen. *Die richtige Lösung:* D.

17. According to the passage, new technology has resulted (or will result) in each of the following EXCEPT:

    (A) new locks on music distribution

    (B) newcomers' competing in the music market

    (C) better music

    (D) democratization of creativity

    (E) faster, cheaper distribution of music

Bei dieser Textaufgabe müssen Sie nach der einzig unzutreffenden möglichen Antwort su-chen. Schauen Sie sich den Text noch mal an und verwerfen Sie alle Lösungsmöglichkeiten, die Sie dort wiederfinden. In Verbindung mit Technologie kommen die Lösungsmöglich-keiten A (»_new locks on music distribution_«), B (»_newcomers' competing in the music mar-ket_«), D (»_democratization of creativity_«) und E (»_faster, cheaper distribution of music_«) vor. Bessere Musik (»_better music_«) erwähnt der Autor allerdings an keiner Stelle. _Die richtige Lösung:_ C.

18. The final sentence of the passage seems to imply what about the executives of the record industry?

    (A) They have found ways to make money from any performance of any music at any time.

    (B) They are boldly leading the music industry into a new technological era of vastly in-creased profits.

    (C) They want their music to be performed as often as possible by the maximum number of people to create greater exposure for artists.

    (D) They don't actually like music or know anything about music and are attempting to limit the society's exposure to music.

    (E) No performance of music anywhere is safe from their attempts to control the distri-bution of all music.

Bei dieser Textaufgabe geht es darum, Mutmaßungen darüber anzustellen, was der letzte Satz den Plattenbossen unterstellt. Im letzten Satz heißt es, dass die Musikindustrie am liebsten auch noch bei fröhlich singenden Kneipenrunden abkassieren würde. Der Verfasser ist also offensichtlich der Meinung, dass die Plattenbosse, wenn es darum geht, die Verbrei-tung von Musik zu kontrollieren, vor fast nichts zurückschrecken. Die Lösungsmöglich-keiten B und C zeichnen ein eher positives Bild der Bosse, was durch den letzten Satz sicher nicht gerechtfertigt ist, und D können Sie auch verwerfen, weil der letzte Satz des Textes nichts darüber sagt, ob die Plattenbosse Musik mögen oder nicht. A kommt der Sache schon näher, aber der Verfasser spricht ja nicht von der Profitgier der Musikindustrie, sondern von dem Versuch, unautorisierte Sangesdarbietungen ganz zu verbieten. _Die richtige Lösung:_ E

19. Five new loon pairs successfully raised chicks this year, <u>bringing</u> to twenty-four the number of pairs actively breeding in the lakes of Massachusetts.

    (A) bringing

    (B) and brings

    (C) and it brings

    (D) and it brought

    (E) and brought

Diese Satzaufgabe testet Ihr Wissen über Verbformen und grammatikalische Konstruktio-nen. Dabei geht es nicht um die Wortwahl, da alle Lösungsmöglichkeiten eine Form des Verbs _to bring_ enthalten. Die Wahlmöglichkeiten C und D kommen Ihnen mit dem Pronomen *it*, das jedoch keinen klaren Bezug hat, daher sind diese Lösungsmöglichkeiten falsch. A verbindet ein Verb im Singular mit einem im Plural stehenden Subjekt. E führt die Konjunktion *and* ein, die das Komma im nicht unterstrichenen Teil der Satzaufgabe überflüssig machen würde. Also ist der Satz, so wie er dasteht, okay. *Die richtige Lösung:* A.

20. New laws make it easier to patent just about anything, from parts of the human genome to a peanut butter and jelly sandwich. Commentators are concerned about the implications of allowing patents for things that can hardly be described as »inventions.« However, the U.S. Patent and Trademark Office believes that allowing for strong copyright and patent protections fosters the kind of investment in research and development needed to spur innovation.

    Which of the following can be properly inferred from the statements above?

    (A) It was not possible in the past to patent something as common as a peanut butter and jelly sandwich.

    (B) The U.S. Patent and Trademark Office is more interested in business profits than in true innovation.

    (C) Investment in research and development is often needed to spur innovation.

    (D) The human genome is part of nature and shouldn't be patented.

    (E) Commentators who are concerned about too many patents aren't very well informed.

Bei dieser Logikaufgabe müssen Sie auf der Grundlage des Textes eine Ableitung finden. Fragen dieser Art zielen in der Regel eher auf eine der Prämissen als auf die Schlussfolgerung einer Beweisführung ab. Der Text impliziert, dass das Patentamt Erfindungen fördern will, B ist also auf jeden Fall falsch. Die Lösungsmöglichkeiten D und E vertreten Standpunkte, die im Text keine Rolle spielen. Es geht in der Aufgabenstellung nicht um Ihre Meinung, auch wenn Sie finden, dass das Genom nicht patentiert werden sollte oder dass Menschen, die sich um Patente sorgen, schlecht informiert sind.

 Entscheiden Sie sich bei Logikfragen nie für eine Lösungsmöglichkeit, nur weil Sie inhaltlich mit ihr übereinstimmen. Ihre Wahl sollte immer auf den im Text enthaltenen oder angedeuteten Standpunkten beruhen.

Da C tatsächlich im Text vorkommt, kann diese Lösungsmöglichkeit nicht Gegenstand einer Ableitung sein. Die richtige Lösung ist deshalb A, da diese Antwort sich logisch aus der ersten Prämisse ergibt und im Text selbst nicht erwähnt wird. *Die richtige Lösung:* A.

21. Despite the fact that they were colonists, <u>more Americans thought of themselves as British citizens</u>, and throughout the early years of the American Revolution, more than half of all Americans were loyal to Britain.

    (A) more Americans thought of themselves as British citizens

    (B) fewer Americans felt that they were British citizens

    (C) most Americans thought of themselves as British citizens

    (D) many of them felt like British citizens

    (E) most Americans believed we were British citizens

In der letzten Satzaufgabe geht es um einen unpassenden Vergleich. Das Wort *more* verlangt nach einem Vergleich zwischen zwei Sachverhalten. (Mehr Amerikaner als wer hielten sich für britische Staatsbürger?) Aber der Satz lässt keinen derartigen Vergleich zu. Da ein offensichtlicher Fehler vorliegt, können Sie A von vornherein ausschließen. Lösungsmöglichkeit B verwendet das Wort *fewer*, das ebenfalls nach einem Vergleich schreit, außerdem verändert diese mögliche Antwort den Sinn des Satzes. D verwirft *more*, führt aber das Pronomen *them* ein, das keinen klaren Bezug hat, daher kommt auch diese Lösungsmöglichkeit nicht infrage. Auch E enthält einen Pronomenfehler, nämlich die Verwendung des Personalpromomens *we*. Aber da *wir* bei der Amerikanischen Revolution nicht dabei waren, kann auch E nicht richtig sein. C setzt anstelle von *more* das Wort *most*, löst den falschen Vergleich auf und bietet sich damit als die beste Wahl an. *Die richtige Lösung:* C.

Teil III
Schreiben Sie einen Aufsatz

»Ich kann vor Prüfungen immer super schlafen und bin morgens frisch und entspannt. Dann nehm ich meinen Stift, ess noch 'ne Banane und los geht's.«

In diesem Teil ...

Beim GMAT müssen Sie nicht nur einen, sondern gleich zwei Essays schreiben. Vermutlich müssen Sie als angehender MBA-Absolvent beweisen, dass Sie ein Kommunikationstalent sind. Manche halten die Essays für den bedrohlichsten Part der Prüfung. Falls das auch für Sie gilt, hilft Ihnen dieser Teil dabei, die Nerven zu behalten.

Wir erklären Ihnen ausführlich, mit welchen Aufsatzthemen Sie rechnen müssen, und verraten Ihnen, worauf die GMAT-Gutachter bei der Bewertung Ihrer Essays besonders achten. Anschließend zeigen wir Ihnen, wie Sie den Erwartungen gerecht werden, geben Ihnen Tipps zur Fehlervermeidung und präsentieren Ihnen Techniken zur Organisation Ihrer Gedanken.

Sehen Sie genau hin: Was Sie beim Analytical Writing Assessment erwartet

In diesem Kapitel...

▶ Lernen Sie den AWA kennen

▶ Einblick in das Testformat

▶ Unterschiede zwischen den beiden Aufsatztypen

▶ Wie der AWA bewertet wird

Der AWA, wie die liebevolle Abkürzung für *Analytical Writing Assessment* lautet, kann einem schon ein wenig Kopfzerbrechen bereiten. Denn Sie müssen zwei Essays über Themen schreiben, die der Computer Ihnen in dem Moment vorgibt, in dem die Uhr zu laufen beginnt. Um die Höchstwertung zu erreichen, ist es erforderlich, dass Sie eine exzellente Analyse und einleuchtende Beispiele in meisterlichem Schriftenglisch hinbekommen. Ach, haben wir eigentlich schon erwähnt, dass Sie pro Essay gerade mal 30 Minuten Zeit haben? Aber keine Panik, wenn Sie sich jetzt leicht überfordert fühlen. Wie zeigen Ihnen, wie Sie auch diese Nüsse knacken!

Erst mal müssen Sie wissen, was auf Sie zukommt, deshalb begleiten wir Sie durch den AWA und verraten Ihnen, was Sie erwartet. Anschließend geben wir Ihnen eine Vorschau auf die beiden geforderten Arten von Schreibaufgaben. Und schließlich kommen wir zu dem, was Sie am meisten interessiert – wie der AWA am Ende bewertet wird.

Wie sich der AWA in den GMAT im Ganzen einfügt

Der AWA ist eine unabhängige Ergänzung des GMAT. Die Bewertung Ihrer Aufsätze wird Ihnen getrennt von der Punktwertung des Sprach- und Matheteils mitgeteilt. Mit anderen Worten: Ihr Gesamtergebnis (von maximal 800 Punkten) verrät Ihnen lediglich, wie Sie bei dem Multiple-Choice-Teilen der Prüfung abgeschnitten haben. Selbst wenn Sie sich die Essays schenken, können Sie in den anderen Prüfungsteilen die Höchstwertung von 800 Punkten erzielen (allerdings können wir Ihnen diese Vorgehensweise nicht ernsthaft empfehlen).

Denn die Business Schools legen auf die Essays großen Wert. Manche messen den Essays sogar das gleiche Gewicht bei wie dem Sprach- und Matheteil zusammen. Andere Business Schools bewerten die Essays nicht gar so hoch. Wenn Sie sich fragen, wie viel Wert die Business School Ihrer Wahl auf ein möglichst gutes AWA-Ergebnis legt, sollten Sie sich sicherheitshalber bei den für Sie infrage kommenden Lehranstalten erkundigen. Unterm Strich können Sie davon ausgehen, dass die Aufsatzwertung, ganz egal, was die Business Schools damit anfangen, auf jeden Fall Bestandteil der Gesamtwertung ist. Sie sollten sich beim AWA also zu Ihrem eigenen Vorteil so viel Mühe wie möglich geben.

Ein weiterer Grund, sich auf diesen Prüfungsteil gut vorzubereiten, ist, dass Sie beim GMAT zuerst die beiden Essays schreiben müssen, bevor Sie den Mathe- und Sprachteil in Angriff nehmen können. Wenn Sie das Gefühl haben, sich bei den Aufsätzen wacker geschlagen zu haben, trägt Sie Ihr frisch gewonnenes Selbstbewusstsein womöglich durch die restliche Prüfung. Wenn Sie sich dagegen auf den AWA schlecht vorbereitet haben und sich deshalb nur mühsam durch die Schreibaufgaben quälen, könnte der schlechte Start Ihnen die gesamte Prüfung versauen.

Guter Rat ist nah: Wie der AWA aufgebaut ist

Der Aufsatzteil besteht aus zwei Aufgabenstellungen, die von den GMAT-Machern *tasks* (Aufgaben) genannt werden. Bei beiden Aufgaben haben Sie 30 Minuten Zeit, einen Essay zu einem bestimmten Thema zu schreiben. Beide Essays werden über die Tastatur direkt in den Computer eingegeben. Nach 30 Minuten ist die Aufgabe abgeschlossen und gewertet wird nur, was Sie bis dahin eingegeben haben. Handschriftliche Notizen oder geniale Gedanken, die Ihr Hirn nicht verlassen haben, können leider nicht berücksichtigt werden.

Natürlich können Sie typische Textverarbeitungsfunktionen wie Ausschneiden, Kopieren, Einfügen, Löschen oder Wiederherstellen verwenden. Zugriff auf diese Textverarbeitungsfunktionen haben Sie über die Computermaus oder bestimmte Tastenkombinationen, mit denen der GMAT Sie vor Prüfungsbeginn bekannt macht. Selbstverständlich können Sie, um Ihre Gedanken zu ordnen, auch Ihr Notepad benutzen.

Einige vertraute Textverarbeitungsfunktionen stehen Ihnen leider nicht zur Verfügung:

✔ **Autokorrektur:** Wenn Sie regelmäßig mit Textverarbeitungsprogrammen wie Word oder WordPerfect arbeiten, fällt Ihnen die Autokorrektur vermutlich gar nicht mehr auf. Sie geben »Kommitee« ein und der Computer korrigiert unbemerkt »Komitee«. Beim GMAT jedoch werden Ihre Tippfehler nicht automatisch korrigiert.

✔ **Rechtschreibung und Grammatik:** Sie kennen doch die Funktion Rechtschreibung und Grammatik, die Sie schon vor ein paar echt üblen Blamagen in Schule, Studium oder Beruf bewahrt hat? Diese Funktion weist Sie zum Beispiel darauf hin, dass Sie gerade einen Passivsatz mit einem falschen Subjekt-Prädikat-Bezug und drei falsch buchstabierten Wörtern eingegeben haben. Auch auf diese Funktion müssen Sie beim GMAT leider verzichten.

✔ **Thesaurus:** Auch den beachtlichen Thesaurus, der Ihnen sonst dabei hilft, sechs oder sieben Synonyme für *toll* zu finden (von denen eines *beachtlich* wäre), müssen Sie ausnahmsweise vergessen.

Und schließlich müssen Sie auch auf Ihren Kumpel, der all Ihre Manuskripte durchliest, den auf Ihrem Schreibtisch bereitliegenden Duden und auf das Internet verzichten. In diesem Fall sind Sie ganz auf sich allein gestellt! Daher sollten Sie auch bei den Übungsaufgaben in unserem Buch die Rechtschreibprüfung deaktivieren und die Finger von Ihrem geliebten Thesaurus lassen.

Ein Herz und eine Seele? Die beiden Aufsatztypen

Vielleicht halten Sie die GMAT-Macher ja für besonders sadistische Gesellen, weil die Ihnen gleich zwei Essays abverlangen. In Wahrheit kommt es bei beiden Essays auf unterschiedliche analytische Fähigkeiten an, die beide im Wirtschaftsleben eine große Rolle spielen. Wenn Sie die Höchstwertung erzielen wollen, erfordern die beiden Aufgabentypen jeweils unterschiedliche Vorgehensweisen und Techniken.

In einem Fall müssen Sie einem Thema auf den Grund gehen und einen eigenen Standpunkt behaupten und verteidigen. Im anderen Fall geht es darum, eine Argumentation zu analysieren und die Stärken und Schwächen eines fremden Gedankengangs auf die Schliche zu kommen. Und genau diese Fähigkeiten sind auch bei Ihrem MBA-Studium und später in der freien Wildbahn der Wirtschaft gefragt.

Das Recht auf die eigene Meinung: Die Themenanalyse

Jeder hat eine eigene Meinung. Manch einer hat zu einem Thema sogar mehr als nur eine Meinung! Da kann es doch nicht so schwer sein, zu einem bestimmten Thema eine Meinung zu vertreten, oder? Aber der schwierige Teil ist nicht die eigene Meinung (und es kommt auch nicht darauf an, ob Sie in der Sache richtig oder falsch liegen), der schwierige Teil ist, Ihre Meinung mit ausgewählten, ordentlichen Beispielen und überzeugenden Argumenten zu untermauern – und das in nur 30 Minuten.

Erläuterungen zu einer Themenanalyse lassen sich wie folgt umschreiben:

✔ Analysieren Sie das vorgegebene Thema und erläutern Sie Ihre Sichtweise. Es gibt keine richtige oder falsche Lösung der Aufgabe, also sollten Sie bei der Entwicklung Ihres eigenen Standpunkts zunächst verschiedene Perspektiven in Erwägung ziehen.

✔ Denken sie ein paar Minuten über das Thema nach und ordnen Sie Ihre Gedanken, ehe Sie zu schreiben beginnen. Sorgen Sie für ausreichend Zeit, um sich das Ganze am Ende noch einmal durchzulesen.

Bewertet wird Ihre Fähigkeit, die folgenden Aufgaben zu bewältigen:

✔ Ordnen, Entwickeln und Formulieren Ihrer Gedanken zum vorgegebenen Thema.

✔ Untermauerung sachdienlicher Gedanken mit Beispielen.

✔ Einhaltung der Regeln des Schriftenglischen.

So viel zu den Erläuterungen. Hier ein Beispiel für eine Themenvorgabe:

»Corporations exist to make a profit for shareholders; therefore, the primary duty of the corporation is not to employ workers or to provide goods and services but to make as much money as possible.«

From your perspective, how accurate is the above statement? Support your position with reasons and/or examples from your own experience, observations, or reading.

Kritisieren kann jeder: Die Analyse einer Argumentation

Bei einer Argumentationsanalyse kommt es nicht auf Ihre Meinung zum Thema an. Stattdessen müssen Sie den Weg kritisch beleuchten, der zu einer bestimmten Meinung geführt hat. Um hier gut abzuschneiden, müssen Sie den Gedankengang analysieren, auf dem die Argumentation basiert, und die Argumentation kritisieren. Dazu müssen Sie zunächst kurz erläutern, welche Art Gedankengang der Autor verfolgt (mehr über die unterschiedlichen Wege zum Ziel erfahren Sie in Kapitel 5). Als Nächstes weisen Sie auf die Stärken und Schwächen der Argumentation hin. Und schließlich bewerten Sie den Wahrheitsgehalt der Voraussetzungen, von denen der Verfasser ausgeht, und welche Auswirkung andere mögliche Erklärungen auf seine Schlussfolgerung haben würden.

Erläuterungen zu einer Argumentationsanalyse können folgendermaßen umschrieben werden:

✔ Beleuchten Sie die vorgegebene Argumentation kritisch, ohne sich mit Ihrer eigenen Meinung aufzuhalten.

✔ Denken Sie ein paar Minuten über die Argumentation nach und ordnen Sie Ihre Gedanken, bevor Sie zu schreiben beginnen. Lassen Sie sich Zeit, sich am Ende noch einmal alles durchzulesen.

Bewertet wird Ihre Fähigkeit, die folgenden Aufgaben zu bewältigen:

✔ Ordnen, Entwickeln und Formulieren Ihrer Gedanken zur vorgegebenen Argumentation.

✔ Untermauerung sachdienlicher Gedanken mit Beispielen.

✔ Einhaltung der Regeln des Schriftenglischen.

So viel zu den Erläuterungen. Hier ein Beispiel für eine Argumentationsvorgabe:

The following is an excerpt written by the head of a governmental department:

»Stronger environmental regulations are not necessary in order to provide clean air and water. We already have lots of regulations on the books and these are not being adequately enforced. For example, the Clean Air Act amendments, adopted in 1990, have never been fully enforced and, as a result, hundreds of coal-burning power plants are systematically violating that law on a daily basis. The Clean Water Act is also not being enforced. In the state of Ohio alone there were more than 2,500 violations in just one year. Instead of passing new regulations that will also be ignored, this department should begin by vigorously enforcing the existing laws.«

Examine this argument and present your judgment on how well reasoned it is. In your discussion, analyze the author's position and how well the author uses evidence to support the argument. For example, you may need to question the author's underlying assumptions or consider alternative explanations that may weaken the conclusion. You can also provide additional support for or arguments against the author's position, describe how stating the argument differently may make it more reasonable, and discuss what provisions may better equip you to evaluate its thesis.

Sammeln Sie ordentlich Punkte: Wie der GMAT Ihre Essays bewertet

Den GMAT-Machern zufolge testet der AWA zwei Fähigkeiten:

✔ Ihre Denkfähigkeit

✔ Ihre Fähigkeit, Ihre Gedanken zu kommunizieren

Um zu bewerten, wie Sie sich auf beiden Gebieten geschlagen haben, beschäftigt der GMAT für jeden Ihrer beiden Essays zwei unabhängige Gutachter. Auf der Grundlage einer genauen Prüfung Ihrer Meisterwerke bekommen Sie von jedem Leser eine »Note« zwischen 0 und 6.

Was Sie über Ihre Leser wissen sollten

Ihre beiden Essays werden also jeweils von zwei unabhängigen Gutachtern gelesen und beurteilt und jeder Gutachter benotet jeden Ihrer Essays mit einer »Note« zwischen 0 und 6, wobei die Bestnote im Unterschied zu Ihrer Schulzeit die Note 6 ist. Wenn die beiden Gutachter bei in Ihrer »Benotung« um mehr als eine Note voneinander abweichen, wird ein dritter Gutachter hinzugezogen, der sozusagen über die Entscheidungsgewalt verfügt. Das bedeutet, dass die Benotung des dritten Gutachters in Verbindung mit den Noten der anderen Gutachter den Ausschlag gibt.

Wenn zum Beispiel ein Gutachter einen Ihrer Essays mit einer 3 benotet und der andere Ihnen eine 5 gibt, muss ein drittes Orakel befragt werden. Wenn der dritte Gutachter Ihnen ebenfalls eine 5 gibt, wir die 3 verworfen und Ihr Aufsatz beide Male mit der Note 5 gut bewertet. Falls der dritte Gutachter Ihnen jedoch zwischen den beiden anderen liegt und Ihnen eine 4 gibt, bekommen Sie zweimal die Note 4.

Dank dieser Regel kann ein Gutachter, der Ihnen eine unfair schlechte Note gibt, Ihnen niemals die Gesamtwertung Ihres GMAT-Aufsatzteils vermasseln.

Um zu dieser Gesamtwertung zu gelangen, ermittelt der GMAT den »Notendurchschnitt« der beiden Schreibaufgaben (also der beiden Noten für die Themenanalyse und der beiden Noten für die Argumentationsanalyse). Dabei wird der Notendurchschnitt auf die nächste Halbnote auf- oder abgerundet (Viertel- und Dreiviertelnoten werden jeweils auf- statt abgerundet). Wenn Sie zum Beispiel für die Themenanalyse zweimal die 5 und für die Argumentationsanalyse eine 5 und eine 6 bekommen haben, wäre der Notendurchschnitt am Ende

5.5. (Da Sie sich ja gut auf den GMAT-Matheteil vorbereitet haben, können Sie sich Ihren Notendurchschnitt leicht selbst ausrechnen! 5 + 5 + 5 + 6 = 21; $^{21}\!/_4$ = 5,25, ergibt aufgerundet 5,5.)

Ihre Essays werden von Hochschullehrkräften verschiedener Fachrichtungen bewertet. Obwohl auch Wirtschaftsfachleute darunter sind, sollten Sie nicht davon ausgehen, dass Ihre Gutachter einen besonderen Hang zum Wirtschaftsleben mitbringen. Vermeiden Sie daher den einschlägigen Geschäftsjargon und rechnen Sie lieber nicht damit, dass Ihre Gutachter über das gleiche Vorwissen verfügen wie Sie selbst.

 Womöglich durchlaufen Ihre Essays auch ein automatisches Bewertungsprogramm, das darauf angelegt ist, der Beurteilung durch gewiefte Gutachter zu entsprechen. Besonderes Augenmerk richten derartige Computerprogramme auf Grammatikfehler. Wenn Sie gewöhnlich mit einem Textverarbeitungsprogramm arbeiten, wissen sie ja, wie zuverlässig solche Programme auf viele Grammatikfehler ansprechen. In Kapitel 8 verraten wir Ihnen, wie Sie die häufigsten Schreibfehler vermeiden können.

Die Gutachter achten beim Studium Ihrer Essays vor allem auf zwei Dinge: klare Analyse und eine gute Schreibe. Um mit einem Essay eine 5 oder 6 zu erzielen, müssen Sie einem Thema (oder einer Argumentation) auf den Grund gehen, Ihren Sinn für eine gute Gliederung demonstrieren, besondere, aussagekräftige Beispiele vorbringen und einleuchtende Argumente aufzeigen. Ihre Arbeit muss außerdem zeigen, dass Sie die englische Sprache beherrschen und jederzeit eine Reihe unterschiedlicher Satzstrukturen anwenden können. Ihre Essays dürfen durchaus ein paar kleinere sprachliche Unebenheiten aufweisen, aber Sie sollten es in dieser Hinsicht keinesfalls übertreiben.

Das alles ist 30 Minuten pro Essay nicht ganz leicht zu bewerkstelligen. In Kapitel 8 helfen wir Ihnen auf die Sprünge, zeigen Ihnen, wie Sie Themen und Argumentationen in Rekordzeit und erfolgreich bewältigen und gehen die häufigsten Fehlerquellen durch, aus denen GMAT-Absolventen unter Zeitdruck zu Ihrem Nachteil schöpfen.

Deuten Sie Ihre Benotung

Der GMAT teil Ihnen Ihre AWA-Bewertung in Gestalt einer »Note« zwischen 0 und 6 in Halbnotenschritten mit. Mit der Bestnote 6 liegen Sie bei 96 Prozent, das heißt, dass 96 von 100 Testabsolventen mit einer niedrigeren Bewertung abgeschnitten haben als Sie. Aber da nur etwa 4 Prozent der Testteilnehmer mit dieser Note abschließen, ist die Note 6 offensichtlich nicht leicht zu erreichen! Mit der Note 5 liegen Sie dagegen schon bei 75 Prozent, mit der Note 4,5 bei 57 Prozent, mit einer glatten 4 bei 36 Prozent und der Note 3,5 bei 19 Prozent. Die vollständige Liste finden Sie auf der GMAT-Website (www.mba.com).

Annähernd 60 Prozent der GMAT-Absolventen erreichen beim AWA ein Endergebnis zwischen 4,0 und 5.5. Der typische Essay landet also bei einer »Benotung« zwischen 4 (befriedigend) und 5 (gut). Manche Arbeiten werden mit 3 (ausreichend) oder schlechter benotet, während das Sahnehäubchen unter den Noten natürlich die 6 (sehr gut) ist. Um dafür zu sorgen, dass Sie den Rahm abschöpfen können, sollten Sie vorher ein paar Probeaufsätze verfassen und dabei auf die Vorgehensweisen setzen, die wir Ihnen in Kapitel 8 vorstellen.

Absolut achtbare Absätze: Wie Sie einen GMAT-Aufsatz schreiben

8

In diesem Kapitel...

▶ Richtig schreiben: Vermeidbare Fehler

▶ Bestwertungen dank richtiger Schreibstrategien

*W*enn Sie wissen, was Sie von den Aufsatzaufgaben zu erwarten haben, dann haben Sie beim GMAT die Nase schon weit vorne, aber wenn Sie ein möglichst gutes Ergebnis erzielen wollen, sollten Sie außerdem wissen, was von Ihnen erwartet wird und wie Sie den Erwartungen gerecht werden können. Um sich bei den beiden Essays wacker zu schlagen, müssen Sie eine gelungene Analyse mit gutem Schriftenglisch verbinden. Wenn Sie auf einem dieser Felder versagen, geht Ihre Bewertung anschließend den Bach runter. In diesem Kapitel beginnen wir mit häufig gemachten Fehlern, die Sie vermeiden sollten, und zeigen Ihnen dann Schritt für Schritt, wie Sie Ihre Analysen schreiben.

Vermeiden Sie Grammatik-, Interpunktions- und Satzbaufehler

Eine der Eigenschaften des *Analytical Wrtiting Assessment*, die GMAT-Absolventen regelmäßig in Verlegenheit bringen, ist der Umstand, dass die Testteilnehmer mit ihren Essays auch zeigen sollen, wie gut sie die englische Schriftsprache beherrschen. Heute ist nicht mehr so eindeutig festgelegt, was gutes Schriftenglisch ist und was nicht, und die Unterschiede zur Umgangssprache waren schon immer immens. In der Umgangssprache kommen oft Satzfragmente zum Einsatz und über Fragen der Rechtschreibung oder Zeichensetzung müssen Sie sich beim Sprechen sowieso nicht den Kopf zerbrechen. Aber da Sie sich nicht immer auf das verlassen können, was sich in Ihren Ohren gut anhört, sollten Sie über die Regeln der Schriftsprache Bescheid wissen.

Wir haben einige »besonders beliebte« Fehler zusammengestellt, die den GMAT-Testteilnehmern Kummer bereiten. Dabei handelt es sich um Fehler, für die beinahe jeder, der einen englischen Text schreibt, anfällig zu sein scheint. Aber die Gutachter Ihrer Essays werden diese Fehler mit Sicherheit aufspüren und Ihnen Ihren »Notendurchschnitt« vermasseln. Aber besonders häufig gemachte Fehler zu kennen ist der erste Schritt zu ihrer Vermeidung. Warten Sie mit dem Trockenlegen von Fehlerquellen nicht bis zum Prüfungstag! Weitere Hinweise zu den Regeln der Grammatik und Interpunktion und zur Behebung Ihrer Schwierigkeiten mit der englischen Sprache finden Sie in Kapitel 3 und in *Englische Grammatik für Dummies*.

Falsche Zeichensetzung

Die Aufgabe der Zeichensetzung (Interpunktion) ist es, den Leser durch einen Satz oder Absatz zu führen. Ohne richtig gesetzte Satzzeichen kann der Leser kaum erkennen, wo ein Gedanke endet und ein anderer beginnt. Die meisten Fehler in den GMAT-Essays werden von den Testteilnehmern auf dem Gebiet der Zeichensetzung gemacht.

Viele verwechseln Doppelpunkt und Semikolon. Mit dem Semikolon verbindet man Hauptsätze, wenn Sie inhaltlich so eng miteinander verknüpft sind, dass man sie zu einem Satz zusammenfassen kann: *It's almost test day; I need to write a practice essay this weekend.* (Hauptsätze können natürlich auch als unabhängige, vollständige Sätze für sich stehen. In Kapitel 3 erfahren Sie mehr über Haupt- und Nebensätze.) Der Doppelpunkt dagegen wird vor Aufzählungen oder Beispielsätzen gesetzt.

Die meisten Interpunktionsfehler werden jedoch bei den Kommata gemacht. Das Komma gliedert Aufzählungen, ersetzt weggelassene Wörter und trennt Satzglieder und Einschübe (Parenthesen). Außerdem setzt man ein Komma, um Satzteile voneinander abzusetzen:

✔ Setzen Sie ein Komma vor Konjunktionen (*for*, *and*, *nor*, *but*, *or*, *yet* oder *so*), die zwei Hauptsätze miteinander verbinden.

✔ Fügen Sie zwischen einem Nebensatz und einem Hauptsatz ein Komma ein, wenn der Nebensatz den Satz einleitet, aber nicht, wenn der Hauptsatz am Anfang steht.

Zu den häufigsten Kommafehlern, die GMAT-Absolventen machen, gehören Kommapaarungen und Bandwurmsätze.

✔ Kommapaarungen entstehen, wenn man zwei Hauptsätze nur durch ein Komma und ohne Konjunktion verknüpft: *Harold made several errors in his GMAT essay, one was a comma splice.* Um den Fehler zu korrigieren, kann man die beiden Hauptsätze ganz voneinander trennen und zu unabhängigen Sätzen machen (*Harold made several errors in his GMAT essay. One was a comma splice.*), statt des Kommas ein Semikolon setzen (*Harold made several errors in his GMAT essay; one was a comma splice.*) oder dem Komma eine verbindende Konjunktion hinzufügen (*Harold made several errors in his GMAT essay, and one was a comma splice.*).

✔ Einen Bandwurmsatz erhält man, wenn man zwei Hauptsätze durch eine Konjunktion ohne Komma miteinander verbindet: *Harold made several punctuation errors in his GMAT essay and one was a run-on sentence that made his writing needlessly wordy.* Setzen Sie einfach ein Komma vor die Konjunktion und schon ist der Fehler behoben: *Harold made several punctuation errors in his GMAT essay, and one was a run-on sentence that made his writing needlessly wordy.*

Satzbauprobleme

Hier zwei Satzbauprobleme, die in den GMAT-Essays immer wieder vorkommen:

✔ **Satzfragmente:** Möglicherweise können Sie Ihren Hang zu unvollständigen Sätzen ja auf Ihren E-Mail-Verkehr schieben, aber das heißt nicht, dass Sie Ihren E-Mail-Stil so ohne Weiteres auf Ihre GMAT-Essays übertragen sollten. Jeder Satz braucht ein Subjekt und ein Prädikat und muss einen vollständigen Gedanken ausdrücken. Achten Sie auf Nebensätze, sie sich als Hauptsätze ausgeben wollen. Ein Nebensatz, der ein Subjekt und ein Prädikat enthält, ist ohne weitere Informationen noch lange kein vollständiger Satz, wie die folgenden Beispiele zeigen:

- **Ein Satz und ein Fragment:** *I will return to the workforce. After I earn my MBA.*

- **Ein vollständiger Satz:** *I will return to the workforce after I earn my MBA.*

✔ **Bestimmungsfehler:** Bestimmungen sind Wörter und Wendungen, die andere Wörter näher bestimmen. Die Faustregel lautet, Bestimmungen so nah wie möglich bei den Wörtern zu platzieren, die sie bestimmen:

- **Nicht so gut:** *The assistant found the minutes for the meeting held on Saturday on the desk.*

- **Besser:** *The assistant found Saturday's meeting minutes on the desk.*

Ungeklärte Besitzansprüche

Eine weitere häufige Fehlerquelle bei den GMAT-Essays ist der Genitiv:

✔ **Bei Substantiven:** Verwenden Sie den Genitiv eines Substantivs, wenn auf das erste Substantiv ein weiteres Substantiv folgt, dass zu dem ersten Substantiv in einem Besitzverhältnis steht. In den meisten Fällen wird der Genitiv Singular durch Anhängen eines Apostrophs und des Buchstaben »s« gebildet: *Steve's boss.* Das gilt auch dann, wenn das Substantiv bereits auf »s« endet: *Charles's test score.* Bei Substantiven im Plural (mit der Pluralendung »s«) wird der Genitiv Plural einfach durch ein Apostroph angezeigt: *the brothers' dogs; many clients' finances.*

✔ **Bei Pronomen:** Die besitzanzeigenden Fürwörter (Possessivpronomen) sind die Personalpronomen *my, his, her, your, its, our* und *their* bei Pronomen, die vor dem Substantiv stehen, und *mine, his, hers, yours, its, ours,* und *theirs* bei Possessivpronomen, die am Ende eines Satzglieds stehen oder die die Funktion des Subjekts übernehmen.

 Kein Possessivpronomen enthält jemals ein Apostroph. *It's* ist die Zusammenziehung von *it* und *is* und nicht etwa das Possessivpronomen *its.* Aber im Gegensatz zu »richtigen« Pronomen enthalten unbestimmte Fürwörter durchaus ein Apostroph: *Somebody's dog has chewed my carpet.* Mehr über unbestimmte Pronomen und Personalpronomen erfahren Sie in Kapitel 3.

Das ABC des Buchstabierens

Wahrscheinlich verlassen Sie sich beim Schreiben wie die meisten Menschen auf die Rechtschreibprüfung Ihres Textverarbeitungsprogramms. Die Rechtschreibprüfung ist ohne Zweifel eine der beliebtesten Funktionen, da Sie sich dank dieses Wundermittels ganz auf den Inhalt Ihrer Texte konzentrieren können, ohne sich noch groß Gedanken über die Orthografie machen zu müssen. Wenn Sie außerdem auch noch die Autokorrektur Ihres Textverarbeitungsprogramms aktiviert haben, bekommen Sie womöglich nicht einmal mit, wie oft Ihr Computer Sie vor üblen Schnitzern bewahrt.

Die schlechte Nachricht ist allerdings, dass Ihnen bei den GMAT-Essays keine Rechtschreib-prüfung zur Verfügung steht. Das bedeutet, dass Sie während der Prüfung womöglich zum ersten Mal seit Jahren selbst für Ihre Orthografie verantwortlich sind! Ein oder zwei ortho-grafische Fehler vermasseln Ihnen vermutlich noch nicht Ihr Endergebnis, aber in Verbin-dung mit den übrigen oben erläuterten Fehlerquellen könnten schon ein paar Rechtschreib-fehler den entscheidenden Unterschied ausmachen.

 Eine gute Methode, Rechtschreibfehler zu vermeiden, besteht darin, nicht arg-los mit ungewohnten Wörtern um sich zu werfen. Wenn Sie ein bestimmtes Wort noch nie zuvor verwendet und keine Ahnung haben, was genau es bedeu-tet und wie es geschrieben wird, sollten Sie lieber die Finger davon lassen. Bei ungewohnten Wörtern riskieren Sie nicht bloß, sie falsch zu schreiben, son-dern auch, das entsprechende Wort unangemessen zu verwenden. Halten Sie sich bei Ihren Essays deshalb an das, was Sie kennen, und erweitern Sie Ihren Wortschatz, sofern Sie genug Zeit haben, während der Prüfungsvorbereitung. Ein großer Wortschatz zahlt sich nämlich nicht nur beim GMAT aus, sondern vor allem auch während Ihrer späteren Karriere.

Was Sie sonst noch tun und lassen sollten

Hier noch ein paar Hinweise, die Sie bei der Vorbereitung auf die GMAT-Aufsätze berück-sichtigen sollten:

✔ **Bilden Sie einfache Aktivsätze.** Bilden Sie, um Ihr Endergebnis zu verbessern, möglichst einfache, im Aktiv stehende Sätze. Je komplexer Ihre Sätze ausfallen, desto anfälliger sind sie für Grammatikfehler. Vielleicht meinen Sie Ihre Leser ja mit langen Sätzen be-eindrucken zu müssen, aber das klappt nie. Außerdem schleichen sich Fehler hier viel schneller ein.

Ein weiteres Merkmal starker, überzeugender Sätze ist der Gebrauch des Aktivs. Das Ak-tiv ist immer eindeutiger und aussagekräftiger als das Passiv.

✔ **Achten Sie auf klare Übergänge.** Verwenden Sie Übergänge, um dem Leser klarzuma-chen, worauf Sie mit Ihrer Argumentation hinauswollen. Sie können binnen Sekunden mit wenigen Worten andeuten, ob der nächste Textabsatz Ihren Gedankengang fortsetzt oder den vorigen Absatz widerlegt oder ob Ihr Gedankengang eine neue Richtung ein-schlägt. Übergänge sind der Schlüssel zu einer ordentlichen Textgliederung.

✔ **Formulieren Sie präzise.** Halten Sie Ihre Leser mit genauen, beschreibenden Formulie-rungen bei der Stange und auf dem Laufenden. Wenn Sie auf eine gut überlegte Wortwahl achten und Ihre Gedanken und Argumente klar auf den Punkt bringen, wird Ihr Text eine größere Wirkung erzielen und Ihnen eine bessere Benotung eintragen.

✔ **Vermeiden Sie Slang.** Halten Sie sich an formelles Englisch und verzichten Sie auf Zu-sammenziehungen und Slangausdrücke. Ihre Gutachter sind Akademiker, sie kennen die Regeln des Schriftenglischen und erwarten von Ihnen, dass Sie sich an diese Regeln hal-ten. Unvollständige Sätze und Slang sind vielleicht im E-Mail-Verkehr unter Freunden in Ordnung, beim GMAT sollten Sie sich jedoch um einen professionelleren Stil bemühen.

Übung macht den Meister!

Sie können den GMAT-Stil so oder so üben. Wenn Sie zum Beispiel häufig E-Mails schreiben, achten Sie doch ab jetzt auf eine formellere Schreibweise. Antworten Sie Freunden, die Ihnen E-Mails ohne Zeichensetzung und voller Rechtschreib- und Grammatikfehler schicken, mit richtiger Interpunktion, überlegener Orthografie grammatikalisch korrekt und in perfekt gegliederten Absätzen.

Aber Sie können sich nicht bloß mit E-Mails auf die GMAT-Essays vorbereiten. Hier also noch ein paar Hinweise, die Sie bei Ihren Übungsessays beachten sollten:

✔ Schreiben Sie Ihre Übungsaufsätze unter Testbedingungen. Geben Sie sich jeweils 30 Minuten Zeit und sorgen Sie für eine ruhige Umgebung.

✔ Verwenden Sie nur, was Ihnen auch während der Prüfung zur Verfügung steht. Benutzen Sie Ihr Textverarbeitungsprogramm, aber deaktivieren Sie die Rechtschreibprüfung, benutzen Sie für Notizen ein Whiteboard oder ein einzelnes Blatt Papier und verzichten Sie auf Wörterbücher und Nachschlagewerke.

✔ Nehmen Sie Ihre Übungsessays ernst (üben Sie so, wie Sie im Ernstfall bestehen wollen).

Zehn Schritte zu einem klasse Essay

Für einen guten Essay benötigen Sie ein gutes Thema. Denken Sie daran, dass die Benotung Ihrer Essays ebenso sehr von der Überzeugungskraft Ihrer Argumente wie von Ihrem Können als Autor abhängt. Auch wenn Sie als Student oder im Beruf schon seit Jahren Texte verfasst haben, mussten Sie wohl eher selten in nur 30 Minuten analytische Aufsätze zu Papier bringen. Wir zeigen Ihnen in zehn Schritten, wie Sie in Rekordzeit glänzende Essays hinbekommen.

Mit einem Plan im Hinterkopf können Sie die zur Verfügung stehende Zeit effektiver nutzen und Ihr Endergebnis entscheidend verbessern. Wenn Sie einen Teil Ihrer 30 Minuten für die Ordnung Ihrer Gedanken nutzen, sind Sie am Ende besser organisiert als jemand, der mit dem ersten Gedanken zu schreiben beginnt, der ihm in den Kopf kommt. Besser, Sie verwenden nur 20 der insgesamt zur Verfügung stehenden 30 Minuten auf das Schreiben selbst und machen sich erst mal fünf Minuten Gedanken über Ihre Argumentation und verwenden am Schluss noch mal fünf Minuten darauf, Ihren Essay noch einmal aufmerksam durchzulesen.

Entwickeln Sie Ihr Zeitmanagement während der Übungstests und merken Sie sich, wie viel Zeit Sie für jede Arbeitsphase benötigen. Aber vergessen Sie dabei nie, dass Sie nur 30 Minuten Zeit haben, sodass Ihnen für die drei Arbeitsphasen nie beliebig viel Zeit zur Verfügung steht, aber mit einiger Übung finden Sie die Ihren Fähigkeiten angemessene Zeitformel. Vielleicht sind Sie ja ein Zauberer auf jeder Tastatur und schreiben daher sehr schnell, wenn Sie erst mal loslegen. In dem Fall können Sie sich für die Vor- und Nachbereitung ihrer Essays einige Minuten mehr gönnen. Wenn Sie aber im Gegenteil nur sehr langsam schreiben, brauchen Sie vermutlich mindestens 20 Minuten, um dem Computer Ihre genialen Gedanken anzuvertrauen und für die Nachwelt abzuspeichern. Hier nun die zehn Schritte, die Sie bei jeder der 30-Minuten-Aufsatzaufgaben unbedingt beachten sollten:

1. **Lesen Sie sich, bevor Sie zu schreiben beginnen, sorgfältig die Vorgabe durch.**

   Das scheint selbstverständlich zu sein, aber es kann leicht passieren, dass Sie in Ihrem Drang, den Essay so schnell wie möglich in Angriff zu nehmen, wichtige Elemente der Aufgabenstellung überlesen. Nehmen Sie sich genug Zeit, um das Thema oder die Argumentation, die Sie analysieren sollen, wirklich zu verstehen. Lesen Sie sich die Vorgabe (*analytical writing prompt*) nicht nur einmal durch. Lesen Sie beim ersten Durchgang schnell, um eine Vorstellung davon zu bekommen, worum es geht, und lesen Sie sich dann alles noch einmal gründlich durch, damit Ihnen keine Einzelheit entgeht. Ihre besten Argumente und Beispiele fallen Ihnen womöglich schon beim Studium des Aufsatzthemas sein.

2. **Vergeuden Sie keine Zeit mit dem Lesen der Anweisungen.**

   Sie können einen Teil der Zeit, die Sie auf die gründliche Lektüre der Vorgabe verwendet haben, wieder einsparen, wenn Sie die anschließenden Anweisungen (*directions*) überspringen. Wir haben die Anweisungen für jeden Aufsatztyp in den Kapiteln 7, 17 und 19 beschrieben, Sie wissen also, was Sie zu tun haben: Bringen Sie Ihre Meinung zum Ausdruck, wenn es darum geht, ein Thema zu analysieren, und kritisieren Sie im anderen Fall eine Argumentation. Sie müssen die Anweisungen höchsten kurz überfliegen, um sich davon zu überzeugen, dass alles beim Alten ist, dann können Sie loslegen.

3. **Gliedern Sie Ihren Essay rechtzeitig.**

   Wenn Sie wissen, wie Sie Ihren Essay gliedern wollen, fällt Ihnen die Planung schon leichter. Wir empfehlen Ihnen, jeden Ihrer Essays in fünf Absätze zu unterteilen: eine Einleitung, in der Sie das Thema und Ihren Standpunkt (oder Ihre *These*) vorstellen, drei erläuternde Absätze mit Beispielen und Argumenten, die Ihre Leser (oder einen Vertreter der Gegenposition) von Ihrem Standpunkt überzeugen sollen, und einen Schluss (Konklusion), in der Sie noch einmal alles, was Sie in den vier vorhergehenden Absätzen geschrieben haben, kurz zusammenfassen. Natürlich können Sie auch einen aus vier oder sechs Absätzen bestehenden Essay schreiben, wenn das Thema oder die Argumentation das verlangen. Sorgen Sie aber auf jeden Fall dafür, dass Sie sich darüber klar sind, was Sie schreiben wollen, bevor es losgeht.

4. **Benutzen Sie das Notepad.**

   Überlegen Sie rasch und halten Sie Ihre Einfälle fest, damit Sie sie nicht vergessen. Verlassen Sie sich nicht bloß auf Ihr Gedächtnis. Dafür haben Sie doch Ihr Notepad. Ein oder zwei notierte Gedanken bewahren Ihre Ideen womöglich vor dem Vergessen.

5. **Verfassen Sie eine kurze Stellungnahme.**

   Entscheiden Sie sich auf der Grundlage Ihrer Vorlieben spontan für die eine oder andere Seite. Für welche Seite Sie sich entscheiden, spielt keine Rolle, denn die Gutachter bewerten nicht Ihre Meinung, sondern, wie überzeugend Sie diese vertreten. Wählen Sie also den Standpunkt, den Sie in der Kürze der zur Verfügung stehenden am besten mit starken Argumenten und Beispielen untermauern können.

Schreiben Sie eine kurze Stellungnahme, für welche Seite Sie sich entschieden haben und warum. Wir raten Ihnen dazu, für Ihre Stellungnahme bereits den Computer zu verwenden, weil es sich dabei um den Schlüsselsatz Ihrer Einführung handelt.

In Kapitel 7 finden Sie zum Beispiel die folgende Vorgabe für eine Themenanalyse: »*Corporations exist to make a profit for shareholders; therefore, the primary duty of the corporation is not to employ workers or to provide goods and services but to make as much money as possible.*« Diese Vorgabe hilft Ihnen beim Schreiben Ihrer Stellungnahme, denn wenn Sie den Standpunkt der Vorgabe vertreten wollen, müssen Sie diese lediglich noch einmal neu formulieren. Eine Stellungnahme, die sich den gegenteiligen Standpunkt zu eigen macht, könnte dagegen folgendermaßen lauten: »*Although a major duty of corporations is to earn money for shareholders, corporations have other responsibilities, like a duty to care for the consumer and an obligation to perform research, that supercede the dangerous desire to make as much money as possible.*«

6. Schreiben Sie auf der Grundlage Ihres Standpunkts einen Entwurf.

Sobald Sie Ihren Standpunkt gefunden und dem Computer anvertraut haben, sollten Sie sich erneut Ihrem hilfreichen Notepad zuwenden und einen kurzen Entwurf schreiben. Da Sie Ihre Gedanken ja bereits auf dem Notepad festgehalten haben, geht das mit dem Entwurf sehr schnell. Wählen Sie einfach die besten Argumente und Beispiele für Ihren Standpunkt aus. Entscheiden Sie, in welcher Reihenfolge Sie Ihre Gedanken aufgreifen wollen, und nummerieren Sie die »Themenüberschriften« der drei Textabschnitte, in denen Sie Ihren Standpunkt untermauern, dann mit den Ziffern »1«, »2« und »3«. Notieren Sie schließlich unter jeder Themenüberschrift mehrere Beispiele, mit denen Sie Ihre These stützen wollen.

7. Schreiben Sie die Einleitung.

Gehen Sie von Ihrer allgemein gehaltenen Stellungnahme zum Besonderen vor und formulieren Sie schließlich Ihre These. Die Einleitung kann auch aus gerade mal zwei Sätzen bestehen: einer Vorstellung des Themas und Ihrer Stellungnahme. Die komplette Einleitung zu dem oben aufgeführte Shareholder-Thema könnte aus einem einführenden Satz bestehen, der darauf hinweist, dass vielen Unternehmen die Verpflichtung gegenüber ihren Aktionären wichtiger ist als alles andere, und aus einer abschließenden These.

8. Schreiben Sie die erläuternden Absätze.

Nachdem Sie den Entwurf und die Einleitung verfasst haben, haben Sie den schwersten Teil der Aufgabe schon hinter sich. Nun müssen Sie nur, natürlich so fehlerfrei wie möglich) noch die Absätze formulieren, die den Standpunkt Ihrer Wahl untermauern. Setzen Sie den mit »1« bezifferten Gedanken an den Anfang. Beginnen Sie den Absatz mit einer Themenüberschrift, sorgen Sie für eine Handvoll Beispiele und schließen Sie den ersten Absatz ab. In diesem Absatz könnten Sie darauf hinweisen, dass Unternehmen auch Ihrer Kundschaft verpflichtet sind, und Ihre Meinung mit Beispielen aus der Wirtschaft stützen. Mit den übrigen Absätzen zur Untermauerung Ihres Standpunkts verfahren Sie dann auf dieselbe Weise. Nehmen Sie dabei aber mit wenigen Worten oder einem ganzen Absatz Stellung zur Gegenmeinung und zeigen Sie auf, warum Ihr Standpunkt der bessere ist.

9. **Schreiben Sie eine kurze Schlussfolgerung.**

    Beenden Sie Ihren Essay mit einer knappen Zusammenfassung der zuvor entwickelten Gedanken. Geben Sie eine Übersicht über die Schlussfolgerungen Ihrer erläuternden Absätze und wiederholen Sie am Schluss Ihre These. Gehen Sie dabei vom Besonderen zu einer allgemeinen Stellungnahme vor. Viele »Essayisten« neigen dazu, ihre Schlussfolgerung zu überfrachten, aber dieser Absatz ist nicht der Ort für neue Gedanken oder neue Argumente für Ihren Standpunkt. Rufen Sie Ihren Lesern stattdessen noch einmal Ihre Erläuterungen und Ihre These ins Gedächtnis.

10. **Lesen Sie Korrektur.**

    Sorgen Sie dafür, dass Sie am Ende noch genug Zeit übrig haben, um sich Ihren Essay noch einmal genau durchzulesen. Achten Sie dabei auf Rechtschreibfehler, falsche Zeichensetzung und andere Unachtsamkeiten, die Ihnen im Bemühen, rechzeitig fertig zu werden, unterlaufen sind. Konzentrieren Sie sich auf Fehler, die Sie in Sekundenschnelle korrigieren können, aber versuchen Sie nicht, ganze Absätze neu zu schreiben.

Wenn Sie diese zehn Schritte bei den Übungsessays und am Prüfungstag befolgen, werden Sie den AWA mit einem Ergebnis abschließen, auf das Sie stolz sein können.

GMAT-Aufsätze auf Herz und Nieren geprüft

In diesem Kapitel...

▶ Erläuterung der GMAT-AWA-Benotung

▶ Muster einer Themenanalyse

▶ Muster einer Argumentationsanalyse

---

*I*n diesem Kapitel erklären wir Ihnen die Wertung des AWA (*Analytical Writing Assessment*) und geben Ihnen einige AWA-Musteraufsätze mit auf den Weg, damit Sie diese Schätzchen mit eigenen Augen sehen und manches aus unseren Mustern bei Ihren Schreibarbeiten verwenden können. Wenn Sie dem einen oder anderen Essay mal genau auf den Zahn gefühlt haben und wissen, was einen gelungenen Aufsatz ausmacht, steigen Ihre Chancen, selbst gute Essays zu schreiben, sofort beträchtlich.

Die AWA-Benotung

Der Unterschied zwischen einem befriedigenden und einem sehr guten Essay hängt von wenigen entscheidenden Faktoren ab. Im Folgenden verraten wir Ihnen, wie der GMAT auf der Grundlage der Analyse und Organisation zwischen Essays mit der »Note« 4, 5 und der »Bestnote« 6 unterscheidet:

✔ Ein sehr guter, mit der Note 6 bewerteter Essay beleuchtet das Thema von beiden Seiten und entwickelt daraus logisch einen eigenen Standpunkt. Die Analyse trägt der Komplexität des Themas Rechnung und zeigt, dass der Autor seinen Gegenstand vollständig erfasst hat. Die Untersuchung wird durch überzeugende Beispiele und Argumente gestützt und folgt einer gut durchdachten Gliederung.

✔ Ein guter, mit der Note 5 bewerteter Essay entwickelt logisch einen Standpunkt, nimmt sich aber womöglich nicht die Zeit, das Thema zuerst von beiden Seiten zu beleuchten. Auch hier ist die Analyse gut hergeleitet, aber der Autor hat das Thema nicht so vollständig erfasst wie der einer sehr guten Arbeit. Die Untersuchung wird durch wohl erwogene Beispiele und Argumente gestützt und ist gut, aber nicht so streng gegliedert wie ein sehr guter Essay.

✔ Ein befriedigender, mit der Note 4 bewerteter Essay bietet eine kompetente Analyse des Themas. Der Aufsatz entwickelt einen Standpunkt und stützt diesen mit aussagekräftigen Beispielen. Die Untersuchung und Ihre Untermauerung sind nicht besonders gut ausgearbeitet, aber der Umstand, dass der Autor immerhin mit einem eigenen Standpunkt aufwartet und diesen zu stützen versucht, hebt diese Arbeit von solchen mit schlechterer Benotung ab.

Und so unterscheidet der GMAT zwischen den drei Bestnoten auf der Grundlage der Schreibqualität:

✔ Ein sehr guter Essay beweist die überlegene Beherrschung der Sprache und verwendet eine Vielzahl grammatikalisch korrekter und ausgefeilter Satzkonstruktionen. Der Autor arbeitet mit wirkungsvollen Übergängen. Auch wenn der Essay womöglich ein paar unbedeutende Fehler aufweist, spiegelt er im Ganzen herausragende Fähigkeiten in Hinblick auf die Grammatik, den Gebrauch und die Regeln des Schriftenglischen wider.

✔ Ein guter Aufsatz unterscheidet sich nicht wesentlich von einem sehr guten, doch die Bandbreite unterschiedlicher Satzkonstruktionen ist nicht ganz so groß und die Wortwahl nicht so ausgefeilt. Auch hier verwendet der Autor Übergänge, entfaltet damit aber nicht die gleiche Wirkung wie der Autor einer sehr guten Arbeit. Auch dieser Essay weist ein paar unbedeutende Fehler auf, zeigt aber durchaus Gespür für die Grammatik, den Gebrauch und die Regeln des Schriftenglischen.

✔ Ein befriedigender Essay verwendet weniger unterschiedliche Satzkonstruktionen und die Wortwahl ist nicht so ausgefeilt und präzise, auch wenn an der Ausdrucksweise kaum etwas auszusetzen sein mag. Wenn der Autor mit Übergängen arbeitet, fallen diese womöglich ein bisschen abrupt aus. Ein befriedigender Aufsatz weist eine gewisse Vertrautheit mit dem Schriftenglischen auf, enthält aber mehrere unbedeutende oder sogar einige gravierende Fehler.

Außer den drei »guten Noten« gibt es vier weitere Wertungen für Fehlleistungen unterschiedlicher Tragweite. Wir wollen uns diesen Bewertungskategorien nicht so ausführlich widmen, da Sie nach dem Studium der Kapitel 7 und 8 und mehreren Übungsessays sicher ein deutlich besseres GMAT-Ergebnis erzielen als eine dieser »weniger guten Noten«:

✔ Ein ausreichender, mit der Note 3 bewerteter Essay gleicht einem befriedigenden Aufsatz, weist aber in mindestens einer Hinsicht größere Mängel auf. Entweder der Standpunkt des Autors ist nicht deutlich genug herausgearbeitet oder die Arbeit ist nicht so übersichtlich gegliedert. Vielleicht mangelt es an aussagekräftigen Beispielen oder der Verfasser hat Probleme mit dem Satzbau. Oder die Fehler im Hinblick auf die Grammatik, den Gebrauch und die Regeln des Schriftenglischen sind dermaßen zahlreich, dass dadurch der Sinn der Arbeit beeinträchtigt wird.

✔ Ein mangelhafter, mit der Note 2 bewerteter Essay weist deutlich schwerer wiegende Fehler auf als ein ausreichender Aufsatz. Die Behandlung des Themas ist dürftig, eine Gliederung ist so gut wie nicht vorhanden, Beispiele fehlen ganz, die Probleme mit der Sprache oder dem Satzbau sind gravierend und die Fehler im Hinblick auf die Grammatik, den Gebrauch und die Regeln des Schriftenglischen sind so zahlreich, dass der Sinn der Arbeit kaum mehr nachzuvollziehen ist.

✔ Ein ungenügender, mit der Note 1 bewerteter Essay zeigt durch kaum etwas, dass der Autor überhaupt dazu in der Lage ist, angemessen auf die Vorgabe zu reagieren. Außerdem wimmelt es in einer solchen Arbeit von gravierenden Fehlern und fundamentalen Defiziten, sodass Autor das Thema am Ende glatt verfehlt.

✔ Ein mit der Note 0 bewerteter Essay entzieht sich jeder Bewertung, weil der »Autor« gar nichts geschrieben, das Thema komplett verfehlt oder seinen Aufsatz nicht in Englisch geschrieben hat.

Zu allem eine Meinung: Einer Themenanalyse auf den Zahn gefühlt

In diesem Abschnitt gehen wir zwei Musteraufsätzen der Abteilung Themenanalyse (*analysis of an issue*) auf den Grund, die auf der Vorgabe weiter unten basieren. Wenn Sie 30 Minuten erübrigen können, könnte es ganz hilfreich sein, wenn Sie erst einmal einen eigenen Aufsatz zu der Themenvorgabe schreiben, bevor Sie sich die Musteressays anschauen.

Natürlich enthalten auch unsere beiden Übungstests Aufsatzaufgaben, trotzdem sollten Sie sich diese Zusatzübung nicht durch die Lappen gehen lassen. Aber gönnen Sie sich, wenn Sie keine halbe Stunde erübrigen können, wenigstens fünf Minuten und arbeiten Sie die Schritte 1 bis 6 in Kapitel 8 ab, um wenigstens einen kurzen Entwurf auf der Grundlage der folgenden Vorgabe vorweisen zu können. Lesen Sie sich, sobald Sie sich die Themenvorgabe genau angesehen oder sogar einen eigenen Essay verfasst haben, die Musteraufsätze durch und versuchen Sie die Bewertung dieser Arbeiten einzuschätzen. Und hier kommt die Vorgabe:

»The most important factor in choosing a career should be the potential salary.«

Discuss whether you agree or disagree with the opinion stated above. Provide supporting evidence for your views and use reasons and/or examples from your own experiences.

Musteressay Nr. 1

I agree, because money is very important for having a good life. A job with a good salary will let you pay your bills and have a nice house and a nice car to drive. If you don't have a good salary, you will be poor and not be able to buy the things that you want. Everyone should try to get the career that will pay the most that they can, even if maybe it is harder to get that job. High-paying jobs like doctors, lawyers, and architects are important to society and well respected and they also pay well. So those are the kinds of jobs that you should try to get. There are some other careers that are also important to society, but that don't have a very high salary, for example, teachers. I think that people should recognize the importance of educating our children, and pay teachers more.

Some people would say that you should try to have a career doing something that you enjoy and this sounds like a good idea. Otherwise you might get bored or frustrated with your job, and then not do your job very well, and then you might even get fired. But the problem comes if the career that you want to have won't pay very good and then you are unhappy because you are struggling to pay your bills. So I think the very best thing to do is to find a career that pays well so you don't have to worry about financial problems and that you at least like a little bit, and if not then you can always spend your weekends doing the things you like to do because you will have the money to afford luxuries.

Erläuterungen zu Musteressay Nr. 1

Wie würden Sie diesen Essay bewerten? Bestimmt haben Sie die Bestnoten 6 und 5 von vornherein ausgeschlossen. Dieser Aufsatz ist weder besonders stark noch herausragend. Aber andererseits auch nicht so schlecht, dass eine 1 oder gar die 0 infrage kommen würden. Sie müssen sich also zwischen den Noten 2, 3 und 4 entscheiden. Um den Essay für mangelhaft zu halten und die Note 2 zu geben, müsste die Analyse gravierende Mängel aufweisen, gar keine Beispiele ins Feld führen oder sinnentstellende sprachliche Defizite verraten.

Dieser Essay würde wohl eher mit einer 3 oder 4 bewertet werden. Um als befriedigend zu gelten und eine 4 zu bekommen, müsste der Autor einen eigenen Standpunkt einnehmen und diesen mit Beispielen und Argumenten vertreten. Tatsächlich bezieht dieser Essay Stellung, ist aber ziemlich kurz und verwendet eigentlich keine Beispiele. Der größte Mangel aber ist die Gliederung. Zwei oder drei Argumente, warum Gehälter überaus wichtig sind, hätten schon angeführt und in einer entsprechenden Anzahl von Absätzen erläutert und durch Beispiele untermauert werden müssen. Stattdessen springt der Autor von einem Thema zum anderen und befasst sich zum Beispiel in einem Satz plötzlich mit der Bezahlung von Lehrkräften.

Dieser Aufsatz verrät, dass der Autor die englische Sprache gerade mal rudimentär beherrscht, und enthält zahlreiche Fehler (so heißt es beispielsweise *pay good* statt *pay well*), aber keine wirklich groben Schnitzer. Ein ausreichender, mit der Note 3 bewerteter Essay unterscheidet sich von einem befriedigenden Aufsatz nur durch eine höhere Fehlerquote in mindestens einer Hinsicht. Der vorliegende Essay entspricht weitgehend der Note 4, aber weil es an der Gliederung und der Entwicklung eines eigenen Standpunkts hapert, würde diese Arbeit schlussendlich eher mit ausreichend (Note 3) als mit befriedigend (Note 4) bewertet.

Musteressay Nr. 2

There are many factors to consider when selecting your career, including potential salary, but I don't think this is the most important one. It is important to make enough money to cover all your bills and to support yourself and your family, but I believe it is even more important to be happy with your job. In reality, you don't need a huge house, expensive cars, meals at fancy restaurants, a housecleaner, and regular trips to Europe. You only need to make enough money to pay for food, housing, and other necessities, and this will amount too much less than you think it will be. Beyond basic expenses, it's all either for fun or to make yourself look better compared to others.

As I said already, I think the most important thing about your career is to be happy with it. It is important to be excited about you're job and interested in your job and to think that your job is worthwhile. If you dislike your job or are bored with your job, you will not be inspired to do it well, and you will not like getting up to go to work every day. If, on the other hand, you enjoy your job, it will give you something to look forward to everyday. And your work performance will probably be better if you like the job and this means that you might get a promotion, that would then pay you a higher salary so you get the best of both worlds!

If everyone chose a profession based on potential salary, I suppose we would be a nation of actors and professional athletes. These professions have a high potential salary! Movie stars can make tens of millions of dollars per movie and some TV stars make $1 million per episode. Professional athletes also make millions of dollars, including the highest paid women athletes, tennis player. Does this mean that all women, regardless of athletic ability should try to become professional tennis players? Of course not, because even though professional athletes and actors have a high potential salary, very few people succeed in these professions. It is better to choose a profession based on the likelihood of success rather than the extreme of the highest potential salary.

I have had a lot of jobs in the past that did not pay very much, but I still did them because I was interested in the work and I thought it was a fun job. I have also had jobs that paid a lot more, but was really boring for me and this problem made it harder for me to want to be at work every day. Having experienced it both ways, I believe that it is more important to have the career that is exciting to you than to go for a particular career just because it has a good salary.

Erläuterungen zu Musteressay Nr. 2

Dieser Essay ist erheblich besser als der Musteraufsatz Nr. 1. Der Autor bezieht klar Stellung und stützt seinen Standpunkt mit aussagekräftigen Beispielen. Wahrscheinlich würden Sie dieser Arbeit eine 4 oder 5 geben, aber sicher keine 6. Um mit der Bestnote 6 bewertet zu werden, müsste der Autor das Thema schon von beiden Seiten beleuchten, bevor er seinen eigenen Standpunkt logisch ableitet. Der Essay geht kurz auf die Bedeutung von Gehältern ein und darauf, dass man eine berufliche Laufbahn einschlagen sollte, die einem genug einbringt, um anfallende Rechnungen begleichen zu können, mögliche Gegenpositionen jedoch werden nicht erwähnt und schon gar nicht widerlegt.

Ein sehr guter Aufsatz zeigt, dass der Autor das Thema erfasst hat, führt überzeugende Beispiele und Argumente ins Feld und verfügt über eine klare Gliederung. Der zweite Absatz des Musteraufsatzes Nr. 2 bietet eine Argumentationskette zur Untermauerung des Standpunkts, dass das Gehalt bei der Berufswahl nicht den Ausschlag geben sollte. Der Argumentation zufolge zahlt sich die Wahl eines Berufs, der einem mehr Spaß macht oder der einem mehr liegt als einer, in dem höhere Gehälter gezahlt werden, am Ende aus, weil man schneller befördert wird und so schließlich doch mehr verdient! Eine durchaus überzeugende und belastbar untermauerte Argumentation, allerdings könnte der Standpunkt mit einer genaueren Wortwahl noch besser gestützt werden. Sowohl die Einleitung als auch der zweite Absatz lassen eher auf einen befriedigenden, mit der Note 4 bewerteten Essay schließen als auf einen sehr guten Aufsatz.

Der dritte Absatz kommt auf Filmstars und Leistungssportler zu sprechen und führt das Thema mit diesem Beispiel zu seinem logischen Abschluss: Wenn man seine berufliche Laufbahn nur auf der Grundlage der künftigen Bezahlung einschlagen würde, würde doch jeder am liebsten Filmstar oder Leistungssportler werden. In diesem Absatz argumentiert der Autor, dass man in manchen Berufszweigen zwar ungeheuer viel Geld verdienen kann, aber nur selten wirklich mit genügend großem Erfolg gesegnet ist. Dieses Argument bringt der Autor aber erst ganz am Ende des Absatzes auf den Punkt. Die Schlussfolgerung lautet, dass man sich besser für einen Beruf mit höheren Erfolgsaussichten entscheiden sollte. Ein durchaus stichhaltiges Argument, das aber nicht überzeugend entwickelt wird. Daher mangelt es dem Essay leider an der Klarheit, die für eine sehr gute Arbeit erforderlich wäre.

Der Essay weist kaum Fehler auf, der Autor beherrscht die englische Sprache offenbar gut, aber der Wortwahl mangelt es an Genauigkeit. Die aussagekräftigsten Beispiele finden sich im ersten Absatz – teure Autos und vornehme Restaurants -, aber im zweiten und im letzten Absatz wird das Wort *Job* wiederholt so leichtfertig und unpräzise verwendet, dass es der Arbeit insgesamt an der nötigen Überzeugungskraft mangelt. Dieses Muster ist also ein befriedigender, mitunter sogar starker Essay (aber gewiss kein sehr guter), der am Ende mit einer 4 oder 5 bewertet würde.

Aus guten Gründen: Einer Argumentationsanalyse auf den Zahn gefühlt

 Bei dem zweiten Musteressay geht es um eine Argumentationsanalyse (*analysis of an argument*). Wenn Sie 30 Minuten Zeit erübrigen können, sollten Sie sich die Vorgabe in diesem Abschnitt genau ansehen und selbst einen Essay verfassen, bevor Sie sich das Muster durchlesen. Falls nicht, sollten Sie sich wenigstens fünf Minuten Zeit nehmen, um auf der Grundlage der Schritte 1 bis 6 in Kapitel 8 einen kurzen Entwurf hinzukriegen.

Lesen Sie sich die Anweisungen im Anschluss an die Argumentation sorgfältig durch, da diese Aufgabe Ihnen etwas ganz anderes abverlangt als der erste Musteraufsatz. Und hier kommt die Vorgabe:

The following appeared as part of an editiorial in a business newsletter:

»Gasoline prices continue to hover at record levels, and increased demand from China and India assures that the days of one dollar per gallon gasoline are over. Continued threat of unrest in the oil-producing regions of the Middle East, Africa, and South America means a perpetual threat to the U.S. oil supply. American leaders have acknowledged the need for new sources of power to fuel the hundreds of millions of cars and trucks in America. Despite this acknowledgment, the U.S. government has yet to provide substantial funding for this important research. Officials are relying on private industry and university researchers to undertake this research that is vital to the economy and national security. Given the long interval before new technologies are likely to become profitable and the tremendous cost, research into new fuels will be successful only if funded by the U.S. government using taxpayer funds.«

Examine this argument and present your judgment on how well reasoned it is. In your discussion, analyze the author's position and how well the author uses evidence to support the argument. For example, you may need to question the author's underlying assumptions or consider alternative explanations that may weaken the conclusion. You can also provide additional support for or arguments against the author's position, describe how stating the argument differently may make it more reasonable, and discuss what provisions may better equip you to evaluate its thesis.

Musteressay Nr. 3

The author of this editorial clearly supports the idea that the development of new technology for fueling the automobiles of America is an absolutely necessary project. Substantial evidence is provided to support this claim, for example, the rising price of gasoline, the swelling demand for oil in overseas markets, and warning signs of turbulence and instability in oil-producing countries. However, the author has not provided much evidence or reasoning behind the statement that the U.S. government should fund this research.

The editorial states that it will take a long time and a lot of expense to develop these new technologies, but the argument fails to include evidence of this. The author is making the assumption that readers will know that private companies and universities have been working for decades on projects such as hydrogen fuel cells, bio-diesel, ethanol, and electric cars. The editorial would be much stronger if it included one or two sentences on the fact that each of these technologies is feasible and that with increased funding could be brought rapidly to market.

Furthermore, it is suggested that the development of new fuel technologies is »vital to the economy and national security« of the U.S., but this statement is neither explained nor substantiated. It seems to me that if a greater amount of government funding is dedicated to scientific research, the budgets of other programs and departments will have to be cut, which could have serious negative impacts on national security, and possibly also the economy. If the editorial were to compare the hundreds of millions needed to fund research into alternatives to oil with the hundreds of billions spent each year on national security, then the argument would be stronger.

Clearly, the author of this editorial has made several assumptions about his/her readers, the most important probably being that readers of this business newsletter are familiar with this issue and will be able to provide the details of government funding and alternative fuel research lacking in the editorial. The evidence that the author does provide is strong. The editorial's conclusions seem valid. However, the editorial lacks the necessary foundation of facts and reasoning that would demonstrate, for example, why funding alternative fuel research now will allow new fuel technologies to gradually replace dependence on oil before a crisis hits.

This editorial discusses a very important issue and raises the critical subject of government funding for research into alternative fuels. However, the author has not provided much evidence or reasoning behind the conclusion that the U.S. government should fund this research.

Erläuterungen zu Musteressay Nr. 3

Diese Arbeit ist gut geliedert und klar formuliert. Der Essay beginnt mit einer sehr starken Einleitung, in der der Autor klar Stellung bezieht, die Argumente des Artikels hervorhebt und die These aufstellt, dass der Autor zu viel stillschweigend vorausgesetzt hat, ohne für die nötigen Beweise zu sorgen. Dieser Essay scheint von Anfang an eine 5 oder 6 zu verdienen.

Die drei Mittelabsätze liefern Beispiele für Voraussetzungen, von denen der Artikel ausgeht, und zeigt auf, wie der Autor seine Argumentation bekräftigen könnte. Das erste Beispiel greift die Annahme auf, nach der Leser wissen, dass die Entwicklung alternativer Treibstoffe lange dauert. Dann führt der Verfasser des Musteressays die besonderen Beispiele auf, die im Artikel selbst fehlen. Im nächsten Absatz, dem vermutlich schwächsten des Essays, geht es um die Behauptung, dass die Wirtschaft und die Nationale Sicherheit von alternativen Treibstoffen abhängen. Der Aufsatz weicht dem Argument des Artikels aus und wendet sich stattdessen dem Thema Etatkürzungen auf anderen Gebieten zu. Trotzdem ist auch dieser Absatz gut geschrieben und liefert stichhaltige Argumente zur Bekräftigung des Artikels. Der vierte Absatz rundet das Ganze ab und macht auf die besonderen Voraussetzungen aufmerksam, von denen der Artikel in Hinblick auf seine Leser stillschweigend ausgeht. Dieser Absatz beweist, wie anspruchsvoll der Essay ist, da er die von dem Artikel angesprochene Leserschaft, die Schwäche der Voraussetzungen, aber auch Stärken und schließlich sogar Wege aufzeigt, wie sich der Artikel noch verbessern ließe.

Dieser Musteressay ist gut oder sehr gut, weil er genau formuliert und gut ausgearbeitet ist. Er greift bestimmte Punkte des vorgegebenen Artikels heraus und erläutert nicht bloß deren Schwächen, sondern auch Möglichkeiten, diese zu beheben. Er bietet eine klare Einleitung und bezieht deutlich Stellung. Die Schlussfolgerung fällt kurz aus und erfüllt ihren Zweck, die These noch einmal neu zu formulieren. Die Ausdrucksweise ist präzise und aussagekräftig. Der Satzbau ist ebenso einfach wie abwechslungsreich, die meisten Sätze stehen im Aktiv und nicht im sperrigen Passiv. Es gibt keine offensichtlichen Fehler im Hinblick auf die Grammatik, den Gebrauch oder die Regeln des Schriftenglischen. Damit ist dieser Aufsatz alles in allem als sehr gut zu erachten und würde daher wohl die Bestnote 6 erhalten, keinesfalls aber weniger als eine 5.

Jetzt, da Sie wissen, wie Essays bewertet werden und was einen wenigstens befriedigenden oder absolut herausragenden Aufsatz ausmacht, können endlich selbst ein paar herausragende Essays schreiben.

Teil IV
Bezwingen Sie den Matheteil

»Das Bild wird jetzt klarer... Ich kann es fast erkennen...
Ja! Da ist es! Die Antwort ist
$3ab^2 \times 7d^3 - \sqrt{19L} + U^3/_{mt} \div \pm 100.(J5)7^9/_5 \Phi Q6Q.$«

In diesem Teil ...

Hier ist er nun – der lang erwartete Überblick über die Mathematik! Wir geben ihnen einen durchgängigen Einblick in die häufigsten mathematischen Prüfungen des GMAT. Wir fangen mit den Grundlagen an: die Grundrechenarten, Brüche und Exponenten. Schließlich wollen Sie die leichten Sachen nicht verpassen. Dann kramen wir in Ihren Erinnerungen nach der guten alten Algebra. Erinnern Sie sich noch an quadratische Gleichungen und Funktionen? Wenn nicht, keine Angst. Sie werden hier behandelt.

Die GMAT-Fragen zur Geometrie in der Ebene und im Koordinatensystem beinhalten das Vermessen von Linien, Winkeln und Bögen, sowie die Formen, die sie bilden, wie etwa Rechtecke und Dreiecke. Wir erinnern Sie an die Formeln für die Fläche oder den Umfang und geben Ihnen Tipps, wie Sie in kurzer Zeit die Seitenlängen eines Dreiecks ermitteln können. Wenn wir schon bei den Formeln sind, behandeln wir auch die für die Berechnung des Abstands zweier Punkte in einem Koordinatensystem oder für Steigung einer Geraden. Nachdem Sie diesen Teil gelesen haben, können Sie die geometrischen Problemstellungen im GMAT gut bearbeiten.

Es ist höchstwahrscheinlich, dass sich ein hoher prozentualer Anteil ihres GMAT-Tests mit Statistik und Wahrscheinlichkeitsrechnung befasst. Also behandelt dieser Teil auch die Highlights der Interpretation von Daten, Wahrscheinlichkeiten und statistischen Kennzahlen, begonnen bei Mittelwert und Modus bis hin zu komplexeren Berechnungen wie die Standardabweichung und Wahrscheinlichkeitsrechnung.

Sie werden sich vielleicht über die zwei Arten von Fragen im GMAT wundern: Die üblichen Problem-Solving-Fragen (Porblemlösung) mit fünf Antwortmöglichkeiten und solche, die „Data-Sufficiency-Fragen" genannt werden. Letztere sind ein wenig knifflig, wenn man sich noch nicht vorher damit beschäftigt hat. Dieser Teil erklärt diese Ihnen aber so gut, dass Sie die Fragen wie ein Profi beantworten können.

Unsere Berechnungen sagen voraus, dass Sie den mathematischen Teil des GMAT mit hoher Wahrscheinlichkeit sehr erfolgreich bestehen werden, wenn Sie die folgenden Kapitel durchgehen. Um das zu beweisen, haben wir am Ende dieses Teils einen kleinen Test angefügt, damit Sie sehen können, was Sie gelernt haben.

Zurück zu den Grundlagen: Zahlen und Operationen

In diesem Kapitel...

▶ Erinnern Sie sich an verschiedene Arten von Zahlen

▶ Die Grundrechenarten: Addition, Subtraktion, Multiplikation, Division und mehr…

▶ Die Sache mit der Basis und dem Exponent

▶ Zurück zu den Wurzeln

▶ Ein bestimmter Anteil an Brüchen, Dezimalzahlen und Prozenten

▶ Der Vergleich von Verhältnissen und Proportionen

▶ Die Zahlen auf ihre Größe bringen: Wissenschaftliche Notation

---

Diejenigen von Ihnen, die mit Mathematik in der Oberstufe keine Probleme hatten, betrachten den Mathematischen Teil des GMAT als einen alten Kumpel. Andere, die schon immer Probleme mit der Mathematik hatten, fürchten ihn höchstwahrscheinlich. Sie wissen schon, zu welcher Gruppe Sie gehören! Aber machen Sie sich keine Sorgen, dieses Kapitel bringt Sie zurück zu den Anfängen und beginnt mit Erklärungen der Grundlagen, die Sie vielleicht über die Jahre vergessen haben. Sie werden sich mit Problemen befassen, die die Bausteine der Mathematik darstellen, wie Zahlenmengen, Grundrechenarten, Exponenten und Wurzeln, Brüche und Verhältnisse. Diese Bausteine bilden dann die komplizierteren mathematischen Fragestellungen, deshalb ist es so wichtig, sie zu kennen. So können Sie in große Probleme geraten, wenn Sie mit natürlichen Zahlen rechnen, aber ganze Zahlen gefragt sind. Einige GMAT-Prüflinge würden die Prüfung dadurch versieben, dass sie relativ einfache Fragen nicht lösen können, weil sie mit den grundlegenden Begriffen einfach nicht vertraut sind. Um diesen unglücklichen (und ärgerlichen) Umstand zu vermeiden, stellen Sie sicher, dass Sie in den mathematischen Grundlagen gut bewandert sind.

Typberatung: Zahlentypen

Seit der Steinzeit verließen sich die Menschen auf Zahlen, um besser durch den Alltag zu kommen. Als Jäger und Sammler schlugen sie Kerben in Knochen um beispielsweise die Tage eines Mondzyklus zu zählen oder die Anzahl der Tage festzuhalten bis der Nomadenstamm an einem bestimmten Ort Nahrung fand, nachdem er seine Zelte aufschlug. Über die Jahrtausende erkannten die Menschen, dass diese Zahlen auch groß und unhandlich werden können, spätestens dann, als Frau Neandertaler ihren Mann bat, zwei Dutzend Elche zu jagen, während sie 25 Eimer Wasser aus den Brunnen holt. Irgendwann wurde es einfach zu blöd.

In diesem Sinne haben moderne Zahlen und Arithmetik die Sachen etwas vereinfacht. Obwohl das Hirn eines Urzeitmenschen mit mathematischen Operationen vielleicht überfordert gewesen wäre, haben sich Zahlensysteme auf lange Sicht bewährt und sie werden Ihnen eher leicht vorkommen. Im GMAT müssen Sie die häufigsten Zahlentypen kennen wie natürliche Zahlen, ganze Zahlen, reelle Zahlen oder Primzahlen. Es ist auch gut, weitere Zahlentypen zu kennen, wie rationale Zahlen, irrationale Zahlen oder imaginäre Zahlen.

Darauf kann man zählen: Natürliche Zahlen

Als die Höhlenmenschen noch Kerben in Knochen geritzt haben, um die Tage seit dem letzten Vollmond zu zählen, benutzten sie wie das Kindergartenkind, das seine Finger zählt, *natürliche Zahlen*. Natürliche Zahlen sind solche, mit denen man zählt. Sie beginnen mit 1 und gehen weiter mit 2, 3, 4, 5 und so weiter. Man könnte sie auch als *positive ganze Zahlen* betrachten. Je nach Definition gehört die 0 dazu, oder auch nicht. Da die 0 bei Multiplikation und Division eine Sonderrolle einnimmt, wird sie meistens nicht zu den natürlichen Zahlen gezählt. Gehört die 0 dazu, spricht man von den *nicht negativen ganzen Zahlen*. Wäre doch alles im mathematischen Teil so einfach wie 1-2-3!

Sowohl negativ als auch positiv: Ganze Zahlen

Zu den *ganzen Zahlen* gehören alle positiven und negativen ganzzahligen Zahlen, auch die 0. Brüche, Dezimalbrüche oder Anteile gehören nicht dazu. Zu den ganzen Zahlen gehören Zahlen wie –5, –4, –3, –2, –1, 0, 1, 2, 3, 4, und 5 und sie gehen auf beiden Seiten der 0 bis ins unendliche weiter. Zahlen größer als 0 werden *positive Zahlen* genannt, Zahlen kleiner als 0 werden *negative Zahlen* genannt. 0 ist weder positiv noch negativ.

Man kann sie teilen: Rationale Zahlen

Rationale Zahlen werden als *Verhältnis* zweier ganzen Zahlen zueinander dargestellt, das heißt, sie sind auch als *Brüche* darstellbar. Rationale Zahlen sind alle positiven und negativen ganzen Zahlen, Brüche und Dezimalbrüche, die hinter dem Komma irgendwann enden oder sich immer wiederholen. So kann beispielsweise der Bruch $\frac{1}{3}$ auch als 0,3333333… dargestellt werden. Zu den rationalen Zahlen gehören keine Zahlen wie π oder Wurzeln wie $\sqrt{2}$, weil sie nicht als Verhältnis zweier ganzer Zahlen dargestellt werden können.

Real betrachtet: Reelle Zahlen

Die *reellen Zahlen* umfassen die Zahlen des alltäglichen Lebens. Alle Zahlen, an die man im alltäglichen Leben denkt und die man verwendet gehören dazu. Alle ganzen Zahlen, Brüche, Dezimalzahlen, rationale und auch irrationale Zahlen (siehe Kasten) gehören dazu. Alle reellen Zahlen können auf einen Zahlenstrahl, sowohl positiv als auch negativ, dargestellt werden. Reelle Zahlen sind solche Zahlen, wie sie bei Gewichts-, Volumen- oder Längenangaben verwendet werden. Es ist schwierig, sich Zahlen vorzustellen, die nicht zu den reellen Zahlen gehören (mehr dazu unter »Kopfsache: Irrationale und imaginäre Zahlen«). Wenn

Sie an irgendeine Zahle denken, ist es eine reelle Zahl. Wenn Sie im GMAT aufgefordert werden, das Ergebnis als reelle Zahl darzustellen, gehen Sie die Aufgabe wie gewohnt an.

Etwas Irrationales bei irrationalen Zahlen

Kürzlich hat ein Team von japanischen Computertechnikern die Zahl π auf 1,24 Billionen Dezimalstellen berechnet. Und damit ist die Zahl immer noch nicht zu Ende, was bedeutet, dass π wirklich eine irrationale Zahl ist. Es wäre ein eher irrationaler Versuch, das Gegenteil zu beweisen. Zum Glück wird so etwas nicht im GMAT verlangt.

Primär wichtig: Primzahlen

Primzahlen sind alle positiven natürlichen ganzen Zahlen, die nur durch sich selbst und durch 1 geteilt werden können. 1 ist keine Primzahl. Die kleinste Primzahl ist die 2 und sie ist damit die einzige gerade Primzahl. Das heißt aber noch lange nicht, dass alle ungeraden Zahlen automatisch Primzahlen sind. Auch die 0 ist keine Primzahl, denn man kann sie durch jede beliebige existierende natürliche Zahl teilen. Um Primzahlen zu bestimmen, denken Sie an eine bestimmte Reihenfolge von Zahlen: 2, 3, 5, 7, 11, 13, 17, 19, 23, 29 und so weiter. Was diese Zahlen auszeichnet ist, dass sie nur zwei Faktoren besitzen, nämlich sich selbst und die 1.

Im GMAT wird es Ihnen vielleicht nicht begegnen, aber falls Sie mal auf einer Party darauf angesprochen werden, alle natürlichen Zahlen, die keine Primzahlen sind, bezeichnet man als *zusammengesetzte Zahlen*. Eine zusammengesetzte Zahl besteht aus zwei und mehr Faktoren. Sie ist also das Produkt aus mehr Zahlen als sich selbst und 1. Die 1 selbst gehört aber nun auch nicht zu den zusammengesetzten Zahlen.

Primzahlen begegnen Ihnen ziemlich oft im mathematischen Teil des GMAT. Anbei ein Beispiel, was Ihnen vielleicht begegnen könnte.

Which of the following expresses 60 as a product of prime numbers?

(A) $2 \times 2 \times 3 \times 5$

(B) $2 \times 2 \times 15$

(C) $2 \times 3 \times 3 \times 5$

(D) $2 \times 3 \times 5$

(E) $1 \times 2 \times 5 \times 6$

»*Prime numbers*« bedeutet Primzahlen, über deren Wissen diese Frage testet. Da die richtige Antwort eine Reihe von Primzahlen ist, fällt jede Antwort heraus, die eine zusammengesetzte Zahl (oder Nicht-Primzahl) enthält. In diesem Beispiel sind es die Antworten B und E (auch wenn das Produkt der Zahlen 60 ist), weil weder 6 noch 15 Primzahlen sind. Danach können Sie die Antworten ausschließen, deren Produkt (also die Multiplikation) nicht 60 ergibt. Bei C ergibt sich 90 und bei D ergibt sich 30, also muss die richtige Antwort A sein. A ist deshalb die richtige Antwort, weil sie zum einen nur Primzahlen enthält und zum anderen ihr Produkt bei Multiplikation 60 ergibt.

Kopfsache: Irrationale und imaginäre Zahlen

Im GMAT werden nicht direkt irrationale oder imaginäre Zahlen geprüft, aber Sie sollten ihre Definitionen kennen, wenn Sie abstrakteren mathematischen Problemen begegnen. Hier folgen sie in Kürze:

✔ **Eine irrationale Zahl ist eine reelle Zahl, die keine rationale Zahl ist.** In anderen Worten: Nehmen Sie die Definition von rationalen Zahlen und denken Sie sich das genaue Gegenteil davon. Sie werden darauf kommen, dass eine irrationale Zahl keine Zahl ist, die sich als Bruch oder als ein Verhältnis zweier ganzer Zahlen darstellen lässt. Irrationale Zahlen sind Zahlen wie π oder Wurzeln wie $\sqrt{2}$, die nicht weiter vereinfacht werden können. Wird eine irrationale Zahl als Dezimalzahl dargestellt, geht sie hinter dem Komma bis ins unendliche weiter, ohne dass sich bestimmte Zahlenfolgen immer wiederholen.

✔ **Eine imaginäre Zahl ist jede Zahl, die keine reelle Zahl ist.** So eine Zahl ist zum Beispiel $\sqrt{-2}$. Bedenken Sie: Wenn Sie irgendeine positive oder negative reelle Zahl quadrieren (mit sich selbst multiplizieren), erhalten Sie immer eine positive reelle Zahl. Das heißt, es ist unmöglich, aus einer negativen Zahl eine Wurzel zu ziehen und dabei eine reelle Zahl zu erhalten. Das Ergebnis ist dann eine imaginäre Zahl. Zu den imaginären Zahlen gehören also die Quadratwurzeln aus negativen Zahlen oder jede Zahl, die die Zahl i enthält, welche als die Wurzel von −1 definiert ist. Wäre das nicht ein faszinierendes Thema beim nächsten Abendessen?

Kein Teufelswerk: die Grundrechenarten

Da Sie nun mit den Zahlentypen vertraut sind, gehen wir nun dazu über, die Zahlen miteinander zu verrechnen. Die Grundrechenarten sind dabei fast so einfach wie 1-2-3. Das Spielen mit den Zahlen ist dabei noch viel interessanter als das Ergebnis selbst. Es ist also keine Zauberei, seinen Geist unendlichen Möglichkeiten zu öffnen.

Die fantastischen Vier: Addition, Subtraktion, Multiplikation und Division

Mit den vier Grundrechenarten Addition, Subtraktion, Multiplikation und Division sind Sie höchstwahrscheinlich vertraut. Aber auch hier sind einige tückische Fallen zu beachten, die Sie nochmals in Erinnerung rufen sollten.

Eins und eins zusammenzählen: Addition

Die Addition ist ziemlich einfach. Bei einer Addition werden Werte (*Summanden*) zusammengerechnet und eine *Summe* gebildet. Hier zum Beispiel eine einfache Addition:

$3 + 4 + 5 = 12$

Die Addition hat jedoch zwei wichtige Gesetze, die Sie vielleicht noch aus der Grundschule kennen: Das Assoziativgesetz und das Kommutativgesetz. Diese einfachen Gesetze sind bei den mathematischen Fragen im GMAT sehr wichtig, also sollten Sie sie kennen:

✔ **Das Assoziativgesetz (Verknüpfungesetz) besagt, dass die Reihenfolge, in der man drei oder mehr Zahlen miteinander addiert, das Ergebnis nicht beeinflusst.** Es zeigt sich, dass man die einzelnen Zahlen beliebig gruppieren kann, ohne dass sich das Ergebnis verändert. Also egal, ob man die 3 und die 4 zuerst addiert und dann die 5 oder ob man zuerst zur 5 die 4 addiert und dann die 3, das Ergebnis ist immer 12. Mathematisch ausgedrückt sieht das so aus:

$(3 + 4) + 5 = 12$

$3 + (4 + 5) = 12$

✔ **Das Kommutativgesetz (Vertauschungsgesetz) besagt, dass man die Zahlen in einer Addition vertauschen kann, ohne dass sich das Ergebnis ändert.** Egal welche Zahl in einer Addition zuerst genannt wird, es kommt immer dieselbe Summe heraus. Also ist $2 + 3 = 5$ und auch $3 + 2 = 5$.

Etwas abziehen: die Subtraktion

Die Subtraktion ist, wie Sie sicher bereits wissen, das Gegenteil der Addition. Man nimmt von einem Wert einen anderen fort und erhält die *Differenz*. Wenn also $4 + 3 = 7$ ist, dann ist $7 - 4 = 3$.

Bei der Subtraktion spielt jedoch im Gegensatz die Addition die Reihenfolge eine wichtige Rolle, sodass hier weder das Assoziativgesetz noch das Kommutativgesetz gelten. Man bekommt also völlig verschiedene Ergebnisse bei $3 - 4 - 5 = ?$, je nachdem welche Reihenfolge man anwendet:

$(3 - 4) - 5 = -6$

aber

$3 - (4 - 5) = 4$

Auch die Reihenfolge der Werte bestimmt das Ergebnis der Subtraktion. $3 - 4$ ergibt nicht dasselbe wie $4 - 3$. $3 - 4$ ergibt -1 und $4 - 3$ ergibt $+1$.

Große Sprünge: die Multiplikation

Denken Sie sich die Multiplikation als eine wiederholte Addition, bei der als Ergebnis ein *Produkt* herauskommt. 3×5 ist dasselbe wie $5 + 5 + 5$. Beides ergibt 15.

Im Allgemeinen werden nicht nur bei den GMAT-Fragen für die Multiplikation verschiedene Zeichen verwendet. Ein Multiplikationszeichen kann also ein »×« sein oder einfach nur ein Punkt »·«. Bei vielen Anlässen, besonders dann wenn Variablen im Spiel sind (mehr zu Variablen im Kapitel 11), wird das Multiplikationszeichen sogar ganz weggelassen und die Zeichen direkt hintereinander geschrieben: ab bedeutet also das gleiche wie $a \times b$ oder $2a$ ist dasselbe wie $2 \times a$. Auch wenn Klammern im Spiel sind, kann das Multiplikationszeichen weggelassen werden: $2(3)$ heißt also 2×3.

Wie bei der Addition auch spielt bei der Multiplikation die Reihenfolge der einzelnen Werte (*Faktoren*) keine Rolle für das Ergebnis. Es gilt also das Kommutativgesetz:

$a \times b = b \times a$

Auch das Assoziativgesetz gilt:

$$(a \times b) \times c = a \times (b \times c)$$

Es gibt sogar ein weiteres Gesetz bei der Multiplikation, wenn sie zusammen mit einer Addition verwendet wird. Dies ist das *Distributivgesetz (Verteilungsgesetz)*. Wenn Sie also mal folgendem Problem begegnen sollten:

$$a(b + c) =$$

So etwas löst man, indem man a zu b und c verteilt. Das heiß, man multipliziert a mit b und erhält ab und man multipliziert a mit c und erhält ac. Danach addiert man die beiden. So ergibt sich: $a(b + c) = ab + ac$.

Miteinander teilen: die Division

Zum Schluss die Division, die, wie Sie es sich bereits denken können, das Gegenteil der Multiplikation ist. Bei der Division wird ein Wert in kleinere Werte geteilt. Das Ergebnis einer Division ist der *Quotient*. Wenn also $3 \times 5 = 15$ ist, dann ist $15 \div 3 = 5$ und auch $15 \div 5 = 3$.

Wie bei der Subtraktion spielt auch bei der Division die Reihenfolge der einzelnen Werte eine Rolle; Assoziativ- und Kommutativgesetz gelten hier also nicht. Damit Sie beim GMAT mit den einzelnen Begriffen vertraut sind: Die Zahl am Beginn einer Division (in unserem Beispiel die 15) ist der *Dividend* und die Zahl durch die geteilt wird ist der *Divisor* (im letzten Ausdruck die 3).

Das Divisionszeichen kann auch durch einen Bruchstrich dargestellt werden. Mehr über Brüche im Abschnitt »Teile und herrsche: Brüche, Dezimal- und Prozentzahlen«.

Materialsichtung: Eigenschaften reeller Zahlen

Zusätzlich zu den Grundrechenarten wird im GMAT auch das Wissen über die grundlegenden Eigenschaften der Zahlen, mit denen man arbeitet, abgefragt. Dazu gehören die Beträge, gerade und ungerade Zahlen sowie positive und negative Zahlen.

Betragen sehr gut: Beträge von Zahlen

Einfach gesagt, der *Betrag* oder auch der *Absolutwert* einer Zahl ist die eigentliche Zahl ohne ein negatives oder positives Vorzeichen. Der Betrag ist also der Abstand zwischen der 0 und einer bestimmten Zahl auf einem Zahlenstrahl. Der Betrag wird mit zwei senkrechten Linien | | dargestellt, der Betrag von 3 sieht in mathematischer Schreibweise so aus: |3|. Da die Zahl 3 auf dem Zahlenstrahl genau drei Einheiten von der 0 entfernt liegt, ist ihr Betrag 3. Genauso liegt die Zahl –3 drei Einheiten von der 0 entfernt und so ist ihr Betrag ebenfalls 3: $|-3| = 3$

Beim GMAT werden den Prüflingen gerne beim Arbeiten mit vielen Zahlen und Beträgen Fallen gestellt. Denken Sie daran, dass der Betrag nur den Wert der Zahl innerhalb der Betragsstriche darstellt. Wenn Sie ein Minuszeichen außerhalb der Betragsstriche sehen, ist der gesamte Wert negativ. Zum Beispiel ist $-|-3| = -3$, obwohl der Betrag von -3 gleich 3 ist. Das Minuszeichen außerhalb der Betragsstriche macht das Endergebnis negativ.

Ein Balanceakt: gerade und ungerade Zahlen

Wir sind uns sicher, Sie wissen, dass *gerade Zahlen* durch 2 teilbare ganze Zahlen sind: 2, 4, 6, 8, 10, 12 und so weiter.

Dementsprechend sind *ungerade Zahlen* ganze Zahlen, die nicht durch 2 teilbar sind, also: 1, 3, 5, 7, 9, 11 und so weiter.

Soweit sind Sie vermutlich noch mitgekommen, für den GMAT müssen Sie aber auch wissen, was mit geraden oder ungeraden Zahlen passiert, wenn man sie addiert, subtrahiert oder multipliziert.

Die Regeln, was mit geraden und ungeraden Zahlen bei Addition und Subtraktion geschieht, sind folgende:

✔ Addiert oder subtrahiert man zwei gerade ganze Zahlen, so ist das Ergebnis ebenfalls eine gerade Zahl.

✔ Addiert oder subtrahiert man zwei ungerade Zahlen, so ist das Ergebnis eine gerade Zahl.

✔ Addiert oder Subtrahiert man eine gerade und eine ungerade Zahl, so ist das Ergebnis eine ungerade Zahl.

Und das geschieht bei der Multiplikation gerader und ungerader Zahlen:

✔ Multipliziert man eine gerade Zahl mit einer weiteren geraden Zahl, so erhält man eine gerade Zahl als Ergebnis.

✔ Multipliziert man eine gerade Zahl mit einer ungeraden Zahl, erhält man als Ergebnis eine gerade Zahl.

✔ Nur wenn man zwei ungerade Zahlen miteinander multipliziert, erhält man im Ergebnis ebenfalls eine ungerade Zahl.

Bei der Division sieht es etwas komplizierter aus, weil das Ergebnis nicht immer eine ganze Zahl darstellt, oft kommen Brüche heraus. Trotzdem sollte man einige Regeln kennen:

✔ Teilt man eine gerade Zahl durch eine ungerade Zahl, so erhält man als Ergebnis eine gerade Zahl oder einen Bruch.

✔ Teilt man eine ungerade Zahl durch eine andere ungerade Zahl, erhält man eine ungerade Zahl oder einen Bruch als Ergebnis.

✔ Wenn man zwei gerade Zahlen durcheinander teilt erhält man eine gerade Zahl, eine ungerade Zahl oder einen Bruch als Ergebnis. Diese Regel ist also nicht gerade hilfreich.

✔ Teilt man eine ungerade Zahl durch eine gerade Zahl, so erhält man immer einen Bruch. Ein Bruch ist keine ganze Zahl, das Ergebnis dieser Rechnung ist weder gerade noch ungerade.

Sie fragen sich vielleicht, wozu Sie das brauchen. Und zwar aus diesem Grund: Kennt man diese Regeln kann man einiges an Zeit sparen, wenn man Antwortmöglichkeiten aussortieren will. Hat man zum Beispiel eine Aufgabe mit der Multiplikation sehr großer gerader Zahlen, kann man die Antworten mit ungeradem Ergebnis direkt streichen, ohne auch nur ein bisschen gerechnet zu haben! Im Folgenden eine Beispielfrage, die zeigt, dass es sich lohnt, diese Regeln zu kennen.

If a and b are different prime numbers, which of the following numbers must be odd?

(A) ab

(B) $4a + b$

(C) $a + b + 3$

(D) $ab - 3$

(E) $4a + 4b + 3$

»_Odd_« bedeutet eine ungerade Zahl, »_even_« bedeutet eine gerade Zahl. Um diese Frage aus der Zahlentheorie zu lösen, denken Sie sich mögliche Werte für a und b. Dann setzen Sie diese Werte in die Antwortmöglichkeiten ein und streichen alle Ergebnisse, die gerade Zahlen ergeben. Wenn Sie die Werte für a und b festlegen, stellen Sie sicher, dass ein Wert davon 2 ist, denn 2 ist die einzige gerade Primzahl. Weder 0 noch 1 sind dabei Möglichkeiten, weil keine davon eine Primzahl ist.

Wenn Sie bei Antwortmöglichkeit A für a oder b 2 einsetzen wird ein gerades Ergebnis herauskommen, weil jedes Mal, wenn eine gerade Zahl mit irgendeiner anderen Zahl multipliziert wird, ein gerades Ergebnis herauskommt. Auch bei B könnte ein gerades Ergebnis herauskommen, weil 4 (gerade Zahl) mal irgendeine Zahl eine gerade Zahl ergibt. Ist in diesem Fall $b = 2$, ergibt sich eine gerade Summe. Wäre in Antwort C a oder b gleich 2, so wäre das Ergebnis auch gerade. Auch D könnte ein gerades Ergebnis bringen, wenn a und b ungerade sind, denn eine ungerade Zahl mal einer ungeraden Zahl ergibt ebenfalls eine ungerade Zahl. Zieht man von dieser ungeraden Zahl wieder 3 (ungerade) ab, erhält man wieder ein gerades Ergebnis.

Durch dieses Ausschlussverfahren ergibt sich die Antwort E als richtige Antwort. Es spielt keine Rolle, ob a oder b in Antwort E gerade oder ungerade ist, denn $4a$ und $4b$ sind auf jeden Fall gerade. Jedes Mal, wenn man eine gerade Zahl mit irgendeiner anderen Zahl multipliziert, erhält man ein gerades Ergebnis. Addiert man dann die beiden geraden Ergebnisse, bekommt man wiederum eine gerade Zahl, also ist $4a + 4b$ auf jeden Fall gerade. Und dabei der Addition einer geraden Zahl mit einer ungeraden Zahl immer eine ungerade Zahl herauskommt, ergibt die Addition der geraden Zahl in E mit 3 immer eine ungerade Zahl. Die richtige Antwort ist also E.

Halb leer oder halb voll: positive und negative Zahlen

Positive und negative Zahlen haben beim Rechnen ihre eigenen Regeln und diese sind sogar viel wichtiger als die Regeln für gerade und ungerade Zahlen. Folgend, was Sie beim Multiplizieren und Dividieren positiver und negativer Zahlen beachten müssen:

✔ Wenn sie zwei positive Zahlen multiplizieren oder dividieren, erhalten Sie ein positives Ergebnis (»plus mal plus ergibt plus«)

✔ Multipliziert oder dividiert man eine negative Zahl mit einer positiven Zahl erhält man eine negatives Ergebnis (»minus mal plus ergibt minus«). Das gilt auch für die umgekehrte Situation (»plus mal minus ergibt minus«)

✔ Dividieren oder multiplizieren Sie zwei negative Zahlen, erhalten Sie ebenfalls ein positives Ergebnis (»minus mal minus ergibt plus«)

Wie Sie sich schon denken können, gibt es auch für Addition und Subtraktion positiver und negativer Zahlen Regeln, die Sie kennen sollten:

✔ Addiert man zwei positive Zahlen, ergibt sich eine positive Zahl

✔ Addiert man eine negative Zahl zu irgendeiner Zahl, ergibt sich im Ganzen eine Subtraktion: $4 + (-3) = 4 - 3 = 1$.

✔ Subtrahiert man eine negative Zahl von irgendeiner Zahl, ergibt sich im Ganzen eine Addition: $4 - (-3) = 4 + 3 = 7$.

Kleine Zahlen, große Werte: Basen und Exponenten

Genau so wie man sich eine Multiplikation als eine wiederholte Addition vorstellen kann, so kann man sich Exponenten als eine wiederholte Multiplikation vorstellen: Man multipliziert eine Zahl einige bestimmte Male mit sich selbst. Das bedeutet, dass 4^3 das gleiche ist wie $4 \times 4 \times 4$ oder 64.

In diesem Beispiel ist 4 die *Basis* und die hochgestellte 3 der *Exponent*. Nimmt man nun eine Variable hinzu, wie zum Beispiel $4b^3$ wird das b zur Basis und die 4 bezeichnet man als *Koeffizient*. Hier wird der Koeffizient 4 einfach mit b^3 multipliziert. Der Exponent wirkt sich dabei nur auf die Basis (hier das b) und nicht auf den Koeffizienten (die 4) aus. Beim Exponenten spricht man auch von *Potenzen*. Die Basis wird mit dem Exponenten »potenziert«.

Beim Rechnen mit Exponenten (auch Potenzrechnung) sind im Zusammenhang mit negativen und positiven Basen und geraden bzw. ungeraden Exponenten einige interessante Regeln zu beachten:

✔ Eine positive Basis mit einem geraden oder ungeraden Exponenten bleibt positiv.

✔ Eine negative Basis mit einem ungeraden Exponenten bleibt negativ.

✔ Eine negative Basis mit einem geraden Exponenten wird positiv.

 Das bedeutet, dass bei der Potenzrechnung jede beliebige Zahl als Basis mit einem geraden Exponenten positiv bleibt oder wird und mit einem ungeraden Exponenten das Vorzeichen der Basis erhalten bleibt. Ein weiterer schwer verdaulicher Happen ist die Tatsache, dass jeder Ausdruck mit einem ungeraden Exponenten, der zu einem negativen Ergebnis führt, auch eine negative Wurzel haben wird (Eine Wurzel ist das Gegenteil eines Exponenten, mehr dazu unter »Zurück zu den Wurzeln«). Zum Beispiel: $a^3 = -125$ dann ist $a = -5$. Das bedeutet dann, dass die Kubikwurzel (dritte Wurzel) von -125 den Wert -5 ergibt: $\sqrt[3]{-125} = -5$.

Auf der anderen Seite ergibt der Exponent 2 immer zwei mögliche Ergebnisse, nämlich ein positives und ein negatives. Wenn zum Beispiel $a^2 = 64$ ist, kann a entweder gleich 8 oder gleich –8 sein. Die Quadratwurzel aus 64 hat also zwei Lösungen: 8 und –8.

Addition und Subtraktion von Exponenten

Die einzige Möglichkeit, Exponentialzahlen zu addieren besteht dann, wenn Basis und Exponent des Ausdrucks jeweils gleich sind. Man kann also Exponentialausdrücke wie $4a^2$ und a^2 folgendermaßen addieren bzw. subtrahieren: $4a^2 + a^2 = 5a^2$ bzw. $4a^2 - a^2 = 3a^2$. Beachten Sie, dass die Basis und der Exponent in der Rechnung gleich bleiben und nur der Koeffizient sich in der Gleichung ändert.

Multiplikation und Division von Exponenten

Es gibt zahlreiche Regeln beim Multiplizieren und Dividieren von Exponentialzahlen. Um diese auseinanderzuhalten, haben wir sie in Tabelle 10.1 gefasst. Die Tabelle beschreibt jede Regel und gibt ein oder zwei Beispiele.

Regel	Beispiel
Um Terme mit Exponenten und gleicher Basis zu multiplizieren, addiert man die Exponenten	$a^3 \times a^2 = a^5$ $a \times a^2 = a^3$
Enthält der Ausdruck Koeffizienten, multipliziert man die Koeffizienten wie gewohnt.	$4a^2 \times 2a^3 = 8a^5$
Bei der Division von Exponenten mit gleicher Basis subtrahiert man die Exponenten	$a^5 \div a^3 = a^2$ $a^5 \div a = a^4$
Die Koeffizienten werden wie gewohnt geteilt	$9a^5 \div 3a^3 = 3a^2$
Um Exponentialzahlen mit verschiedenen Basen zu multiplizieren oder zu dividieren, prüft man zuerst, dass die Exponenten gleich sind. Sind sie es kann man Koeffizient und Basis einfach multiplizieren	$4^3 \times 5^3 = 20^3$ $a^5 \times b^5 = (ab)^5$
Dasselbe gilt bei der Division von Exponentialzahlen mit unterschiedlicher Basis und gleichen Exponenten	$20^3 \div 5^3 = 4^3$ $(ab)^5 \div b^5 = a^5$
Potenziert man eine Exponentialzahl, so multipliziert man die Exponenten	$(a^3)^5 = a^{15}$ $(5^4)^5 = 5^{20}$
Enthält der Ausdruck einen Koeffizienten, ist dieser mit dem Exponenten zu potenzieren	$(3a^3)^5 = 243a^{15}$

Tabelle 10.1: Regeln für die Multiplikation und Division von Exponentialzahlen

Potenzen von 0 und 1

Die Exponenten von 0 und 1 haben bestimmte Eigenschaften, die Sie sich immer im Gedächtnis behalten sollten.

✔ Der Wert einer Basis mit Exponent 0 ist immer 1 (wie 7^0)

✔ Der Wert einer Basis mit Exponent 1 (wie 3^1) ist immer gleich der Basis (also $3^1 = 3$)

Der Beweis für die besonderen Potenzen von 0 und 1

Für die Skeptiker unter Ihnen werden Ihnen zeigen, warum die Regeln für die Exponenten 0 und 1 gelten, indem wir in einigen Gleichungen bestimmte Werte einsetzen und diese nach den Regeln in Tabelle 10.1 berechnen. Zuerst bearbeiten wir den Exponenten 0 mit folgender Gleichung:

$4^4 \div 4^4 = ?$ (Wir teilen 4^4 durch 4^4, indem wir die Exponenten subtrahieren und die Basis beibehalten.)

$4^4 \div 4^4 = 4^0$ (nun ersetzen wir 4^0 durch 1)

$4^4 \div 4^4 = 1$

Um das zu überprüfen, lösen wir die Exponenten auf:

$4^4 \div 4^4 = 4^0$

$256 \div 256 = 1$

Eine Basis mit 0 potenziert ergibt also wirklich 1.

Nun bearbeiten wir den Exponenten 1 mit folgender Gleichung:

$4^4 \div 4^3 = ?$ (Wir teilen 4^4 durch 4^3, indem wir die Exponenten subtrahieren und die Basis beibehalten.)

$4^4 \div 4^3 = 4^1$

$4^4 \div 4^3 = 4$

Auch dies überprüfen wir, indem wir die Exponenten auflösen:

$4^4 \div 4^3 = 4^1$

$256 \div 64 = 4$

Der Wert einer Basis mit dem Exponenten 1 entspricht immer dem der Basis selbst.

Ist Mathematik nicht großartig?

Brüche als Exponenten

Hat man einen Ausdruck mit einem Bruch als Exponenten, berechnet man die obere Zahl des Bruchs (den *Zähler*) als Potenz und die untere Zahl des Bruchs (den *Nenner*) als Wurzel. Um $256^{1/4}$ zu berechnen, berechnet man zuerst die Potenz 256^1 (der Zähler des Bruchs ist ja

1), was 256 ergibt. Dann berechnet man die vierte Wurzel aus 256 (der Nenner des Bruchs ist ja 4). Dies ergibt als Endergebnis 4. So sieht das Mathematisch aus:

$$256^{\frac{1}{4}} = \sqrt[4]{256^1} = \sqrt[4]{256} = 4$$

Im GMAT kann einem eine Variable mit Koeffizienten und einem Bruch als Exponenten begegnen, das sieht dann so aus:

$$a^{\frac{2}{3}} = \sqrt[3]{a^2}$$

Das kommt heraus, wenn man *a* mit 2 potenziert und dann die dritte Wurzel zieht.

Das Rechnen mit negativen Exponenten

Ein negativer Exponent funktioniert ziemlich ähnlich wie ein positiver, nur dass das Resultat der Rechnung ziemlich klein wird, meistens sehr viel kleiner als die Zahl, mit der man begonnen hat. Ein negativer Exponent berechnet die Zahl zuerst wie ein positiver Exponent auch, kehrt aber das Ergebnis dann in den Kehrwert (mehr dazu in »Tauschgeschäft: Der Kehrwert«) um. Das sieht folgendermaßen aus:

$$4^{-2} = \frac{1}{4^2} = \frac{1}{16}$$

Wie das funktioniert, sieht man an einer Beispielaufgabe bei der zwei Exponentialzahlen dividiert werden. Denken Sie daran, wenn Sie zwei Exponentialzahlen mit derselben Basis dividieren, subtrahieren Sie die Exponenten.

$$4^2 \div 4^4 = 4^{-2} = \frac{16}{256} = \frac{1}{16}$$

Wenn Sie mit negativen Exponenten arbeiten, fallen Sie nicht darauf hinein anzunehmen, dass der negative Exponent die Ausgangszahl in eine negative Zahl umwandelt. Das wird nie passieren! Zum Beispiel: $4^{-4} \neq -256$ oder $-\frac{1}{256}$, $-\frac{1}{16}$ oder ähnliches.

Zurück zu den Wurzeln

Wenn Sie die Exponenten schon gemocht haben, werden Sie die Wurzeln lieben! Wurzeln sind einfach das Gegenteil der Exponenten. Im Englischen werden Sie neben der wörtlichen Übersetzung »roots« auch oft als »radicals« bezeichnet.

Wenn $3 \times 3 = 9$ oder $3^2 = 9$ oder 3 zum Quadrat gleich 9 ist, dann ist die Quadratwurzel von 9 gleich 3 oder $\sqrt{9} = 3$. In diesem Fall ist die Quadratwurzel, also die 3, die Zahl, die quadriert 9 ergibt. Also ziemlich einfach, oder?

Es gibt genau so viele Wurzeln wie Potenzen. Meistens werden Sie beim GMAT mit Quadratwurzeln arbeiten, aber vielleicht werden Ihnen auch andere Wurzeln begegnen. Das soll Sie jetzt nicht einschüchtern. Wenn Sie es mit einer Kubik- oder vierten Wurzel zu tun haben, steht das bei dem Wurzelzeichen dabei.

Zum Beispiel wird die Kubikwurzel von 27 als $\sqrt[3]{27}$ geschrieben. Dieser Ausdruck gibt also wieder, welche Zahl mit 3 potenziert 27 ergibt. Natürlich ist die Lösung 3, denn $3 \times 3 \times 3 = 27$ oder $3^3 = 27$.

Auch wenn Wurzeln manchmal ziemlich übel aussehen, weil sie nicht glatt aufgehen, können sie vereinfacht werden. Sehen Sie zum Beispiel eine Zahl wie $\sqrt{98}$, dann keine Panik! Ermitteln Sie einfach Faktoren von 98, aus denen Sie leicht die Wurzel ziehen können, und zerlegen Sie die 98 in diese Faktoren.

Um also die $\sqrt{98}$ zu lösen, zerlegen Sie die 98 in ihre Faktoren 49 und 2 ($49 \times 2 = 98$). Nun stellen Sie diese beiden Faktoren unter das Wurzelzeichen und sie erhalten einen etwas übersichtlicheren Ausdruck $\sqrt{49 \times 2}$. Da die Quadratwurzel von 49 gleich 7 ist, können Sie die 49 einfach unter dem Wurzelzeichen wegnehmen. Wie Sie wissen, ist 7^2 gleich 49 also entfernen Sie die 49 unter der Wurzel und stellen Sie eine 7 außerhalb der Wurzel. So entsteht der vereinfachte Ausdruck: $\sqrt{98} = 7\sqrt{2}$. Nun zeigen wir Ihnen, in welcher Form das im GMAT abgefragt werden könnte.

If $\sqrt[n]{512} = 4\sqrt[n]{2}$, then $n = ?$

(A) 1

(B) 2

(C) 3

(D) 4

(E) 5

Diese Frage können Sie am einfachsten lösen, indem Sie die 512 unter der Wurzel in ihre Faktoren zerlegen. Die n-te Wurzel aus 512 ist gleich 4 Mal die n-te Wurzel aus 2. Nun ist $512 = 2 \times 256$ und $256 = 4 \times 4 \times 4 \times 4$ oder 4^4. Also ist die vierte Wurzel aus 512 gleich 4 Mal die vierte Wurzel aus 2. $n = 4$ und damit ist D die richtige Antwort.

Da Wurzeln das Gegenteil der Exponenten sind, gehorchen sie beim Rechnen mit Ihnen denselben Regeln. Man kann Wurzeln addieren und subtrahieren, solange die Wurzeln zur selben Ordnung (also Quadratwurzel, Kubikwurzel, vierte Wurzel usw.) gehören und unter der Wurzel dieselbe Zahl steht. Hier ein paar Beispiele:

$$5\sqrt[3]{7} + 6\sqrt[3]{7} = 11\sqrt[3]{7}$$

$$11\sqrt{a} - 5\sqrt{a} = 6\sqrt{a}$$

Wenn Sie Wurzeln multiplizieren oder dividieren müssen, stellen Sie sicher, dass die Wurzeln dieselbe Ordnung haben und los geht's. Bei der Multiplikation multiplizieren Sie einfach die Zahlen unter dem Wurzelzeichen, etwa so:

$$\sqrt[3]{9} \times \sqrt[3]{3} = \sqrt[3]{9 \times 3} = \sqrt[3]{27} = 3$$

Bei der Division geht man genau so vor, zum Beispiel so:

$$\sqrt[4]{7} \div \sqrt[4]{3} = \sqrt[4]{\frac{7}{3}}$$

Nun ein Beispiel, wie eine Frage zum Rechnen mit Wurzeln im GMAT aussehen könnte:

$\sqrt{16+9} = ?$

(A) 5

(B) 7

(C) 12 ½

(D) 25

(E) 625

Wenn Sie Wurzeln addieren, achten Sie auf die Werte unterhalb der Wurzel. In dieser Frage geht die Linie der Wurzel über den gesamten Ausdruck, also müssen Sie die Quadratwurzel von 16 + 9 ermitteln und nicht $\sqrt{16}+\sqrt{9}$. Das ist ein kleiner, aber wichtiger Unterschied.

Addieren Sie zuerst die Werte unter dem Wurzelzeichen: 16 + 9 = 25. Die Quadratwurzel von 29 ist 5, also ist A die richtige Antwort. Hätten Sie 7 als richtig bewertet, hätten Sie zuerst die Quadratwurzel der einzelnen Zahlen berechnet und erst dann addiert, also $\sqrt{16}$ (oder 4) plus $\sqrt{9}$ (oder 3) gleich 7. Wenn 7 die korrekte Antwort gewesen wäre, hätten die Zahlen in der Frage unter zwei getrennten Wurzeln stehen müssen. Der lange Wurzelstrich wirkt wie eine Klammer, die man zuerst ausrechnet (siehe dazu den Kasten »Die Reihenfolge von Rechenoperationen: Punkt- vor Strichrechnung«).

Die Reihenfolge von Rechenoperationen: Punkt- vor Strichrechnung

Im Prinzip wird gerechnet wie man liest, von links nach rechts, aber Achtung, manchmal muss man auch hier bestimmte Regeln einhalten, wenn nämlich bestimmte Operationen zusammen vorkommen. In der Grundschule lernt man »Punkt- vor Strichrechnung«. Das ist aber erst der Anfang, die Kette geht nämlich noch einiges weiter: Zuerst löst man die:

✔ Klammern, dann die

✔ Potenzen und Wurzeln und erst dann

✔ Punktrechnung (Multiplikation und Division) und

✔ Strichrechnung (Addition und Subtraktion).

Hier ein Beispiel:

$$20\,(4-7)^3 + 15(\tfrac{9}{3})^1 = x$$

Zuerst berechnet man den Inhalt der Klammern:

$$20\,(-3)^3 + 15(3)^1 = x$$

Dann die Exponenten:

$$20\,(-27) + 15(3) = x$$

Dann die Punktrechnung:

$$-540 + 45 = x$$

Und zuletzt die Strichrechnung von links nach rechts:

$$-495 = x$$

Teile und Herrsche: Brüche, Dezimal- und Prozentzahlen

Brüche, Dezimal- und Prozentzahlen sind nah verwandte Konzepte, die miteinander gut funktionieren. Alle drei stellen Anteile an einem Ganzen dar. Wahrscheinlich werden Sie im GMAT diese drei umwandeln müssen, um verschiedene Aufgaben damit zu lösen.

Brüche sind in Wirklichkeit Lösungen von Divisionen. Teilen Sie die Zahl a durch die Zahl b, dann erhalten Sie den Bruch a/b. Also ist $1 \div 4 = \frac{1}{4}$.

Um einen Bruch in eine Dezimalzahl umzuwandeln, führen Sie einfach die Division aus, die durch den Bruchstrich angezeigt wird: $\frac{1}{4} = 1 \div 4 = 0,25$.

Um eine Dezimalzahl wieder in einen Bruch umzuwandeln, zählen Sie die Stellen rechts vom Komma; dann schreiben Sie die Zahlen hinter dem Komma über den Bruchstrich und eine 1 mit derselben Anzahl 0 wie Stellen hinter dem Komma unter dem Bruchstrich. Danach kürzen Sie gegebenenfalls. So ist zum Beispiel $0,25 = \frac{25}{100}$ was sich zu $\frac{1}{4}$ kürzen lässt; $0,356 = \frac{356}{1000}$, was zu $\frac{89}{250}$ gekürzt werden kann.

Die Umwandlung einer Dezimalzahl in eine Prozentzahl ist sehr einfach. Prozent bedeutet »von einhundert« oder $\div 100$. Um die Umrechnung durchzuführen, verschieben Sie das Komma einfach zwei Stellen nach rechts. Hinter die daraus entstehende Zahl setzen Sie das Prozentzeichen. Beispiele: $0,25 = 25\ \%$ und $0,925 = 92,5\ \%$.

Die Umwandlung einer Prozentzahl zu einer Dezimalzahl läuft entsprechend umgekehrt, man verschiebt das Komma zwei Stellen nach links. So etwa: $1\ \% = 0,01$.

Die ganzen Umwandlungen erfordern etwas Übung, deshalb stellen wir Ihnen die Tabelle 10.2 zum Üben zur Verfügung. Füllen Sie die richtige Umwandlung in die entsprechenden leeren Felder der Tabelle ein. Die Lösung, falls Sie eine brauchen, finden Sie am Ende des Kapitels.

Bruch	Dezimalzahl	Prozentzahl
$\frac{1}{2}$	0,5	50 %
		7,8 %
	5,2	
$\frac{7}{16}$		
	0,37	

Tabelle 10.2: Übung zur Umwandlung von Brüchen, Dezimalzahlen und Prozentzahlen

Im GMAT wird zwar die Umwandlung dieser Zahlen (Bruch, Dezimal- und Prozentzahl) nicht direkt abgefragt, aber Sie müssen wissen, dass die Antwortmöglichkeiten durchaus in den drei verschiedenen Formaten angegeben werden können, wenn Sie mit Prozentaufgaben zu tun haben.

So könnte eine Aufgabe in GMAT lauten, den Anteil Papiers aus dem gesamten Abfall anzugeben, wenn jährlich 215 Millionen Tonnen Abfall produziert werden und ungefähr 86 Millionen Tonnen des Abfalls Papierprodukte darstellen. Dabei sollten Sie in der Lage sein, die Antwort als Bruch, als Dezimalzahl oder als Prozentzahl anzugeben:

✔ Als Bruch: $^{86}/_{215}$ oder gekürzt $^2/_5$

✔ Als Dezimalzahl: $^2/_5 = ^4/_{10}$ oder 0,4

✔ Als Prozentzahl: 0,4 = 40 %

Zähler, Nenner und der ganze Rest, den man über Brüche wissen muss

Die Fragen im GMAT können sich auf Zähler und Nenner oder andere Begriffe beziehen, die Sie vor langer Zeit mal gehört haben und dann wieder vergaßen, als Sie das Radfahren lernten. Beachten Sie, dass Brüche immer den Wert eines Anteils an einem Ganzen wiedergeben. Das lässt sich sehr gut anhand einer Illustration zeigen.

Stellen Sie sich eine Kirschtorte vor, die in acht Teile geschnitten ist und dazu eine hungrige 7-köpfige Familie, von der jeder ein Stück zum Nachtisch nach dem Mittagessen haben will (oder vor dem Essen, zum Naschen). Die Abbildung 10.1 zeigt (wenn auch sehr vereinfacht) diesen Kuchen.

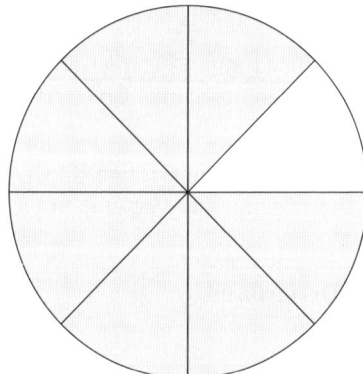

Abbildung 10.1: Teile eines Kuchens

Die schattierten Teile des Kuchens zeigen die Teile, die von der hungrigen Familie aufgegessen wurden, das nicht schattierte Teil zeigt den Rest nach dem Essen.

Um diesen Kuchen nun als Bruch darzustellen, nimmt man die Gesamtzahl der Kuchenstücke (das Ganze) und schreibt sie unter den Bruchstrich. Die Zahl unter dem Bruchstrich bezieht sich also auf das Ganze und wird auch *Nenner* genannt. Die Kuchenstücke, die aufgegessen wurden (der Anteil an dem Ganzen) wird über den Bruchstrich geschrieben. Diese Zahl bezeichnet also den Anteil und wird *Zähler* genannt. In diesem Beispiel machen die aufgegessenen Kuchenstücke $\frac{7}{8}$ des Kuchens aus. 7 ist also der Zähler und 8 der Nenner. Betrachtet man die Situation von der anderen Seite, dann ist nur noch $\frac{1}{8}$ des ursprünglichen Kuchens übrig. Zähler und Nenner werden häufig auch als *Bruchterme* bezeichnet.

Echte Brüche sind solche Brüche, bei denen der Zähler kleiner ist als der Nenner. Der Wert solcher Brüche ist kleiner als 1. Beispiele echter Brüche sind $\frac{3}{4}$, $\frac{7}{8}$ und $\frac{13}{15}$.

Bei *unechten Brüchen* ist der Zähler gleich oder größer als der Nenner. Der Wert solcher Brüche ist gleich oder größer als 1. Solche Brüche werden im Alltag weniger verwendet, Beispiele dafür sind: $\frac{15}{2}$, $\frac{5}{3}$ und $\frac{8}{5}$.

Unechte Brüche werden im Alltag als *gemischte Brüche* angegeben. Sie bestehen aus einer ganzen Zahl gefolgt von einem Bruch. Beispiele dafür sind: $1\frac{1}{2}$, $7\frac{3}{4}$ und $2\frac{2}{3}$.

Wenn sie mit Brüchen im GMAT arbeiten, müssen sie gemischte Brüche in unechte Brüche und wieder zurück umwandeln. Oft ist es einfacher, vor Berechnungen einen gemischten Bruch in einen unechten Bruch umzuwandeln. Um einen gemischten Bruch in einen unechten umzuwandeln, multiplizieren Sie die Zahl vor dem Bruch mit dem Nenner und addieren Sie sie zum Zähler des Bruches. Das Ergebnis davon stellen Sie anstelle des alten Zählers über den Bruchstrich. Etwa so:

$$2\frac{2}{3} = \frac{8}{3}$$

In anderen Worten, Sie multiplizieren die ganze Zahl (2) mit dem Zähler (3) und erhalten 6; dann addieren Sie das zum Zähler (2), was 8 ergibt. Die 8 schreiben Sie dann in den Zähler über den ursprünglichen Nenner.

Um einen unechten Bruch in einen gemischten umzurechnen, teilt man den Zähler durch den Nenner und schreibt das Ergebnis als ganze Zahl vor den Bruch und den Rest über den ursprünglichen Nenner. Das geht etwa so:

$$\frac{31}{4} = 7\frac{3}{4}$$

Teilen Sie die 31 durch 4. 4 geht 7 Mal in die 31 und es bleibt ein Rest von 3 ($4 \times 7 = 28$ und $31 - 28 = 3$). Stellen Sie den Rest über den ursprünglichen Zähler und den gesamten Bruch hinter die ganze Zahl 7.

Ein weiteres praktisches Hilfsmittel beim Rechnen mit Brüchen ist das *Kürzen*. Sie denken Sich vielleicht, ein Bruch sei einfach genug, aber oft geht es dann noch einfacher. Ein Bruch kürzen heißt, ihn mit den kleinstmöglichen Zahlen zu schreiben. Der umgekehrte Vorgang ist das *Erweitern*. Beim Erweitern vergrößert man die Zahlen in den Bruchtermen. Alles was man dabei machen muss, ist die Zahlen im Zähler und Nenner durch die gleiche Zahl zu teilen (kürzen) oder mit der gleichen Zahl zu multiplizieren (erweitern). Anbei ein Beispiel für das Kürzen eines Bruchs:

$\frac{12}{36} = ?$ (12 und 36 sind beide durch 12 teilbar: $12 \div 12 = 1$ und $36 \div 12 = 3$)

$\frac{12}{36} = \frac{1}{3}$

 Das Erweitern und Kürzen wird dann notwendig, wenn man im GMAT mit Brüchen rechnen muss. Vor allem dann, wenn man Brüche mit unterschiedlichem Zähler addieren oder subtrahieren muss. Beim Erweitern und Kürzen bleibt der eigentliche Wert des Bruches gleich, nur die Zahlen im Zähler und Nenner ändern sich.

Tauschgeschäft: Der Kehrwert

Der Kehrwert ist ein auf den Kopf gestellter Bruch, also in umgekehrter Reihenfolge geschrieben. Der Zähler wird zum Nenner und der Nenner zum Zähler. Der Kehrwert von $\frac{3}{5}$ ist $\frac{5}{3}$. Wenn Sie mit Variablen arbeiten, ist der Kehrwert einer Variable $a = \frac{1}{a}$, solange $a \neq 0$ ist. Genau so berechnet man den Kehrwert von ganzen Zahlen. Der Kehrwert von 5 ist $\frac{1}{5}$. Das geht mit allen ganzen Zahlen außer der 0. Da der Bruchstrich eine Teilung symbolisiert, kann keine 0 im Nenner stehen, weil man ja durch 0 nicht teilen kann. Multipliziert man einen Bruch mit seinem Kehrwert, ergibt das immer 1. Der Kehrwert einer Zahl wird auch das *multiplikative Inverse* genannt. Multipliziert man eine Zahl mit dem Kehrwert einer anderen Zahl, so erhält man dasselbe Ergebnis, als ob man die Zahlen durcheinander dividieren würde. Das ist später bei der Division von Brüchen ganz praktisch.

Multiplikation und Division von Brüchen

Die Multiplikation von Brüchen ist sehr leicht. Man multipliziert die Zähler und danach die Nenner der beiden Brücher. Danach kürzt man, wenn nötig:

$$\tfrac{4}{5} \times \tfrac{5}{7} = (4 \times 5)/(5 \times 7) = {}^{20}\!/_{35} = \tfrac{4}{7}$$

Man kann das Kürzen auch zuerst vornehmen. In diesem Beispiel steht eine 5 im Zähler des zweiten Bruchs und im Nenner des ersten Bruchs. Das geht meistens etwas schneller und sieht dann so aus:

$$\frac{4}{5} \times \frac{5}{7} = \frac{4 \times \cancel{5}^{1}}{{}_{1}\cancel{5} \times 7} = \frac{4 \times 1}{1 \times 7} = \frac{4}{7}$$

Die Division ist genauso einfach wie die Multiplikation, nur muss man vorher einen wichtigen Schritt beachten. Zuerst muss vom zweiten Bruch der Kehrwert genommen werden (also der Zähler wird zum Nenner und der Nenner zum Zähler geschrieben) und danach wird multipliziert (ja multipliziert – siehe Abschitt »Tauschgeschäft als Kehrwert«). So sieht das ganze dann aus:

$$\tfrac{2}{7} \div \tfrac{3}{5} = x$$

$$\tfrac{2}{7} \times \tfrac{5}{3} = x$$

$${}^{10}\!/_{21} = x$$

Addition und Subtraktion von Brüchen

Da Brüche nur Teile von ganzen Zahlen sind, kann man sie nicht so einfach wie 2 + 2 addieren. Um Brüche addieren und subtrahieren zu können, müssen sie den gleichen Nenner haben. Alles, was man dann tun muss, ist, die Zähler zu addieren bzw. zu subtrahieren und den Nenner beizubehalten:

$$\tfrac{2}{5} + \tfrac{4}{5} = \tfrac{6}{5}$$

$$\tfrac{6}{5} - \tfrac{4}{5} = \tfrac{2}{5}$$

Leider wird man nicht immer gefragt, Brüche mit demselben Nenner zu addieren oder subtrahieren. Oft sieht man dann so etwas: $\tfrac{2}{3} + \tfrac{3}{4} = x$

Der Trick bei der Addition und Subtraktion von Brüchen mit unterschiedlichen Nennern ist, den kleinsten gemeinsamen Nenner der beiden Brüche zu finden. Da die Nenner hier 3 und 4 sind, muss man eine Zahl finden, die sowohl durch 3 als auch durch 4 teilbar ist. Multipliziert man 3 und 4, so erhält man 12, die auch zufällig der kleinste gemeinsame Nenner ist (Die Multiplikation der Nenner ist der einfachste Weg und funktioniert immer, jedoch hat man dann oft sehr große Zahlen und nicht den *kleinsten* gemeinsamen Nenner, zum Beispiel bei 6 und 9: $6 \times 9 = 54$, der kleinste gemeinsame Nenner wäre aber 18). Nun kann man die Brüche entsprechend erweitern. Aus $\tfrac{2}{3}$ werden $\tfrac{8}{12}$ durch das Erweitern mit 4 (Multiplikation von Zähler und Nenner mit 4). Aus $\tfrac{3}{4}$ werden $\tfrac{9}{12}$ durch das Erweitern mit 3. Nun hat man zwei neue Brüche, die man einfach addieren kann:

$$\tfrac{8}{12} + \tfrac{9}{12} = \tfrac{17}{12} = 1\tfrac{5}{12}$$

 Manchmal hat man Brüche, wo Zahlen im Zähler und Nenner gleich sind, zum Beispiel $\tfrac{5}{12} + \tfrac{1}{5} = x$. Im Gegensatz zur Multiplikation und Division kann man hier aber nicht einfach kürzen. Merke: Aus Summen kürzen nur die Dummen!

Nun ein paar Beispielaufgaben zum Rechnen mit Brüchen:

 $\tfrac{1}{2} + (\tfrac{3}{8} \div \tfrac{2}{5}) - (\tfrac{5}{6} \times \tfrac{7}{8}) = ?$

(A) $\tfrac{1}{8}$

(B) $\tfrac{15}{16}$

(C) $\tfrac{17}{24}$

(D) $\tfrac{13}{6}$

(E) $\tfrac{5}{6}$

Um diese Aufgabe zu lösen, müssen Sie alle vier Grundrechenarten mit Brüchen durchführen. Lösen Sie dazu zuerst die Rechnungen in den Klammern:

$$\tfrac{3}{8} \div \tfrac{2}{5} = \tfrac{3}{8} \times \tfrac{5}{2} = \tfrac{15}{16}$$

$$\tfrac{5}{6} \times \tfrac{7}{8} = \tfrac{35}{48}$$

Nun sieht die Gleichung folgendermaßen aus:

$$\tfrac{1}{2} + \tfrac{15}{16} - \tfrac{35}{48}$$

Der kleinste gemeinsame Nenner ist 48. Um vom Nenner 2 auf 48 zu kommen muss der erste Bruch mit 24 erweitert werden. Also wird aus $\tfrac{1}{2}$ dann $\tfrac{24}{48}$.

Der zweite Bruch muss mit 3 erweitert werden, um von 16 auf die 48 im Nenner zu kommen. Also ist $\tfrac{15}{16} = \tfrac{45}{48}$.

Nun hat man folgenden Ausdruck:

$$\tfrac{24}{48} + \tfrac{45}{48} - \tfrac{35}{48} = \tfrac{34}{48}$$

$\tfrac{34}{48}$ ist aber nicht in den Antwortmöglichkeiten vorgegeben, allerdings kann $\tfrac{34}{48}$ mit 2 zu $\tfrac{17}{24}$ gekürzt werden. Dies ist Antwort C.

What is 75 % of 7 $\tfrac{1}{4}$?

(A) $\tfrac{37}{130}$

(B) 5 $\tfrac{3}{4}$

(C) 5 $\tfrac{7}{16}$

(D) 7 $\tfrac{3}{4}$

(E) 21 $\tfrac{3}{16}$

Bei dieser Aufgabe müssen Sie den Prozentanteil eines Bruchs berechnen. Wie Sie sehen, sind die Antworten in Form von Brüchen gegeben und nicht in Dezimalzahlen. Um die Aufgabe zu lösen, müssen Sie die Prozentzahl in einen Bruch umwandeln.

Wann immer das englische Wörtchen »of« in einer Frage auftaucht, heißt das: Multiplizieren. Also müssen 75 % mit 7 $\tfrac{1}{4}$ multipliziert werden. Wandelt man die 75 % in einen Bruch um, so erhält man $\tfrac{3}{4}$. Die Aufgabe ist also die Multiplikation von $\tfrac{3}{4}$ mit 7 $\tfrac{1}{4}$. 7 $\tfrac{1}{4}$ ergibt als unechter Bruch $\tfrac{29}{4}$, also ist die Antwort $\tfrac{3}{4} \times \tfrac{29}{4} = \tfrac{87}{16}$.

Da $\tfrac{87}{16}$ nicht in den Antworten vorgegeben ist, muss man $\tfrac{87}{16}$ in einen gemischten Bruch umwandeln. $\tfrac{87}{16} = 5\,\tfrac{7}{16}$, das ist Antwort C.

Die Antworten D und E kann man einfach streichen. Denn 75 % von 7 $\tfrac{1}{4}$ müssen kleiner als 7 $\tfrac{1}{4}$ sein. Auch Antwort A fällt heraus, denn $\tfrac{37}{130}$ sind viel zu klein.

Prozentrechnung

Die prozentuale Änderung ist der Wert, um den eine Zahl zu- oder abnimmt, und der als prozentualer Anteil der Ausgangszahl angegeben wird. Wenn zum Beispiel ein Schuhgeschäft Sportschuhe normalerweise für 72 Euro verkauft und diese im Schlussverkauf für 60 € anbietet, wie hoch ist dann der prozentuale Rabatt? Um den Rabatt auszurechnen, nimmt man den Preisunterschied, in diesem Falle 12 Euro und teilt ihn durch den Ausgangspreis:

$12 \div 72 = 0,1667$ oder $16,67\%$

Wenn nun das Geschäft den heruntergesetzten Preis wieder um 16,67 % heraufsetzt, könnte man sich denken, dass der Preis wieder auf den ursprünglichen Wert steigt. Das ist aber nicht richtig. Erhöht man den Preis von 60 € um 16,67 %, bedeutet das eine Steigerung von nur etwa 10 €. Der Preis steigt von 60 € auf etwa 70 €:

$60 \times 1,16667 = 70,002$

Wie kann das sein? Die Ursache, warum die Rechnung nicht aufzugehen scheint ist, dass bei der anfänglichen Preissenkung die 16,67 % in Bezug auf 72 € berechnet werden was natürlich eine größere Zahl ist als der gleiche Prozentsatz in Bezug auf 60 €, berechnet, das heißt, nach der Preissenkung.

Wie hoch ist denn nun der prozentuale Preisanstieg, wenn man den heruntergesetzten Preis von 60 € wieder auf 72 € heben will? Um dies herauszufinden, nimmt man wieder die Preisdifferenz von 12 € und bestimmt deren prozentualen Anteil an 60 €:

$12 \div 60 = {}^{12}\!/_{60} = 0,20 = 20\%$

Der Preisanstieg von 60 Euro auf 72 Euro ist also eine Steigerung um 20 %.

Wenn man die prozentuale Zu- oder Abnahme eines Wertes kennt und wissen will, auf welchen neuen Wert der Ausgangswert steigt oder fällt, sollte man die beiden folgenden Details im Gedächtnis behalten:

✔ Um den Wert einer Steigerung zu berechnen, nimmt man den Ausgangswert und multipliziert ihn mit 1 *plus* der prozentualen Änderung.

✔ Um den Wert einer Absenkung zu berechnen, nimmt man den Ausgangswert und multipliziert ihn mit 1 *minus* der prozentualen Änderung.

Will man zum Beispiel 100 um 5 % anheben, multipliziert man 100 mit (1 + 0,05):

$100 \times (1 + 0,05) = 100 \times 1,05 = 105$

Will man die 100 um 5 % senken, multipliziert man die 100 mit (1 − 0,05).

$100 \times (1 - 0,05) = 100 \times 0,95 = 95$

Nun ein paar Beispielaufgaben zur Prozentrechnung.

A file cabinet that originally cost $ 52 is on sale at 15 % off. If the sales tax on office furniture is 5 % of the purchase price, how much would it cost to buy the file cabinet at its sale price?

(A) $ 7.80

(B) $ 40.00

(C) $ 44.20

(D) $ 46.41

(E) $ 48.23

Diese Textaufgabe verlangt zwei Prozentrechnungen hintereinander. Zuerst soll der Preis gesenkt werden und danach wieder um die Steuer erhöht. Zuerst rechnet man die Preisabsenkung aus.

Den Abschlag von 15 % kann man schon fast im Kopf ausrechnen. 10 % von 52 sind 5,20 und die Hälfte davon (5 Prozent) sind 2,60. Der Rabatt beträgt also $ 7,80. Diese zieht man nun vom Ausgangspreis ab und erhält $ 52 – $ 7,80 = $ 44,20. Der heruntergesetzte Preis für den Aktenschrank ist 44,20 Dollar.

Nun kommt wieder die Steuer dazu, also auf keinen Fall die Antwort C auswählen! 5 Prozent von 44,20 ist die Hälfte von 4,42 (das wären 10 Prozent), also 2,21. Nun addiert man $ 2,21 zu den $ 44,20 hinzu, also $ 44,20 + $ 2,21 = $ 46,41. Die richtige Antwort ist also Antwort D und 46,41 Dollar sind kein schlechter Preis für eine wichtige Organisationshilfe.

Thirty of the seventy male employees in the corporation work part-time. Thirty of the fifty female employees work part-time. What percentage of the employees work part-time?

(A) 40 %

(B) 50 %

(C) 42 ⅔ %

(D) 60 %

(E) 66 ⅔ %

Der Trick bei dieser Textaufgabe besteht darin, die Gesamtanzahl der Angestellten herauszufinden, von der dann der prozentuale Anteil berechnet wird. Sie wissen, dass es 70 männliche und 50 weibliche Angestellte und damit 120 Angestellte insgesamt im Unternehmen gibt. Jeweils 30 männliche und 30 weibliche Angestellte also insgesamt 60 arbeiten Teilzeit. Wie hoch ist der prozentuale Anteil von 60 an 120? Das Ergebnis ist nicht immer so offensichtlich wie in dieser Frage, aber man kann an solche Fragen generell so herangehen:

Lösung der Frage: What percentage of 120 is 60?

✔ »*What*« bedeutet »?« (die Unbekannte) oder das, was man herausfinden will.

✔ »*Percentage*« bedeutet %.

✔ »*Of* « (deutsch »von«) bedeutet multiplizieren.

✔ »*Is*« bedeutet gleich (=).

Daraus kommt also folgende Gleichung zustande:

$$? \% \times 120 = 60$$

$$? \% = \frac{60}{120}$$

$$? \% = 0,50$$

$$? = 50 \%$$

Die richtige Antwort ist also Antwort B.

Auf die Spitze getrieben: Wiederholte Prozentrechnung

Nun stellen Sie sich vor, Sie wollen eine über einen bestimmten Zeitraum wiederholte prozentuale Steigerung darstellen. Eine alltägliche Anwendung, wo dieses Konzept angewendet wird, ist die Berechnung der Zinsen, die auf einem Bankkonto nach mehreren Jahren anfallen.

Stellen Sie sich vor, Sie hatten Ende 2005 einen Betrag von 100 € und Sie wollen wissen, wie viel Geld auf dem Konto am Ende vom Jahr 2015 bei einem Zinssatz von 5 % sein wird (falls Ihre Bank bis dahin noch existiert). Aber vielleicht haben Sie ja Glück und es boomt bald wieder kräftig. Eine Art, dies zu berechnen, ist die Nutzung der Formel für die prozentuale Steigerung. Der erste Schritt sähe dann so aus:

$$100 \times (1 + 0,05) = 105$$

Am Ende des ersten Jahres hat man dann 105 € auf dem Konto. Dann müsste man ja nur die 5 € mit 10 multiplizieren und man hätte dann 150 €, richtig? Nein, das war's nicht. Mit solchen Fragen erwischt man die, die nicht aufgepasst haben.

Die richtige Antwort bekommt man dann, wenn man dieselbe Formel noch mit einem Exponenten frisiert. Der Exponent stellt dann die Anzahl der einzelnen Änderungen (hier Zinsabrechnungen) im Zeitraum dar. Die Formel sieht dann folgendermaßen aus, wobei n die Anzahl der Änderungen ist:

$$\text{Endbetrag} = \text{Ausgangsbetrag} \times (1 + \text{Zinssatz})^n$$

Nun setzt man die Zahlen in die Formel ein und löst die Rechnung auf:

$$100 \times (1 + 0,05)^{10} =$$

$$100 \times 1,05^{10} =$$

$$100 \times 1,6289 = 162,89$$

Nach 10 Jahren hat man also 162,89 € auf dem Bankkonto.

Um einen wiederholten prozentualen Abschlag zu berechnen, nimmt man eine ähnliche Formel, wobei n die Anzahl der Änderungen ist:

$$\text{Endbetrag} = \text{Ausgangsbetrag} \times (1 - \text{Zinssatz})^n$$

Wir vergleichen: Relationen und Proportionen

Eine Relation ist das Verhältnis zwischen zwei Zahlen oder zwei Werten. Eine Relation kann als Bruch ($\frac{3}{4}$), als ein Teilungsausdruck (3 ÷ 4), mit Doppelpunkten (3:4) oder wörtlich mit »3 zu 4« beschrieben werden.

Da ein Verhältnis auch als Bruch betrachtet werden kann, ändert eine Multiplikation oder eine Division beider Zahlen nicht den Wert des Verhältnisses. So ist $\frac{1}{4}$ gleich $\frac{2}{8}$ gleich $\frac{4}{16}$. Um ein Verhältnis auf das kleinstmögliche zu reduzieren, behandeln Sie es wie einen Bruch, den Sie dann kürzen können bis zu den kleinstmöglichen Zahlen.

Verhältnisse tauchen oft in Textaufgaben auf. Stellen Sie sich vor, ein Autohersteller liefert 160 Neuwagen an zwei Händler und das Verteilungsverhältnis an die beiden Händler beträgt 3:5.Um zu bestimmen, wie viele Autos jeder Händler bekommt, addieren sie zunächst die beiden Zahlen des Verhältnisses und ermitteln dadurch die Zahl der Anteile der Neuwagen, die jeder Händler bekommt, also hier: 3 + 5 = 8. Der erste Händler bekommt $\frac{3}{8}$ der 160, also $\frac{3}{8} \times 160 = 60$ Neuwagen, der andere Händler bekommt $\frac{5}{8}$ der 160 Neuwagen, also $\frac{5}{8} \times 160 = 100$ Neuwagen. Solange die Gesamtzahl der *Dinge* wie in diesem Problem in dem Verhältnis teilbar ist, ist die Beantwortung solcher Fragen durchführbar. Problematisch würde es, wenn der Hersteller nicht 160 sondern zum Beispiel nur 156 Autos hätte, denn dann müssten sich die Händler einigen, wer die rechte und wer die linke Hälfte eines Autos bekommen würde.

Eine Proportion ist eine Relation zweier Verhältnisse oder auch eine Verhältnisgleichung. Man könnte eine Proportion mit einem »Doppeldoppelpunkt« (»::«) schreiben, viel üblicher jedoch ist die Schreibweise einer Gleichung mit einem Gleichheitszeichen. Also schreibt man 1:4 :: 2:8 auch als 1 ÷ 4 = 2 ÷ 8 und gelesen wird das als »1 verhält sich zu 4 wie 2 zu 8«.

In einer Proportion bezeichnet man den ersten und den letzten Term als *Außenglieder* (hier die 1 und die 8) und den zweiten und dritten Term als *Innenglieder* (hier die 4 und die 2). Multipliziert man die Außenglieder miteinander so erhält man dasselbe Produkt wie bei der Multiplikation der Innenglieder: $1 \times 8 = 2 \times 4$

Wenn drei Terme einer Proportion bekannt sind, multipliziert man die Außenglieder beziehungsweise Innenglieder (je nachdem welcher Term fehlt) miteinander und dividiert das Ergebnis durch den verbleibenden Term. Das funktioniert folgendermaßen:

$3 \div 4 = 6 \div x$ oder auch $\frac{3}{4} = \frac{6}{x}$ (Multiplikation der Innenglieder)

$4 \times 6 = 3 \times x$

$\qquad 24 = 3x$

$\qquad 8 = x$

Es ist sehr wichtig, dass die Bestandteile von Verhältnissen und Proportionen einheitlich bleiben. Ist zum Beispiel die Proportion »3 verhält sich zu 4 wie 5 zu x« muss man den Ausdruck folgendermaßen schreiben:

$\frac{3}{4} = \frac{5}{x}$

und nicht

$\frac{3}{4} = \frac{x}{5}$

Proportionsaufgaben sehen im GMAT folgendermaßen aus:

If the ratio of $4a$ to $9b$ is 1 to 9, what is the ratio of $8a$ to $9b$?

(A) 1 to 18

(B) 1 to 39

(C) 2 to 9

(D) 2 to 36

(E) 3 to 9

»*Ratio*« bedeutet Verhältnis. Die Aufgabe sieht auf den ersten Blick schwieriger aus, als sie wirklich ist. Wenn $4a$ zu $9b$ einem Verhältnis von 1 zu 9 entspricht, dann muss $8a$ zu $9b$ einem Verhältnis von 2 zu 9 entsprechen, weil $8a$ 2 Mal so groß ist wie $4a$. Wenn also $4a$ gleich 1 ist, muss $8a$ gleich 2 sein. Die Antwort lautet deswegen C.

Zahlenspiele: Wissenschaftliche Notation

Die wissenschaftliche Notation dient lediglich dazu, superriesengroße (technischer Ausdruck) oder klitzeklitzekleine (ein weiterer technischer Ausdruck) so zu schreiben, dass man immer noch die Übersicht behält. Dabei schreibe man eine Zahl in Form einer Zahl in Multiplikation mit einer Potenz von 10. Dabei verschiebt man die Kommastelle einfach so weit nach rechts oder links, bis nur noch eine Ziffer vor dem Komma steht. Dann multipliziert man die Zahl mit der Zehnerpotenz, wobei der Exponent die Anzahl an Stellen wiedergibt, die das Komma verschoben wurde. Arbeitet man mit sehr großen Zahlen, verschiebt man das Komma nach links und der Exponent ist positiv:

1.234.567 = $1,234567 \times 10^6$

20 Milliarden (20.000.000.000) = 2×10^{10}

Ein Lichtjahr hat 9.460.730.472.580,8 km oder kurz $9,46 \times 10^{12}$ km

Wie Sie sehen, kann man so ziemlich viele Nullen sparen und große Zahlen werden um einiges handlicher. Auch bei sehr kleinen Zahlen funktioniert das, indem man das Komma nach rechts verschiebt und der 10 einen entsprechenden negativen Exponenten verpasst. Im folgenden Beispiel verschiebt man das Komma um 6 Stellen nach rechts:

0,0000037 = $3,7 \times 10^{-6}$

Ein Proton wiegt 0,000 000 000 000 000 000 000 001 672 621 58 Gramm oder einfacher $1{,}673 \times 10^{-24}$ Gramm

Hier sieht man auch, dass man durch die wissenschaftliche Notation leichter eine Vorstellung von der Größe von Zahlen bekommt. Gerade dann, wenn die Werte so extrem werden wie im letzten Beispiel.

Anbei eine typische GMAT-Aufgabe mit wissenschaftlicher Notation:

The number of organisms in a liter of water is approximately $6{,}0 \times 10^{23}$. Assuming this number is correct and exact, how many organisms are in a covered Petri dish that contains $\frac{1}{200}$ liter of water?

(A) 6.9

(B) 3.0×10^{21}

(C) 6.0×10^{22}

(D) 3.0×10^{23}

(E) 1.2×10^{26}

Die Frage benutzt sehr viele Worte um die Rechenaufgabe $6{,}0 \times 10$ hoch 23 durch 200 zu stellen. Wenn ein Liter Wasser eine bestimmte Anzahl an Organismen enthält, dann enthält $\frac{1}{200}$ Liter Wasser ebendiese Anzahl geteilt durch 200. Lassen Sie sich nicht durch die vielen Worte der Frage verwirren.

6,0 geteilt durch 200 ergibt 0,03. Die Antwort lautet also $0{,}03 \times 10$ hoch 23. Jedoch steht diese Zahl nirgends in den Antwortmöglichkeiten. Verschiebt man jedoch das Komma zwei Stellen nach rechts und passt den Exponenten entsprechend an (2 Stellen nach rechts bedeutet 2 vom Exponenten abziehen) ergibt sich Antwort B: $3{,}0 \times 10^{21}$.

Lösung der Übungstabelle 10.2

Wenn Sie sich die Zeit für die Übung zur Umwandlung zwischen Brüchen, Dezimal- und Prozentzahlen in Tabelle 10.2 genommen haben, würden Sie doch gerne die richtigen Antworten wissen. Und hier sind sie!

Bruch	Dezimalzahl	Prozentzahl
$\frac{1}{2}$	0,50	50 %
$\frac{39}{500}$	0,078	7,8 %
$5\frac{1}{5}$	5,2	520 %
$\frac{7}{16}$	0,4375	43,75 %
$\frac{37}{100}$	0,37	37 %

All' die Variablen: Algebra

11

In diesem Kapitel...

▷ Definition von Variablen und anderen grundlegenden Begriffen der Algebra

▷ Aufgaben mit Algebra lösen

▷ Das Leben durch Faktorisieren einfacher machen

▷ Die Mysterien der algebraischen Gleichungen und Ungleichungen lüften

▷ Funktionen zum funktionieren bringen

Algebra ist die Lehre der Eigenschaften von Zahlenoperationen. Das klingt zwar jetzt etwas Wischi-Waschi, aber die Idee dabei ist, dass Algebra eine Art Rechnen mit Symbolen, normalerweise Buchstaben, ist, welche Zahlen darstellen. Dabei benutzt man die Algebra, um eine Gleichung zu lösen und damit den Wert einer Variablen zu ermitteln. Wie oft haben Sie beispielsweise die Aufgabe bekommen »Lösen Sie eine Gleichung nach x auf«?

Die Problemstellungen der Algebra, die im GMAT abgefragt werden, entsprechen denjenigen aus dem Mathe-Grundkurs, sodass man keine Nachteile dadurch hat, wenn man nicht Mathe-Leistungskurs gewählt hatte. Dafür werden Ihnen aber viele GMAT-Aufgaben begegnen, die sich mit grundlegender Algebra befassen und dieses Kapitel gibt Ihnen das nötige Wissen, um diese Aufgaben zu bestehen.

Definition der Elemente: Algebraische Ausdrücke

Bevor wir aber nun damit beginnen, Algebraaufgaben zu lösen, wollen wir zuerst einige Ausdrücke definieren. Obwohl im GMAT nicht die Bedeutung von spezifischen Begriffen wie *Variable, Konstante* oder *Koeffizient* direkt abgefragt wird, ist es schon vorteilhaft, diese zu kennen, wenn sie in den Fragen auftauchen.

Erforsche das Unbekannte: Variablen und Konstanten

Bei Algebraaufgaben geht es vorwiegend um *Variablen*. Diese sind Symbole, die für Zahlen stehen. Normalerweise sind die Symbole Buchstaben und diese repräsentieren bestimmte Zahlenwerte. Wie ihr Name es schon sagt, kann sich ihr Wert ändern, je nachdem in welcher Gleichung sie stehen.

Denken Sie sich Variablen als Abkürzungen für bestimmte Dinge. Bietet zum Beispiel ein Geschäft Äpfel und Birnen zu verschiedenen Preisen an und Sie kaufen zwei Äpfel und vier Birnen, so kann der Verkäufer sie nicht einfach mit $2 + 4 = 6$ zusammenzählen. Dann würde er im wahrsten Sinne des Wortes Äpfel mit Birnen vergleichen. Bei der Algebra verwendet man Variablen, die den Preis der Obstsorten darstellen, etwa so: $2a + 4b$.

Im Gegensatz zu Variablen ändern _Konstanten_ ihren Wert in einer bestimmten Aufgabe nicht, wie ihr Name es schon sagt. Auch für Konstanten werden Buchstaben benutzt, aber sie ändern ihren Wert in einer Gleichung nicht so, wie es Variablen tun. (So stehen zum Beispiel _a_, _b_ und _c_ in der Gleichung $y = ax^2 + bx + c$ für feste Werte.

Stehen zusammen: Terme und Ausdrücke

Einzelne Konstanten (_a_) oder Variablen (_x_) oder Konstanten und Variablen zusammen (_ax_) sind Terme. _Terme_ sind also alle Zusammensetzungen von Konstanten und Variablen, die miteinander multipliziert oder dividiert eine Einheit in einer Gleichung bilden. Verschiedene Terme können dann zu einer Gleichung addiert oder subtrahiert werden. Dabei entsteht ein _Ausdruck_. So besteht der Ausdruck $ax^2 + bx + c$ aus den 3 Termen ax^2, bx und _c_. Dabei ist ax^2 der erste Term, bx der zweite und _c_ der dritte Term.

Ein algebraischer Ausdruck ist also eine Sammlung von Termen, die miteinander addiert oder voneinander subtrahiert werden. Sie werden oft in Klammern zusammengefasst, so wie $(x + 2)$, $(x - 3c)$ oder $(2x - 3y)$. Obwohl ein Ausdruck theoretisch auch aus nur einem Term bestehen kann, ist es leichter, sich Ausdrücke als eine Kombination von zwei oder mehr Termen vorzustellen. Um bei den Äpfeln und Birnen von vorhin zu bleiben, kann man aus den gekauften zwei Äpfeln und vier Birnen einen Ausdruck erstellen – der dann etwa folgendermaßen aussieht: $2a + 4b$.

Ein _Koeffizient_ ist eine Zahl oder ein Buchstabe, die dazu dient, den Wert einer bestimmten Eigenschaft darzustellen. Bei $2a + 4b$ sind _a_ und _b_ die Variablen und die Zahlen 2 und 4 sind die Koeffizienten der Variablen. Dies bedeutet, der Koeffizient der Variablen _a_ beträgt 2 und der Koeffizient der Variablen _b_ beträgt 4.

Bei algebraischen Ausdrücken werden Terme mit derselben Variablen _ähnliche Terme_ genannt, auch wenn sie unterschiedliche Koeffizienten besitzen. So sind im folgendem Ausdruck $3x + 4y - 2x + y$ $3x$ und $-2x$ ähnliche Terme, weil beide dieselbe Variable _x_ enthalten. Ebenso sind $4y$ und _y_ ähnlich, weil beide die Variable _y_ und nur _y_ enthalten.

Die Variablen müssen exakt übereinstimmen und auch dieselbe Potenz besitzen: So sind zum Beispiel $3x^3y$ und x^3y ähnlich, aber _x_ und x^2 nicht, genau so wenig wie $2x$ und $2xy$.

Ähnliche Terme kann man addieren und subtrahieren, was mit nicht ähnlichen Termen nicht möglich ist. So können im obigen Beispiel die beiden Terme mit der Variablen _x_ zusammengerechnet werden: $3x - 2x = x$. Genauso können die beiden Terme mit der Variablen _y_ miteinander verrechnet werden: $4y + y = 5y$ (besitzt eine Variable keinen sichtbaren Koeffizienten, so stellt das den Koeffizient 1 dar, daher ist _y_ als $1y$ zu verstehen). Durch dieses Zusammenrechnen entsteht der endgültige Ausdruck $x + 5y$, mit dem es sich schon viel leichter arbeiten lässt. Im Abschnitt »Ordnung behalten: Algebraische Rechenoperationen« weiter hinten in diesem Kapitel werden wir noch ausführlich mit algebraischen Ausdrücken zu tun haben.

Die Nomen kennen: Arten von Ausdrücken

Ausdrücke können, je nachdem wie viele Terme sie enthalten, verschieden genannt werden. Beim GMAT arbeitet man mit *Monomen* und *Polynomen*.

Ein *Monom* ist ein Ausdruck, der nur aus einem Term besteht, wie etwa $4x$ oder ax^2. Ein Monom ist damit ein algebraischer Ausdruck in Form eines Terms.

Poly bedeutet *viele*, also können Sie sich bereits denken, dass ein *Polynom* aus mehr als einem Term besteht. Diese verschiedenen Terme können addiert oder subtrahiert werden. Hier ein paar Beispiele für Polynome:

$$a^2 - b^2$$

$$ab^2 + 2ac + b$$

Auch Polynome können unterschiedlich benannt sein, So ist zum Beispiel ein *Binom* ein Polynom, das aus zwei Termen besteht, wie zum Beispiel $a + b$ oder $2a + 3$. Ein *Trinom* ist ein Polynom mit drei Termen, wie etwa $4x^2 + 3y - 8$.

Ein sehr bekanntes Trinom, welches man auch im GMAT dringend kennen sollte, ist ein *quadratisches Polynom*. Die klassische Form einer quadratischen Gleichung ist:

$$ax^2 + bx + c$$

Diesen wichtigen Ausdruck werden wir im Abschnitt »Lösen von quadratischen Gleichungen« noch näher besprechen.

Ordnung behalten: Algebraische Rechenoperationen

Symbole wie $+$, $-$, $\times$, $\div$ oder $\sqrt{\ }$ kommen in der Arithmetik und der Algebra sehr häufig vor. Sie symbolisieren die Rechenvorgänge, die man mit den Zahlen ausführt. Während sich die Arithmetik mit Zahlen und bekannten Werten, zum Beispiel $5 + 7 = 12$, befasst (Kapitel 10 befasst sich mit den Grundlagen der Arithmetik), beschäftigen sich die algebraischen Rechenoperationen mit Unbekannten, wie im folgenden Ausdruck: $x + y = z$. Dieser algebraische Ausdruck besitzt keinen bestimmten numerischen Wert, da man den Wert von x und y nicht kennt, bestenfalls den von z (wenn man nur etwas von x und y wüsste). Aber das hindert einen noch lange nicht daran, algebraische Gleichungen mit den bekannten Informationen so gut es geht zu lösen.

Geben und nehmen

Durch die Arithmetik wissen Sie, dass 3 Dutzend und 6 Dutzend 9 Dutzend ergeben, oder

$$(3 \times 12) + (6 \times 12) = (9 \times 12).$$

Bei der Algebra kann man dies in einen ähnlichen Ausdruck schreiben, wobei für das Dutzend dann eine Variable steht: $3x + 6x = 9x$. Ebenso kann man mit Subtrahieren die gegenteilige Operation durchführen: $9x - 6x = 3x$.

Merken Sie sich, dass Sie nur ähnliche Terme miteinander addieren und subtrahieren können. Dabei addiert oder subtrahiert man einfach die Koeffizienten und behält die Variable bei. Unähnliche Terme kann man jedoch nicht auf diese Weise miteinander verrechnen. Haben Sie den Ausdruck $3x + 5y$, kann man ihn nicht weiter vereinfachen, es sei denn, man kennt den Wert von entweder x oder y.

 Denken Sie daran, dass in der Algebra positive und negative Terme mit denselben Regeln der Arithmetik berechnet werden (zum Auffrischen schauen Sie in Kapitel 10). Addiert man zwei positive Zahlen miteinander, so behalten sie das positive Vorzeichen. Addiert man eine positive Zahl zu einer negativen, ist das wie bei einer Subtraktion.

Damit kann man zum Beispiel folgenden Ausdruck knacken: $7x + -10x + 22x$. Dabei berechnet man zuerst die Summe zweier positiver Zahlen ($7x$ und $22x$) und danach subtrahiert man den Wert der negativen Zahl (weil das Addieren einer negativen Zahl dasselbe ist, wie das Subtrahieren einer positiven), also so:

$$7x + -10x + 22x$$

$$= 29x - 10x$$

$$= 19x$$

Das Addieren und Subtrahieren funktioniert prima bei ähnlichen Termen, denken Sie sich vielleicht, aber wie sieht es bei unähnlichen Termen aus? Man kann nicht Terme mit unterschiedlichen Variablen oder Symbolen so behandeln wie Terme mit gleicher Variablen. Wir nehmen folgendes Beispiel:

$$7x + 10y + 15x - 3y$$

Wenn man nun einfach den gesamten Ausdruck durch Addieren und Subtrahieren kombiniert ohne dabei auf die verschiedenen Variablen zu achten, kommt man schnell zu einem falschen Ergebnis, so etwas wie $29xy$. (Und genau solche falschen Antworten werden einem im GMAT bei den Lösungsmöglichkeiten angeboten, um Ihnen eine Falle zu stellen.) Stattdessen muss man die x und die y getrennt betrachten, um dann durch Addieren und Subtrahieren den Ausdruck vereinfachen zu können:

$$7x + 15x = 22x$$

$$10y - 3y = 7y$$

Dabei entsteht der folgende Ausdruck:

$$22x + 7y$$

Nehmen wir an, Sie werden größenwahnsinnig und wollen zwei oder mehr Ausdrücke addieren. Dies kann man wie bei einer einfachen Additionsaufgabe in der Arithmetik erledigen, man muss nur daran denken, dass man nur ähnliche Terme zueinander addieren kann.

$$3x + 4y - 7z$$

$$2x - 2y + 8z$$

$$\underline{-x + 3y + 6z}$$

$$4x + 5y + 7z$$

Nun folgt eine Algebraaufgabe, wie sie im GMAT vorkommen könnte:

For all x and y, $(4x^2 - 6xy - 12y^2) - (8x^2 - 12xy + 4y^2) = $?

(A) $-4x^2 - 18xy - 16y^2$

(B) $-4x^2 + 6xy - 16y^2$

(C) $-4x^2 + 6xy - 8y^2$

(D) $4x^2 - 6xy + 16y^2$

(E) $12x^2 - 18xy - 8y^2$

Der einfachste Weg, diese Aufgabe zu lösen ist, das negative Vorzeichen im zweiten Ausdruck zu verteilen. Dann kann man die beiden Ausdrücke miteinander kombinieren. Das läuft etwa so ab:

1. **Das negative Vorzeichen verteilen (heißt: jeden Term im zweiten Ausdruck mit -1 multiplizieren)**

   Denken Sie daran, dass Subtrahieren dasselbe ist wie das Addieren einer negativen Zahl. Die Aufgabe ist also in Wirklichkeit $(4x^2 - 6xy - 12y^2) + -(8x^2 - 12xy + 4y^2)$. Durch das Verteilen des negativen Vorzeichens im zweiten Ausdruck ändern sich die Vorzeichen der einzelnen Terme (also zu $-8x^2 + 12xy - 4y^2$), weil ein negatives und ein positives Vorzeichen zusammen ein negatives Vorzeichen ergeben und zwei negative ein positives.

2. **Die beiden Ausdrücke werden anhand ihrer ähnlichen Terme kombiniert: $4x^2 - 8x^2 - 6xy + 12xy - 12y^2 - 4y^2$.**

3. **Dann werden die ähnlichen Terme addiert bzw. subtrahiert: $4x^2 - 8x^2 = -4x^2$; $-6xy + 12xy = 6xy$; $-12y^2 - 4y^2 = -16y^2$.**

4. **Schließlich schreibt man die Terme in ein Polynom zusammen: $-4x^2 + 6xy - 16y^2$.**

Die Antwort ist $-4x^2 + 6xy - 16y^2$, also Antwort B. Haben Sie eine andere Antwort gewählt, dann haben Sie entweder das negative Vorzeichen nicht richtig verteilt oder beim Addieren und Subtrahieren der Terme Fehler gemacht.

Nachdem Sie die ähnlichen Termen kombiniert haben, prüfen Sie nochmals alle Vorzeichen nach, gerade dann, wenn man alle Vorzeichen wie eben im zweiten Ausdruck ändern musste. Die anderen Antwortmöglichkeiten der Beispielaufgabe sind der richtigen sehr ähnlich. Sie sind so gestaltet, um Ihnen eine Falle zu stellen, falls Sie bei einer Addition oder Subtraktion einen Fehler machen. Passen Sie also bei der Lösung solcher Aufgaben genau auf und lassen Sie sich nicht reinlegen.

Multiplikation und Division von Ausdrücken

Das Multiplizieren und Dividieren zweier oder mehr Variablen funktioniert genau so wie bei Zahlen mit bekannten Werten. Genauso wie $2^3 = 2 \cdot 2 \cdot 2$ ist, ist $x^3 = x \cdot x \cdot x$. Und wenn $2^2 \times 2^2 = 2^4$ ist, dann gilt auch $x^2 \times x^2 = x^4$. Beim Teilen ist es genau so: Wenn $2^6 \div 2^4 = 2^2$ ist, kann man genau so gut $y^6 \div y^4 = y^2$ rechnen.

Das ist bei Monomen noch ziemlich einfach, bei Polynomen sieht es jedoch etwas komplizierter aus. Nun folgen ein paar Methoden, Polynome zu multiplizieren und dividieren.

Ausmultiplizieren

Man kann bei der Algebra wie bei der Arithmetik auch einzelne Terme ausmultiplizieren. Wenn man zum Beispiel ein Binom mit einer Zahl multiplizieren möchte, multipliziert man jeden einzelnen Term mit dieser Zahl. In diesem Beispiel multipliziert man $4x$ mit jedem Term innerhalb der Klammern.

$$4x(x - 3) = 4x^2 - 12x$$

Bei der Division gilt das genau so, nur halt umgekehrt:

$$(16x^2 + 4x) \div 4x = 4x + 1$$

Nun ein paar Beispiele aus dem GMAT, wo man das Ausmultiplizieren bei der Lösung benötigt:

For all x, $12x - (-10x) - 3x(-x + 10) = ?$

(A) $10x$

(B) $-3x^2 - 10x$

(C) $3x^2 - 52x$

(D) $3x^2 + 8x$

(E) $3x^2 - 8x$

Diese Aufgabe überprüft, ob Sie in algebraischen Ausrücken Terme addieren, subtrahieren und multiplizieren können. Zuerst multiplizieren Sie $-3x$ mit $(-x + 10)$.

$$-3x \times -x = 3x^2$$

$$-3x \times 10 = -30x$$

$$-3x(-x + 10) = 3x^2 - 30x$$

Danach sieht der gesamte Ausdruck folgendermaßen aus:

$$12x - (-10x) + 3x^2 - 30x = ?$$

Nun kann man alle Terme mit der Variable x addieren:

$$12x + 10x - 30x = -8x$$

Die Antwort dieser Aufgabe ist also E: $3x^2 - 8x$

What is the sum of all the solutions of the equation: $\dfrac{2x}{(4 + 2x)} = \dfrac{6x}{(8x + 6)}$

(A) -3

(B) 0

(C) 2

(D) 3

(E) 6

Diese Frage ist etwas komplizierter. Die einfachste Möglichkeit ist, die Zähler der beiden Brüche gleich zu machen. Dazu muss man den ersten Bruch mit 3 erweitern, was seinen Wert nicht ändert. Das Ergebnis ist nun folgende Gleichung:

$$\frac{6x}{3(4+2x)} = \frac{6x}{(8x+6)}$$

Da nun die Zähler gleich sind reicht es nun aus, nur die beiden Nenner in der Gleichung zu beachten. Diese setzt man nun gleich und löst die Gleichung nach x auf:

$$3(4 + 2x) = 8x + 6$$
$$12 + 6x = 8x + 6$$
$$6x = 8x - 6$$
$$-2x = -6$$
$$x = 3$$

Die korrekte Antwort ist also D.

 Man könnte auch die Aufgabe dadurch lösen, dass man die Zähler und Nenner kreuzmultipliziert. Das ist jedoch komplizierter (man erhält dann eine quadratische Gleichung) und kostet auch mehr Zeit: Beim GMAT befindet man sich im Wettlauf gegen die Uhr und solche Abkürzungen geben einem dann einen leichten Vorteil.

Terme stapeln

Eine einfache Art, Polynome miteinander zu multiplizieren besteht darin, die Zahlen, die miteinander multipliziert werden, übereinander zu schreiben. Stellen Sie sich vor, sie haben folgenden Ausdruck: $(x^2 + 2xy + y^2) \times (x - y)$.

Diesen Ausdruck kann man wie eine Additionsaufgabe auf altmodische Weise lösen. Denken Sie einfach daran, jeden Term der zweiten Zeile mit jedem Term der ersten Zeile zu multiplizieren.

$$
\begin{array}{r}
x^2 + 2xy + y^2 \\
x - y \\
\hline
x^3 + 2x^2y + xy^2 \\
- x^2y - 2xy^2 - y^3 \\
\hline
x^3 + x^2y - xy^2 - y^3
\end{array}
$$

 Dabei ist es sehr hilfreich, während der Multiplikation die Terme so aufzuschreiben, dass die ähnlichen Terme untereinander stehen. Das vereinfacht dann nachher das Addieren der beiden Ausdrücke.

Beim GMAT können Sie auch aufgefordert werden, ein Polynom durch ein Monom zu dividieren, wie zum Beispiel $(60x^4 - 20x^3) \div 5x$. Dazu teilt man jeden Term des Polynoms durch das Monom.

$$\frac{60x^4 - 20x^3}{5x} = \frac{60x^4}{5x} - \frac{20x^3}{5x}$$
$$= \frac{60}{5} \times \frac{x^4}{x} - \frac{20}{5} \times \frac{x^3}{x}$$
$$= 12x^{4-1} - 4x^{3-1}$$
$$= 12x^3 - 4x^2$$

Beim Ausdividieren wird man den lästigen Bruchstrich los, außerdem wird die Gleichung viel leichter zu bearbeiten, da die Zahlen um einiges handhabbarer sind.

Jeder gegen jeden: Binome multiplizieren

Wenn Sie Binome miteinander multiplizieren, denken Sie dabei an »Jeder gegen jeden«. Denn bei der Multiplikation von Binomen muss jeder Term des einen Binoms mit jedem Term des jeweils anderen Binoms multipliziert werden. Die Reihenfolge ist zwar egal, aber es bewährt sich, dabei systematisch vorzugehen. So multipliziert man die jeweils ersten Terme miteinander, dann die beiden äußeren, danach die inneren Terme und zuletzt die jeweils zweiten Terme miteinander. Dazu ein Beispiel

$(4x - 5)(3x + 8) =$

Zuerst multipliziert man die jeweils ersten Terme jedes Binoms miteinander: $4x$ und $3x$.

$4x \times 3x = 12x^2$

Dann multipliziert man die äußeren Terme ($4x$ und 8) und erhält $32x$ sowie die beiden inneren Terme (-5 und $3x$) miteinander und erhält $-15x$. Die beiden Ergebnisse können Sie addieren, weil es ähnliche Terme sind.

$32x - 15x = 17x$

Zuletzt multipliziert man die jeweils letzten Termen der Binome

$-5 \times 8 = -40$

Nach dem multiplizieren kann man die Produkte einfach aufaddieren:

$12x^2 + 17x - 40$

Sie erkennen den Ausdruck im Ergebnis vielleicht wieder. Es handelt sich um ein quadratisches Polynom, wie wir es im Abschnitt »Die Nomen kennen: Arten von Ausdrücken« besprochen haben.

Wenn man die Terme nicht durcheinander bringt, kann man sich das Übereinanderschreiben sparen und somit Zeit gewinnen. Das wird im GMAT dann bei folgenden Fragen nützlich sein.

When the polynomials $3x + 4$ and $x - 5$ are multiplied together and written in the form $3x^2 + kx - 20$, what is the value of k?

(A) 2

(B) 3

(C) –5

(D) –11

(E) –20

Diese Frage bezieht sich auf den mittleren Term der quadratischen Gleichung, die durch die Multiplikation von $3x + 4$ und $x - 5$ gebildet wird. Hält man die oben beschriebene Reihenfolge ein, entsteht zuerst der erste Term der Aufgabe: $3x^2$. Auch das Produkt der beiden jeweils letzten Terme ist in der Aufgabenstellung bereis angegeben: –20. Da nun die Aufgabenstellung das Produkt der jeweils ersten und letzten Terme angibt, muss sich der gesuchte mittlere Term aus der Multiplikation der äußeren und inneren Terme ergeben.

1. **Zuerst multipliziert man die äußeren Terme:**

   $3x \times -5 = -15x$

2. **Dann multipliziert man die inneren Terme:**

   $4 \times x = 4x$

Der mittlere Term dieser quadratischen Gleichung ist $-15x + 4x = -11x$. Der gesuchte Wert k ist also –11, was Antwort D entspricht.

Um sich noch weitere Zeit beim GMAT zu sparen, sollte man die *binomischen Formeln* kennen und im Gedächtnis behalten:

1. $(x + y)^2 = x^2 + 2xy + y^2$

2. $(x - y)^2 = x^2 - 2xy + y^2$

3. $(x + y)(x - y) = x^2 - y^2$

Wird man also gefragt $(x + 3)(x + 3)$ zu multiplizieren, weiß man direkt, dass das Ergebnis $x^2 + 2(3x) + 9$ also $x^2 + 6x + 9$ sein muss. Genauso ist $(x - 3)(x - 3) = x^2 - 6x + 9$ oder $(x + 3)(x - 3) = x^2 - 9$.

Ausklammern: Polynome in Faktoren zerlegen

Faktoren sind zwei oder mehr Zahlen die miteinander multipliziert werden und ein Produkt ergeben. Faktorzerlegung heißt also, eine größere Zahl als Faktoren zu schreiben, die multipliziert wieder eben diese größere Zahl ergeben. Beim GMAT ist es nützlich, wenn man weiß, wie man gemeinsame Faktoren aus einem Ausdruck oder zwei binomische Faktoren aus einer quadratischen Gleichung zieht.

Gemeinsamkeiten: Gemeinsame Faktoren finden

Mit einer Division kann man gemeinsame Faktoren aus einem Ausdruck oder einer Gleichung herausnehmen und damit die Formel vereinfachen. (Das ist das Gegenteil vom Ausmultiplizieren, welches wir weiter vorne besprochen haben). Schauen Sie mal, wie viel gemeinsame Faktoren Sie im folgenden Beispiel finden können:

$$-14x^3 - 35x^6$$

1. **Da −7 ein gemeinsamer Faktor von −14 und −35 ist, nehmen Sie die −7 heraus, indem Sie beide Terme durch −7 teilen.**

   Dann schreiben Sie den verbliebenen Ausdruck in Klammern und schreiben den gemeinsamen Faktor davor: $-7(2x^3 + 5x^6)$.

2. **Da sich beide Terme außerdem durch x^3 teilen lassen, teilen Sie beide Terme in den Klammern durch x^3 und multiplizieren Sie x^3 mit dem bereits gefundenen gemeinsamem Faktor −7. Den Rest des Ausdrucks stellen Sie wieder in Klammern: $-7x^3(2 + 5x^3)$.**

Also ist $-14x^3 - 35x^6 = -7x^3(2 + 5x^3)$.

Aus eins mach zwei: Faktorenzerlegung quadratischer Polynome

Im GMAT werden Sie auch wissen müssen, wie man quadratische Polynome in Faktoren zerlegt. Dazu müssen Sie quasi die Multiplikation rückwärts ausführen und die zwei binomischen Faktoren finden, die das quadratische Polynom ergeben. Das bedeutet, man wird den Exponenten und die kombinierten Terme los und man landet schließlich bei zwei binomischen Faktoren, die etwa so aussehen: $(x + a)(x + b)$.

Nehmen wir zum Beispiel folgendes quadratisches Polynom:

$$x^2 + 5x + 6$$

Um die Faktoren zu finden, schreibt man zu erst zwei Klammernpaare auf: ( )( ). Die ersten beiden Faktoren müssen x sein, da x^2 ist das Produkt von x und x. Also kann man bereits das x als ersten Term jeweils in beide Klammern schreiben.

$$(x\quad)(x\quad)$$

Um die beiden zweiten Terme zu finden, suchen sie die Zahlen, deren Produkt 6 (den dritten Term des Polynoms) ergibt und deren Summe gleich 5 (der Koeffizient des mittleren Terms des Polynoms) ist. Die einzigen beiden Zahlen, die beide Bedingungen erfüllen sind 2 und 3. Die anderen Faktoren von 6 (6 und 1, −6 und −1, −2 und −3) ergeben addiert nicht 5. Also sind die beiden binomischen Faktoren der quadratischen Gleichung $(x + 2)$ und $(x + 3)$.

 Sie haben bereits bemerkt, dass die Faktorenzerlegung der umgekehrte Vorgang des Ausmultiplizierens ist. Sie können also ihr Ergebnis überprüfen, indem Sie die beiden Faktoren ausmultiplizieren und überprüfen, ob sich wieder das ursprüngliche Polynom ergibt.

Man kann etwas Zeit sparen, wenn man sich die Koeffizienten des quadratischen Polynoms etwas genauer ansieht. Ist der letzte Term eine Quadratzahl und der Koeffizient des mittleren Terms doppelt so groß wie die Wurzel des letzten Terms, so kann man die binomischen Formeln verwenden. Zum Beispiel: $x^2 + 10x + 25$ Dies entspricht der ersten binomischen Formel und ergibt $(x + 5)(x + 5)$ oder $(x + 5)^2$. Ist das Vorzeichen vor der 10 negativ, also $x^2 - 10x + 25$ ergibt sich $(x - 5)(x - 5)$ oder $(x - 5)^2$ (zweite binomische Formel).

Genau so geht es auch, wenn das quadratische Polynom 2 Terme besitzt, die beide Quadratzahlen sind. Wichtig ist, dass zwischen den Termen ein negatives Vorzeichen steht. Hier einige Beispiele:

$x^2 - 4$

$x^2 - 9$

$x^2 - 16$

Diese quadratischen Polynome können mit der dritten binomischen Formel zerlegt werden:

$(x - a)(x + a)$

Hier ist x die Quadratwurzel des ersten Terms und a die Quadratwurzel des zweiten Terms.

In den Beispielen ist die erste Quadratzahl x^2 und die zweite ist 4, 9 bzw. 16. In diesem Fall ist x die Quadratwurzel des ersten Terms und 2, 3 bzw. 4 die Quadratwurzel des zweiten Terms.

Die drei Beispiele lassen sich also folgendermaßen zerlegen:

$(x - 2)(x + 2)$

$(x - 3)(x + 3)$

$(x - 4)(x + 4)$

Die Techniken der Faktorenzerlegung anhand der binomischen Formeln sind relativ leicht zu behalten und man kann mit ihnen einige Algebraaufgaben viel schneller lösen ohne lange Rechnungen durchzuführen.

Wenn man quadratische Polynome zerlegen kann, ist man auch in der Lage, quadratische Gleichungen zu lösen. Mehr dazu finden Sie im Abschnitt »Lösen quadratischer Gleichungen« weiter hinten in diesem Kapitel.

Nicht alle Faktorenzerlegungen werden sich im GMAT so offensichtlich lösen lassen oder ergeben schöne, runde Zahlen. Jedoch werden Sie angenehm überrascht sein, dass, wenn Sie diese kleinen Tricks beherrschen, Sie die meisten Aufgaben im GMAT einfach lösen werden können.

Hirnschmalz gefragt: Gleichungen

Auf das haben Sie gewartet und auch darum dreht es sich in der Algebra und im GMAT. Der Test wird jede Menge Aufgaben bringen, in denen eine Unbekannte x in Gleichungen oder Ungleichungen berechnet werden soll. Mit dem bisherigen Werkzeug aus diesem Kapitel können Sie Ausdrücke einfach bearbeiten, nun wollen wir Ergebnisse erzielen.

Zwischen den Zeilen lesen: Textaufgaben

Die Algebra- oder Arithmetikaufgaben kommen im GMAT häufig als Textaufgaben daher, was heißt, dass Sie die geschriebenen Worte im Aufgabentext zu einer sinnvollen algebraischen Gleichung, Ungleichung oder was auch immer umwandeln müssen. (Es gibt im GMAT auch ein paar Geometrieaufgaben in Textform, aber am häufigsten handelt es sich doch um Algebra).

Um Ihnen beim Umsetzen behilflich zu sein, zeigt Ihnen Tabelle 11.1 einige der häufigeren Worte, die in den Textaufgaben vorkommen und gibt deren Bedeutung in mathematischen Symbolen an.

Englische Bezeichnung	Mathematische Bedeutung
More than, increased by, added to, combined with, total of, sum of	Plus (+)
Less than, fewer than, decreased by, diminished by, reduced by, difference between taken away from	Minus (−)
Of, times, product of, times	Mal (×)
Ratio of, per, out of, quotient	Geteilt durch (÷ oder /)
What percent of	÷ 100
Is, are, was, were, becomes, results in	Gleich (=)
How much, how many	Variable (x, y)

Tabelle 11.1: Häufige Worte in Textaufgaben und deren mathematische Bedeutung

Die Variable isolieren: Lineare Gleichungen

Eine *lineare Gleichung* besitzt eine unbekannte Variable, nach der die Gleichung aufgelöst werden soll, und keinen Exponenten größer als 1. Man hat es also nicht mit quadrierten (»hoch 2«) oder gar kubierten (»hoch 3«) Variablen zu tun, sodass solche Gleichungen relativ leicht zu lösen sind.

In ihrer einfachsten Form kann eine lineare Gleichung mit $ax + b = 0$ beschrieben werden, wobei x die Variable ist und a und b Konstanten sind. Eine einfache Art, sich den Lösungsweg einer solchen Gleichung anzuschauen ist es, die Konstanten durch Zahlen zu ersetzen und einfach drauf los zu rechnen, das heißt, die Gleichung nach x aufzulösen. Dabei sollten jedoch zwei Dinge im Kopf behalten werden:

✔ Isolieren Sie die Variable in der Gleichung oder Ungleichung, die Sie lösen wollen. Das heißt, sie muss zum Schluss ganz alleine auf einer Seite der Gleichung stehen.

✔ Was immer Sie an Rechenoperationen an einer Seite der Gleichung durchführen: Sie müssen dieselben Operationen auch auf der anderen Seite der Gleichung durchführen.

Ein einfaches Beispiel sieht vielleicht so aus:

If $4x + 10 = -38$, what is the value of x ?

(A) –12

(B) –7

(C) 0

(D) 7

(E) 12

Diese Gleichung lösen Sie nun nach x auf, indem Sie das x auf einer Seite isolieren.

1. Eliminieren Sie die 10 auf der linken Seite der Gleichung, indem Sie 10 von der Gleichung abziehen.

(Und denken Sie *immer* daran, was Sie auf einer Seite der Gleichung machen, muss auch auf der anderen Seite geschehen. Wenn nicht, bekommen Sie von Ihrem Mathelehrer eins mit dem Lineal übergezogen.) Folgendes geschieht, wenn man 10 von beiden Seiten abzieht:

$$4x + 10 - \mathbf{10} = -38 - \mathbf{10}$$
$$4x = -48$$

2. Als nächstes teilen Sie beide Seiten durch 4 und schon haben Sie die Lösung.

$$4x \div \mathbf{4} = -48 \div \mathbf{4}$$
$$x = -12$$

Der Wert von x beträgt also –12, also ist die richtige Antwort Lösung A. Haben Sie eine andere Lösung, haben Sie sich irgendwo verrechnet.

Genauso können auch Teilungsaufgaben gelöst werden. Haben Sie die Aufgabe, die Gleichung $\frac{x}{4} = -5$ zu lösen, wissen Sie, was zu tun ist. Isolieren Sie das x auf der linken Seite der Gleichung, indem Sie beide Seiten der Gleichung mit 4 multiplizieren.

$$\frac{x}{4} \times 4 = -5 \times 4$$
$$x = -20$$

Enthält Ihre Gleichung mehrere Brüche, kann man sich Zeit sparen und die Gleichung vereinfachen, indem man die Brüche auflöst. Dazu erweitert man die Brüche mit dem *kleinsten gemeinsamen Nenner* (die kleinste ganze Zahl, die durch jeden Nenner teilbar ist). Zum Beispiel könnte Ihnen folgende Gleichung begegnen:

$$\frac{3x}{5} + \frac{8}{15} = \frac{x}{10}$$

Die kleinste Zahl, die durch 5, 10 und 15 teilbar ist, ist die 30, also ist 30 der kleinste gemeinsame Nenner. Man erweitert also jeden Bruch soweit, dass in jedem Nenner 30 auftaucht:

$$\tfrac{3x}{5} \times \tfrac{6}{6} + \tfrac{8}{15} \times \tfrac{2}{2} = \tfrac{x}{10} \times \tfrac{3}{3}$$

$$\tfrac{18x}{30} + \tfrac{16}{30} = \tfrac{3x}{30}$$

Nun multipliziert man beide Seiten mit 30 und man erhält:

$$18x + 16 = 3x$$

Jetzt isoliert man x auf der linken Seite indem man zuerst $3x$ und 16 auf jeder Seite subtrahiert und dann die ähnlichen Terme kombiniert.

$$18x + 16 - 3x = 3x - 3x$$

$$15x + 16 = 0$$

$$15x + 16 - 16 = 0 - 16$$

$$15x = -16$$

Zuletzt teilt man beide Seiten durch 15:

$$15x = -16$$

$$\tfrac{15x}{15} = -\tfrac{16}{15}$$

$$x = -\tfrac{16}{15} \approx -1{,}0667$$

Jeder ist ersetzbar: Mehrere Gleichungen

Man kann eine Gleichung mit zwei Unbekannten lösen, wenn man eine weitere Gleichung angegeben hat, in der mindestens eine der beiden Unbekannten auftaucht. Dabei spricht man von einem *Gleichungssystem*. Dabei löst man eine Gleichung nach einer Variablen auf und setzt das Ergebnis in die andere Gleichung anstelle der Variablen ein und löst die Gleichung auf. Hier ein einfaches Beispiel. Im GMAT werden zwei Gleichungen angegeben mit der Aufgabe, x zu lösen.

$$4x + 5y = 30 \text{ und } y = 2$$

Da die zweite Gleichung einfach besagt, dass $y = 2$ ist, muss man nur in der ersten Gleichung y durch 2 ersetzen und schon geht's weiter:

$$4x + 5y = 30$$

$$4x + 5(2) = 30$$

$$4x + 10 = 30$$

$$4x + 10 - \mathbf{10} = 30 - \mathbf{10}$$

$$4x = 20$$

$$x = 5$$

Die Gleichungen sind leider nicht immer so einfach. So müssten Sie beispielsweise folgende Gleichungen nach x lösen: $4x + 5y = 30$ und $x + \frac{y}{2} = 10$. Zuerst lösen Sie y in einer Gleichung auf und setzen dann diese Gleichung als y in die andere Gleichung ein:

1. **Lösen Sie die zweite Gleichung nach y auf, indem Sie x von jeder Seite subtrahieren und dann jede Seite mit 2 multiplizieren.**

$$x + \frac{y}{2} = 10$$

$$\frac{y}{2} = 10 - x$$

$$y = (10 - x)2$$

$$y = 20 - 2x$$

2. **Ersetzen Sie y in der ersten Gleichung durch $20 - 2x$.**

$$4x + 5y = 30$$

$$4x + 5(20 - 2x) = 30$$

3. **Nun die 5 ausmultiplizieren, ähnliche Terme addieren und nach x auflösen.**

$$4x + 100 - 10x = 30$$

$$-6x + 100 = 30$$

$$-6x = -70$$

$$x = \frac{70}{6} \text{ oder } \frac{35}{3} \text{ oder } 11\frac{2}{3}$$

Das ist auch schon alles!

Man kann Gleichungssysteme auch lösen, indem man die Gleichungen miteinander kombiniert und dabei die einzelnen Variablen eliminiert. Das funktioniert dann, wenn man eine Gruppe von zwei oder mehr Gleichungen hat, die zum einen zusammen ein lösbares Ergebnis bringen und zum anderen man mindestens so viele Gleichungen besitzt wie man Variablen hat. Außerdem will man es auch nicht mit Potenzen von 2 oder höher zu tun haben.

$$6x + 4y = 66$$

$$-2x + 2y = 8$$

Schaut man sich die Gleichungen näher an, sieht man, dass wenn man die zweite Gleichung mit 3 multipliziert, die Terme mit x eliminieren kann ($-2x \times 3 = -6x$ und $6x - 6x = 0$). Eliminiert man eine Variable, spart das eine Menge Zeit. Dieses Vorgehen ist zulässig, da sich der Wert einer Gleichung durch das Multiplizieren nicht ändert, solange man beide Seiten der Gleichung multipliziert. So wird aus der zweiten Gleichung $3(-2x + 2y) = 3(8)$ oder $-6x + 6y = 24$. Nun kann man beide Gleichungen kombinieren, die Terme mit x eliminieren und y lösen:

$$6x + 4y = 66$$

$$\underline{-6x + 6y = 24}$$

$$0 + 10y = 90$$

$$y = 9$$

Nun kann man das y in einer Gleichung durch 9 ersetzen und diese dann nach x auflösen. Wir setzen 9 in die ursprüngliche zweite Gleichung ein.

$$-2x + 2y = 8$$

$$-2x + 2(9) = 8$$

$$-2x + 18 = 8$$

$$-2x = -10$$

$$x = 5$$

Die Lösungen des Gleichungssystems sind also $x = 5$ und $y = 9$.

Unfair: Ungleichungen

Eine Ungleichung ist eine Behauptung wie etwa »x ist kleiner als y« oder »y ist größer/ gleich y«.

Zusätzlich zu den Symbolen für Addition, Subtraktion Multiplikation oder Division gibt es in der Mathematik auch Symbole, die zeigen, wie sich zwei Seiten einer Gleichung zueinander verhalten. Sie kennen diese Symbole wahrscheinlich schon sehr genau, aber ein kleiner Rückblick schadet nie. In Tabelle 11.2 finden Sie eine kleine Übersicht der Symbole, die im GMAT auftauchen.

Symbol	Bedeutung	Englische Bezeichnung
$=$	Ist gleich	Equal to
$\neq$	Ist ungleich	Not equal to
$\approx$	Ist ungefähr	Approximately equal to
$>$	Größer als	Greater than
$<$	Kleiner als	Less than
$\geq$	Größer oder gleich	Greater than or equal to
$\leq$	Kleiner oder gleich	Less than or equal to

Tabelle 11.2: Mathematische Symbole für Gleichheit und Ungleichheit

Rechnen in Ungleichungen

In den meisten Fällen behandelt man Ungleichungen wie Gleichungen auch. Man isoliert die Variable auf einer Seit der Ungleichung und führt Rechenoperationen auf beiden Seiten der Ungleichung durch. Der einzige Stolperstein bei der letzten Behauptung ist, dass wenn man eine Ungleichung mit einer negativen Zahl multipliziert oder dividiert, man die Richtung des Ungleichheitszeichens umkehren muss.

Nun sehen wir, wie Ungleichungen funktionieren. Schauen Sie dazu auf die Beispiele. Wir beginnen mit der Ungleichung 5 > 2. Wenn Sie beide Seiten mit 5 multiplizieren, bleibt die Behauptung immer noch wahr:

$$5 > 2$$
$$5 \times 5 > 2 \times 5$$
$$25 > 10$$

Multipliziert man die Zahlen jedoch mit einer negativen Zahl wie –3 passiert Folgendes:

$$5 > 2$$
$$5 \times -3 > 2 \times -3$$
$$-15 > -6$$

Moment! –15 ist nicht größer als –6, hier muss man also das Ungleichheitszeichen umkehren, damit die Behauptung wahr bleibt:

$$-15 < -6$$

In Ungleichungen addiert und subtrahiert man genau so wie in normalen Gleichungen auch.

$$x + 5 < 0$$
$$(x + 5) - 5 < 0 - 5$$
$$x < -5$$

Folgende Aufgabe über Ungleichungen könnte im GMAT auftauchen:

If $x^2 - 1 \leq 8$, what is the smallest real value x can have?

(A) –9

(B) –6

(C) –3

(D) 0

(E) 3

Die Aufgabe verlangt von Ihnen, den kleinsten realen Wert von x zu bestimmen, wenn x^2 kleiner oder gleich 8 sein soll. Lösen Sie die Ungleichung nach x auf.

$$x^2 - 1 \leq 8$$
$$x^2 - 1 + 1 \leq 8 + 1$$
$$x^2 \leq 9$$
$$x \leq \sqrt{9}$$

Denken Sie daran, dass die Quadratwurzel einer Zahl sowohl positiv als auch negativ sein kann. Die Wurzel aus 9 ist 3 aber auch –3. Da – 3 kleiner ist als 3 muss –3 der kleinste reale Wert für x sein.

Um sicher zu sein, dass man richtig liegt, kann man auch ohne Rechnen die Antwortmöglichkeiten streichen. –9 in Möglichkeit A würde zum Quadrat 81 ergeben und –6 in B 36. Keines von beiden wäre eine Lösung für x. Lösung D (0) wäre zwar eine Lösung für x, aber nicht die kleinste, da ja –3 auch in Frage kommen könnte. E kann nicht richtig sein, weil es schon Mal größer ist, als die zwei anderen möglichen Lösungen –3 und 0. Die korrekte Antwort ist C.

Arbeiten mit Zahlenbereichen

Mit Ungleichungen gibt man nicht einen einzigen Wert an, sondern einen Bereich von Werten. So könnte im GMAT der Zahlenbereich von –6 bis 12 als eine algebraische Ungleichung angegeben werden:

$$-6 < x < 12$$

Soll der Bereich die Zahlen –6 und 12 selbst ebenfalls enthalten, nimmt man das ≤-Zeichen:

$$-6 \leq x \leq 12$$

Man kann Zahlen zum Bereich addieren und subtrahieren. Zum Beispiel kann man zu jedem Teil von $-6 < x < 12$ die Zahl 5 hinzuaddieren:

$$-6 < x < 12$$
$$(-6) + 5 < x + 5 < 12 + 5$$
$$-1 < x + 5 < 17$$

In der Ungleichung bleiben alle Werte intakt.

Will man zwei Bereiche addieren, muss man folgende zwei Schritte beachten:

1. **Addieren Sie die kleinsten Werte der Bereiche.**

2. **Addieren Sie die größten Werte der Bereiche.**

Mit diesen Schritten könnte man folgende Aufgabe lösen: Wenn $4 < x < 15$ und $-2 < y < 20$ ist, in welchen Wertebereich liegt $x + y$?

Die kleinsten Werte der Bereiche zusammenaddiert ergeben:

$$4 + (-2) = 2$$

Die größten Werte der beiden Bereiche ergeben die Summe:

$$15 + 20 = 35$$

Die Summe von x und y ist also größer als 2 (die kleinste Summe) und kleiner als 35 (die größte Summe). Die Ungleichung sieht dann folgendermaßen aus:

$$2 < x + y < 35$$

Subtraktion und Multiplikation funktionieren auf dieselbe Weise. Subtrahiert man die Endwerte der beiden Bereiche, ergeben das niedrigste und das höchste Resultat die Grenzen des neuen Bereichs, der durch die Subtraktion entsteht. Beim Multiplizieren verfährt man genau so wie bei der Addition bzw. Subtraktion. Das Produkt der Bereiche läuft zwischen der niedrigsten und höchsten Zahl der Resultate.

Bis in die Nacht: Aufgaben zur Arbeitsleistung

Bei Aufgaben zur Arbeitsleistung müssen Sie ausrechnen, wie viel Arbeitsleistung innerhalb einer bestimmten Zeit erbracht werden kann. Meistens verwendet man folgende Formel für solche Fragestellungen:

Produktion = Arbeitsleistung × Zeit

Produktion bedeutet in diesem Fall die Menge der gesamt geleisteten Arbeit, zum Beispiel die Quadratmeter verfliester Boden oder die Anzahl an produzierten Autos. Die Arbeitsleistung ist die Produktion, die innerhalb einer bestimmten Zeiteinheit (pro Stunde oder pro Tag) geleistet werden kann. So ergibt sich aus der Multiplikation der Arbeitsleistung mit der Gesamtzeit die Gesamtproduktion.

Und so können Sie die Formel im GMAT anwenden:

There are two dock workers, Alf and Bob. Alf can load 16 tons of steel per day, and Bob can load 20 tons per day. If they each work 8-hour days, how many tons of steel can the two of them load in one hour, assuming they maintain a steady rate?

(A) 2.5

(B) 4.5

(C) 36

(D) 160

(E) 320

Die Aufgabe fragt nach der Arbeitsleistung in einer Stunde und gibt die Arbeitsleistung an einem Tag sowie die Zeit vor. Um die Arbeitsleistung zu berechnen, braucht man die Länge des Arbeitstages, um richtig umrechnen zu können. Da ein Arbeitstag laut Aufgabenstellung 8 Arbeitsstunden hat, beträgt die Arbeitsleistung je Stunde $\frac{1}{8}$ der Arbeitsleistung pro Tag. Nun muss man berechnen, wie viel Alf und wie viel Bob innerhalb einer Stunde verladen können.

Arbeitsleistung/h = Alfs Arbeitsleistung/h + Bobs Arbeitsleistung/h

Arbeitsleistung/h = $(16 \times \frac{1}{8}) + (20 \times \frac{1}{8})$

Arbeitsleistung/h = 2 + 2,5

Arbeitsleistung/h = 4,5

Also verladen Alf und Bob zusammen 4,5 Tonnen Stahl je Sunde ($\frac{1}{8}$ des Tages), das ist Antwort B. Falls Sie C wählten, haben Sie nicht die Arbeitsleistung je Stunde sondern je Tag berücksichtigt.

Auf dem Weg: Distanzaufgaben

Distanzaufgaben lassen sich ähnlich erledigen wie Aufgaben zur Arbeitsleistung. Wichtig dafür ist wiederum eine Formel:

Entfernung = Geschwindigkeit × Zeit

Jede Aufgabe, die sich mit Entfernungen, Geschwindigkeiten oder Reisezeiten befasst, lässt sich mit dieser Formel erschlagen. Wichtig dabei ist, dass man die einzelnen Variablen und Zahlen richtig einsetzt. Hier ein Beispiel:

Abby can run a mile in seven minutes. How long does it take her to run $\frac{1}{10}$ of a mile at the same speed?

(A) 30 seconds

(B) 42 seconds

(C) 60 seconds

(D) 360 seconds

(E) 420 seconds

Bevor Sie nun mit dem Rechnen anfangen, können Sie Antwort E schon streichen. 420 Sekunden sind schon 7 Minuten und sie wissen bereits, dass Abby nur einen Teil des Weges läuft und dafür logischerweise nicht so lange braucht wie für die gesamte Meile (M).

Amerikaner (und damit auch der GMAT) rechnen noch gerne in Meilen. Eine Meile sind etwa 1,6 Kilometer. Lassen Sie sich nicht durch die Einheit verwirren und rechnen Sie einfach in Meilen. In der Aufgabenstellung ist angegeben, dass Abby $\frac{1}{10}$ Meile läuft. Da sie eine Meile in 7 Minuten läuft, ist Ihre Geschwindigkeit dementsprechend $\frac{1}{7}$ Meile pro Minute beziehungsweise $\frac{1}{420}$ Meile pro Sekunde. Die Frage ist nun, wie lange Abby für eine zehntel Meile benötigt. Nun setzt man die Werte die Formel ein.

Entfernung = Geschwindigkeit × Zeit

$\frac{1}{10}$ Ml = $\frac{1}{420}$ Ml/Sek × t Sek.

Bei solchen Aufgaben ist es immer wertvoll, die Einheiten mit aufzuschreiben. So kann man immer darstellen, in welcher Einheit das Ergebnis ist; eine Entfernung (km, m, Ml. (Meilen) …), eine Geschwindigkeit (km/h, m/sek…) oder die Zeit (Min., Sek.). Man sollte die Einheiten immer konsistent halten. In der Aufgabe wird die Geschwindigkeit in Minuten angegeben, gefragt sind aber nachher Sekunden. Hier wurde die Geschwindigkeit direkt als Entfernung pro 60 Sekunden eingesetzt. Nun muss die Gleichung nach t aufgelöst werden, um die Zeit zu erhalten:

$\frac{1}{10}$ Ml × 420 Sek/Ml = t Sek.

$t = \frac{1}{10} \times 420$ Sek. = 42 Sekunden

Dadurch, dass man vorne direkt die Geschwindigkeit in Sekunden/Meile mit in die Formel gebracht hat, braucht man nun nicht weiter zu rechnen und erhält sofort das Endergebnis. Die richtige Antwort ist B, 42 Sekunden.

Nun ein weiteres Beispiel einer Entfernungsaufgabe:

Joe must travel a total of 225 kilometers to visit his aunt. He rides his bike 5 kilometers to the bus station. He travels by bus to the train station. He then takes the train 10 times the distance he traveled by bus. How many kilometers did Joe travel by bus?

(A) 20

(B) $\frac{227}{11}$

(C) 22

(D) $\frac{447}{10}$

(E) $\frac{227}{10}$

Der Trick bei der Aufgabe besteht darin, dass weder nach Geschwindigkeit noch nach Zeit gefragt wird und man diese für die Lösung auch überhaupt nicht benötigt. Hier spielen nur die Entfernungen eine Rolle und es handelt sich um eine rein algebraische Aufgabe, bei der der Aufgabentext in eine Gleichung umgesetzt werden muss.

Also, gewisser Joe legt insgesamt 225 Kilometer zurück:

$225 =$

Davon fährt er 5 Kilometer mit dem Rad:

$225 = 5 +$

Daraufhin fährt er eine bestimmte Strecke mit dem Bus, die wir ermitteln sollen. Das ist also unsere Variable und wir nennen sie x:

$225 = 5 + x$

Dann nimmt er den Zug, mit dem er die 10-fache Strecke wie die mit dem Bus zurücklegt, also insgesamt $10x$:

$225 = 5 + x + 10x$

Nun kann man nach x auflösen:

$225 = 5 + x + 10x$

$225 = 5 + 11x$

$220 = 11x$

$20 = x$

Joe fuhr also 20 Kilometer mit dem Bus, die Antwort ist A.

Im GMAT kann es Ihnen passieren, Dass Sie nach der Durchschnittsgeschwindigkeit gefragt werden, wenn eine Gesamtzeit angegeben ist. Um die Durchschnittsgeschwindigkeit zu ermitteln benötigt man folgende Formel:

Durchschnittsgeschwindigkeit = Gesamtentfernung ÷ Gesamtzeit

Im obigen Beispiel waren es insgesamt 225 Kilometer und nehmen wir an, Joe sei 5 Stunden unterwegs gewesen. Das macht dann 225 km ÷ 5 h = 45 km/h. Da hat Joe wohl nur den Bummelzug erwischt … .

Dazu noch eine weitere Beispielaufgabe:

John drives 50 miles to work each day and returns by the same route in the evening. He is able to drive only 25 miles per hour during rush hour in the morning. He decides to come home early and take advantage of the light traffic in the early afternoon. He makes it back home in half the usual rush-hour time. What is his average speed to and from work that day?

(A) 25 mph

(B) 30 $\frac{1}{3}$ mph

(C) 33 $\frac{1}{3}$ mph

(D) 37.5 mph

(E) 50 mph

Lassen Sie sich nicht durch Antwort D verwirren. 37,5 mph (Meilen pro Stunde) ist zwar genau der Mittelwert zwischen den 25 mph am Morgen und den 50 mph am Abend, aber das haut bei Geschwindigkeiten nicht hin. Man muss immer den gesamten Weg und die gesamte Zeit ausrechnen und dann erst die Geschwindigkeit.

In der Aufgabe sind 100 Meilen Gesamtentfernung angegeben, 50 Meilen am Morgen und 50 Meilen am Abend. Morgens hat er eine Durchschnittsgeschwindigkeit von 25 mph, also bracht er insgesamt 2 Stunden für seinen Arbeitsweg. Das haben Sie wahrscheinlich schon ohne die Formel berechnet, aber hier noch Mal der mathematische Ausdruck:

50 Ml = 25 Ml/h × t

Nach t (Zeit) aufgelöst:

t = 50 Ml × $\frac{1}{25}$ Ml/h = 2 h

Auf dem Weg zurück braucht er nur die Hälfte der Zeit, also 1 Stunde. Das bedeutet, John ist am Tag insgesamt 3 Stunden (2 morgens und 1 abends) auf der Straße. Dabei legt er 100 Meilen zurück. Das setzen Sie wieder in die obige Formel ein:

Durchschnittsgeschwindigkeit (25 Ml/h oder mph) = 100 Ml ÷ 3 h = 33 $\frac{1}{3}$ mph

Die Antwort ist C.

Lösen quadratischer Gleichungen

Wenn sie ein quadratisches Polynom gleich 0 setzen, dann bekommen Sie etwas, was man *quadratische Gleichung* nennt. Eine klassische quadratische Gleichung besitzt die Form $ax^2 + bx + c = 0$, wobei a, b und c Konstanten sind und x die Variable darstellt, die zu lösen ist. Beachten Sie dabei, dass die 0 auf der einen Seite der Gleichung steht und alle Terme, die nicht 0 sind, auf der anderen. Falls Sie eine Gleichung vorgelegt bekommen, wo keine 0 hinter dem Gleichheitszeichen ist, bringen Sie die Gleichung zuerst in diese Form, bevor Sie weiterrechnen.

Quadratische Gleichungen können in verschiedenen Formen auftreten. So sind alle folgenden Beispiele quadratische Gleichungen, weil alle eine quadrierte Variable enthalten:

$$x^2 = 0$$

$$x^2 - 4 = 5$$

$$3x^2 - 6x + 5 = 0$$

Lösung durch Faktorenzerlegung

Im GMAT bekommen Sie eine quadratische Gleichung mit der Aufgabe vorgelegt, sie nach x zu lösen. Generell besitzen quadratische Gleichungen zwei mögliche Lösungen. Eine Art, solche Gleichungen zu lösen, ist, sie in ihre Faktoren zu zerlegen. Dies funktioniert genau so, wie wir es im Abschnitt »Aus eins mach zwei: Faktorenzerlegung quadratischer Polynome« besprochen haben.

$$x^2 - 6x + 5 = 0$$

Um dieses Trinom in seine Faktoren zu zerlegen, überlegen Sie sich, welche Zahlen multipliziert 5 ergeben und addiert –6.

Die zwei Faktoren von 5 (Primzahl) sind 5 und 1 oder –5 und –1. Um die Summe von –6 zu bekommen, braucht man die negativen Zahlen. So bekommt man die zwei Binome $(x - 5)$ und $(x - 1)$. Also ergibt sich folgende Gleichung:

$$(x - 5)(x - 1) = 0$$

Um x aufzulösen setzt man nun die beiden einzelnen Faktoren gleich 0. Das ist deshalb möglich, weil eine Multiplikation immer 0 ergibt, wenn einer der Faktoren gleich 0 ist.

$$x - 5 = 0$$

$$x = 5$$

und

$$x - 1 = 0$$

$$x = 1$$

Nun hat man beide Lösungen der quadratischen Gleichung: $x = 5$ und $x = 1$. Beide, 1 und 5, sind Lösungen für x in dieser quadratischen Gleichung.

Lösung für Differenzen von Quadratzahlen

Liegt eine quadratische Gleichung in Form eine Differenz zweier Quadratzahlen vor (etwa $x^2 - y^2 = 0$) ist eine Lösung recht einfach, wenn man sich an die dritte binomische Formel erinnert: $x^2 - y^2 = (x + y)(x - y)$. Bekommt man im GMAT eine solche Gleichung, wissen Sie, dass x der jeweils positive und negative Wert der Quadratwurzel von y^2 (also dem zweiten Term) ist.

Um die Lösungen für $x^2 - 49 = 0$ zu finden, muss man einfach die Quadratwurzel des zweiten Terms (49) berechnen, das ist die 7. Die Faktoren sind dann also $(x + 7)$ und $(x - 7)$. Setzt man nun jeden Faktor gleich 0 und löste die Gleichungen nach x auf, bekommt man $x = 7$ und $x = -7$. Es ist also immer so, dass Lösungen von Gleichungen zweier Quadratzahlen die positive und negative Quadratwurzel des zweiten Terms sind.

Die quadratische Formel

Das Lösen von quadratischen Gleichungen ist relativ leicht, wenn als Lösungen einfache, runde Zahlen herauskommen. Aber was macht man, wenn die Lösung eben keine glatte Zahl ist, sondern Brüche oder gar Wurzelzahlen? Dann kann man die Gleichung mit einer Art Universalformel benutzen – die quadratische Formel (umgangssprachlich auch Mitternachtsformel genannt). Diese Formel funktioniert immer, auch wenn man die Gleichung nicht in ihre Faktoren zerlegen kann. Sie ist eine nach x aufgelöste Form der Gleichung $ax^2 + bx + c = 0$:

$$x_{1,2} = \frac{-b \pm \sqrt{b^2 - 4ac}}{2a}$$

Obwohl die Formel ziemlich kompliziert aussieht, ist sie oft die einzige, aber meist auch die schnellste Möglichkeit, quadratische Gleichungen zu lösen. Nehmen wir die Gleichung $3x^2 + 7x - 6 = 0$. In dieser Gleichung sind $a = 3$, $b = 7$ und $c = -6$. Diese setzen Sie nun in die quadratische Formel ein.

$$x_{1,2} = \frac{-7 \pm \sqrt{7^2 - 4(3)(-6)}}{2(3)}$$

$$x_{1,2} = \frac{-7 \pm \sqrt{49 + 72}}{6}$$

$$x_{1,2} = \frac{-7 \pm \sqrt{121}}{6}$$

$$x_{1,2} = \frac{-7 \pm 11}{6}$$

$$x_1 = \frac{-18}{6} = -3$$

$$x_2 = \frac{4}{6} = \frac{2}{3}$$

Die Lösungen für x sind also $\frac{2}{3}$ und –3. Puh! Zum Glück gibt es nicht allzu viele quadratische Gleichungen im GMAT, die mit dieser Formel gelöst werden müssen. Trotzdem kann diese Formel, wenn man sie einmal behalten hat, viel Zeit sparen. Bei glatten Werten lässt sie sich mindestens genau so schnell durchführen wie die Faktorenzerlegung .

Funktionen

Einige Fragen im GMAT drehen sich um Funktionen. Einfach gesagt, stellen *Funktionen* die Beziehung zwischen zwei Zahlenreihen dar: Jede Zahl wird in eine Formel eingesetzt und ergibt nur eine mögliche Antwort. Funktionen, das klingt zwar kompliziert, ist in Wirklichkeit jedoch ziemlich einfach. Eine Frage zu Funktionen sieht etwas so aus: $f(x) = 2x^2 + 3$. Was ist $f(2)$?

Bevor wir nun darauf eingehen, wie man mit Funktionen rechnet und Fragen dazu beantwortet, wollen wir uns ein paar Definitionen anschauen. Tabelle 11.3 gibt einen Überblick über ein paar Begriffe im Zusammenhang mit Funktionen.

Bezeichnung deutsch	Bezeichnung englisch	Definition
Funktion	Function	Eine Vorschrift, die jeder Zahl eines Zahlenbereichs eine Zahl eines anderen Zahlenbereichs zuordnet
Unabhängige Variable (Input)	Independent variable (Input)	Die Zahl, die in die Funktion eingesetzt wird, das x in $f(x)$.
Abhängige Variable (Output)	Dependent variable (Output)	Die Zahl, die bei der Berechnung der Funktion $f(x)$ heraus kommt.
Definitionsmenge	Domain	Die Menge aller möglichen Werte der unabhängigen Variablen.
Zielmenge	Range	Die Menge aller möglichen Werte der abhängigen Variablen.

Tabelle 11.3: Wichtige Begriffe bei Funktionen

Was steht wofür? Symbole bei Funktionen

Im GMAT werden Funktionen durch verschiedenste Symbole dargestellt. Meistens sieht man die Buchstaben f, F, g, G und Π. So stellt zum Beispiel $f(x)$ die Funktion von x als unabhängige Variable dar und wird »f von x« gesprochen.

F, g und Π sind die am häufigsten verwendeten Symbole für Funktionen, aber jeder Buchstabe und jedes Symbol kann eine Funktion darstellen. Man kann also auch Symbole wie $\#(x)$, $\$(x)$, $\&(x)$ oder sogar noch merkwürdigere Buchstaben des lateinischen oder griechischen Alphabetes finden.

Lassen Sie sich nicht durch ungewöhnliche Symbole verwirren. Der GMAT benutzt so etwas gerne als Finte um Sie zu verwirren. Egal was für ein Symbol angegeben ist, alles was man machen muss ist den Wert für x in die Funktion einzusetzen.

 Die Klammern bei einer Funktion bedeuten keine Multiplikation wie in anderen Bereichen der Algebra. Der Ausdruck $f(x)$ bedeutet also nicht $f \times x$.

Um zu sehen, wie Funktionen funktionieren, bemühen wir obiges Beispiel:

$f(x) = 2x^2 + 3$. Was ist $f(2)$?

Dieser Ausdruck besagt lediglich, dass die Funktion von x den eingesetzten Wert quadriert, mit 2 multipliziert und schließlich noch 3 addiert. Um also $f(2)$ zu berechnen, muss lediglich die 2 für das x eingesetzt werden:

$f(2) = 2(2)^2 + 3$

$f(2) = 2(4) + 3$

$f(2) = 8 + 3$

$f(2) = 11$

Das ist auch schon alles. Eine Funktion ist also nicht mehr als eine Aufforderung, einen Wert in eine Gleichung einzusetzen.

Hier ein weiteres Beispiel:

 If $g(x) = 2x^2 + 17$, what is $g(12)$?

(A) 12

(B) 17

(C) 100

(D) 288

(E) 305

Beim schnellen Blick auf die Aufgabe kann man Antwort A, B und C direkt streichen. Setzt man nämlich 12 für x in die Funktion ein und quadriert sie, erhält man bereits 144. Die Zahl muss dann noch multipliziert und etwas zuaddiert werden, also wird das Ergebnis auf jeden Fall größer als 100 sein. Wenn Sie sich nun D genauer anschauen, sehen Sie dass D, 288 gerade mal 2×144 ist. Es müssen immer noch die 17 addiert werden, sodass D auch wegfällt. Ohne viel zu rechnen können genug Antwortmöglichkeiten gestrichen werden, um die richtige zu finden: E ist korrekt. Jetzt rechnen wir aber doch mal nach und setzen 12 in die Funktion ein:

$g(12) = 2(12)^2 + 17$

$g(12) = 288 + 17$

$g(12) = 305$

Die Antwort ist also definitiv E.

Das war nun eine ziemlich einfache Aufgabe. Im GMAT kann es aber auch noch komplizierter werden. Versuchen Sie sich mal an den nächsten beiden Beispielen:

If $\Pi(x) = (x - 2)^2$, find the value of $\Pi(2x - 2)$.

(A) $4x^2 - 4$

(B) $4x^2 + 4$

(C) $4x^2 - 8x + 16$

(D) $4x^2 - 16x + 16$

(E) $4x^2 - 16x - 16$

Versuchen Sie es gar nicht erst, das im Kopf zurechnen. Setzen Sie einfach $(2x - 2)$ in die Funktion ein und multiplizieren Sie aus:

$$\Pi(2x - 2) = ((2x - 2) - 2)^2$$
$$= (2x - 4)^2$$
$$= (2x - 4)(2x - 4)$$
$$= 4x^2 - 8x - 8x + 16$$
$$= 4x^2 - 16x + 16, \text{ Antwort D}$$

Die Berechnungen ab dem zweiten Schritt stellen übrigens die zweite binomische Formel dar. Sie können sich also auch das Ausmultiplizieren Schritt für Schritt sparen und die Formel anwenden.

$$h(r) = \begin{cases} 4\,|r|\, \text{if } r \geq 2 \\ -|r|\, \text{if } r < 2 \end{cases}$$

Given the above, evaluate $h(-r)$ if $r = -7$.

(A) −28

(B) −14

(C) −7

(D) 7

(E) 28

Machen Sie nicht den Fehler und übersehen das Minuszeichen in der Funktion. Wenn $r = -7$ ist, dann ist $h(-r)$ dasselbe wie $h(7)$, weil $-(-7)$ gleich 7 ist.

Da 7 größer als 2 ist, berücksichtigen Sie nur die erste Regel der Funktion $h(r)$. Diese besagt, dass $h(r)$ gleich dem vierfachen des Wertes von 7 ist, oder einfach 4×7. Die richtige Antwort ist deswegen auch E. Falls Sie die Vorzeichen durcheinander gebracht hätten, wäre vielleicht A ihre Antwort gewesen; oder C oder auch D, weil Sie die verkehrte Regel der Funktion ausgewählt hätten.

Die Grenzen kennen lernen: Definitions- und Zielmenge

Die *Definitionsmenge einer Funktion* ist die Menge aller Zahlen, die man möglicherweise in die Funktion einsetzen könnte (Input). Die *Zielmenge einer Funktion* ist die Menge der Zahlen, die als mögliche Ergebnisse in Frage kommen (Output). Stellen Sie sich die Definitionsmenge als alle möglichen unabhängigen Variablen vor, die in die Funktion eingesetzt werden können. Zur Zielmenge gehören dann die Werte aller möglichen abhängigen Variablen, die sich aus ebendieser Funktion ergeben. Fragen zur Definitions- bzw. Zielmenge sind nicht schwierig, man muss nur einige grundlegende Regeln dieser beiden Mengen im Kopf behalten. Im GMAT wird auch Ihr Können bei der graphischen Darstellung von Funktionen in einem Koordinatensystem geprüft, aber das besprechen wir erst im Kapitel 13.

Das Gelände kennen lernen: Die Definitionsmenge

Zu einer Definitionsmenge einer Funktion gehören reelle Zahlen, dass heißt, dass nicht reelle Zahlen nicht in eine Funktion eingesetzt werden können (Mehr Informationen zu reellen und imaginären Zahlen finden Sie in Kapitel 10). Eine Funktion kann auch nur reelle Zahlen ergeben. Also gibt es unter bestimmten Bedingungen immer einige Zahlen, die Sie nicht einsetzen können, da sonst die Funktion ein ungültiges Ergebnis liefern würde, oder sich einfach nicht berechnen ließe. Hier diese Bedingungen:

✔ Eine reelle Zahl kann nicht durch 0 geteilt werden. Enthält die Funktion einen Bruch, können Zahlen, die dazu führen, dass der Nenner des Bruches 0 ergibt, nicht in die Funktion eingesetzt werden. Diese Zahlen gehören also nicht zur Definitionsmenge.

✔ Aus negativen Zahlen kann keine gerade Wurzel gezogen werden. Das Ergebnis würde keine reelle Zahl sondern eine imaginäre Zahl sein und somit nicht Ergebnis einer Funktion.

So gibt es kein reelles Ergebnis für $\sqrt{-4}$, da es keine reelle Zahl gibt, die quadriert -4 ergibt. -2×-2 ergibt immer $+4$.

Schauen Sie sich folgende Funktion an, die im GMAT auch auftauchen könnte:

$$f(x) = \frac{x+4}{x-2}$$

Normalerweise können zur Definitionsmenge einer Funktion alle erdenklichen reellen Zahlen gehören. Im obigen Beispiel enthält die Funktion einen Bruch, in dessen Nenner die Variable x erscheint. Da der Nenner insgesamt nicht 0 ergeben darf, kann der Ausdruck $x - 2$ nicht gleich 0 sein. Das bedeutet, dass x nicht 2 sein darf. Die Definitionsmenge dieser Funktion ist also $\{x \neq 2\}$. Das ist schon alles.

Nun eine Funktion mit einer geraden Wurzel:

$$g(n) = 3\sqrt[4]{n+2}$$

In der obigen Funktion befindet sich eine gerade Wurzel mit der Variablen n darunter. Wie Sie wissen, kann eine gerade Wurzel, in diesem Fall eine vierte Wurzel, keine negative Zahl enthalten, sonst ergäbe die Funktion keine reelle Zahl. Deswegen kann die Rechnung unter der Wurzel keine Zahl kleiner als 0 ergeben. Deswegen muss n größer oder gleich –2 sein. Die Definitionsmenge der Funktion $g(n)$ wäre also $\{n \geq -2\}$.

Im GMAT könnte folgende Frage vorkommen:

Determine the domain of the function $f(x) = \dfrac{4}{x^2 - x - 2}$.

(A) $\{x \neq -1, 2\}$

(B) $\{x \neq 1, -2\}$

(C) $\{x = -1, 2\}$

(D) $\{x = -4, 2\}$

(E) $\{x \neq -4, 2\}$

Dies ist im Grunde genommen eine einfache Algebraaufgabe. Sie wissen, dass der Nenner nicht gleich null sein darf, also setzen Sie den Nenner gleich null und lösen die sich ergebende Gleichung nach x auf. Sie können die Lösungen zum Beispiel durch die quadratische Gleichung oder durch Faktorenzerlegung ermitteln:

$$x^2 - x - 2 = 0$$
$$(x + 1)(x - 2) = 0$$
$$x = -1;\, 2$$

Sie sind noch nicht fertig! Falls Sie jetzt C als Antwort nehmen, haben Sie zwar richtig gerechnet, liegen jedoch mit der Antwort völlig falsch. Antwort C gibt nur die Lösungen für die quadratische Gleichung im Nenner wieder.

–1 und 2 sind die Werte, bei denen der Nenner in der Funktion gleich 0 wird. Deswegen können diese beiden Werte _nicht_ in der Definitionsmenge sein. Die richtige Antwort ist also A (mit dem ≠-Zeichen). Haben Sie B als Antwort, machten Sie bei der Faktorzerlegung einen Vorzeichenfehler. Haben Sie D oder E gewählt, haben Sie auch die 4 im Zähler berücksichtigt, die in dieser Frage überhaupt keine Rolle spielt.

Was hinten rauskommt: Zielmenge

Genau wie die Definitionsmenge durch einige mathematische Gesetze bestimmt wird, wird auch die Zielmenge durch mathematische Gesetze vorgegeben.

✔ Ein Absolutwert einer Zahl kann nicht negativ sein.

✔ Ein gerader Exponent oder eine gerade Potenz kann keine negative Zahl als Ergebnis haben.

✔ Eine begrenzte Definitionsmenge ergibt eine entsprechende Zielmenge.

Schauen wir uns mal ein paar Situationen an, wo diese Regeln eine Rolle spielen:

$$g(x) = x^2$$
$$g(x) = |x|$$

Jede dieser Funktion kann nur positive Ergebnisse erzeugen. In jedem Fall ist die Zielmenge also größer und gleich 0. Im GMAT wird der Zielbereich dann so angegeben:

✔ Der Zielbereich von $g(x)$ ist $\{g(x) \geq 0\}$

✔ Der Zielbereich von $g(x)$ ist $\{g : g \geq 0\}$

✔ Der Zielbereich von $g(x)$ ist $\{y : y \geq 0\}$

What is the range of the function $g(x) = 1 - \sqrt{x-2}$?

(A) $g(x) \geq -2$

(B) $g(x) \leq -2$

(C) $g(x) \geq 2$

(D) $g(x) \geq -1$

(E) $g(x) \leq 1$

Zuerst sollten Sie überlegen, wie eine Wurzel eine reelle Zahl ergeben kann. Es muss mindestens der Wert 0 unter der Wurzel stehen, weswegen x mindestens 2 sein muss. Ist x gleich 2, so ergibt die Funktion $1 - 0$, oder einfach 1. Höhere Werte für x führen zu einem niedrigerem Ergebnis der Funktion. Deswegen gilt $g(x) \leq 1$, also ist Antwort E richtig.

Man kann leicht durcheinanderkommen und die Definitionsmenge angeben, wenn nach der Zielmenge gesucht wird. Wenn Sie C auswählten, haben Sie genau diesen Fehler gemacht. Haben Sie A oder B gewählt, versuchten Sie irgendwie unter der Wurzel eine positive Zahl hinzubekommen. Bei D haben Sie sich einfach im Ergebnis der Funktion verrechnet (Vorzeichenfehler).

Jetzt wird's malerisch: Geometrie

In diesem Kapitel...

▶ Betrachten wir Geraden und Winkel

▶ Die Geschichte mit den Dreiecken

▶ Wir treiben es noch weiter mit Vierecken

▶ Wunderliche Vielecke

▶ Runde Sachen mit Kreisen

▶ Neuer Blickwinkel bei dreidimensionalen Objekten

Die Geometrie beginnt mit den Grundlagen, der Geometrie in der Ebene, die sich mit Geraden und Gebilden mit zwei Dimensionen befasst. Von diesen Grundlagen aus konstruiert die Geometrie immer komplexere Objekte, um die Körper der realen Welt besser abzubilden. Die dreidimensionale Geometrie fügt der Ebene Tiefe hinzu. Dabei ist die dreidimensionale Geometrie fast so einfach wie die Geometrie in der Ebene. Es kommt halt nur die Tiefe hinzu.

Trotz der vielen interessanten Aspekte der Geometrie haben die GMAT-Macher die Anzahl mathematischer Fragen über Ebenen und Körper reduziert. Das wird sicher diejenigen aufatmen lassen, die sich nicht so gerne mit den Manipulationen von Formen und Objekten beschäftigen. Dennoch decken 20 Prozent der mathematischen Fragen Themen aus der Geometrie ab und dieses Kapitel wurde dazu geschrieben, Sie für genau diese 20 Prozent fit zu machen.

Immer geradlinig: Geraden und Winkel

Die Grundbausteine für geometrische Formen sind Linien und Winkel, weswegen wir mit den Definitionen dieser grundlegenden Elemente beginnen. Obwohl diese Grundlagen nicht direkt abgefragt werden, ist es bei der Lösung von GMAT-Fragen wichtig, diese Begriffe zu kennen. Hier sind die häufigsten Ausdrücke auf Deutsch und Englisch, die im Test auftauchen werden:

✔ **Gerade (*Line*):** Eine geradlinige Anordnung von Punkten die sich in beiden Richtungen in die Unendlichkeit fortsetzt. Eine Gerade besitzt keine Breite oder Dicke. Manchmal wird die Ausdehnung ins Unendliche mit Pfeilen dargestellt. Dies sehen Sie an der Geraden AB in Abbildung 12.1.

✔ **Strecke (*Line segment*):** Eine Strecke ist eine Punktmenge zwischen zwei bestimmten Punkten einer Geraden. Im Grunde genommen ist eine Strecke nur ein Teil einer Geraden von einem Punkt zu einem anderen, die diese beiden und alle Punkte dazwischen enthält. Eine Strecke ist die kürzeste Verbindung von zwei Punkten in einer Ebene. Ein Beispiel für eine Strecke CD finden Sie in Abbildung 12.1.

✔ **Strahl (_Ray_):** Ein Strahl ist etwa so wie eine halbe Gerade. Sie beginnt an einem bestimmten Punkt und setzt sich geradlinig bis ins Unendliche fort. Sie können sich das wie einen Sonnenstrahl vorstellen, der an der Sonne (der bestimmte Punkt) beginnt und so weit kommt, wie er kann. Einen Strahl sehen Sie bei den Punkten EF in der Abbildung 12.1.

✔ **Mittelpunkt (_Midpoint_):** Der Mittelpunkt liegt, wie der Name es besagt, genau in der Mitte einer Strecke. Seine Entfernung zu den beiden Endpunkten ist gleich groß.

✔ **Halbieren (_Bisect_):** Beim Halbieren teilt man zum Beispiel eine Strecke, einen Winkel oder eine Form in genau zwei identische Hälften. Die Halbierende ist eine Gerade, die eine Strecke, einen Winkel oder eine Form genau teilt.

✔ **Schneiden (_Intersect_):** Genau nach was es klingt – schneiden heißt kreuzen. Eine Gerade oder kreuzt eine andere Gerade oder Strecke.

✔ **Kollineare (_Collinear_):** Eine Menge von Punkten, die auf derselben Geraden liegen.

✔ **Vertikale (_Vertical_):** Eine Gerade, die genau von oben nach unten verläuft.

✔ **Horizontale (_Horizontal_):** Eine gerade, die genau von links nach rechts verläuft.

✔ **Parallele (_Parallel_):** Geraden die in dieselbe Richtung verlaufen und immer dieselbe Entfernung zueinander haben. Zwei parallel verlaufende Geraden kreuzen sich niemals.

✔ **Senkrecht (_Perpendicular_):** Wenn sich zwei Geraden im rechten Winkel schneiden. Der Winkel zweier sich senkrecht schneidender Geraden beträgt 90°.

✔ **Winkel (_Angle_):** Der Winkel ist eine Kreuzung zweier Strahlen oder Strecken mit einem gemeinsamen Endpunkt. Dieser gemeinsame Punkt wird auch Schnittpunkt genannt. Die Größe des Winkels hängt davon ab, wie weit sich eine Seite von der anderen Seite weg dreht. Der Winkel wird üblicherweise in Grad oder in Radiant angegeben. Im Englischen bezeichnet man Winkel mit einem kleinen Buchstaben (a, b, c...), im Deutschen mit griechischen Buchstaben (α, β, γ...).

✔ **Spitzer Winkel (_Acute angle_):** Ein Winkel mit weniger als 90°. Siehe Abbildung 12.2.

✔ **Rechter Winkel (_Right angle_ oder _perpendicular angle_):** Ein Winkel mit exakt 90°. Er bildet die Ecke eines Quadrats. Siehe Abbildung 12.3. In den USA wird der rechte Winkel durch einkleines Quadrat kenntlich gemacht, in Europa durch einen Viertelkreis mit Punkt. Da der GMAT aus den USA kommt, werden in diesem Buch die amerikanischen Kennzeichnungen verwendet.

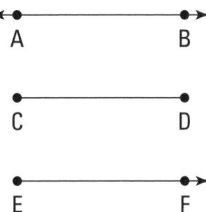

Abbildung 12.1: Gerade, Strecke und Strahl

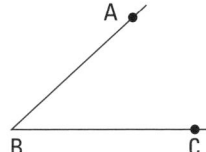

Abbildung 12.2: Ein spitzer Winkel

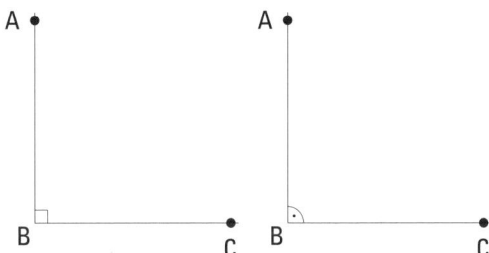

Abbildung 12.3: Ein Rechter Winkel. In den USA wird der rechte Winkel mit einem kleinen Viereck angezeigt (links) in Europa mit einem Viertelkreis und einem Punkt.

✔ **Stumpfer Winkel (*Obtuse angle*):** Ein Winkel mit mehr als 90° aber weniger als 180°. Siehe Abbildung 12.4.

✔ **Gestreckter Winkel (*Straight angle*):** Ein Winkel mit exakt 180°. Ein gestreckter Winkel sieht aus wie eine gerade oder eine Strecke.

✔ **Komplementärwinkel (*Complementary angle*):** Zwei Winkel, die sich zu 90° addieren. Zusammen bilden sie einen rechten Winkel.

✔ **Supplementwinkel (*Supplementary angle*):** Zwei Winkel, die sich zu 180° addieren. Sie bilden zusammen einen gestreckten Winkel. Man bezeichnet sie auch als Ergänzungs-winkel.

✔ **Ähnlich (*Similar*):** Objekte mit derselben Form aber unterschiedlicher Größe.

✔ **Kongruent (*Congruent*):** Objekte mit gleicher Form und Größe. Sie sind absolut deckungsgleich. Zum Beispiel sind zwei Strecken mit derselben Länge, zwei Winkel mit demselben Maß oder zwei Dreiecke mit denselben Seitenlängen und Winkeln kongruent.

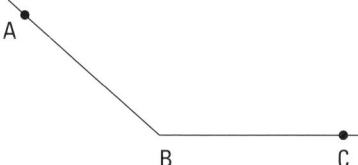

Abbildung 12.4: Ein stumpfer Winkel

Aus diesen grundlegenden Definitionen ergeben sich für Geraden und Winkel zwei wichtige Regeln. Diese sind in Tabelle 12.1 dargestellt:

Bedingung	Regel	Beispielabbildung
Sich schneidende Geraden	Wenn sich zwei Geraden schneiden, sind die beiden einander gegenüber liegenden Winkel (also an den gegenüber liegenden Seiten) immer kongruent und die aneinander liegenden Winkel sind supplementär. Aneinander liegende Winkel liegen auf derselben Seite einer Geraden, sodass sie direkt nebeneinander liegen. In diesem Beispiel sind die Winkel ∠ABC und ∠DBE kongruent. Die Winkel ∠ABC und ∠CBD bilden eine gerade Linie und sind supplementär.	
Parallele Geraden, die durch eine Transversale geschnitten wird	Werden parallele Geraden durch eine dritte Gerade nicht senkrecht geschnitten (das nennt man eine *Transversale*), besitzen die dabei entstehen großen und kleinen Winkel bestimmte Eigenschaften. Jeder der kleinen Winkel ist gleich und auch die großen Winkel sind gleich. Addiert man einen kleinen und einen großen Winkel zusammen, so ergeben sich 180°.	

Tabelle 12.1: Regeln für Geraden und Winkel

So könnten Fragen über Geraden und Winkel im GMAT aussehen:

In the following figure, line *m* is parallel to line *n* and line *t* is a transversal crossing both lines *m* and *n*. Given the information contained in this figure, what is the value of *e*?

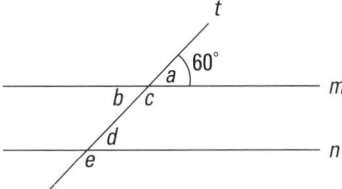

(A) 30°

(B) 60°

(C) 100°

(D) 120°

(E) It cannot be determined from the information provided.

Da die Geraden *m* und *n* parallel verlaufen, wissen Sie, dass die Winkel *c* und *e* gleich sind. Der Winkel *a* liegt zusammen mit *c* auf einer Geraden, sodass sie zusammen 180° haben. Da *a* bekannt ist, nämlich 60°, kann man *c* errechnen: 180° − 60° = 120°. Und da die Winkel *c* und *e* gleich sind, hat der Winkel *e* ebenfalls 120°. Die richtige Antwort ist also D.

Dreiecksgeschichten

Strecken und Winkel bilden Formen und eine der häufigsten im GMAT abgefragten Formen sind *Dreiecke*. Ein Dreieck besitzt drei Seiten und der Punkt, wo sich zwei Seiten schneiden ist ein Eckpunkt. Die Dreiecke werden nach ihren Eckpunkten benannt, also wird ein Dreieck mit den Eckpunkten A, B und C mit △ABC bezeichnet.

Die meisten Geometriefragen im GMAT behandeln Dreiecke. Als legen Sie beim Vorbereiten vor allem Wert auf die Eigenschaften und Regeln der Dreiecke.

Im Dreieck springen: Eigenschaften von Dreiecken

Genauso wie Geraden und Winkel in vielen Situationen passende Regeln haben, gibt es auch Regeln für alle Dreiecke. Einige Dreiecke sind jedoch so speziell, dass für sie besondere Regeln gelten:

✔ Ein *gleichschenkliges Dreieck (isosceles triangle)* hat zwei gleich lange Seiten. Die Winkel an den gegenüber liegenden gleich langen Seiten sind ebenfalls gleich.

✔ Bei einem *gleichseitigen Dreieck* (*equilateral triangle*) sind alle drei Seiten gleich lang und alle Winkel gleich groß (60°).

✔ Ein *rechtwinkliges Dreieck* (*right triangle*) besitzt einen Winkel mit 90°. Die dem rechten Winkel gegenüber liegende Seite nennt man Hypotenuse.

Die drei Winkel in einem Dreieck ergeben zusammen immer 180°.

Hier ein Beispiel, wie Ihnen diese Information im GMAT hilfreich sein könnte:

In the following figure, line SA is parallel to line TB. If the measure of ∠BTU is 60°, what is the measure of ∠ATB?

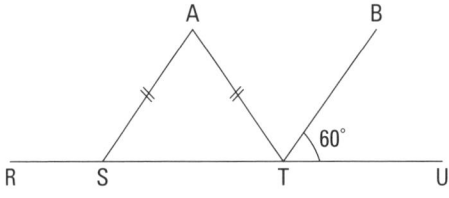

(A) 30°

(B) 40°

(C) 50°

(D) 60°

(E) 80°

Die Gerade RU schneidet die parallelen Geraden SA und TB. Deswegen ist ∠BTU gleich dem Winkel ∠AST. Da ∠BTU 60° hat, muss ∠AST ebenfalls 60° haben.

Dabei ist es wichtig zu erkennen, dass die beiden Strecken SA und TA gleich lang sind (das Gleichheitszeichen auf den Strecken in der Abbildung). Daraus ergibt sich, dass das Dreieck △SAT gleichseitig ist und somit die beiden gegenüberliegenden Winkel das gleiche Maß haben müssen.

Einer dieser Winkel ist ∠AST, der 60° besitzt. Der Winkel ∠STA muss dann aufgrund des gleichschenkligen Dreiecks ebenfalls 60° besitzen. Da sich die Winkel auf einer geraden Linie immer zu 180° addieren, muss der Winkel ∠ATB = 180° − Winkel ∠BTU − Winkel ∠ATS sein. ∠BTU und ∠ATS besitzen jeweils 60°, also besitzt der Winkel ∠ATB 180° − 60° − 60° = 60°. Antwort D ist korrekt.

In einem Dreieck gibt es viele verschiedene Proportionen. Wie Sie in Abbildung 12.5 erkennen können, ist die Seite gegenüber einem bestimmten Winkel proportional zu diesem Winkel. So liegt der kleinste Winkel der kleinsten Seite des Dreiecks gegenüber. Besitzen zwei oder mehr Winkel dieselbe Größe, so haben die jeweils gegenüber liegenden Seiten dieselbe Länge.

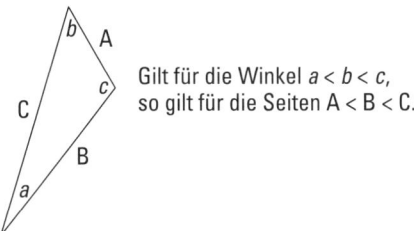

Gilt für die Winkel a < b < c,
so gilt für die Seiten A < B < C.

Abbildung 12.5: Die Winkel eines Dreiecks sind zu ihren gegenüberliegenden Seiten proportional.

Die Fläche eines Dreiecks

Im GMAT werden sie wahrscheinlich nach der Fläche eines Dreiecks gefragt, also seien Sie bereit und behalten folgende Formel:

$$A = \frac{1}{2}bh$$

A steht dabei für die Fläche (Area), b steht für die Länge der Basis oder der Grundseite des Dreiecks und h steht die Höhe, welche senkrecht zur Grundseite von derselben zur gegenüberliegenden Ecke führt. Dies können Sie sich in Abbildung 12.6 anschauen.

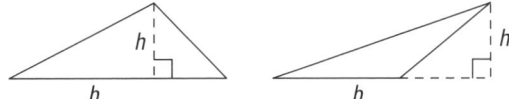

Abbildung 12.6: Die Grundseite und die Höhe eines Dreiecks.

Bedenken Sie, dass, wie in Abbildung 12.6 gezeigt, die Höhe immer senkrecht auf der Grundseite steht und dass sie innerhalb und auch außerhalb des Dreiecks platziert werden kann.

Der Satz des Pythagoras und andere coole Dinge bei rechtwinkligen Dreiecken

GMAT-Aufgaben, die sich mit Seitenlängen bei rechtwinkligen Dreiecken beschäftigen, lassen sich mit einer kleinen Formel lösen, die als »Satz des Pythagoras« bekannt ist. Außerdem ist es gut, dabei einige häufig vorkommende Seitenlängen auswendig zu kennen.

Was ist der Satz des Pythagoras?

Der Satz des Pythagoras besagt, dass die Summe der Länge der beiden Katheten zum Quadrat gleich der Länge der Hypotenuse zum Quadrat ist. Als Formel ausgedrückt: $a^2 + b^2 = c^2$. Dabei sind a und b die Katheten (die Seiten, die zusammen den rechten Winkel bilden) und c ist die Hypotenuse (die Seite gegenüber dem rechten Winkel). Die Hypotenuse ist immer die längste Seite im Dreieck. Kennen Sie also die Länge zweier Seiten eines rechtwinkligen Dreiecks, können Sie die dritte Seite mit dieser praktischen Formel schnell ausrechnen.

Denken Sie immer daran, dass der Satz des Pythagoras nur bei rechtwinkligen Dreiecken funktioniert. Sie erkennen rechtwinklige Dreiecke meistens an einem kleinen Quadrat oder Bogen mit Punkt im Winkel. Ist kein rechter Winkel vorhanden, funktioniert die Formel nicht.

Which of the following is the length, in inches, of the remaining side of a right triangle if one side is 7 inches long and the hypotenuse is 12 inches long?

(A) $\sqrt{5}$

(B) 5

(C) 7

(D) 12

(E) $\sqrt{95}$

Vielleicht ist es für Sie hilfreich, das Dreieck kurz zu skizzieren, damit Sie sich die Situation genauer anschauen können, aber das ist im Allgemeinen nicht notwendig. Wenn die Hypthenuse 12 Inch lang ist und eine Kathete 7 Inch, errechnet man die fehlende Seite durch Anwenden der Formel:

$$a^2 + b^2 = c^2$$
$$7^2 + b^2 = 12^2$$
$$49 + b^2 = 144$$
$$b^2 = 95$$

Sie wissen nun, dass b^2 95 ist, aber es ist ja *b* gefragt und nicht b^2. Das bedeutet, die Länge der fehlenden Seite ist die Wurzel aus 95, also Antwort E.

Die Sache mit den Dreiecksverhältnissen

Es ist vielleicht hilfreich, wenn Sie einige Seitenverhältnisse bei rechtwinkligen Dreiecken im Kopf behalten. So muss man nicht alles jedes Mal Schritt für Schritt ausrechnen.

Das häufigste Seitenverhältnis bei rechtwinkligen Dreiecken ist 3:4:5 (3 ist die Länge der kurzen Kathete, 4 die Länge der langen Kathete und 5 ist die Hypotenuse). Damit verwandt sind Vielfache davon wie 6:8:10 oder 9:12:15 und so weiter. Sobald Sie erkennen, dass zwei Seiten in ein 3:4:5 Verhältnis passen, wissen Sie schon automatisch die Länge der dritten Seite.

Weitere Seitenverhältnisse, die Sie kennen sollten, sind 5:12:13, 8:15:17 oder 7:24:25. Kennt man diese, können Sie Aufgaben wie die folgende im GMAT schnell lösen:

In the following figure, AB is 6 units long, AC is 8 units long, and BD is 24 units long. How many units long is CD?

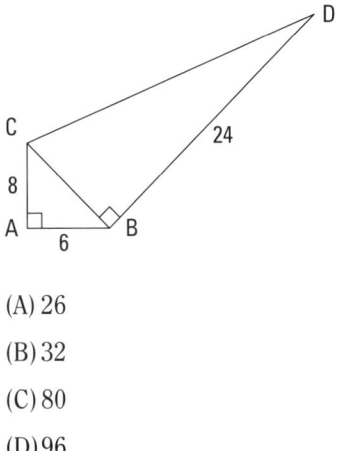

(A) 26

(B) 32

(C) 80

(D) 96

(E) 100

Wenn Sie die häufigen Seitenverhältnisse rechtwinkliger Dreiecke nicht auswendig kennen, würden Sie für diese Aufgabe relativ lange brauchen. Um die Länge der Seite CD zu bestimmen, müssen Sie zuerst die Länge der Seite BC kennen. Sie könnten den Satz des Pythagoras anwenden, aber auch viel einfacher und schneller an das Ergebnis kommen. Da AB = 6 und AC = 8 ist, handel es sich bei △ABC um ein Dreieck im Verhältnis 3:4:5 mal 2 – also 6:8:10. Deswegen ist die Länge der Hypotenuse, also BC, gleich 10.

Daraus ergibt sich, dass △BCD ein Seitenverhältnis von 5:12:13 mal 2, beziehungsweise ein Verhältnis von 10:24:26 besitzt. Deswegen ist die Länge von CD = 26 und die korrekte Antwort ist A.

Was ist so schick an einem 30°:60°:90° Dreieck?

ES gibt weitere praktische rechtwinklige Dreiecke. Eines davon ist das Dreieck mit dem Winkelverhältnis von 30°:60°:90°. Wenn Sie ein gleichseitiges Dreieck halbieren, erhalten Sie zwei rechtwinklige Dreiecke mit den Winkeln 30°, 60° und 90°. In einem solchen Dreieck ist die Hypotenuse doppelt so lang wie die kurze Kathete, wie Sie in Abbildung 12.7 überprüfen können. Das Verhältnis der drei Seiten ist $s : s\sqrt{3} : 2s$, wobei s die kürzeste Seite ist.

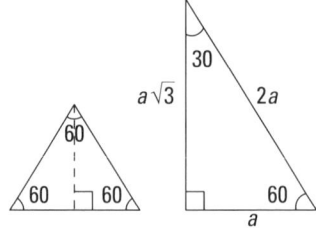

Abbildung 12.7: Ein Dreieck mit den Winkeln 30°, 60° und 90°.

Das Gleichgewicht im 45°:45°:90°-Dreieck

Halbieren Sie ein Quadrat entlang einer Diagonalen erhalten Sie zwei Dreiecke mit jeweils zwei 45°-Winkeln. Da jedes dieser Dreiecke zwei gleiche Winkel (und deswegen auch zwei gleiche Seiten) hat, sind sie gleichschenklige rechtwinklige Dreiecke, oder auch 45°:45°:90°-Dreiecke. In solchen Dreiecken ist die Hypotenuse um den Faktor $\sqrt{2}$ länger als die beiden Katheten und das heißt, teilt man die Länge der Hypotenuse durch $\sqrt{2}$, erhält man die Länge einer Kathete. Das Seitenverhältnis in einem gleichschenkligen rechtwinkligen Dreieck ist deshalb $s:s:s\sqrt{2}$ (wobei s die Länge einer Kathete ist) oder $\dfrac{2}{\sqrt{2}}:\dfrac{2}{\sqrt{2}}:s$ (wobei s die Länge der Hypotenuse ist). In Abbildung 12.8 sind die Seitenlängen nochmals aufgeführt.

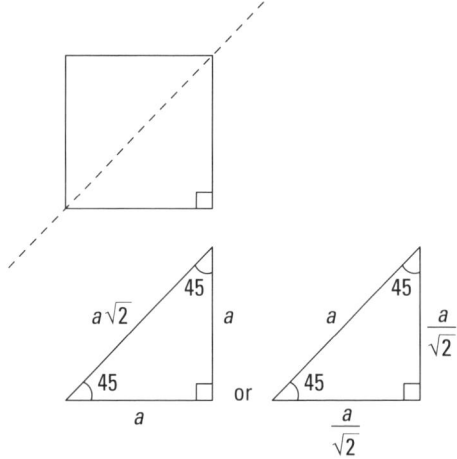

Abbildung 12.8: Das 45°:45°:90°-Dreieck

Folgendes Beispiel zeigt, wie Ihnen dieses Wissen im GMAT nützen kann:

In △STR, ∠TSR measures 45° and ∠SRT is a right angle. If SR is 20 units long, how many units is TR?

(A) 10

(B) $10\sqrt{2}$

(C) 20

(D) $20\sqrt{2}$

(E) 40

Sie könnten das Dreieck auch aufzeichnen, aber da Sie ja die Verhältnisse in einem 45°:45°:90°-Dreieck kennen, können Sie sich das sparen.

Da ∠SRT ein rechter Winkel ist, wissen Sie, dass es sich in der Aufgabe um ein rechtwinkliges Dreieck handelt. Wenn ∠TSR 45° hat, muss ∠RTS auch 45° haben. Und schon haben wir ein 45°:45°:90°-Dreieck. Also muss SR auch gleich TR sein. SR hat eine Länge von 20, also muss TR auch eine Länge von 20 haben. Die richtige Antwort ist demnach C.

Gleicht wie ein Ei dem anderen: Ähnliche Dreiecke

Dreiecke sind _ähnlich_ wenn sie exakt dieselben Winkel besitzen. Ähnliche Dreiecke haben dieselbe Form, auch wenn ihre Seiten unterschiedlich lang sind. Die entsprechenden Seiten ähnlicher Dreiecke stehen im gleichen Verhältnis zueinander. Auch die Höhen der ähnlichen Dreiecke sind zueinander proportional. In der folgenden Abbildung sehen Sie zwei ähnliche Dreiecke.

Wenn Sie die Proportionen ähnlicher Dreiecke kennen, können Sie solche Aufgaben im GMAT lösen:

△RTS and △ACB in the following figure are similar right triangles with side lengths that measure as indicated. What is the area of △ACB?

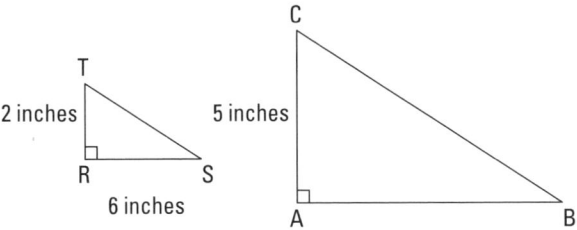

(A) 10

(B) 15

(C) 30

(D) 37.5

(E) 75

Um die Fläche von $\triangle$ACB zu ermitteln müssen Sie die Längen beider Katheten kennen. Im rechtwinkligen Dreieck entspricht die Länge der einen Kathete auch der Höhe. Da eine Kathete (und damit auch die Höhe) bereits mit 5 angegeben ist, müssen Sie jetzt nur noch die Länge der Grundseite finden.

Da die beiden Dreiecke ähnlich sind (und in Proportion zueinander stehen), können Sie die angegeben Informationen über $\triangle$RTS nutzen, um die Länge der Grundseite von $\triangle$ABC zu ermitteln. TR ist proportional zu CA und RS ist proportional zu AB. Nun setzen Sie eine Proportionsgleichung auf, multiplizieren Sie über Kreuz und lösen nach x auf:

$$\frac{2}{5} = \frac{6}{x}$$
$$2x = 30$$
$$x = 15$$

Die Grundseite von $\triangle$ACB ist 15 Inch lang.

Achtung, sie sind hier noch nicht fertig! Wählen Sie jetzt nicht B aus, denn es ist ja nach der Fläche von $\triangle$ACB gefragt, nicht nach der Länge von AB.

Setzen Sie nun die Maße für Grundseite und Höhe in die Formel für die Fläche eines Dreiecks ein (halbe Grundseite mal Höhe) und lösen Sie:

$$A = \frac{1}{2}(5)(15)$$
$$A = \frac{1}{2}(75)$$
$$A = 37{,}5$$

Die korrekte Antwort ist D.

Eine Runde Doppelkopf: Vierecke

Ein Viereck ist ein vierseitiges Polygon (Vieleck) und ein Polygon ist eine in sich geschlossene Form aus Strecken. Die meisten Aufgaben befassen sich mit der Ermittlung von Fläche und Umfang. Der Umfang entspricht der Summer aller vier Seitenlängen.

Die Summe aller Winkel beträgt in einem Viereck 360°.

Parallelen ziehen: Parallelogramme

Die meisten Vierecke im GMAT sind *Parallelogramme*.

Die Eigenschaften von Parallelogrammen sollten Sie sich unbedingt merken:

✔ Die gegenüberliegenden Seiten sind parallel und haben die gleiche Länge.

✔ Die gegenüberliegenden Winkel sind gleich groß.

✔ Die benachbarten Winkel addieren sich zu 180°, sind also Ergänzungswinkel.

✔ Die Diagonalen eines Parallelogramms halbieren sich gegenseitig. In anderen Worten, sie kreuzen sich im Mittelpunkt.

In Abbildung 12.9 finden Sie die wichtigsten Eigenschaften eines Parallelogramms.

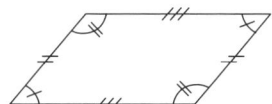

Abbildung 12.9: Ein Parallelogramm

Die Fläche eines jeden Parallelogramms ist seine Grundseite mal die Höhe ($A = bh$). Sie ermitteln die Höhe ziemlich auf dieselbe Weise wie die eines Dreiecks. Der einzige Unterschied besteht darin, dass Sie die Senkrechte von der Grundseite zur gegenüberliegenden Seite ziehen (anstelle zum gegenüberliegenden Eckpunkt wie beim Dreieck). Siehe dazu Abbildung 12.10.

Abbildung 12.10: Ermittlung der Fläche eines Parallelogramms.

Sie können die Höhe auch mit dem Satz des Pythagoras berechnen. Wenn Sie eine Senkrechte von einer Ecke zur Grundseite ziehen, wird die Senkrechte zu einer Kathete eines rechtwinkligen Dreiecks. Ist die Länge der anderen Seiten des Dreiecks (oder andere Informationen aus denen sich die Längen ermitteln lassen) in der Aufgabe angegeben, können Sie die Höhe mit der Pythagorasformel berechnen.

Es gibt verschiedene Arten von Parallelogrammen:

✔ Ein *Rechteck* ist ein Parallelogramm mit vier rechten Winkeln. Da alle Rechtecke Parallelogramme sind, haben sie dieselben Eigenschaften wie diese. Auch bei einem Rechteck berechnet sich die Fläche mit $A = bh$, nur ist das Rechteck so freundlich, dass die Höhe gleich einer der Seiten ist.

✔ Ein *Quadrat* ist ein Rechteck mit vier gleichen Seiten. Es besitzt vier rechte Winkel und alle Seiten sind gleich lang. Deswegen ist es auch sehr einfach die Fläche zu berechnen, wenn man nur eine Seite kennt. Die Fläche eines Rechtecks ist $A = s^2$ oder $A = s \times s$, wobei s die Länge einer Seite ist. Der Umfang eines Quadrats ist $4s$.

Ein feiner Trick die Fläche eines Quadrates zu berechnen, wenn man nur die Länge der Diagonalen kennt ist folgender: Sie rechnen $A = d^2 \div 2$, wobei d die Diagonale ist. Sie erinnern sich: Die Diagonale eines Quadrats ist die Hypotenuse eines gleichschenkligen rechtwinkligen Dreiecks. Und dafür gibt es ja bestimmte Formeln. Dieser Trick benutzt einfach nur den Satz des Pythagoras, nur rückwärts.

✔ Ein *Rhombus* oder eine *Raute* ist ein Parallelogramm, in dem alle Seiten dieselbe Länge haben, das aber nicht unbedingt vier rechte Winkel besitzt. Die Fläche einer Raute ermittelt man, indem man die Längen der Diagonalen (die Strecken, die die gegenüberliegenden Ecken miteinander verbinden, hier mit d bezeichnet) miteinander multipliziert und das Produkt durch 2 teilt. Also $A = \frac{1}{2}\, d_1 d_2$

Dachbau: Trapeze

Ein *Trapez* ist ein Viereck mit zwei parallelen Seiten und zwei nicht parallelen Seiten. Die parallelen Seiten werden im Englischen als *Bases*, die nicht parallelen Seiten als *Legs* bezeichnet. Die Berechnung der Fläche eines Trapezes ist etwas knifflig, man kann es jedoch bewältigen, solange man die Länge der parallelen Seiten und die Höhe kennt. Um die Fläche zu ermitteln, nimmt man den Mittelwert der beiden parallelen Seiten und multipliziert ihn mit der Höhe. Die Formel ist also: $A = \frac{1}{2}(b_1 + b_2) \times h$. Siehe dazu auch Abbildung 12.11.

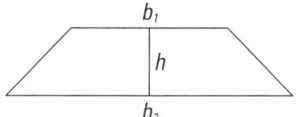

Abbildung 12.11: Flächenberechnung eines Trapez: Mittelwert der beiden parallelen Seite mal die Höhe.

Bei einem *gleichschenkligen Trapez* haben die beiden nicht parallelen Seiten des Vierecks dieselbe Länge. Das ganze sieht dann aus wie ein großes »A« ohne die Spitze.

Hier eine Frage über Vierecke, die zum Beispiel im GMAT vorkommt:

In the following figure, square ABCD has sides the length of 4 units, and M and N are the midpoints of AB and CD, respectively. What is the perimeter, in units, of AMCN?

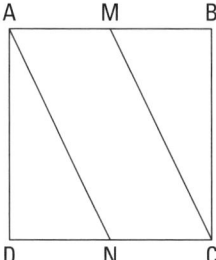

(A) 6

(B) $6\sqrt{5}$

(C) $2 + 2\sqrt{3}$

(D) $4 + 4\sqrt{5}$

(E) $8\sqrt{5}$

Diese Aufgabe fragt nach dem Umfang des Parallelogramms AMCN, schließt jedoch auch Ihr Wissen über Dreiecke und das Rechnen mit Wurzeln mit ein.

Wenn M und N die Mittelpunkte des Quadrates sind, dann ist AM = 2 (also ½) und NC = 2. Sie wissen also nun, dass die beiden kurzen Seiten AMNC 2 Einheiten lang sind und zusammen 4 Einheiten lang sind. Nun bleiben noch die langen Seiten. Diese sind, wie Sie in der Abbildung erkennen können, Hypotenusen eines rechtwinkligen Dreiecks innerhalb des Quadrats. Die Längen der Katheten des Dreiecks sind 2 und 4. Sie passen nicht in irgendwelche besonderen Seitenverhältnisse rechtwinkliger Dreiecke, also muss man mit der Formel rechnen:

$$2^2 + 4^2 = c^2 \,;\, 4 + 16 = c^2 \,;\, 20 = c^2 \,;\, c = \sqrt{20}$$

Der Umfang ist dann: $(2 \times 2) + 2\sqrt{20}$ oder $4 + 2\sqrt{20}$

Nur ist leider diese Antwort nicht angegeben, also muss man die Wurzel noch weiter vereinfachen (Informationen darüber finden Sie in Kapitel 10).

$20 = 4 \times 5$ und die Quadratwurzel von 4 ist 2. Also ist $\sqrt{20} = 2\sqrt{5}$. Also ist der Umfang $= 4 + (2)2\sqrt{5}$. Aus 2(2) wird 4 und heraus kommt $4 + 4\sqrt{5}$, und das ist Antwort D.

Viele gute Seiten: weitere Polygone

Im GMAT werden gerne weitere Arten von Polygonen verwendet, um die Sache etwas interessanter zu machen. Hier die häufigsten:

✔ **Pentagon:** Ein Fünfeck, also eine Form mit fünf Seiten

✔ **Hexagon:** Ein Sechseck, also eine Form mit sechs Seiten

✔ **Heptagon:** Ein Siebeneck, eine Form mit 7 Seiten

✔ **Oktagon:** Ein Achteck, eine Form mit 8 Seiten (wie Oktopus)

✔ **Nonagon:** Ein Neuneck, eine Form mit 9 Seiten

✔ **Dekagon:** Ein Zehneck, eine Form mit 10 Seiten

Im Allgemeinen sind die Polygone im GMAT regelmäßig, das heißt, die Seiten der Formen haben alle die gleiche Länge und auch die Winkel sind gleich groß. Die Regeln für ähnliche Dreiecke gelten auch für Vierecke und andere Polygone: Haben zwei Polygone dieselbe Form und dieselben Winkel, sind die Längen der entsprechenden Seiten einander proportional.

Es gibt keine Formel für die Flächenberechnung eines Polygons. Man muss aus dem Polygon Drei- und Vierecke herausschneiden, deren Fläche einzeln berechnen und sie dann zur Gesamtfläche des Polygons zusammenaddieren.

Sie wissen ja, dass die Winkelsumme eines Dreiecks 180° und die eines Vierecks 360° ergibt. Erkennen Sie schon ein Muster? Rechnen Sie einfach 180° dazu und Sie erhalten die Winkelsumme eines Fünfecks – 540°. Müsste man die Winkelsumme auf diese Weise zusammenaddieren, wäre das sehr umständlich und es würden einem schnell die Finger zum Nachzählen ausgehen: Hier eine Formel zur Berechnung der Summe aller inneren Winkel eines Polygons:

Winkelsumme = $(n - 2) \times 180°$, wobei n die Anzahl der Ecken ist.

Das funktioniert immer! Bei einem regelmäßigen Vieleck kann man nun die Größe der einzelnen Winkel berechnen. Dazu teilt man die Winkelsumme einfach durch die Anzahl der Ecken. Also beträgt jeder Winkel eines regelmäßigen Fünfecks: 540° ÷ 5 = 108°.

Die Formel für die Berechnung der einzelnen Winkel funktioniert nur, wenn in der Aufgabe des GMAT angegeben ist, dass das Polygon regelmäßig sei.

Runde Sachen: Kreise

Technisch/Mathematisch betrachtet ist ein Kreis eine Menge von Punkten, die von einem bestimmten Punkt, dem Mittelpunkt, die gleiche Entfernung haben. Am besten zeichnet man einen Kreis mit einem Zirkel aber beim GMAT haben Sie ja nur Ihren Kuli.

Ringmessungen: Radius, Durchmesser und Umfang

Fast in jeder GMAT-Aufgabe über Kreise dreht es sich um den Radius, Durchmesser (*diameter*) oder Umfang (*circumference*).

Der *Radius* ist die Entfernung vom Mittelpunkt zu jedem Punkt auf dem Kreisrand. Denken Sie sich den Radius als Strahl, der vom Mittelpunkt nach außen zum Rand geht. Der Radius wird gewöhnlich mit dem Buchstaben r bezeichnet, so auch in Abbildung 12.12.

Der *Durchmesser* ist die Entfernung von einem Punkt auf dem Kreisrand zum Punkt exakt auf dem Kreisrand gegenüber. Die Linie zwischen den beiden Punkten verläuft durch den Mittelpunkt. Der Durchmesser ist doppelt so groß wie der Radius und die größtmögliche Entfernung innerhalb des Kreises. Der Durchmesser wird meistens, wie auch in Abbildung 12.12 gezeigt, mit dem Buchstaben d angegeben.

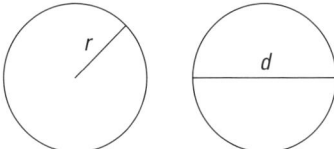

Abbildung 12.12: Radius und Durchmesser eines Kreises

Der *Umfang* eines Kreises ist die Länge der Kreislinie. Sie entspricht auch dem Umfang eines Polygons mit unendlich vielen Ecken. Anstatt sich nun darum Gedanken zu machen, wie man die ganzen Ecken zusammenaddiert, verwendet man einfach diese Formel:

$C = 2\pi r$

Oder (da $r = 2d$)

$C = \pi d$

Falls nur der Umfang angegeben ist können Sie die Formel umstellen, wenn Sie den Durchmesser oder den Radius herausfinden wollen:

✔ Die Formel für den Radius ist $r = C \div 2\pi$

✔ Die Formel für den Durchmesser ist $d = C \div \pi$

Eine andere wichtige Formel, die Sie kennen sollten, ist die für die Fläche eines Kreises: $A = \pi r^2$

Auch diese Formel können Sie umstellen, wenn nur die Fläche angegeben ist und Sie Radius bzw. Durchmesser ausrechnen wollen:

✔ Die Formel für den Radius ist dann: $r = \sqrt{A \div \pi}$

✔ Die Formel für den Durchmesser ist: $d = 2\sqrt{A \div \pi}$

Den Bogen raus bekommen

Folgenden grundlegenden Sachverhalt sollte man verstehen, wenn man im GMAT nicht im Kreis laufen will:

✔ Der Bogen eines Kreises (ein Kreisbogen) ist ein Abschnitt eines Kreises. Siehe dazu Abbildung 12.13.

✔ Der Mittelpunktswinkel ist ein Winkel der durch die zwei Radien gebildet wird. Die Spitze des Winkels liegt genau im Mittelpunkt des Kreises (deswegen Mittelpunktswinkel). Das Maß des Mittelpunktwinkels wird durch die Weite des Bogens am anderen Ende der Radien gebildet. So hat ein Mittelpunktwinkel von 90° (wie der in Abbildung 12.13) einen 90° Bogen, der einen Viertelkreis bildet.

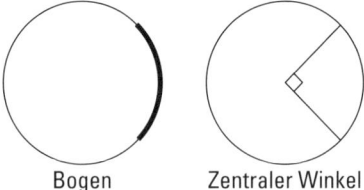

Bogen   Zentraler Winkel

Abbildung 12.13: Ein Kreisbogen und der Mittelpunktswinkel

In the following figure, A and B lie on the circle centered at C. CA is 9 units long, and the measure of ∠ACB is 40°. How many units long is minor arc AB?

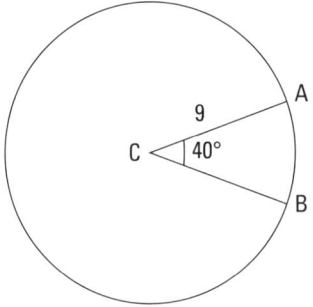

(A) π

(B) 2π

(C) 9π

(D) 18π

(E) 36π

Zuerst müssen Sie wissen, wie groß der Winkel im Boden AB ist. Da CA und CB Radien des Kreises sind hat der Bogen an den Enden der Radien dieselbe Größe wie der Winkel ∠ACB, also 40°. Wie hilft nun das bei der Ermittlung der Länge des Bogens? Sie wissen ja, dass ein voller Kreis 360° hat. 40° ist $\frac{1}{9}$ von 360°. Das bedeutet, dass die Länge des Bogens $\frac{1}{9}$ des Umfangs beträgt. Ermitteln Sie also zuerst den Umfang und berechnen dann $\frac{1}{9}$ davon.

$$C = 2\pi r = 2\pi \times 9 = 18\pi$$

$$18\pi \times \tfrac{1}{9} = 2\pi$$

Die richtige Antwort muss also B sein.

Alles auf einmal: Sehnen, In- und Umkreise, Tangenten

Im GMAT gibt es einige außergewöhnliche Linien und Formen im Zusammenhang mit Fragen zu Kreisen. Diese Extras können innerhalb und auch außerhalb des Kreises auftauchen.

Ein Herz voller Sehnen

Eine *Sehne* ist eine Strecke, die einen Kreis durchläuft und zwei Punkte am Kreisrand direkt miteinander verbindet. Die zwei Endpunkte der Strecke bilden ebenfalls die Enden eines Kreisbogens. Siehe dazu Abbildung 12.14.

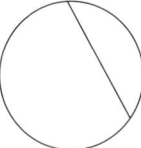

Abbildung 12.14: Eine Sehne

Umkreise

Eine Form in einem *Umkreis* wird genau von einem Kreis umschrieben, dass heißt jeder ihrer Eckpunkte liegt auf einem Kreis. Siehe Abbildung 12.15.

Ein *Inkreis* liegt genau innerhalb einer Form, dass heißt, dass der Kreis die Seiten der Form von innen berührt.

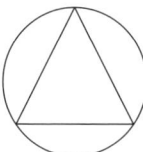

Abbildung 12.15: Ein Dreieck in einem Umkreis

 Im GMAT kommen Umkreise meistens im Zusammenhang mit Flächenfragen vor. Wenn Sie Fragen wie »Wie groß ist die graue Fläche?« bekommen, ist es am besten, Sie rechnen die Flächen beider Formen aus und subtrahieren dann die Flächen voneinander.

Das tangiert auch Sie

Eine *Tangente* ist eine Gerade oder Strecke, die einen Kreis nur ein einem Punkt schneidet (Abbildung 12.16). Man kann sich das wie ein Rad vorstellen, dass auf einer Straße rollt. Die Straße ist die Tangente zum Rad. Die Tangente ist senkrecht zum Radius, der dort die Tangente berührt, wo die Tangente den Kreis berührt. Um bei der Analogie mit dem Rad zu bleiben, würde, wenn das Rad unendlich viele Speichen hätte, nur eine einzige Speiche den Boden berühren und dabei senkrecht zum Boden stehen.

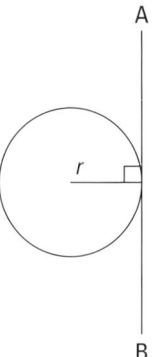

Abbildung 12.16: Eine Tangente

Und so eine Frage zu Kreisen könnte im GMAT vorkommen:

In the following figure, the circle centered at B is internally tangent to the circle centered at A. The smaller circle passes through the center of the larger circle and the length of AB is 4 units. If the smaller circle is removed from the larger circle, how many square units of the area of the larger circle will remain?

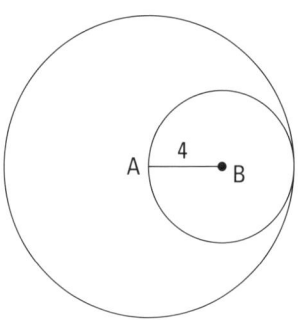

(A) 16π

(B) 36π

(C) 48π

(D) 64π

(E) 800π

Da der kleine Kreis durch den Mittelpunkt des großen Kreises verläuft, ist der Radius des großen Kreises doppelt so groß wie der des kleinen Kreises, also 8 Einheiten. Um die gefragte Fläche zu finden, muss man die Fläche des großen Kreises ausrechnen und die Fläche des kleinen davon abziehen. Dazu benutzt man die Formel zur Flächenberechnung bei Kreisen. Zuerst der große Kreis:

$A = \pi r^2$

$A = \pi (8)^2 = 64\pi$

Und dann der kleine Kreis:

$A = \pi(4)^2 = 16\pi$

Nun subtrahiert man die beiden Flächen:

$64\pi - 16\pi = 48\pi$

Die richtige Antwort ist C.

Ein wenig mehr Tiefe bitte: Dreidimensionale Geometrie

Dreidimensionale Geometrie oder die Geometrie der Körper fügt der Geometrie in der Ebene die Tiefe hinzu. Die dreidimensionale Geometrie ist in etwa genau so einfach wie die Geometrie in der Ebene und man kann viele Methoden auf dieselbe Weise anwenden. Es werden im GMAT höchstwahrscheinlich nur eine Handvoll Fragen mit dreidimensionaler Geometrie gestellt und diese befassen sich wahrscheinlich mit Quadern und Zylindern.

Bauklötze staunen: Quader

Ein *Quader* ist nichts anderes als ein Rechteck, dem Tiefe hinzugefügt wurde. Gute Beispiele sind Bauklötze, Zigarettenschachteln oder die Schachtel Ihres Lieblingsmüslis. Alle Ecken eines regelmäßigen Quaders besitzen 90°, daher bezeichnet man einen Quader auch als regelmäßiges, rechteckiges Prisma. Ein *Prisma* ist ein Körper, der durch zwei parallele Ebenen oben und unten begrenzt ist und dessen Grundriss ein Polygon darstellt. Die Eckpunkte der beiden Polygone sind miteinander verbunden. Die beiden Polygone auf den Ebenen bilden die Basen des Prismas, wie Sie in Abbildung 12.17 erkennen können.

Ein Quader besitzt drei Dimensionen: Länge, Breite und Höhe. Beim GMAT müssen Sie nur 2 grundlegende Maße beachten: Die gesamte Oberfläche und das Volumen.

Das Volumen

Das *Volumen* eines Quaders ist ein Maß dafür, wie viel Raum er einnimmt, oder um es verständlicher auszudrücken: wie viel Müsli in die Schachtel passt. Man misst das Volumen in kubischen Einheiten. Die Formel für die Berechnung des Volumens ist Länge (*l*) × Breite (*b*) × Höhe (*h*).

$V = lbh$

Eine andere Methode ist die Grundfläche des Quaders B mit der Höhe h zu multiplizieren. Da die Grundfläche das gleiche ist wie die Länge mal die Breite kommt es auf dasselbe hinaus wie bei obiger Formel. Ersichtlich wird dies in Abbildung 12.17.

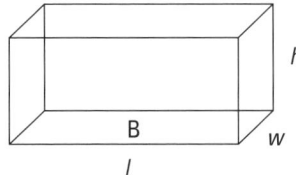

Abbildung 12.17: Volumenberechnung eines Quaders

Die Oberfläche

Die Oberfläche eines Quaders findet man, indem man einfach die Fläche aller Seitenflächen ausrechnet und diese dann addiert (Abbildung 12.18).

Zuerst rechnet man die Länge (*l*) mal die Höhe (*h*) und multipliziert das ganze mit zwei (für vorne und hinten). Dasselbe macht man mit der Länge und der Breite (oben und unten) und mit der Breite und der Höhe (links und rechts). Dann kommt man auf die Formel:

$SA = 2lh + 2lb + 2bh$

Die Oberfläche ist das, was man bekommt, wenn man einen Quader, oder auch jeden anderen Körper auffalten würde und die einzelnen Flächen dann nebeneinander legen würde. Etwa so, wie man einen Umzugskarton zerlegt, wenn man ihn einlagern möchte.

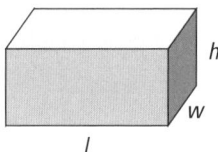

Abbildung 12.18: Die Oberfläche eines Quaders

Dosen und andere Zylinder

Ein Zylinder hat einen Kreis als Grundfläche und dieser erstreckt sich in die dritte Dimension, sodass er die Form einer Dose bekommt. Die Grundflächen eines Zylinders sind zwei gleiche Kreise auf verschiedenen Ebenen. Die Zylinder, die Sie im GMAT zu Gesicht bekommen werden sind gerade Zylinder, das heißt, dass die beiden Grundflächen genau übereinander stehen und die Verbindungslinien zwischen ihnen genau senkrecht stehen. In der Abbildung 12.19 sehen Sie einen geraden Zylinder. Alle gegenüberliegenden Punkte auf den beiden Kreisen der Grundfläche sind durch Strecken miteinander verbunden. Die Strecke, die die beiden Mittelpunkte verbindet, nennt man Achse.

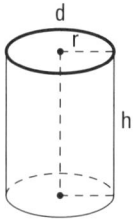

Abbildung 12.19: Ein gerader Zylinder

Ein gerader Zylinder hat dieselben Maße eines Kreises. Das heißt, er hat einen Radius, einen Durchmesser und einen Umfang. Zusätzlich hat er die dritte Dimension, also die Höhe.

Um das Volumen eines Zylinders zu berechnen, nimmt man die Grundfläche (die Fläche des Kreises – πr^2) und multipliziert diese mit der Höhe *h* des Zylinders. Das ist dann die Formel:

$V = \pi r^2 h$

Wenn Sie die Oberfläche eines Zylinders berechnen wollen, müssen Sie alle Seitenflächen des Zylinders aufaddieren. Stellen Sie sich vor, sie nehmen eine Gemüsedose und trennen Deckel und Boden mit einem Dosenöffner heraus. Dann schneiden Sie die Dose senkrecht durch und falten die Seitenwand auf. Wenn Sie nun alle Flächen berechnen, haben Sie die Oberfläche.

Wenn Sie die Oberfläche eines Zylinders berechnen, vergessen Sie nicht Deckel und Boden der Dose!

Hier nun die Formel der Oberfläche (*SA*) eines Zylinders – der Durchmesser (*d*) ist doppelt so groß wie der Radius (*r*).

$$SA = 2\pi r^2 + \pi dh$$

If a 10 cm tall aluminum can that is a perfect right circular cylinder contains 250 cm^3 of soda, what is the diameter of the can in centimeters?

(A) $5/\sqrt{\pi}$

(B) $10/\pi$

(C) $10/\sqrt{\pi}$

(D) 10π

(E) $5\sqrt{\pi}$

Sie beginnen mit der Formel für das Volumen eines geraden Zylinders, wobei *r* der Radius und *h* die Höhe der Dose ist.

$$V = \pi r^2 h$$

Sie wissen, dass das Volumen 250 cm^3 beträgt und die Höhe 10 cm ist, also setzen Sie die Zahlen ein:

$$250 = \pi r^2 \times 10$$

$$25 = \pi r^2$$

$$\frac{25}{\pi} = r^2$$

$$r = \sqrt{\frac{25}{\pi}}$$

$$r = \frac{5}{\sqrt{\pi}}$$

 Sie sind noch nicht fertig! Sie haben nun den Radius ermittelt, in der Aufgabe war aber nach dem Durchmesser gefragt. Sie haben quasi erst die Hälfte der Lösung:

$$2r = 2\left(\frac{5}{\sqrt{\pi}}\right) = \frac{10}{\sqrt{\pi}}$$

Wenn Sie sich die Antwortmöglichkeiten anschauen, sehen Sie, dass C die richtige Antwort ist. Möglichkeit A ist der Radius, nicht der Durchmesser. Antwort D ist 10 mal π und nicht 10 durch die Wurzel aus π. Zuletzt E: Das sieht zwar wie der Radius aus, nur steht die Wurzel aus π hier auch im Zähler.

Rasterfahndung: Rechnen und Geometrie in Koordinatensystemen

13

In diesem Kapitel...

▶ Das System des Koordinatensystems

▶ Formeln für Steigung, Achsenabschnitt und Entfernung

▶ Grafische Funktionen kennenlernen

*I*n Koordinatensystemen kann man sowohl Algebra als auch Geometrie anwenden. Mehr über die Grundlagen der Algebra und Geometrie erfahren Sie in den Kapiteln 11 und 12. In diesem Kapitel werden nun beide miteinander verknüpft. Sie werden erfahren, wie Formeln geografische Formen beschreiben, wie zum Beispiel eine Gerade oder eine Parabel.

Sie können davon ausgehen, dass sich etwa zehn Prozent der Aufgaben im GMAT mit Koordinatensystemen befassen. Wenn Ihnen Koordinatensysteme unheimlich sind, wird das Ihr Abschneiden nicht signifikant beeinflussen.

Was ist ein Koordinatensystem?

Ein Koordinatensystem ist nichts großartig Kompliziertes, obwohl es sich bis ins Unendliche ausdehnen kann. Sie haben sich vielleicht schon länger nicht mehr mit Koordinatensystemen beschäftigt (für die meisten Leute ist es nicht gerade eine alltägliche Sache), also nehmen Sie sich eine Minute Zeit und frischen Ihr Gedächtnis über die grundlegenden Begriffe auf, die vielleicht im GMAT vorkommen werden. Obwohl Sie nicht direkt nach deren Definition gefragt werden, ist die Kenntnis ihrer Bedeutung absolut wichtig.

Einige grundlegende Definitionen

Nun folgen ein paar grundlegende Begriffe, die beim Arbeiten mit Koordinatensystemen eine Rolle spielen:

✔ **Koordinatensystem (*Coordinate plane*):** Das Koordinatensystem ist eine perfekte flache Ebene, die ein System enthält, in dem man Punkte bestimmten Zahlenpaaren zuordnen kann. Diese Zahlenpaare bestimmen den Abstand des Punktes vom Ursprung zweier senkrechter Achsen. Die Koordinate eines bestimmten Punktes besteht aus einem Zahlenpaar, das die Position des Punktes wiedergibt, wie etwa (3; 4) oder (x; y). Das zweidimensionale Koordinatensystem wird auch als kartesisches Koordinatensystem bezeichnet.

✔ **X-Achse (*x-axis*):** Die X-Achse ist die horizontale Achse (oder Zahlenstrahl) eines Koordinatensystems, die im Ursprung beginnt. Der Ursprung besitzt den Zahlenwert 0. Zur rechten Seite hin werden die Zahlen größer und zur linken die Zahlen kleiner. Der X-Wert einer Koordinate wird immer zuerst genannt.

✔ **Y-Achse (*y-axis*):** Die Y-Achse ist die vertikale Achse (Zahlenstrahl) des Koordinatensystems. Auch die Y-Achse beginnt im Ursprung beim Wert 0. Nach oben werden die Zahlen größer, nach unten kleiner. Der Y-Wert einer Koordinate wird als Zweites angegeben.

✔ **Ursprung (*Origin*):** Der Ursprung ist der Punkt (0; 0) des Koordinatensystems. Im Ursprung schneiden sich die X- und die Y-Achse.

✔ **Geordnetes Paar (*Ordered pair*):** Ein geordnetes Paar wir im Koordinatensystem auch als Koordinatenpaar bezeichnet. Es ist ein Zahlenpaar, das die Entfernung eines Punktes zum Ursprung angibt. Die horizontale Koordinate (x) wird immer zuerst angegeben, die vertikale Koordinate (y) als zweites.

✔ **Abszisse:** Die X-Koordinate eines geordneten Paares wird als Abszisse bezeichnet.

✔ **Ordinate:** Ordinate ist eine andere Bezeichnung für die Y-Koordinate eines geordneten Paares.

✔ **Nullstelle (*x-intercept*):** Der Wert von x, wo eine Gerade, eine Kurve oder irgendeine andere Funktion die X-Achse schneidet. An der Nullstelle ist $y = 0$. Nullstellen werden manchmal auch als *Wurzeln* (*roots*), bezeichnet.

✔ **Y-Achsenschnittpunkt (*y-intercept*):** Der Wert von y, wo eine Gerade, eine Kurve oder irgendeine andere Funktion die Y-Achse schneidet. Der X-Wert 0 liegt auf der Y-Achse.

✔ **Steigung (*Slope*):** Die Steigung misst, wie steil eine Linie ist.

Auf Linie gebracht: So funktioniert ein Koordinatensystem

Ein Koordinatensystem dehnt sich in zwei Richtungen bis ins Unendliche aus und besitzt keine Tiefe. Es ist also ein rein zweidimensionales Konzept. Es erweist sich aber als sehr hilfreich, wenn es um die grafische Bearbeitung von Gleichungen mit zwei Variablen, normalerweise x und y, geht.

Wo liegt der Punkt?

Ein Koordinatensystem besteht aus zwei sich senkrecht schneidenden Zahlenstrahlen. Der horizontale Strahl wird X-Achse genannt, der vertikale Y-Achse. Der Punkt, wo sich die beiden Achsen schneiden, ist der Ursprung. Pfeile an den Enden der Achsen sollen verdeutlichen, dass die Achsen bis ins Unendliche weitergehen.

Man kann jeden Punkt im Koordinatensystem durch seine Koordinaten (auch als geordnetes Paar bezeichnet) lokalisieren. Die Koordinaten geben die Lage anhand der entsprechenden Stelle der X- und Y-Achse wieder. Zum Beispiel liegt der Punkt mit der Koordinate (2, 3) zwei Einheiten rechts vom Ursprung entlang der horizontalen X-Achse und drei Einheiten oberhalb vom Ursprung entlang der vertikalen Y-Achse. In Abbildung 13.1 liegt der Punkt A auf (2; 3). Die X-Koordinate wird zuerst angegeben, die Y-Koordinate als Zweites. Ganz einfach, oder?

Auf allen Vieren: Quadranten

Die sich schneidenden X- und Y-Achsen bilden auf dem Koordinatensystem vier Quadranten, die mit römischen Ziffern als Quadrant I, II, III und IV bezeichnet werden (siehe Abbildung 13.1). Folgendes können Sie über die Punkte annehmen, je nachdem in welchen Quadranten sie sich befinden:

✔ Alle Punkte im Quadranten I haben einen positiven Wert für x und einen positiven Wert für y.

✔ Alle Punkte im Quadranten II haben einen negativen Wert für x und einen positiven Wert für y.

✔ Alle Punkte im Quadranten III haben einen negativen Wert für x und einen negativen Wert für y.

✔ Alle Punkte im Quadranten IV haben einen positiven Wert für x und einen negativen Wert für y.

✔ Alle Punkte auf der X-Achse haben den Wert $y = 0$.

✔ Alle Punkte auf der Y-Achse haben den Wert $x = 0$.

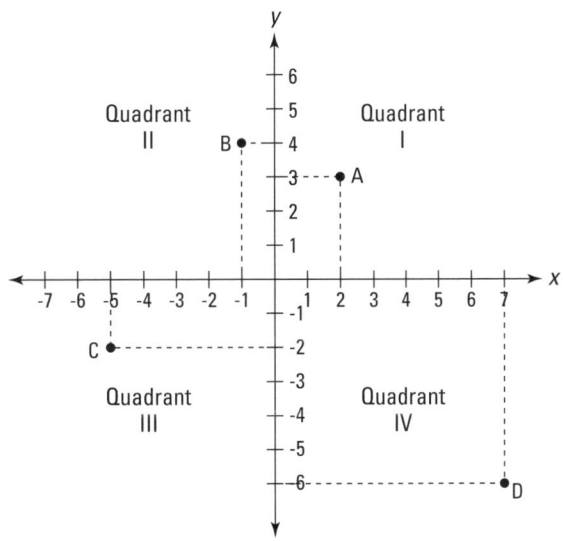

Abbildung 13.1: Punkte und Quadranten in einem Koordinatensystem

Quadrant I liegt rechts von der Y-Achse und über der X-Achse. Er ist also der obere rechte Teil des Koordinatensystems. Wie in Abbildung 13.1 sichtbar, sind die Quadranten entgegen dem Uhrzeigersinn nummeriert. In Abbildung 13.1 sieht man auch die Position der Punkte A, B, C und D.

✔ Punkt A liegt im Quadranten I und besitzt die Koordinaten (2; 3)

✔ Punkt B liegt im Quadranten II und besitzt die Koordinaten (–1; 4)

✔ Punkt C liegt im Quadranten III und besitzt die Koordinaten (–5; –2)

✔ Punkt D liegt im Quadranten IV und besitzt die Koordinaten (7; –6)

IM GMAT können Sie sich nicht ihren Lieblingsquadranten aussuchen, vielmehr müssen Sie angeben können, in welchem Quadranten ein bestimmter Punkt liegt.

Auf und Ab: Steigungen und lineare Gleichungen

Eine der nützlichsten Anwendungen von Koordinatensystemen ist, dass man lineare Gleichungen darin grafisch darstellen kann. Tatsächlich sind Aufgaben, die Ihr Wissen über Geraden und lineare Gleichungen prüfen, die häufigsten Fragen zu Koordinaten im GMAT. Sie sollten die Formel für die Steigung kennen, die Formel für den Achsenabschnitt sowie die Formel für den Abstand zweier Punkte in einem Koordinatensystem.

Zum Gipfel: Definition von Steigung

In Abbildung 13.2 sehen Sie, was mit dem Begriff Steigung (*slope*) gemeint ist. Sie sehen, dass eine Gerade, die nicht parallel zu einer Koordinatenachse verläuft, von links nach rechts entweder ansteigt oder abfällt. Die Steilheit des Aufsteigens bzw. Abfallens ist die *Steigung*.

Die Formel für die Steigung

Die Steigung einer Geraden ist eine einfache Zahl, die anzeigt, wie steil die Gerade verläuft. Man kann Sie sich als Bruch vorstellen, der den Anteil der Steigung durch den Anteil an Strecke wiedergibt, etwa so: Steigung pro Strecke. Mathematisch ausgedrückt, sieht das etwa so aus:

$$\text{Steigung}\,(m) = \frac{\text{Änderung der vertikalen Koordinaten}}{\text{Änderung der horizontalen Koordinaten}} = \frac{y_2 - y_1}{x_2 - x_1}$$

Die x und die y in der Gleichung stehen für die Koordinaten zweier Punkte auf einer Geraden. Die Formel ist dabei das Verhältnis der vertikalen Entfernung zwischen den Punkten zur horizontalen Entfernung zwischen denselben Punkten. Dazu subtrahieren Sie die Y-Koordinate des Punkts am weitesten links von der des anderen Punkts um den Zähler zu erhalten. Danach subtrahieren Sie die X-Koordinate vom Punkt am weitesten links von der X-Koordinate des anderen Punkts und Sie erhalten den Nenner.

Wenn Sie die Werte für Zähler und Nenner subtrahieren, denken Sie daran, die richtige Reihenfolge einzuhalten. Subtrahieren Sie die X- und Y-Koordinate des ersten Punkts von denen des zweiten Punktes. Machen Sie nicht den Fehler und rechnen Sie $x_2 - x_1$ für den Nenner und dann $y_1 - y_2$ für den Zähler. Mit solchen Vertauschungen bringen Sie nur Unordnung in Ihre Rechnungen und Sie versteigen sich ganz schnell in Ihren Steigungen.

Die Gerade in Abbildung 13.2 zeigt die Berechnung der Steigung.

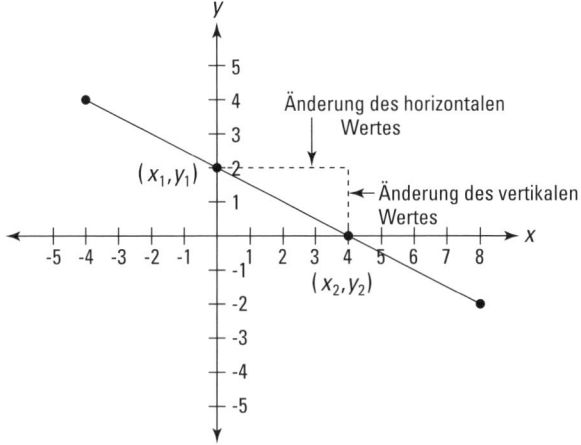

Abbildung 13.2: Die Berechnung der Steigung

In der Abbildung 13.2 benutzen Sie den Punkt mit den Koordinaten (0; 2) als $(x_1; y_1)$ und den Punkt (4; 0) als $(x_2; y_2)$. Man gerät zwar leicht in Versuchung die 0 von jeder entsprechenden größeren Zahl abzuziehen, aber dabei vertauscht man sehr schnell die Werte für x und y in den Koordinaten.

Damit die Formel für die Steigung funktioniert müssen Sie für $y_2 - y_1$ rechnen: 0 minus 2 (was –2 ergibt) rechnen und dann 4 minus 0 für $x_2 - x_1$ (das ergibt 4). Das sich ergebende Verhältnis beträgt $-\frac{2}{4}$ oder $-\frac{1}{2}$, das bedeutet, die Steigung ist $-\frac{1}{2}$.

Positive und negative Steigungen

In Abbildung 13.2 sehen Sie, dass die Gerade von links nach rechts abfällt. Neben dem wunderschönen Bergab-Effekt ist das ein Zeichen dafür, dass die Steigung der Geraden negativ ist. In Abbildung 13.3 können Sie auf den ersten Blick sehen, ob eine Gerade eine negative oder eine positive Steigung besitzt.

In Abbildung 13.3 hat die Gerade m eine negative Steigung und die Gerade n eine positive Steigung.

✔ Eine Gerade mit negativer Steigung fällt von links nach rechts ab (die linke Seite ist höher als die rechte). Die Steigung ist also kleiner als 0.

✔ Eine Gerade mit positiver Steigung steigt von links nach rechts an (die linke Seite ist also tiefer als die rechte). Die Steigung ist demnach größer als 0.

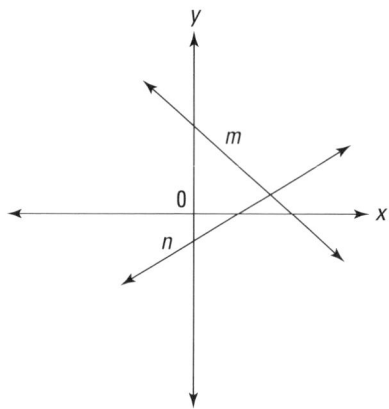

Abbildung 13.3: Negative und positive Steigungen

Steigungen von 0 und undefinierte Steigungen

Die Gerade 0 in Abbildung 13.4 hat die Steigung 0. Die Steigung der Geraden p ist nicht definiert, sie hat keine Steigung.

✔ Eine exakt horizontale Gerade hat die Steigung 0. Sie fällt weder ab noch steigt sie an.

✔ Eine exakt vertikale Gerade hat keine definierte Steigung, weil man nicht weiß, ob sie ansteigt oder abfällt. Sie ist parallel zur Y-Achse.

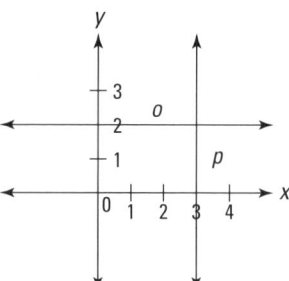

Abbildung 13.4: Die Steigung 0 und nicht definierte Steigung.

Die Geradengleichung zur Beschreibung von Geraden

Die Eigenschaften einer Geraden können mit einer mathematischen Formel dargestellt werden. Diese *Geradengleichung* (im Englischen *slope-intercept formula* genannt) zeigt immer y als Funktion von x. Das sieht dann so aus:

$y = mx + b$

In der Geradengleichung ist m eine Konstante, die die Steigung der Geraden darstellt und b ist der Y-Achsenabschnitt (also der Punkt, wo die Gerade die Y-Achse schneidet. Die Gleichung der Geraden in Abbildung 13.2 ist $y = -\frac{1}{2}x + 2$, weil die Steigung $-\frac{1}{2}$ ist und der

_Y_-Achsenabschnitt 2. In Abbildung 13.4 hat die Gerade _o_ die Gleichung _y_ = 2 und die Gleichung für die Gerade _p_ ist _x_ = 3.

Eine Gerade mit der Formel _y_ = 4_x_ + 1 hat die Steigung 4 (sie steigt 4 Einheiten auf der Entfernung von 1 an) und einen _Y_-Achsenabschnitt von 1. Diese Gerade ist in Abbildung 13.5 abgebildet.

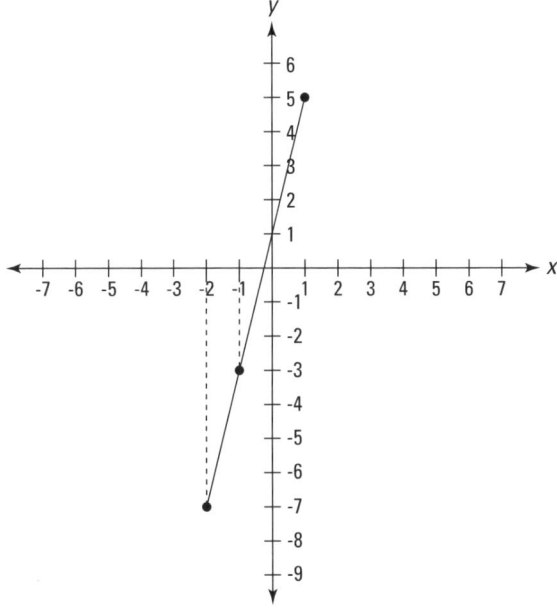

Abbildung 13.5: Die graphische Darstellung der Geraden y = 4x + 1

Eine Aufgabe im GMAT könnte Ihnen eine Geradengleichung angeben und Sie dann auffordern, die richtige Gerade unter den Abbildungen zu nennen. Sie zeichnen dann am besten zuerst einen Punkt auf dem _Y_-Abschnitt und anschließend in Einklang mit der Steigung einen zweiten Punkt. Dann verbinden Sie die beiden Punkte.

 Wenn Sie eine Geradengleichung bekommen, die nicht ins oben angegebene Format passt, können Sie etwas mit der Gleichung spielen (klingt spaßig, gell?), sodass sie in das Format _y_ = _mx_ + _b_ passt, das Sie kennen und lieben. Zum Beispiel bekommen Sie die Gleichung $\frac{1}{3}y - 3 = x$ serviert. Dann lösen Sie die Gleichung nach y auf:

$$\frac{1}{3}y - 3 = x$$

$$\frac{1}{3}y = x + 3$$

$$y = 3x + 9$$

Die neue Gleichung ergibt eine Gerade mit der Steigung 3 und dem Y-Achsenabschnitt 9. Ziemlich trickreich, oder?

Nun versuchen Sie sich mal an den zwei Beispielaufgaben und bekommen Sie einen kleinen Vorgeschmack auf den GMAT.

What is the equation of a line with a slope $-\frac{3}{4}$ and a y-intercept of 8?

(A) $4x + 3y = 32$

(B) $-3x + 4y = 16$

(C) $3x - 4y = 32$

(D) $3x + 4y = 16$

(E) $3x + 4y = 32$

Da die Geradengleichung das Format $y = mx + b$ besitzt, wissen Sie, dass m die Steigung und b der Y-Achsenabschnitt ist. Setzen Sie einfach die angegeben Werte in die Geradengleichung ein:

$$y = \left(-\frac{3}{4}\right)x + 8$$

Alle Antwortmöglichkeiten besitzen dasselbe Format:

$$ax + by = c$$

Nun müssen Sie Ihre Gleichung in das Format der Antworten umstellen. Vertauschen Sie die Terme, indem Sie beide Seite mit 4 multiplizieren und zu beiden Seiten $3x$ addieren:

$$4y = -3x + 32$$
$$3x + 4y = 32$$

Die richtige Antwort ist also E.

Which quadrants would a line with the equation $y - 2x + 3 = 0$ for all real numbers pass through?

(A) I, II and III

(B) III and IV only

(C) I, II, III and IV

(D) I, III and IV

(E) II and IV only

Hierfür müssen Sie wissen, wie die Quadranten eines Koordinatensystems bezeichnet sind. Zur Erinnerung schauen Sie auf die Abbildung 13.1. Antwort C können Sie übrigens sofort ausschließen, Es gibt keine Gerade, die durch alle vier Quadranten verläuft, also ist C unmöglich.

Am besten fangen Sie damit an, die lineare Gleichung in die Form einer Geradengleichung zu bringen. Dabei wandeln Sie die Gleichung $y - 2x + 3 = 0$ in $y = 2x - 3$ um.

Bei dieser Frage ist es ratsam, sich auf Notizpapier ein Koordinatensystem zu zeichnen und dabei die Quadranten I, II, III und IV zu kennzeichnen. Nichts Besonderes bis jetzt, keine Herausforderung für Sie. Nun zeichnen Sie einen Punkt unterhalb des Ursprungs der Y-Achse ein und bezeichnen Sie ihn als –3, dem Y-Achsenabschnitt. Danach zeichnen Sie eine Gerade von links nach rechts die durch den Punkt –3 und die je Einheit weiter nach rechts zwei Einheiten nach oben ansteigt. Diese Abbildung muss nicht perfekt sein, eine grobe Übersicht reicht aus. In Ihrer Zeichnung können Sie nun erkennen, dass die Gerade die Quadranten I, III und IV durchläuft.

Also ist D die richtige Antwort. Antwort A wäre für eine Parallele zur vorgegebenen Geraden mit positivem Y-Achsenschnittpunkt korrekt. Antwort B träfe für eine Gerade parallel zur X-Achse mit negativem Y-Achsenschnittpunkt zu. Antwort E wäre eine Gerade negativer Steigung, die durch den Ursprung führt.

 Jede Gerade geht durch mindestens zwei Quadranten, es sei denn sie verläuft genau auf der X- beziehungsweise Y-Achse. Liegt die Gerade auf einer Achse, geht sie nicht durch einen Quadranten. Geraden, die nur durch zwei Quadranten verlaufen, schneiden entweder den Ursprung oder sind parallel zu einer der Achsen. Alle anderen Geraden verlaufen durch drei Quadranten.

Auf Distanz

Einige Aufgaben im GMAT fragen nach der Entfernung zweier Punkte auf einer Geraden. Solche Aufgaben kann man mit Hilfe der Geometrie in Koordinatensystemen lösen.

Dafür muss man die *Entfernungsformel* anwenden. Nehmen wir an, Sie haben zwei Punkte, $A\,(x_1; y_1)$ und $B\,(x_2; y_2)$. Der Abstand dieser beiden Punkte wäre dann:

$$AB = \sqrt{(x_2 - x_1)^2 + (y_2 - y_1)^2}$$

Abbildung 13.6 zeigt, wie die Entfernungsformel funktioniert:

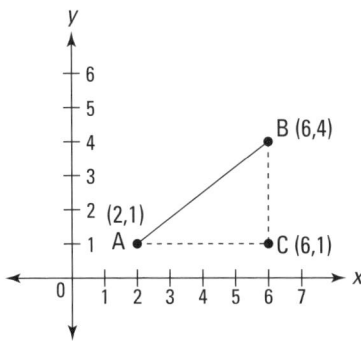

Abbildung 13.6: Ermittlung des Abstands zweier Punkte

Sie sehen, dass Punkt _A_ die Koordinaten (2; 1) besitzt und Punkt _B_ die Koordinaten (6; 4). Um die Entfernung der beiden Punkte voneinander zu finden, setzen Sie die Zahlen wie folgt in die Formel ein:

$$AB = \sqrt{(x_2 - x_1)^2 + (y_2 - y_1)^2}$$
$$AB = \sqrt{(6-2)^2 + (4-1)^2}$$
$$AB = \sqrt{(4)^2 + (3)^2}$$
$$AB = \sqrt{16 + 9}$$
$$AB = \sqrt{25} = 5$$

Wenn Ihnen diese Formel bekannt vorkommt, dann liegen Sie absolut richtig. Es ist eine der vielen Anwendungen des Satz des Pythagoras. (Falls Sie den Satz des Pythagoras nicht kennen sollten, schauen Sie in Kapitel 12). Verbindet man die Punkte _A_ und _B_ wie in Abbildung 13.6 mit einem dritten Punkt _C_, so erhält man ein rechtwinkliges Dreieck, in diesem Beispiel noch dazu eines mit perfektem 3:4:5 Seitenverhältnis.

Nun eine Beispielaufgabe zur Entfernungsberechnung:

What is the distance of a line segment that connects the origin to the coordinate point (–2, –3)?

(A) $\sqrt{13}$

(B) 5

(C) $\sqrt{5}$

(D) 8.94

(E) 13.42

Um die Entfernung des Punktes zum Ursprung zu berechnen, setzen Sie einfach die Koordinaten der beiden Punkte (–2; –3) und (0; 0) in die Formel ein:

$$AB = \sqrt{(x_2 - x_1)^2 + (y_2 - y_1)^2}$$
$$AB = \sqrt{((-2)-0)^2 + ((-3)-0)^2}$$
$$AB = \sqrt{(-2)^2 + (-3)^2}$$
$$AB = \sqrt{4 + 9}$$
$$AB = \sqrt{13}$$

Also ist Antwort A die richtige. Wählten sie Antwort B, hätten Sie einfach die Koordinaten des Endpunkts addiert, was natürlich nicht richtig ist. Bei Antwort C hätten Sie vergessen, die Entfernungen zu quadrieren. Antworten D und E sind allein schon deswegen falsch, weil Sie zur Bestätigung der Werte einen Taschenrechner bräuchten.

Es ist übrigens egal, welchen Punkt sie zuerst einsetzen, das Ergebnis wird davon nicht verändert, weil die Differenzen immer quadriert werden und man dabei immer eine positive Zahl erhält. Sie dürfen nur nicht die *X*- und *Y*-Koordinaten durcheinander bringen.

Denken Sie immer daran, dass die Entfernung zweier Punkte immer eine positive Zahl ergibt. Finden Sie einen negativen Wert unter den Antwortmöglichkeiten, vergessen Sie diese.

Voll funktionsfähig: Graphen von Funktionen

Die Geometrie in Koordinatensystemen und mathematische Funktionen hängen direkt miteinander zusammen. Man kann eine Funktion grafisch darstellen und dabei einiges über die Funktion selbst, ihre Definitions- und Zielmenge erfahren. Im GMAT können Graphen einer Funktion gezeigt werden und dann Fragen über die Eigenschaften der entsprechenden Funktion gestellt werden. Für genau solche Aufgaben geben wir Ihnen nun einige Informationen, sodass Sie keine Probleme damit haben werden.

Wenn Sie eine Funktion $f(x)$ grafisch in einem Koordinatensystem darstellen, werden die *X*-Werte (der Input, oder die Definitionsmenge einer Funktion) an der *X*-Achse aufgetragen und die $f(x)$-Werte an der *Y*-Achse. Jedes Mal, wenn Sie ein Koordinatenpaar einer Funktion sehen, zum Beispiel $(x; y)$, stellt x den Input oder die Definitionsmenge der Funktion und y den Output, oder die Zielmenge der Funktion dar. (Mehr Informationen zu Funktionen erhalten Sie in Kapitel 11).

Kurve oder Graph – das ist hier die Frage!

Eine Funktion ist eine bestimmte Beziehung zwischen den x-Werten (Input) und den y-Werten ($f(x)$ oder Output). Für jeden Wert von x gibt es einen einzigen bestimmten Wert für y, der sich von jedem anderen Wert für y unterscheidet. Dementsprechend hat ein Graph nur einen Punkt pro Wert auf der *X*-Achse. Eine beliebige Kurve in einem Koordinatensystem kann mehrere Punkte mit der gleichen *X*-Koordinate besitzen, während der Graph einer Funktion nur einen einzigen Punkt mit einer *X*-Koordinate besitzen darf. Ob man nun eine Kurve oder den Graphen einer Funktion vor sich hat, kann man einfach mit vertikalen Linien feststellen. Wenn es keine vertikale Linie gibt, die die Kurve an zwei Stellen schneidet, handelt es sich um eine Funktion.

So bestehen zum Beispiel beide Graphen in der Abbildung 13.7 den Test mit den vertikalen Linien und zeigen dadurch, dass sie Funktionen darstellen.

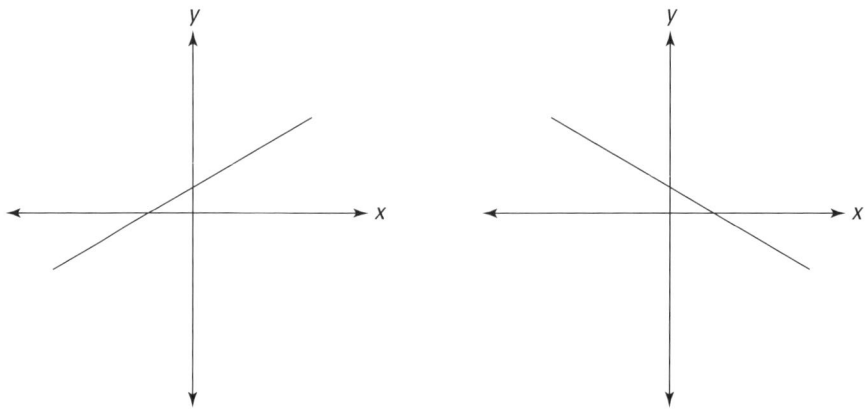

Abbildung 13.7: Geraden, die Funktionen darstellen

Die beiden Geraden in Abbildung 13.7 gehen in beide Richtungen bis ins Unendliche weiter. Jede vertikale Linie, die man einzeichnen würde, würde die Gerade nur an einer Stelle schneiden. Also gibt es für jeden x-Wert auch nur einen entsprechenden y-Wert. Die Geraden stellen also Funktionen dar.

 Sie wissen wahrscheinlich schon, dass die meisten Geraden Funktionen darstellen – schließlich wird eine Gerade durch die Gleichung $y = mx + b$ beschrieben. Nun sehen Sie es auch graphisch dargestellt.

Wenn Sie sich nun Abbildung 13.8 anschauen, sehen Sie eine Gerade, die kein Graph einer Funktion ist.

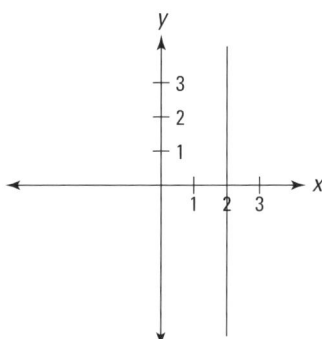

Abbildung 13.8: Eine Gerade, die keine Funktion darstellt.

Die Gerade in Abbildung 13.8 ist selbst vertikal (ihre Gleichung ist $x = 2$), also hat sie unendlich viele Punkte für y und nur einen Punkt für x. Deswegen ist die Gerade in Abbildung 13.8 keine Funktion.

Nicht alle Kurven verlaufen geradlinig. Manchmal hat man es auch mit Kurven zu tun. Schauen Sie sich mal beide Kurven in Abbildung 13.9 an und entscheiden Sie, ob es sich dabei um Graphen handelt oder nicht.

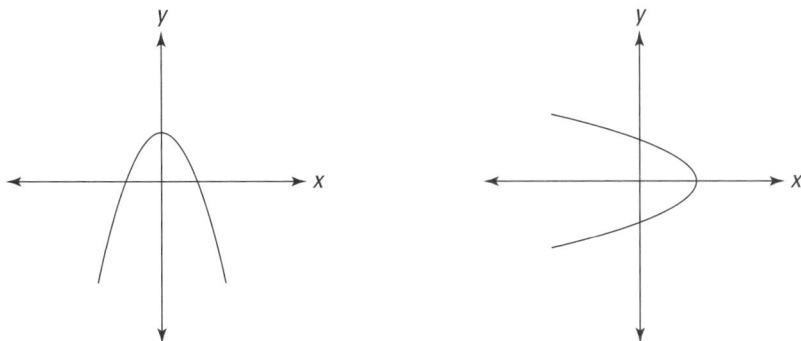

Abbildung 13.9: Sind diese Kurven (Parabeln) Graphen einer Funktion?

Die Kurven in Abbildung 13.9 sehen wie Parabeln aus. Parabeln werden wir etwas genauer im kommenden Abschnitt über Definitions- und Zielmengen von graphischen Funktionen besprechen. Die Kurve in der linken Grafik ist unten geöffnet und setzt sich unendlich nach unten und außen fort. Für jeden x-Wert auf dieser Kurve gibt es nur einen *einzigen* bestimmten y-Wert. Diese Kurve ist also Graph einer Funktion. Die Kurve in der rechten Grafik ist der linken ziemlich ähnlich, nur dass diese nach der Seite geöffnet ist. Hier gibt es jedoch, abgesehen von der Spitze, für jeden Wert für *x* zwei y-Werte. Eine vertikale Linie würde diese Kurve in zwei Punkten schneiden. Deswegen ist diese Kurve kein Graph einer Funktion.

Aufgaben über die Unterscheidung von Kurven und Graphen sind im GMAT relativ selten, wenn Sie jedoch mal eine sehen, wissen Sie, was zu tun ist.

Which of the following graphs in Figure 13.10 ist NOT graph of a function?

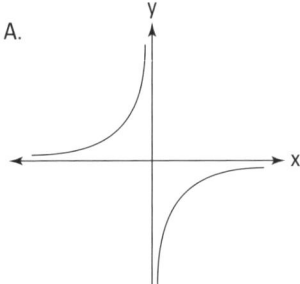

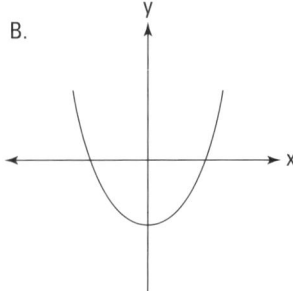

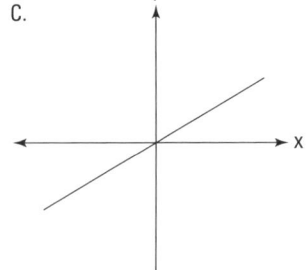

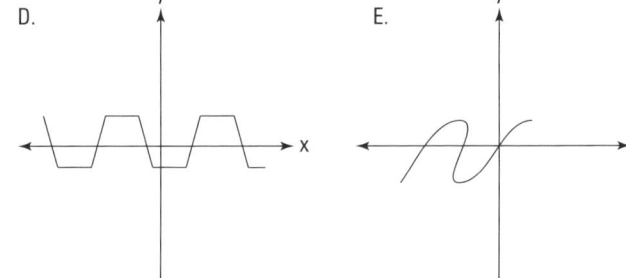

Abbildung 13.10: Kurve oder Graph?

Diese Art von Aufgaben ist sehr einfach, es sei denn, Sie sind mit den Eigenschaften einer Funktion nicht vertraut. Die Antwort E ist richtig, weil Kurve E sich links und rechts hin- und herwindet. So ist es möglich, dass eine vertikale Gerade die Kurve an mehreren Stellen schneidet. Alle anderen Graphen in dieser Frage besitzen für jeden Wert für x nur einen Wert für y. Alle denkbaren vertikalen Linien schneiden diese also nur in einem Punkt. Sie sind also Graphen einer Funktion.

Daheim: Definitions- und Zielmengen

Beim GMAT erwartet man von Ihnen, dass Sie sich Graphen einer Funktion anschauen und danach einiges über Definitions- und Zielmenge dieser Funktion sagen können. So müssen Sie die Definitionsmenge oder Zielmenge einer Funktion genau angeben können. In den Abbildungen 13.11, 13.12 und 13.13 finden Sie Beispiele, wie solche Graphen ausschauen könnten.

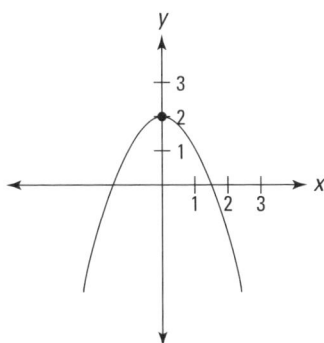

Abbildung 13.11: Definitions- und Zielmenge anhand einer Parabel

In Abbildung 13.11 finden Sie eine Funktion in Form einer Parabel. Ihr Scheitelpunkt besitzt die Koordinate (0; 2). Die Funktion dehnt sich nach beiden Seiten bis ins Unendliche aus, also besitzt die Funktion für x alle möglichen Werte, das heißt, ihre Definitionsmenge umfasst alle reellen Zahlen. Der Graph setzt sich auch nach unten bis ins Unendliche fort, ist jedoch nach oben durch den Y-Wert 2 beschränkt. Die Zielmenge lautet also $\{y: y \leq 2\}$.

In Abbildung 13.12 sehen Sie eine Gerade, die links aus dem Unendlichen kommt und rechts ins Unendliche geht. Genauso geht sie auch nach oben und unten ins Unendliche. Hier bestehen sowohl die Definitionsmenge als auch die Zielmenge aus allen reellen Zahlen. Es gibt bei diesem Graphen also keine künstlichen Grenzen für die Werte von x und y.

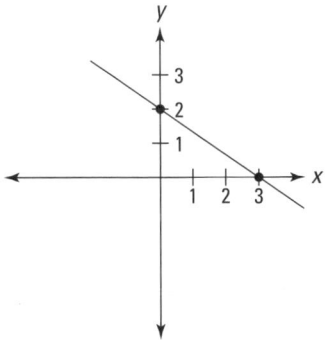

Abbildung 13.12: Definitions- und Zielmenge bei einer Geraden mit einer Steigung

In Abbildung 13.13 dehnt sich die horizontale Gerade nach links und rechts ins Unendliche, besitzt jedoch nur einen Wert auf der vertikalen Achse, der Y-Achse. Y beträgt hier also immer −3, deswegen lautet die Gleichung für diese Funktion $y = -3$ und die Zielmenge ist entsprechend einfach: $\{y: y = -3\}$. Da die Gerade an beiden Seiten ins Unendliche geht, nimmt sie jeden möglichen Wert für x an, was bedeutet, dass die Definitionsmenge wiederum alle möglichen reellen Zahlen umfasst.

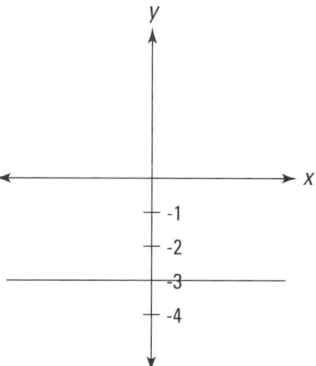

Abbildung 13.13: Definitions- und Zielmenge einer horizontalen Geraden.

Das ist auch schon alles. So sind Sie beim Test für alle Fragen aus diesem Themengebiet gerüstet:

Which of the following answers could be the domain of the function of the figure below?

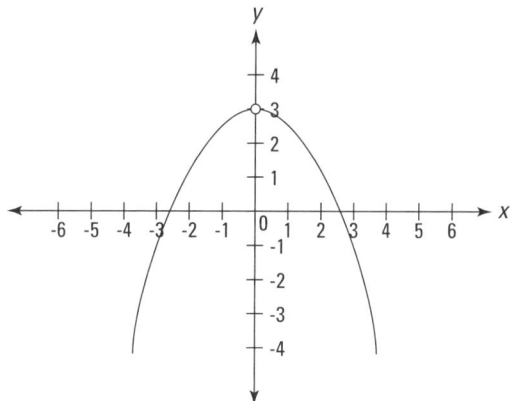

(A) $\{x: x \neq 0\}$

(B) $\{x: x \neq 3\}$

(C) $\{x: x = 0\}$

(D) $\{x: x \leq 3\}$

(E) $\{x: x < 0 > x\}$

Diese Aufgabe verlangt die Angabe der Definitionsmenge, NICHT der Zielmenge, also lassen Sie sich nicht vom Verlauf des Graphen und dem Fehlen der 3 irritieren und schauen Sie sich nur die *X*-Werte an. Deswegen können Sie schon alle Antwortmöglichkeiten mit 3 direkt streichen, also die Antworten B und D.

Der leere Kreis auf dem Punkt (0; 3) bedeutet, dass dieser Punkt nicht zur Funktion gehört und somit auch nicht zur Definitionsmenge der Funktion. Also fällt auch schon einmal C weg, denn C ist das genaue Gegenteil von dem, was Sie haben wollen, weil C nur einen möglichen Wert darstellt und nicht alle möglichen Werte *außer* einem. Antwort E ist unsinnig formalisiert und ergibt deswegen keinen Sinn. Also ist A die richtige Antwort. Die Definitionsmenge, oder die X-Werte, sind alle möglichen Zahlen ungleich 0.

Zahlen manipulieren: Statistik und Mengen

14

In diesem Kapitel...

▶ Aufgaben über Gruppen meistern

▶ Bei Schnitt- und Vereinigungsmengen glänzen

▶ Alles Mögliche bei Permutationen und Kombinationen

▶ Mittelwerte managen

▶ Standardabweichungen verstehen

▶ Wahrscheinlichkeitsrechnungen ermöglichen

*V*on der Zeit an, wo Sie im Kindergarten anfingen, sich selbst die Schuhe zu binden, mussten Sie lernen, in Gruppen zu spielen und zu arbeiten. Auch beim GMAT wird ihr Wissen über Gruppen geprüft: Zahlengruppen und Mengen. Diese Aufgaben sind normalerweise ziemlich einfach, sodass Sie die meisten Aufgaben wahrscheinlich ohne Hilfe lösen könnten, wenn Sie nur genug Zeit hätten. Aber natürlich hat man beim GMAT-Test nicht alle Zeit der Welt. In diesem Kapitel zeigen wir Ihnen einige Abkürzungen, damit Sie die Aufgaben schneller bewältigen können.

Die Fragen über Wahrscheinlichkeitsrechnung und Statistik sind für Sie dann schon eher eine Herausforderung. Der GMAT-Test besitzt mehr statistische Fragen als jeder andere verbreitete standardisierte Test. Als angehender MBA sollte man wohl etwas über Statistik wissen. Die Statistik beschäftigt sich mit der Verarbeitung, Analyse und Interpretation von Daten, um einen Überblick über die Situation und eine Grundlage für weitere Entscheidungen zu bekommen. Dazu müssen Sie wissen, wie Wahrscheinlichkeiten berechnet werden und was statistische Kennwerte für Durchschnitte und Variation bedeuten. Die Aufgaben über Statistik im GMAT sind nicht sehr kompliziert, aber sie sollten dem Thema trotzdem ihre volle Aufmerksamkeit zuwenden.

Durch die Cliquen segeln: Gruppenaufgaben

Gruppenaufgaben befassen sich mit Gruppen bestehend aus Personen oder Dingen, und wie sich diese in verschiedene Kategorien aufteilen. Normalerweise fragen diese Aufgaben nach der Gesamtanzahl von Leuten in verschiedenen Gruppen oder danach, wie viele Personen oder Dinge in einer bestimmten Untergruppe vorhanden sind.

Die meisten dieser Aufgaben könnten Sie durch einfaches Nachzählen lösen, aber Zählen kostet Zeit und Sie wollen ja die Aufgaben mit schlauer und nicht harter Arbeit lösen. Die Lösung funktioniert mit einfacher Arithmetik und nichts weiter.

 Die Formel für die Bearbeitung von Gruppenaufgaben lautet:

Gruppe 1 + Gruppe 2 – beide Gruppen + keine der Gruppen = Gesamtanzahl

Oder kurz: Gruppe 1 + Gruppe 2 – beide + keine = alle

Wird zum Beispiel angegeben, dass von insgesamt 110 Schülern 47 Schüler einen Kochkurs und 56 einen Handwerkskurs und 33 beide Kurse belegen, können Sie mit der Formel berechnen, wie viele der Schüler in keinem der beide Kurse angemeldet sind. Gruppe 1 sind die Köche und Gruppe 2 die Handwerker. Die gesuchte Variable ist dann die Gruppe, die keine der beiden Kurse belegt. Die Werte setzen Sie nun in die Formel ein und lösen auf:

$$\text{Gruppe } 1 \ + \ \text{Gruppe } 2 \ - \ \text{beide} \ + \ \text{keine} = \text{alle}$$
$$47 + 56 - 33 + \text{keine} = 110$$
$$47 + 56 - 33 + x = 110$$
$$70 + x = 110$$
$$x = 40$$

Von den 110 Schülern belegen 40 weder den Kochkurs noch den Handwerkskurs. Nun ein Beispiel, wie Gruppenaufgaben im GMAT vorkommen:

 One-third of all United States taxpayers may deduct charitable contributions on their federal income tax returns. Forty percent of all taxpayers may deduct state income tax payments from their federal returns. If 55 percent of all taxpayers may not deduct either charitable contributions or state sales tax, what portion of all taxpayers may claim both types of deductions?

(A) 15 %

(B) 18 %

(C) 20 %

(D) 28 %

(E) $^{17}/_{60}$

Mit der obigen Formel können Sie nun berechnen, welcher Anteil der Steuerzahler beide Posten von der Steuer absetzen kann. Ein Drittel, also $\frac{1}{3}$, macht gemeinnützige Spenden (*charitable contributions*), das ist Gruppe 1. Gruppe 2 sind diejenigen, die Umsatzsteuer (*state sales tax*) absetzen können. Die Unbekannte ist derjenige Anteil, der beide Posten absetzen kann.

 Obwohl die meisten Zahlen in der Aufgabe in Prozent angegeben sind, ist es ratsam, sie zu Brüchen umzuwandeln, weil ein Wert als $\frac{1}{3}$ angegeben ist. Außerdem ist es einfacher, ohne Taschenrechner eine Prozentzahl in einen Bruch umzuwandeln als umgekehrt.

40 % ergeben das gleiche wie $^{40}/_{100}$ oder gekürzt $^2/_5$. 55 % ist dasselbe wie $^{55}/_{100}$ oder $^{11}/_{20}$. Diese Werte setzen Sie nun in die obige Formel ein:

Gruppe 1 + Gruppe 2 − beide + keine = alle

$$\frac{1}{3} + \frac{2}{5} - x + \frac{11}{20} = 1$$

Um Brüche zu addieren oder subtrahieren, müssen Sie für alle Brüche den gemeinsamen Nenner finden und die Brüche so erweitern, dass bei allen der Nenner gleich ist. Der gemeinsame Nenner ist bei diesen Brüchen 60 (mehr zum Rechnen mit Brüchen finden Sie in Kapitel 10).

$$\frac{1}{3} + \frac{2}{5} - x + \frac{11}{20} = 1$$

$$\frac{20}{60} + \frac{24}{60} - x + \frac{33}{60} = \frac{60}{60}$$

$$\frac{77}{60} - x = \frac{60}{60}$$

$$x = \frac{17}{60}$$

Die richtige Antwort ist also E.

Rechnen Sie genau! Lassen Sie sich nicht dadurch irreführen, dass ein Drittel der gemeinnützigen Spendenden gleich 33 % sind. Obwohl ein Drittel und 33 % relativ nah beieinander liegen, ist es nicht dasselbe. Haben Sie mit 33 % gerechnet, so wäre Antwort D herausgekommen und das ist nicht die richtige Antwort. Wandelt man $^1/_3$ in 33 % um opfert man Genauigkeit zugunsten der Zeit.

Mengen verwalten: Vereinigungs- und Schnittmengen

Gruppen und Mengen sind miteinander verwandt. Eine *Menge* ist eine Sammlung von Objekten, Zahlen oder Werten. Die Objekte in einer Menge sind *Elemente* oder *Mitglieder*. Elemente gehören also zu einer Menge. Das Symbol ∈ bedeutet »Element von« während das Symbol ∉ bedeutet, dass ein Objekt, eine Zahl oder ein Wert »nicht Element von« einer Menge ist.

Will man zwei Mengen miteinander kombinieren, beschreiben die Ausdrücke *Vereinigungsmenge* und *Schnittmenge*, wie sich die beiden Mengen bezüglich der in ihnen enthaltenen Elemente zueinander verhalten. Eine *leere Menge* oder *Nullmenge* enthält keine Elemente und wird mit dem Symbol ∅ dargestellt.

Vereinte Kräfte: Vereinigungsmengen

Eine Vereinigungsmenge enthält alle Elemente zweier Mengen. So beinhaltet die Vereinigungsmenge der Mengen A und B (geschrieben als $A \cup B$) alle Elemente der beiden Mengen

A und B. Zum Beispiel ist die Vereinigungsmenge der Mengen $A = \{1; 2; 3; 4; 5; 6; 7; 8; 9\}$ und $B = \{2; 4; 6; 8; 10\}$ die Menge $A \cup B = \{1; 2; 3; 4; 5; 6; 7; 8; 9; 10\}$.

Gemeinsamkeiten: Schnittmengen

Eine Schnittmenge ist etwas weniger vereinend als eine Vereinigungsmenge. Die Schnittmenge der zwei Mengen A und B (geschrieben als $A \cap B$) enthält nur die Elemente, die in beiden Mengen auftauchen und nicht nur in einer von beiden. Zum Beispiel ist die Schnittmenge der Mengen $A = \{1; 2; 3; 4; 5; 6; 7; 8; 9\}$ und $B = \{2; 4; 6; 8; 10\}$ die Menge $A \cap B = \{2; 4; 6; 8\}$.

Tauchen alle Elemente der Menge B in der Menge A auf, so sagt man, dass B eine *Teilmenge* von A ist. Ist Menge $A = \{1; 2; 3; 4; 5; 6; 7; 8; 9\}$ und $B = \{2; 3; 5; 5\}$, so ist $B \subset A$. Beinhaltet die Schnittmenge zweier Mengen keine Elemente, dann sind die beiden Mengen *disjunkt* oder *elementfremd*. So sind die beiden Mengen $A = \{0; 2; 4; 6\}$ und $B = \{1; 3; 5; 7\}$ disjunkt bzw. elementfremd. Geschrieben wird das übrigens als $A \cap B = \varnothing$.

Visuelle Darstellung: Mengendiagramme

Die grundlegenden Konzepte der Mengenlehre lassen sich auch grafisch darstellen. Die klassischen *Mengendiagramme* (auch Venn-Diagramme genannt) in Abbildung 14.1 zeigen, wie sich Mengen zueinander verhalten und die dazu gehörende Terminologie. Sie können auch im GMAT Mengendiagramme bei der Beantwortung von Mengenaufgaben verwenden.

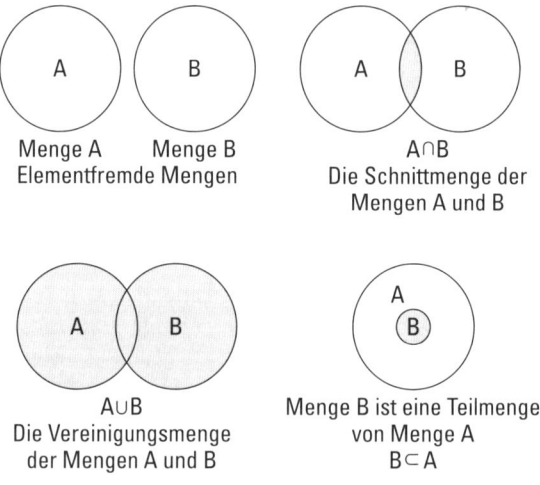

Abbildung 14.1: Mengendiagramme für elementfremdem Vereinigungs-, Schnitt- und Teilmengen.

Die Fragen im GMAT bezüglich Mengen sind ziemlich direkt, hier ein paar Beispiele:

$A = \{a, b, c, d, e, f\}$

$B = \{c, e, g, i, k\}$

$C = A \cap B$

What are the elements of set C?

(A) {a, b, c, d, e, f, g, i, k}

(B) {c, e}

(C) ∅

(D) {a, b, c, d, e, f}

(E) {c, e, g, i, k}

Hier müssen Sie bloß die Symbole, die die Beziehungen zwischen den Mengen zeigen, genau lesen. Hier ist die Menge C die Schnittmenge der Mengen A und B. Da eine Schnittmenge nur die Elemente enthält, die in beiden Mengen auftauchen, ist die richtige Antwort B.

$A = \{5, 10, 15, 20\}$

$B = \{2, 4, 6, 8, 10\}$

$C = A \cup B$

What is the mean average of the elements of set C?

(A) 8.75

(B) 8.89

(C) 10

(D) ∅

(E) It cannot be determined from the information given.

Die Lösung dieser Aufgabe hat zwei Schritte:

1. Interpretieren Sie das Symbol ∪ richtig, um die Elemente der Menge C zu bestimmen.

Da ∪ die Vereinigungsmenge bedeutet, müssen die einzelnen Elemente der Ausgangsmengen kombiniert werden, also ist Menge C = {2; 4; 5; 6; 8; 10; 15; 20}. Nehmen Sie die 10 nicht doppelt, denn sonst wird sie später doppelt gewichtet.

2. Bestimmen Sie den Mittelwert der Menge C.

Addieren Sie die einzelnen Werte und Sie erhalten den Gesamtwert 70. Nun teilen Sie die 70 durch die Anzahl der Elemente und erhalten 70 ÷ 8 = 8,75.

Die richtige Antwort ist also A. Haben Sie die 10 doppelt in die Menge C aufgenommen, so erhalten Sie Antwort B, nämlich 80 ÷ 9. Antwort C ist der Mittelwert der Schnittmenge (10 ÷ 1) der beiden Mengen A und B. Die beiden übrigen Antworten sollen Sie nur verwirren, wenn Sie keine Ahnung von Mengenlehre haben.

$L = \{s, t, u\}$

$M = \{u, w, y\}$

$N = \{v, w, y, z\}$

What is $|\,L \cup M\,|$?

(A) 6

(B) *{s, t, u, v, w, y}*

(C) *{u}*

(D) 5

(E) *{s, t, u, v, w, y, z}*

Diese Aufgabe fragt nach dem Absolutwert der Anzahl der Elemente einer Vereinigungsmenge – nicht nach der Vereinigungsmenge selbst (mehr zum Absolutwert erfahren Sie im Kapitel 10). Die Dritte angegebene Menge *N* dient nur als Ablenkungsmanöver.

$L \cup M = \{s, t, u, w, y\}$, also ist $|\,L \cup M\,| = 5$, weil 5 der Wert der Anzahl der Elemente in der Menge ist.

Das heißt, die richtige Antwort ist D.

B, C und E kann man direkt ausschließen, weil der Absolutwert eine Zahl ist und diese Antwortmöglichkeiten Mengen darstellen aber keine Zahlen.

Gekonnt arrangieren: Permutationen und Kombinationen

Im GMAT wird auch abgefragt, wie Gruppen und Mengen möglicherweise arrangiert werden können. Wenn Sie *Permutationen* berechnen, geben Sie die Anzahl der möglichen Reihenfolgen an, in denen die einzelnen Elemente stehen könnten. Die Bestimmung von *Kombinationen* ist ähnlich, nur dass hier die Reihenfolge keine Rolle spielt. Um Permutationen und Kombinationen berechnen zu können, müssen Sie *Fakultäten* (*factorials*) kennen. Eine Fakultät ist das Produkt aller natürlichen Zahlen von eins bis zur Zahl der Fakultät. Machen Sie sich keine Sorgen, wenn Sie das ganze jetzt noch nicht so richtig verstehen, wir erklären es dann anschaulicher, wenn wir die Permutationen besprechen.

Wechselspiel der Permutationen

Bei Aufgaben zu Permutationen werden Sie gefragt, in wie vielen möglichen Reihenfolgen eine Gruppe von Objekten oder Zahlen angeordnet werden kann. Zum Beispiel könnte gefragt werden, wie viele mögliche Telefonnummern es geben könnte, wenn die Nummern maximal 7 Stellen haben dürften und alle möglichen Zahlen von 0 bis 9 eingesetzt werden könnten. Diese Zahl ist riesig, nämlich 10^7. Anderes Beispiel: Man kann die Elemente der Menge $\{a, b, c\}$ auf sechs verschiedene Weisen anordnen:

a b c   a c b   b a c   b c a   c a b   c b a

Sie mögen nun denken, dass diese Gruppen nicht wirklich verschiedene Kombinationen sind weil jede Gruppe dieselben Elemente enthält. Aber bei Permutationen spielt die Reihenfolge eben nun mal eine Rolle. Auch wenn zwei Telefonnummern dieselbe Zusammensetzung von

Zahlen besitzen, klingelt es beim Wählen an zwei verschiedenen Anschlüssen, wenn man die Reihenfolge nicht einhält (zum Beispiel ist 0221 die Vorwahl von Köln und 0212 die Vorwahl von Solingen).

Die mögliche Anzahl an Permutationen von n Objekten ist $n!$. Das ! wird Fakultät genannt und der Ausdruck als »n Fakultät« gelesen. Das bedeutet, dass man alle Zahlen von eins an aufwärts bis n miteinander multipliziert. Also ist $3! = 1 \times 2 \times 3 = 6$ und $4! = 1 \times 2 \times 3 \times 4 = 24$.

Die Fakultät von 0 wird als $0!$ geschrieben und beträgt immer 1. Also: $0! = 1$

Man braucht also die möglichen Reihenfolgen der Elemente $\{a, b, c\}$ nicht aufschreiben, so wie wir es eben getan haben, sondern man kann die Anzahl der möglichen Reihenfolgen über die Berechnung der Fakultät ermitteln. Die Anzahl der möglichen Reihenfolgen von drei Elementen ist dann $3!$, also $3 \times 2 \times 1$, also 6. Es gibt demnach 6 Permutationen für 3 Elemente.

Bei mehr als drei Elementen verfährt man ebenso. Stellen Sie sich vor, bei einer Hochzeitsfeier sind 5 Leute eingeladen die an einem Tisch in einer Reihe sitzen sollen. Wie viele Möglichkeiten gibt es nun, diese fünf Leute zusammen sitzen zu lassen?

$5! = 5 \times 4 \times 3 \times 2 \times 1 = 120$

Es gibt also 120 Möglichkeiten. Bei sechs Gästen sind es schon 720 und bei sieben Gästen 5040 Möglichkeiten. Aber nicht alle davon ermöglichen eine reibungslose Hochzeitsfeier, wenn man die persönlichen Differenzen zwischen den Gästen bei der Sitzordnung nicht berücksichtigt. Sie sehen: Die Planung der Sitzordnung wird recht kompliziert, gerade bei einer großen Anzahl von Gästen.

Die Berechnung der Permutationen funktioniert auch bei größeren Anzahlen von Elementen. Das ist schon alles, was es bei Permutationen zu beachten gibt. Und so sehen die Fragen darüber im GMAT aus:

How many ways can four different charms be arranged on a charm bracelet?

(A) 4

(B) 8

(C) 24

(D) 100

(E) 40,320

Schreiben Sie nun die Fakultät von 4 aus:

$4 \times 3 \times 2 \times 1$

Dann multiplizieren Sie die Zahlen um die Anzahl der möglichen Anordnungen zu erhalten. Die Reihenfolge spielt bei der Multiplikation keine Rolle: 4 × 3 ist 12, 12 × 2 ist 24 und 24 × 1 ist 24 und die korrekte Antwort ist C.

Die Antworten A und B kann man streichen, weil sie einfach zu klein sind. Sie wissen, dass es mehr als vier Anordnungen gibt, weil sie ja schon vier Schmucksteine haben. Antwort B ist 4 × 2 und auch nicht viel besser. Bei Permutationen werden die Zahlen sehr schnell sehr groß, aber nicht so groß wie in Antwort E, das ist 8!.

Richtig spaßig werden Permutationen dann, wenn man eine bestimmte Anzahl von Elementen auf eine begrenzte Anzahl an Plätzen verteilen soll und dabei die Reihenfolge der Elemente eine Rolle spielt.

So soll zum Beispiel ein Fußballtrainer aus seiner 22-köpfigen Mannschaft für das Spiel gegen Bayern ein Team mit 11 Spielern zusammenstellen. Die Besetzung der Positionen spielt insofern eine Rolle, als dass es sich bei zwei Mannschaften mit denselben Spielern auf dem Feld, jedoch auf unterschiedlichen Positionen, um zwei verschiedene Mannschaften handelt. Die Möglichkeiten berechnet man, indem man von 22 abwärts 11 Plätze multipliziert (weil eben nur 11 Feldspieler spielen), also

$$22 \times 21 \times 20 \times 19 \times 18 \times 17 \times 16 \times 15 \times 14 \times 13 \times 12 = x$$

Der Trainer hat aber nicht den Luxus alle Möglichkeiten in der Hitze des Spieles durchzuprobieren. Zum Glück hat er da einfachere Methoden.

Die Anzahl der Permutationen von n Objekten auf r Plätzen wird auch mit $_nP_r$ beschrieben. Die Formel sieht dann letztendlich so aus:

$$_nP_r = n! \div (n - r)!$$

Mit dieser Formel können Sie die Kombinationen aus Feldspielern berechnen, also:

$$n! \div (n - r)!$$

$$22! \div (22 - 11)!$$

$$= 22!/11!$$

Im GMAT dürfen Sie keine Taschenrechner verwenden, also wird man nicht von Ihnen erwarten, die Permutationen weiter auszurechnen. Ein weiteres Beispiel zu Permutationen wäre folgendes:

Angenommen, eine Putzkolonne besteht aus 10 Arbeitern. Für den kommenden Arbeitstag sind jedoch nur 5 Aufträge zu erledigen und es ist ein entsprechender Arbeitsplan zu erstellen. Wenn jeder Arbeiter an einem Tag genau ein Objekt schaffen kann, wie viele Möglichkeiten gibt es dann, ein Team für den kommenden Tag einzuteilen? Beachten Sie auch hier, dass es für den Arbeitsplan wichtig ist, jedem Arbeiter eindeutig ein Objekt zuzuordnen. Die Berechung erfolgt dann analog zum vorherigen Beispiel: Für den ersten Auftrag gibt es 10 Kandidaten, für den zweiten 9 und so weiter. Also ergeben sich insgesamt $10 \times 9 \times 8 \times 7 \times 6$, oder $10! \div (10 - 5)! = 10!/5!$ Möglichkeiten.

Wenn diese Aufgabe zu schwierig für Sie war, verlieren Sie nicht den Mut: Es gibt nicht viele solcher Aufgaben im GMAT.

Zusammenkommen: Kombinationen

Kombinationen sind so ähnlich wie Permutationen, sogar etwas einfacher. Eine Kombination ist die Zusammenstellung von einer bestimmten Anzahl an Objekten, die aus einer größeren Menge genommen werden, wobei die Reihenfolge der Objekte keine Rolle spielt. So wie beim Lottospielen: Es werden 6 Kugeln aus 49 gezogen, wobei die Reihenfolge, in der die Kugeln gezogen werden, dabei keine Rolle spielt (müsste man noch tippen, in welcher Reihenfolge die Zahlen fallen, wäre es eine Permutation). Bei einer Aufgabe zu Kombinationen könnten Sie gefragt werden, wie viele Möglichkeiten es gibt, ein Team aus einer bestimmten Anzahl aus Personen zusammenzustellen. Wenn die Reihenfolge dabei keine Rolle spielt, gibt es weniger Möglichkeiten als bei Permutationen.

Die Formel für Kombinationen gibt an, wie viele Möglichkeiten es gibt, r Objekte aus n Objekten zusammenzustellen, wenn dabei die Reihenfolge unerheblich ist. Die Formel sieht so aus:

$$_nC_r = n!/r!(n-r)!$$

Sie sehen direkt den Unterschied zur Formel zur Berechnung der Permutationen. Hier ist der Nenner größer (um $r!$), sodass das Endergebnis kleiner wird.

Stellen Sie sich vor, Sie sollen aus einer Gruppe von fünf Personen drei für eine bestimmte Aufgabe auswählen. Um die Anzahl der Möglichkeiten auszuwählen, benutzen Sie die Formel für Kombinationen:

$$_nC_r = n!/r!(n-r)!$$

$$_5C_3 = 5!/3!(5-3)!$$

Die Fakultät von 5 ist 120 ($5 \times 4 \times 3 \times 2 \times 1$) und die Fakultät von 3 ist 6 ($3 \times 2 \times 1$), also bleibt:

$$_5C_3 = 120/6(5-3)!$$

Subtrahieren Sie die Werte in den Klammern:

$$_5C_3 = 120/6(2)!$$

2! ergibt (2×1), also 2 und 6×2 ist 12.

$$_5C_3 = {}^{120}\!/_{12}$$

$$_5C_3 = 10$$

Sie haben also 10 verschiedene Möglichkeiten, ein Team zusammenzustellen.

Die Reihenfolge spielt dabei keine Rolle, schließlich ist es egal, ob Tom, David und Peter im Team sind oder Peter, Tom und David. Die drei sind immer in einem Team. Sollen die drei im Team jedoch noch individuelle Aufgaben übernehmen, zum Beispiel Protokollant, haben sie 3! = 6 mal so viele Möglichkeiten. Würden Sie dies in die obige Formel einsetzen und kürzen, ergäbe dies die Formel für Permutationen.

Da Sie im GMAT keinen Taschenrechner benutzen dürfen, sind die Aufgaben nicht gerade sehr kompliziert, sodass Sie sie auf einem Blatt Papier und mit etwas Kopfrechnen lösen können.

Some fourth graders are choosing foursquare teams at recess. What is the total possible number of combinations of four-person teams that could be chosen from a group of six kids?

(A) 6

(B) 15

(C) 120

(D) 360

(E) 98,280

Setzen Sie die Werte in die Formel für Kombinationen ein und schauen Sie, was passiert:

$$_nC_r = n!/r!(n-r)!$$

$$_6C_4 = 6!/4!(6-4)!$$

$$_6C_4 = 6!/(4! \times 2!)$$

$$_6C_4 = {}^{720}/_{24} \times 2$$

$$_6C_4 = {}^{720}/_{48} = 15.$$

Nach der Rechnung sehen Sie, dass B die richtige Antwort ist.

Sie müssen anhand der Aufgabenstellung immer entscheiden, ob es sich um eine Kombination oder Permutation handelt. Geht aus dem Aufgabentext hervor, dass die Reihenfolge entscheidend ist oder etwas Bestimmtes etwas Bestimmtem zugeordnet werden soll, dann handelt es sich um Permutationen. Ist darüber keine Information angegeben, dann liegen Kombinationen vor. Hätten Sie bei der letzten Aufgabe mit Permutationen gerechnet, wäre Antwort D herausgekommen.

Jetzt wird's durchschnittlich: Arithmetisches Mittel, Median und Modus

Zusätzlich zum reinen An- und Zuordnen von Zahlen und Mengen müssen Sie im GMAT diese auch noch analysieren. Um die Zahlen richtig zu analysieren, sollten Sie die verschiedenen _Mittelwerte_ der Zahlen und die Verteilung der Werte kennen. Der Mittelwert ist ein bestimmter Wert, der eine Gruppe von Zahlen oder Werten repräsentiert. Dazu werden häufig das arithmetische Mittel, der Median, der Modus oder das gewichtete Arithmetische Mittel verwendet.

Überdurchschnittlich oft verwendet: das arithmetische Mittel

Der am häufigsten verwendete Mittelwert ist das arithmetische Mittel, was umgangssprachlich oft einfach als Mittelwert bezeichnet wird. Das arithmetische Mittel einer Zahlengruppe ist dasselbe wie der Durchschnitt. Dazu addiert man alle Zahlen zusammen und teilt die Summe durch die Anzahl der Zahlen. Die Formel sieht so aus:

$$\text{arithmetisches Mittel} = \frac{\text{Summe aller Werte}}{\text{Anzahl der Werte in der Summe}}$$

 Man kann mit den bekannten Teilen der Formel die unbekannten berechnen. Gibt zum Beispiel eine Aufgabe im GMAT den Mittelwert und die Summe aller Werte an, kann man damit auch die Anzahl der Werte berechnen.

Im GMAT findet man eine ganze Menge Aufgaben zum arithmetischen Mittel. Im Englischen wird das arithmetische Mittel häufig mit »mean« bezeichnet. Hier sind einige Beispiele:

 George tried to compute the mean average of his 8 test scores. He mistakenly divided the correct sum of all of his test scores by 7 and got an average of 96. What is George's actual mean test score?

(A) 80

(B) 84

(C) 96

(D) 100

(E) 108

Da Sie den von George falsch berechneten Mittelwert 96 kennen und auch wissen, dass er die richtige Summe durch 7 geteilt hat, können Sie die Summe von Georges Testergebnissen berechnen. Dann können Sie den Mittelwert richtig berechnen, indem Sie die Summe durch die richtige Anzahl der Tests teilen, durch 8.

1. **Verwenden Sie die Formel für das arithmetische Mittel um die Summe der Testergebnisse zu ermitteln:**

   $96 = \text{Summe der Testergebnisse} \div 7$

   $7 \times 96 = \text{Summe der Testergebnisse}$

   $672 = \text{Summe der Testergebnisse}$

2. **Berechnen Sie den richtigen Mittelwert:**

   $\text{Mittelwert} = \frac{672}{8} = 84$.

Sie wissen ja, dass der richtige Durchschnitt kleiner als 96 sein muss, da man die Summe der Testergebnisse durch eine größere Zahl teilt als vorher, so können Sie automatisch die Antworten C, D und E ausschließen.

What is the mean of these four expressions: $2n + 8$, $3n - 2$, $n + 4$, and $6n - 2$?

(A) $3n + 2$

(B) $3n + 8$

(C) $12n + 8$

(D) $48n + 32$

(E) $2n$

Auch diese Aufgabe lässt sich durch Anwendung der Formel lösen. Teilen Sie die Summe der Ausdrücke durch die Anzahl der Ausdrücke:

$$\text{arithmetisches Mittel} = \frac{\text{Summe aller Werte}}{\text{Anzahl der Werte in der Summe}}$$

$$\text{arithmetisches Mittel} = \frac{2n + 8 + 3n - 2 + n + 4 + 6n - 2}{4}$$

$$\text{arithmetisches Mittel} = \frac{12n + 8}{4}$$

Nun teilen Sie beide Terme im Zähler durch 4: $\frac{12n}{4} = 3n$ und $\frac{8}{4} = 2$.

Das ergibt $3n + 2$ und so ist A die richtige Antwort.

In der Mitte: Median

Der *Median* ist ein weiterer Mittelwert, der ab und zu im GMAT abgefragt wird. Der Median ist der mittlere Wert in einer Auflistung von Werten. Um den Median zu finden, sortieren Sie die Werte oder Zahlen nach ihrer Größe, gewöhnliche aufsteigend, und nehmen dann den Wert, der genau in der Mitte der anderen Werte steht. Haben sie eine ungerade Anzahl von Werten, nehmen sie einfach den Wert in der Mitte. Wenn Sie eine gerade Anzahl an Werten haben, bilden Sie den Mittelwert der beiden mittleren Werte.

Am häufigsten: Modus

Im GMAT kann Ihnen auch der *Modus* begegnen. Der Modus ist der Wert, der am häufigsten in einer Liste von Werten auftaucht. Aufgaben über den Modus enthalten oft das Wort *Frequenz* oder fragen nach der Häufigkeit eines Wertes. Zum Beispiel, welches Einkommen Leute am häufigsten in einer Population oder Stichprobe erzielen. Verdienen die meisten Leute in einer Stichprobe 30.000 € im Jahr, so ist der Modus 30.000 €.

Nicht alle zählen gleich: Der gewichtete Mittelwert

Auch das *gewichtete arithmetische Mittel* kommt im GMAT vor. Dabei multiplizieren Sie jeden Wert mit der Häufigkeit, mit der der einzelne Wert in der Menge auftaucht. Dann addieren Sie die Produkte und teilen die Summe durch die Häufigkeit aller Zahlen. Zum Beispiel gibt Tabelle 14.1 den Notendurchschnitt von Rebecca wieder, die in verschiedenen Fächern eine unterschiedliche Anzahl von Prüfungen abgelegt hat.

Fach	Anzahl Prüfungen	Note	Prüfungen × Note
Statistik	5	3,8	19
Deutsch	5	1,9	9,5
Englisch	4	2,3	9,2
Sport	1	4,0	4
Gesamt	15	2,78	41,7

Tabelle 14.1: Gewichteter Notendurchschnitt nach Anzahl der Prüfungen

Zuerst multiplizieren Sie die einzelnen Werte (die Noten) mit der Anzahl der Prüfungen in den jeweiligen Fächern. Danach addieren Sie die Produkte zusammen und erhalten die Summe der Prüfungsnoten über alle Fächer (41,7). Diese teilen Sie dann durch die Gesamtzahl der Prüfungen (15) und erhalten die Gesamtnote: 41,7 ÷ 15 = 2,78.

Wie streut's denn? Intervall und Standardabweichung

Neben dem Verständnis des Mittelwerts sollten Sie auch etwas über *Variation* oder *Dispersion* kennen. Der Mittelwert sagt etwas über die Größe des Zahlenwertes aus, aber nichts über die Streuung. Die Zahlen 49 und 51 haben den Mittelwert 50, aber auch die Zahlen 20 und 80. Die Variation sagt einem also, wie weit die einzelnen Zahlen vom Mittelwert entfernt liegen. Ist die Variation klein, tummeln sich die Werte in der Nähe des Mittelwerts. Eine große Variation sagt jedoch aus, dass der Mittelwert nicht so recht repräsentativ ist, weil zwischen den einzelnen Werten doch recht große Unterschiede bestehen.

Das ganze Intervall

Das einfachste Maß für die Variation ist das *Intervall*. Das Intervall berechnet sich einfach aus dem größten Wert minus den geringsten Wert. Das Intervall kann in der Statistik entweder bei einer *Stichprobe* oder bei der Grundgesamtheit verwendet werden. Die *Grundgesamtheit* stellt alle Objekte oder Dinge dar, das heißt, dass alle Daten berücksichtigt werden. Eine *Stichprobe* ist nur ein Teil der Grundgesamtheit.

Man kann also sagen, dass das Intervall die Differenz zwischen dem höchsten und dem niedrigsten Wert einer Datenmenge ist. Beträgt zum Beispiel die höchste Punktzahl in einer Mathematikarbeit 94 Punkte und die niedrigste 59, dann beträgt das Intervall:

94 – 59 = 35

35 Punkte. So einfach ist das. Nun eine Beispielaufgabe:

From the set of numbers 47, 63, 53, 39, 72, 53, 54, and 57, what is the range?

(A) 8

(B) 53

(C) 39

(D) 72

(E) 33

»*Range*« heißt Intervall. Das Intervall ist der höchste minus den niedrigsten Wert. Der höchste Wert in den angegebenen Zahlen ist 72, der niedrigste 39. Die Differenz von 72 – 33 ist 33.

Die richtige Antwort ist also E. A ist die Anzahl der Zahlen in der gegebenen Menge und nicht das Intervall, Antwort B ist der Modus (39 taucht zwei Mal auf). Antwort C ist die kleinste Zahl und Antwort D die größte Zahl in der angegebenen Menge.

Unter der Glocke: Standardabweichung

Eine andere Art der Variation oder Dispersion, die Sie für den GMAT kennen müssen, ist die *Standardabweichung* (standard deviation). Auch die Standardabweichung misst die Variation, das heißt, wie weit die Werte um den Mittelwert streuen. Obwohl das Intervall schon einen Überblick über die Gesamtstreuung geben kann, ist die Standardabweichung ein etwas zuverlässigeres Maß für die Variation, weil sie alle Daten berücksichtigt und nicht nur die zwei an den extremen Enden. Die Standardabweichung ist daher das gebräuchlichste Maß für die Variation.

Zum Beispiel erreichen Sie in einem Test 75 Punkte. Die durchschnittliche Punktezahl ist 70 und die im Allgemeinen werden Punktzahlen zwischen 60 und 80 Punkten erzielt. In diesem Fall ist ihr Ergebnis vergleichsweise besser, als wenn die Punktzahlen im Allgemeinen zwischen 45 und 95 ausfallen würden. Im ersten Fall sind die Punktzahlen dicht um den Mittelwert verstreut und die Standardabweichung ist dementsprechend klein. Erreicht man eine Punktzahl, die eine Standardabweichung über dem Durchschnitt liegt, ist das eine entsprechend hohe Leistung. Ihr Ergebnis ist daher im ersten Fall im Vergleich zu den übrigen Testteilnehmern besser als im zweiten Fall. Im zweiten Fall ist die Standardabweichung höher und ein Testergebnis von 75 Punkten nicht so gut wie im ersten Fall.

Sie haben wahrscheinlich schon etwas über Statistik gelernt und dabei auch schon einmal eine Standardabweichung ausgerechnet. Beim GMAT wird jetzt nicht von Ihnen verlangt, eine Standardabweichung zu berechnen, sie sollen viel mehr ihr Wissen über die Eigenschaften von Standardabweichungen anwenden.

Dabei ist es ratsam, sich die Standardabweichung in Form einer Glockenkurve vorzustellen. Diese Vorstellungsweise der Beziehung zwischen der Standardabweichung und dem Mittelwert ist sehr wissenschaftlich. In Abbildung 14.2 sehen Sie eine Glockenkurve und die Verteilung der Standardabweichungen um den Mittelwert. Der Mittelwert erscheint als ein x mit einem Strich darüber und liegt genau in der Mitte aller Werte. Die Höhe der Kurve zeigt an, wie oft der entsprechende Wert in der zu untersuchenden Zahlengruppe vorkommt. Im Bereich von einer Standardabweichung um den Mittelwert (nach oben und nach unten) liegen etwa 68 % aller Messungen. Geht man eine zweite Standardabweichung nach außen, so hat man schon 95 % der Messungen erfasst. Schließlich werden bei ± 3 Standardabweichungen schon 99,7 % aller Messungen aus der Grundgesamtheit oder Stichprobe abgedeckt.

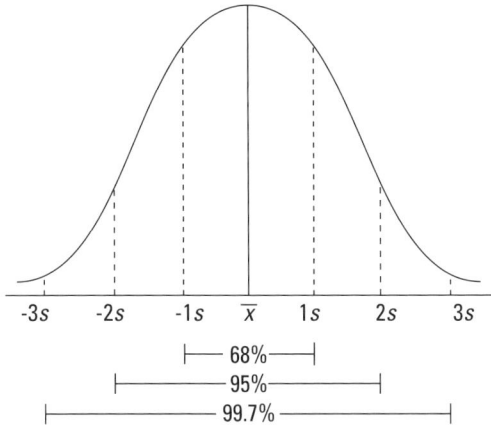

Abbildung 14.2: Verteilung der Standardabweichungen um den Mittelwert.

Wenn die Kurve in Abbildung 14.2 die Testergebnisse einer Gruppe abbilden würde, zeigt sie, dass die meisten Testteilnehmer ein Ergebnis innerhalb einer Standardabweichung um den Mittelwert erzielt hätten (68 % sind ja mehr als die Hälfte). Die größte Mehrheit würde dann innerhalb von zwei Standardabweichungen liegen und nahezu alle innerhalb von drei Standardabweichungen. Wäre die Durchschnittspunktzahl 50 Punkte und die Standardabweichung 10 Punkte, dann lägen 68 % der Testergebnisse zwischen 40 und 60 Punkten und 95 % der Testergebnisse zwischen 30 und 70 Punkten. Schließlich liegen 99,7 % der Ergebnisse dann zwischen 20 und 80 Punkten. Wenn man nun in diesem Test 85 Punkte erreicht, ist das große Klasse!

Voraussetzung für die Aufteilung des Anteils der Ergebnisse in die Standardabweichungen ist, dass das betrachtete Merkmal, hier die Testergebnisse, *normalverteilt* sind, das heißt, dass sich die Häufigkeitsverteilung mit einer Glockenkurve beschreiben lässt. Viele natürliche Merkmale wie Körpergröße und Körpergewicht sind normalverteilt.

 Ist der Wert für die Standardabweichung relativ klein, so bedeutete dass, dass die einzelnen Werte relativ dicht am Mittelwert liegen und eine große Standardabweichung bedeutet, dass die Werte weiter weg vom Mittelwert verteilt sind. Je größer die Standardabweichung in einer Gruppe ist, desto weiter können die Werte streuen, je geringer, desto weniger streuen die Werte.

Nun ein Beispiel, wie eine Frage zur Standardabweichung im GMAT aussehen könnte:

 I. 55, 56, 57, 58, 59

II. 41, 57, 57, 57, 73

III. 57, 57, 57, 57, 57

Which of the following orders sets I, II, and III from least standard deviation to greatest standard deviation?

(A) I, II, III

(B) I, III, II

(C) II, III, I

(D) III, I, II

(E) III, II, I

Die Menge mit der geringsten Standardabweichung ist die, wo sich die Werte am wenigsten voneinander unterscheiden. Die Werte in der Menge III sind alle gleich, also hat Menge III auch die geringste Standardabweichung (nämlich 0) und steht somit an erster Stelle. Damit können die Antworten A, B und C ausgeschlossen werden, denn dort steht III nicht vorne.

Je größer die Unterschiede zwischen den einzelnen Werten, desto größer ist die Standardabweichung. Da sich die Werte in Menge II (41 und 73) stärker unterscheiden als in Menge I (55 und 59), ist die Standardabweichung in Menge II größer als die in I, sodass I an zweiter Stelle steht und II an letzter. Dies findet man in Antwort D, was auch die richtige Lösung für die Frage ist.

Die Zukunft vorhersagen: Wahrscheinlichkeiten

Die *Wahrscheinlichkeit* ist ein Maß dafür, wie wahrscheinlich ein bestimmtes Ereignis eintreten wird. Es ist ein wenig wissenschaftlicher als Wahrsagerei oder das Lesen von Tarotkarten. Man drückt Wahrscheinlichkeiten als Prozentzahl, Bruch oder Dezimalzahl aus. Die Wahrscheinlichkeit liegt also zwischen 0 und 1 bzw. zwischen 0 und 100 %. Beträgt die Wahrscheinlichkeit eines Ereignisses 0, ist es unmöglich, dass das Ereignis stattfindet. Bei einer Wahrscheinlichkeit 1 oder 100 Prozent, tritt das Ereignis sicher ein. Aber nichts im Leben ist sicher, außer der Tod und die Steuerzahlung (zumindest für Normalsterbliche); genauso ist nichts unmöglich. Deswegen fällt die Wahrscheinlichkeit für ein Ereignis gewöhnlich irgendwo zwischen 0 und 1 oder 0 und 100 %.

Wahrscheinlichkeiten eines Ereignisses berechnen

Bei der Berechnung der Wahrscheinlichkeit denkt man in Ergebnissen und Ereignissen. Bei Situationen wo alle möglichen Ergebnisse gleich wahrscheinlich sind, wird die Wahrscheinlichkeit (P) eines Ergebnisses (E) folgendermaßen ausgedrückt:

$$P(E) = \frac{\text{Anzahl der günstigen Ergebnisse (E) der Ereignisse}}{\text{Gesamtanzahl der Ereignisse}}$$

Da Wahrscheinlichkeiten Brüche sind, können sie niemals kleiner als 0 oder größer als 1 sein. Bekommt man bei dem Würf einer Münze weder Kopf noch Zahl, so ist das ein unmögliches Ereignis, also ist die Wahrscheinlichkeit dafür 0. Benutzt man eine gezinkte Münze mit dem Kopf auf beiden Seiten, so erhält man immer den Kopf und die Wahrscheinlichkeit ist 1.

Wahrscheinlichkeiten mehrerer Ereignisse berechnen

Man kann die Wahrscheinlichkeiten mehrerer Ereignisse mit verschiedenen Formeln berechnen. In diesem Abschnitt definieren wir zuerst die Formeln und zeigen dann, wie man sie verwendet.

Stellen Sie sich vor, ein Ereignis hat die Ergebnisse A und B. Man kann die Wahrscheinlichkeit, dass eines der beiden Ergebnisse, A oder B, eintritt folgendermaßen beschreiben:

P (A oder B)

Nun kann man die Wahrscheinlichkeit, dass (A oder B) stattfindet, auf zwei Arten berechnen, je nachdem, ob sich die Ereignisse gegenseitig ausschließen oder nicht.

Schließen sich die Ergebnisse gegenseitig aus (das heißt, sie können nicht gleichzeitig auftreten, so wie man nicht gleichzeitig eine 5 und eine 6 würfeln kann), benutzt man die *spezielle Additionsregel*:

P (A oder B) = P (A) + P (B)

Schließen sich die Ereignisse nicht gegenseitig aus (das heißt, sie können gleichzeitig eintreten, so wie zum Beispiel das Ziehen einer Karte, die Kreuz oder Dame oder eben Kreuz-Dame zeigt), so verwendet man die *allgemeine Additionsregel*:

P (A oder B) = P (A) + P (B) − P (A und B)

Um die Wahrscheinlichkeit zu berechnen, dass beide Ereignisse stattfinden, also P (A und B), verwendet man die Multiplikation. Sind die beiden Ereignisse unabhängig voneinander (so wie beim Würfeln, man kann die 5 und die 6 hintereinander Würfeln), verwendet man die *spezielle Multiplikationsregel*:

P (A und B) = P (A) × P (B)

Beeinflusst das erste Ereignis die Wahrscheinlichkeit des zweiten Ereignisses (das wäre beim Kartenziehen: Das Ziehen einer bestimmten Karte als zweite ist wahrscheinlicher, wenn man die erste Karte schon gezogen und nicht zurückgelegt hat), nimmt man die *allgemeine Multiplikationsregel*:

P (A und B) = P (A) × P (B | A)

 Der Strich zwischen B und A bedeutet, dass B stattfindet, wenn A stattgefunden hat. Es ist kein Bruchstrich.

Anwendung der speziellen Additionsregel

Die spezielle Additionsregel würde man beim Würfeln anwenden um die Wahrscheinlichkeit zu berechnen, dass man eine 1 oder eine 2 würfelt. Man kann beide nicht auf einmal würfeln, sodass sich die Ergebnisse gegenseitig ausschließen. Deswegen ist die Wahrscheinlichkeit eine 1 oder eine 2 zu würfeln P(1) + P (2).

P (1 oder 2) = $\frac{1}{6}$ + $\frac{1}{6}$

P (1 oder 2) = $\frac{2}{6}$

P (1 oder 2) = $\frac{1}{3}$

Anwendung der allgemeinen Additionsregel

Stellen wir uns folgende Situation vor: In einem Kühlschrank liegen insgesamt 20 Getränke-flaschen mit drei verschiedenen Getränken: Cola, Orangenlimonade und Sprudel. Die Fla-schen sind jeweils durchnummeriert. Die Cola von 1 bis 5, die Limonade von 1 bis 7 und der Sprudel von 1 bis 8. Nun wollen wir die Wahrscheinlichkeit berechnen, blind aus dem Kühl-schrank eine Flasche zu greifen die entweder Cola enthält oder mit 2 beschriftet ist, aber nicht die Cola mit der 2. Das würde dann folgendermaßen gehen:

P (Cola) $= \frac{5}{20}$ (5 der 20 Flaschen enthalten Cola)

P (2) $= \frac{3}{20}$ 3/20 (drei der zwanzig Flaschen haben die 2)

P (Cola und 2) $= \frac{1}{20}$ (nur eine Flasche enthält Cola und hat die 2)

P (Cola oder 2) $= \frac{5}{20} + \frac{3}{20} - \frac{1}{20} = \frac{7}{20}$

Die Wahrscheinlichkeit, eine Cola oder eine Flasche mit der 2 zu ziehen ist $\frac{7}{20}$ oder 0,35 oder 35 %. In diesem Szenario wäre das Ziehen der Cola mit der zwei P (Cola und 2). Dabei spricht man auch von *Verbundwahrscheinlichkeit*.

Anwendung der speziellen Multiplikationsregel

Die Wahrscheinlichkeit, dass zwei Ereignisse zusammen stattfinden ist das Produkt der einzelnen Wahrscheinlichkeiten. Würfelt man zum Beispiel mit zwei Würfeln gleichzeitig, so ist die Wahrscheinlichkeit »Mäxchen« oder »Meier«, also die 1 und die 2 zu werfen:

P (1 und 2) $= \frac{1}{6} \times \frac{1}{6}$

P (1 und 2) $= \frac{1}{36}$

Anwendung der allgemeinen Multiplikationsregel

Stellen Sie sich vor, der Ausgang des zweiten Ereignisses wird durch den Ausgang des ersten beeinflusst. Dann verwendet man die allgemeine Multiplikationsregel. Der Term P (A | B) ist eine bedingte Wahrscheinlichkeit, wo die Wahrscheinlichkeit des zweiten Ereignisses davon abhängt, dass das erste bereits stattgefunden hat. So wollen wir die Wahrscheinlichkeit be-rechnen, aus einem Kartenspiel mit 52 Karten zuerst das Pik-Ass und dann den Pik-König – ohne dass das Ass zurückgelegt wurde – zu ziehen. Die Formel sieht dann so aus:

P (Pik-Ass und Pik-König) = P (Pik-Ass) × P (Pik-Ass | Pik-König)

P (Pik-Ass und Pik-König) $= \frac{1}{52} \times \frac{1}{51}$

Die Wahrscheinlichkeit, beim zweiten Ziehen den Pik-König zu erwischen ist etwas höher, als dass Pik-Ass im ersten Zug, weil nach dem ersten Zug ja nur noch 51 Karten im Stapel sind. Hier ist die Lösung:

P (Pik-Ass und Pik-König) $= \frac{1}{2.652}$

Hier sollten Sie also besser nicht gegen die Bank wetten! Nun eine Beispielaufgabe aus dem GMAT.

A bubble gum machine contains 3 blue, 2 red, 7 yellow, and 1 purple gumballs. The machine distributes one gumball for each dime. What is the chance that a child will get two red gumballs with two dimes?

(A) $\frac{2}{169}$

(B) $\frac{1}{13}$

(C) $\frac{2}{13}$

(D) $\frac{1}{156}$

(E) $\frac{1}{78}$

Behandeln sie die zwei roten Kaugummis als zwei separate Ereignisse.

Da das erste Ereignis das zweite Ereignis beeinflusst, wenden Sie die allgemeine Multiplikationsregel an. Die Wahrscheinlichkeit, mit der ersten Münze ein rotes Kaugummi zu ziehen ist 2 (die Anzahl der roten Kaugummis) durch 13 (die Gesamtzahl der Kaugummis), oder $\frac{2}{13}$. Will das Kind das zweite Kaugummi ziehen, ist das erste Kaugummi bereits, im wahrsten Sinne des Wortes, gegessen. Also ist nur noch 1 rotes Kaugummi im Automaten und 12 Kaugummis insgesamt. So ergibt sich die Wahrscheinlichkeit, das zweite rote Kaugummi zu ziehen, als $\frac{1}{12}$. Die Wahrscheinlichkeit, dass beide Ereignisse stattfinden ist das Produkt der Wahrscheinlichkeiten der einzelnen Ereignisse.

$P(\text{rot}_1 \text{ und } \text{rot}_2) = P(\text{rot}_1) \times P(\text{rot}_1 \mid \text{rot}_2)$

$P(\text{rot}_1 \text{ und } \text{rot}_2) = \frac{2}{13} \times \frac{1}{12}$

$P(\text{rot}_1 \text{ und } \text{rot}_2) = \frac{2}{156}$

$P(\text{rot}_1 \text{ und } \text{rot}_2) = \frac{1}{78}$

Die Antwort E ist also die richtige. Antwort A ist $\frac{2}{13} \times \frac{1}{13}$. Das sieht zwar richtig aus, jedoch hat man vergessen, das erste rote Kaugummi beim zweiten Zug wegzulassen. Antwort B ist die Wahrscheinlichkeit, ein rotes Kaugummi aus 13 Kaugummis zu ziehen, wenn nur ein rotes Kaugummi vorhanden ist. Bei dieser Aufgabe wäre $\frac{1}{13}$ die Wahrscheinlichkeit, das violette Kaugummi zu bekommen. Wenn Sie C herausbekommen haben, berechneten Sie nur die Wahrscheinlichkeit, dass erste rote Kaugummi zu ziehen. Antwort D ist $\frac{1}{156}$ anstelle von $\frac{2}{156}$ oder $\frac{1}{78}$.

Alles eine Sache der Präsentation: Aufgabenarten im mathematischen Bereich

15

In diesem Kapitel...

▶ Die Krux der Data-Sufficiency-Aufgaben

▶ Textaufgaben meistern

U m im GMAT zu glänzen benötigt es mehr als nur mathematisches Wissen. Man muss auch wissen, wie man an die verschiedenen Aufgaben herangeht. Dieses Kapitel zeigt Ihnen, was Sie im mathematischen Teil erwartet und wie Sie sich an die teils eigenartigen Fragestellungen im GMAT herantasten.

Die Arten der mathematischen Fragen, die im GMAT gestellt werden, prüfen ihre Fähigkeit, aus den gegebenen Informationen die richtigen Schlussfolgerungen zu ziehen.

Zu den mathematischen Fragen im GMAT gehören zwei Fragentypen: Data-Sufficiency-Fragen und Textaufgaben. Beide Arten erfordern ähnliche Fähigkeiten aber unterschiedliche Herangehensweisen. In diesem Kapitel zeigen wir, wie sie beide Fragentypen meistern können.

Genug ist genug: Data-Sufficiency-Fragen

Der mathematische Teil des GMAT besitzt 37 Fragen und rund die Hälfte der Fragen sind sogenannte Data-Sufficiency-Fragen. Diese Fragen sind nicht besonders schwierig, wenn man sich mit ihnen bereits vor dem Test auseinandergesetzt hat. Hat man sich vorher jedoch nicht mit ihnen befasst, kommt man leicht durcheinander und macht Fehler. Zum Glück haben Sie sich dieses Buch gekauft und können schon einmal einen Blick darauf werfen. So können Sie auch die Data-Sufficiency-Fragen knacken!

Für die Antwort braucht's keine Lösung

Im Gegensatz zu den üblichen Mathematikaufgaben, die Sie bereits in Ihrem Leben bearbeitet haben, verlangen *Data-Sufficiency-Fragen* nicht unbedingt die Lösung der Aufgaben. Stattdessen müssen Sie zwei Aussagen beurteilen und entscheiden, welche der beiden Aussagen *hinreichende* Informationen zur Beantwortung der Frage liefert.

Bei jeder Data-Sufficiency-Frage gibt es eine Frage und zwei Aussagen, die mit (1) und (2) bezeichnet sind. Ihre Aufgabe ist es nun, zu entscheiden, welche der Aussagen genügend Informationen gibt, um die Frage über grundlegende Mathematische Begebenheiten oder aus dem Alltag (zum Beispiel die Anzahl der Tage eines Monats oder die Bedeutung von »im

Uhrzeigersinn«) zu beantworten. Wenn Sie eine Auffrischung ihrer grundlegenden Mathematikkenntnisse benötigen, lesen Sie die Kapitel 10, 11, 12, 13 und 14.

 Machen Sie keine leichtfertigen Annahmen wenn Sie die Data-Sufficiency-Fragen bearbeiten. Denken Sie immer daran, dass es Ihre Aufgabe ist, zu entscheiden, ob die angegebenen Informationen für die Beantwortung der Frage ausreichend sind. Versuchen Sie nicht, sich fehlende Daten auszudenken! Sie sind es gewohnt, dass jede Mathematikaufgabe eine Lösung besitzt, sodass Sie versucht sind, die Angaben ein wenig zu erweitern, wenn Sie nicht genügend Informationen für die Lösung der Aufgabe bekommen haben. Geben Sie dieser Versuchung nicht nach. Zeigt Ihnen die Data-Sufficiency-Frage eine vierseitige Form, nehmen Sie nicht an, dass es sich um ein Quadrat handelt, wenn es nicht schwarz auf weiß dort steht – auch wenn die Aufgabe lösbar wäre, wenn es sich um ein Quadrat handeln würde. Arbeiten Sie nur mit den angegebenen Informationen ohne nicht garantierte Annahmen zu machen.

Die Antwortmöglichkeiten für Data-Sufficiency-Fragen sind bei jeder Frage identisch:

(A) Aussage (1) ist ALLEIN hinreichend, aber Aussage (2) ist allein nicht hinreichend, um die gestellte Frage zu lösen.

(B) Aussage (2) ist ALLEIN hinreichend, aber Aussage (1) ist allein nicht hinreichend, um die gestellte Frage zu lösen.

(C) Beide Aussagen (1) und (2) sind ZUSAMMEN hinreichend, um die Frage zu beantworten, jedoch NICHT EINZELN.

(D) Aufgrund jeder der beiden Aussagen allein kann die Frage beantwortet werden

(E) Die Aussagen (1) und (2) sind ZUSAMMEN NICHT hinreichend, um die Frage zu beantworten. Es sind weitere Informationen nötig.

Der Testcomputer bezeichnet die Antworten nicht wie hier mit den Buchstaben A–E, aber die Wahlmöglichkeiten erscheinen in dieser Reihenfolge (und Sie wählen die richtige mit Maus oder Tastatur aus). Wir bezeichnen Sie hier mit A–E. Dadurch wollen wir die Besprechung im Buch vereinfachen.

Es ist möglich, dass nur eine Aussage genug Informationen liefert, um die Frage zu lösen, oder dass man beide Aussagen für die Lösung benötigt, oder dass beide einzeln die Frage lösen können oder zuletzt, dass keine der Aussagen zur Lösung der Frage beiträgt. Das ist eine Menge Information, die man in zwei Minuten verarbeiten muss. Aber machen Sie sich keine Sorgen. Sie können einen Gehirnkrampf vermeiden, indem Sie unserer Schritt-für-Schritt Anleitung für diese Fragen folgen.

Schritt-für-Schritt: Herangehensweise an Data-Sufficiency-Fragen

Gehen Sie Data-Sufficiency-Fragen methodisch an und folgen Sie dabei diesen Schritten:

1. **Lesen Sie die Frage genau und stellen Sie sicher, welche Frage zu beantworten ist. Dann entscheiden Sie, welche Informationen Sie zur Lösung der Frage benötigen.**

2. **Beurteilen Sie die erste Aussage und entscheiden, ob die darin gegebenen Informationen für die Lösung der Frage ausreichen.**

Sie können auch mit der zweiten Aussage beginnen, wenn sie Ihnen leichter fällt. Schreiben Sie sich Ihre Schlussfolgerung in die Notizen.

3. **Beurteilen Sie die andere Aussage und entscheiden, ob diese genügend Informationen für die Lösung liefert.**

   Notieren Sie Ihre Schlussfolgerungen.

4. **Nun beurteilen Sie Ihre Notizen.**
   - Haben Sie bei beiden »Ja« notiert, wählen Sie D.
   - Haben Sie bei (1) »Ja« notiert und bei (2) »Nein«, wählen Sie A.
   - Haben Sie bei (1) »Nein« notiert und bei (2) »Ja«, wählen Sie B.
   - Haben Sie bei beiden »Nein« notiert, gehen Sie zum nächsten Schritt.

5. **Beurteilen Sie die Aussagen zusammen und entscheiden, ob beide zusammen ausreichen, um die Frage zu beantworten.**
   - Ist die Antwort *ja*, dann wählen Sie C.
   - Ist die Antwort *nein*, dann wählen Sie E.

Sie können die Anleitung zu einen schönen Diagramm umwandeln, wie in Abbildung 15.1 gezeigt.

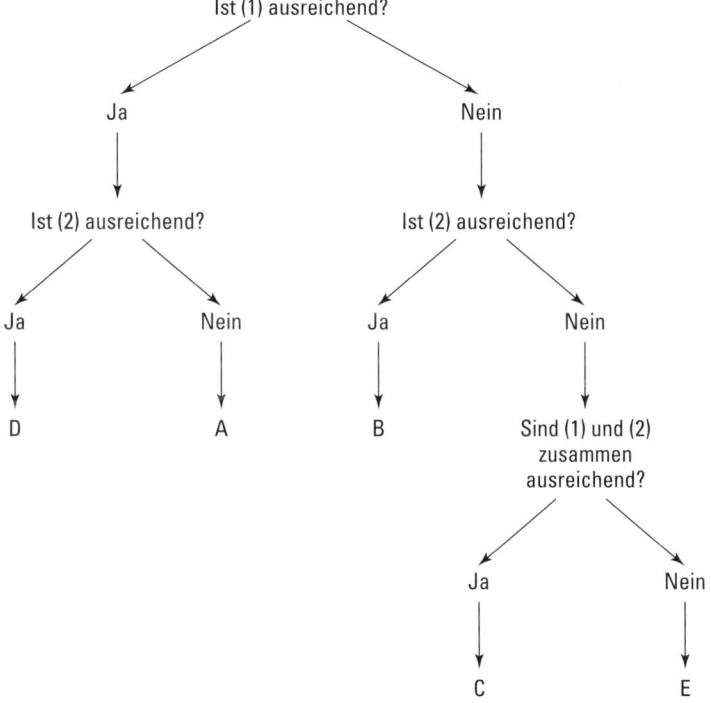

Abbildung 15.1: Verlaufsdiagramm für Data-Sufficiency-Fragen

Denken Sie nicht *zu viel* darüber nach, ob die Aussagen genügend Informationen zur Lösung bereitstellen. Data-Sufficiency-Fragen sind nicht unbedingt darauf ausgelegt, Sie zu verwirren. In anderen Worten: In diesen Fragen tauchen nur reelle Zahlen auf und wenn eine Linie gerade aussieht, ist sie es auch.

Eine Aussage kann die Frage beantworten, wenn Sie eine eindeutige Antwortmöglichkeit für die Frage liefert. Erlaubt sie zwei oder mehr Antwortmöglichkeiten, beantwortet Sie die Frage nicht.

Nun versuchen Sie sich an folgender Frage:

David and Karena were among those runners who were raising money for a local charity. If David and Karena together raised \$ 1,000 in the charity race, how much of the money did Karena raise?

(1) David raised $\frac{4}{5}$ as much money as Karena did.

(2) David raised 5 percent of the total money raised at the event.

1. **Wissen Sie, wonach gefragt wird.**

   Die Frage ist, wie viel Karena auf der Wohltätigkeitsveranstaltung gesammelt hat. Die Frage gibt die Gesamtsumme von David und Karena an ($D + K = 1000$ \$), sagt aber nicht, wie viel David allein gesammelt hat. Nun schauen Sie sich die Aussagen an und sehen nach, ob entweder eine oder beide Informationen darüber geben, wie viel David gesammelt hat. Dann können Sie Karenas Summe einfach darüber ermitteln.

2. **Bearbeiten Sie Aussage (1) und entscheiden Sie, ob die Information für die Ermittlung von Karenas Summe ausreicht.**

   Sie haben entschieden, dass Sie Informationen benötigen, die Ihnen erlauben, Davids oder Karenas gesammelte Geldsumme voneinander zu trennen. Wenn Sie nun wissen, dass David $\frac{4}{5}$ der Summe Karenas gesammelt hat, können Sie eine Gleichung aufstellen, um Karenas Summe zu ermitteln. Ersetzen Sie das D in der Gleichung $D + K = 1000$ \$ durch $\frac{4}{5}K$. Ihre neue Gleichung ist $\frac{4}{5}K + K = 1000$ \$. Die Gleichung besitzt eine Variable und diese steht für die Summe, die Karena gesammelt hat. Deswegen können Sie die Aufgabe mit Hilfe der Aussage (1) lösen. Sie brauchen jetzt nicht den Betrag von Karenas Sammlung ausrechnen. Schreiben Sie nur »(1): Ja« in Ihre Notizen. Nun wissen Sie zwar bereits, dass entweder A oder D die richtige Antwortmöglichkeit ist, aber um zwischen beiden zu entscheiden müssen Sie sich noch Aussage (2) ansehen.

   Wenn die Zeit knapp ist und Sie schon viele Fragen im mathematischen Teil gelöst haben, könnten Sie einfach zwischen A und D raten, Ihre Chancen stehen immerhin 50 %, die richtige Antwort zu treffen.

3. **Bearbeiten Sie Aussage (2).**

   Aussage (2) sagt aus, dass David 5% der Gesamtsumme auf der Veranstaltung gesammelt hat. Die Gesamtsumme ist in der Frage jedoch nicht angegeben, also können Sie damit nicht ausrechnen, wie viel David gesammelt hat. Und wenn Sie nicht wissen können, wie viel David gesammelt hat, können Sie auch nicht Karenas Summe ermitteln. Schreiben Sie sich »(2): Nein« in Ihre Notizen.

4. Beurteilen Sie Ihre Notizen.

Da Sie bei Aussage (1) »Ja« aufgeschrieben haben und bei (2) »Nein«, ist die richtige Antwort A.

Wenn Sie beide Aussagen gelesen haben und entschieden haben, dass entweder Aussage (1) oder Aussage (2) alleine für die Lösung der Frage ausreicht, gelten zwei Dinge:

✔ Die Antwort kann nicht C oder E sein.

✔ Sie sind eigentlich mit der Frage fertig und können zur nächsten übergehen.

Die Antwortmöglichkeiten C und E beziehen sich darauf, ob beide Aussagen zusammen die Frage lösen können. Die einzigen jetzt möglichen Antworten sind A, wenn nur Aussage (1) zur Lösung führt, B, wenn nur Aussage (2) zur Lösung führt und D, wenn beide zur Lösung führen.

Untersuchen Sie nicht, ob beide Aussagen zusammen die Frage lösen können, bevor Sie sich versichert haben, dass keine Aussage allein die Frage lösen kann. Nur wenn Sie bei beiden Aussagen (1) und (2) »Nein« notiert haben, berücksichtigen Sie die beiden Aussagen zusammen. Wäre zum Beispiel in der vorherigen Aufgabe die Aussage (1) gewesen »*The event raised a total of $ 10.000*«, könnte es allein die Frage nicht lösen. Da aber Aussage (2) aussagt, dass David 5 % der Gesamtsumme gesammelt hat, können Sie die Frage mit beiden Aussagen zusammen lösen. Aussage (1) liefert die Gesamtsumme und durch Aussage (2) können Sie Davids gesammelte Summe ermitteln und damit auch Karenas gesammelte Spenden, indem Sie Davids Sammlung von 1.000 $ subtrahieren.

Wäre Aussage (1) »*The event raised more money this year than last year.*«, hätte keine der beiden Aussagen die Frage lösen können und damit wäre dann E die richtige Antwort gewesen.

Verschwenden Sie nicht Ihre Zeit damit, das Ergebnis der Aufgabe auszurechnen, wenn Sie es nicht müssen. Wenn Sie eine Aufgabe wie im vorigen Beispiel bekommen, sind Sie versucht die Gleichung aufzulösen und die Spendensumme Karenas zu ermitteln. Geben Sie der Versuchung nicht nach. Die Auflösung der Gleichung interessiert den Tester kein bisschen und vergeudet nur ihre knappe Zeit. Verwenden Sie diese lieber für die anderen Fragen im mathematischen Bereich.

Hier ein weiteres Beispiel für eine Data-Sufficiency-Frage.

What's the value of the two-digit integer x?

(1) The sum of the two digits is 5.

(2) x is divisible by 5.

Wieder Schritt-für-Schritt:

1. **Wonach wird gefragt?**

   Diese kurze Frage gibt einem nicht sehr viele Informationen darüber, wonach gesucht wird. Sie wissen nur, dass x eine zweistellige ganze Zahl ist.

2. **Untersuchen Sie Aussage (1).**

   Aussage (1) besagt, dass die Summe der beiden Ziffern 5 ist. Es gibt mehrere zweistellige Zahlen mit der Quersumme 5: 14, 23, 32, 41 und 50. Aussage (1) engt das Feld zwar stark auf diese Möglichkeiten ein, aber das ist Ihnen noch nicht gut genug. Sie wollen ja eine eindeutige Antwort, also ist die Information aus dieser Aussage nicht ausreichend. Notieren Sie also: »(1): Nein«. Sie haben damit bereits Antwort A und D ausgeschlossen.

3. **Untersuchen Sie Aussage (2).**

   Aussage (2) besagt, dass x durch 5 teilbar ist. Sie wissen wahrscheinlich, dass jede Zahl, die mit 0 oder 5 endet, durch 5 teilbar ist, also gibt es die Möglichkeiten 10, 15, 20, 25 und so weiter. Aussage (2) gibt also keine eindeutigen Hinweise für die Lösung der Frage, da ein Fünftel aller möglichen zweistelligen Zahlen durch 5 teilbar ist. Notieren Sie also »(2): Nein«. Sie haben nun auch Antwort B ausgeschlossen.

4. **Beurteilen Sie Ihre Notizen.**

   Sie haben zwei Mal »Nein« aufgeschrieben, also müssen Sie nun beide Aussagen zusammen beurteilen.

5. **Untersuchen Sie beide Aussagen gemeinsam.**

   Aussage (1) engt die zweistelligen Zahlen auf fünf Möglichkeiten ein: 14, 23, 32, 41 und 50. Aussage (2) engt die Auswahl auf die durch 5 teilbaren Zahlen ein. Die einzige Möglichkeit aus Aussage (1) die mit 0 oder 5 endet ist die 50. 50 ist durch 5 teilbar und hat eine Quersumme von 5, also beantwortet sie die Frage. Da beide Aussagen nur zusammen Informationen für die Lösung der Frage bieten können, ist die richtige Antwort C.

 Sie haben vielleicht bemerkt, dass es für diese Frage nötig war, die Lösung zu finden, um zu entscheiden, ob die gegebenen Informationen für die Beantwortung ausreichend waren oder nicht. Manchmal ist das also der schnellste Weg, um herauszufinden, ob die Aussagen genügend Informationen enthalten. Manchmal reicht es, eine Gleichung aufzusetzen (die man nicht lösen muss), um zu sehen, ob die Informationen ausreichend sind, manchmal ist man jedoch schneller (wie bei dieser Frage), wenn man die Rechnung einfach durchführt. Das Ausrechnen ist in Ordnung, wenn es der schnellste Weg ist, herauszufinden, ob die gegebenen Informationen reichen. Denken Sie daran, mit der Bearbeitung der Aufgabe dann aufzuhören, wenn Sie wissen, ob die angegebenen Informationen reichen oder nicht.

Wer lesen kann ist klar im Vorteil: Textaufgaben

Rund die Hälfte der 37 Aufgaben im mathematischen Teil des GMAT sind Data-Sufficiency-Fragen, die andere Hälfte sind Textaufgaben. Textaufgaben beanspruchen Ihre mathematischen Fähigkeiten, um eine Lösung für eine Frage zu finden. Diese Art von Frage ist sehr häufig und Textaufgaben werden auch bei anderen standardisierten Tests wie dem SAT oder dem ACT verwendet. Sie bestehen aus einer Frage und fünf Antwortmöglichkeiten, aus denen Sie die richtige Antwort auswählen sollen.

Die Herangehensweise an die altbekannten Textaufgaben ist nicht so klar strukturiert wie die für Data-Sufficiency-Fragen, aber Sie sollten schon nach einem gewissen Schema vorgehen. Gehen Sie an den Test mit einem Routine-Verfahren heran, dann haben Sie schon einen gewissen Vorteil bei der Beantwortung dieser Standard-Mathematikaufgaben. Die folgenden Techniken passen auf einige Fragen besser als auf andere, aber wenn Sie sich mit allen vertraut gemacht haben,dann sind Sie für alle Textaufgaben gut gerüstet:

✔ **Die Fragen sind in Englisch.** Lernen Sie einige Vokabeln über mathematische Grundbegriffe und geometrische Formen. Im Buch sind die Englischen Ausdrücke jeweils mit aufgeführt, wenn die Übersetzung nicht klar ist. Außerdem werden einige Dinge im Amerikanischen anders formatiert. Während in Deutschland ein Komma als Dezimaltrennzeichen verwendet wird, ist es im amerikanischen ein Punkt. Umgekehrt verwenden die Amerikaner ein Komma als Tausendertrennzeichen, wo in Deutschland ein Punkt steht. Bei großen Zahlen sollten Sie wissen, dass es im Englischen keine Milliarden gibt, diese Zahl (10^9) heißt dort *billion*. Unsere Billionen (10^{12}) sind im Englischen dann *trillion* und so weiter.

✔ **Betrachten Sie alle Informationen, die in der Frage angegeben sind und stellen Sie sicher, dass Sie wissen, wonach gefragt wird.** Einige Aufgaben präsentieren Ihnen Formen, Grafiken oder Szenarien und andere nur eine Gleichung mit einem Gleichheitszeichen. Beginnen Sie nicht vorschnell mit den Antworten, bevor Sie nicht etwas über die Frage nachgedacht haben.

✔ **Eliminieren Sie alle offensichtlich falschen Antwortmöglichkeiten.** Bevor Sie mit den komplizierteren Berechnungen beginnen, suchen Sie in den Antwortmöglichkeiten nach unlogischen Optionen. Danach können Sie sich auf die Lösung konzentrieren. Dadurch haben Sie bereits eine Vorstellung vom Ergebnis und merken eher, wenn Sie sich verrechnet haben. Hinweise zur Streichung von Antwortmöglichkeiten finden Sie in Kapitel 2.

✔ **Benutzen Sie die Informationen in der Frage.** Im GMAT gibt es selten Aufgaben mit der Antwortmöglichkeit »*It cannot be determined from the information.*« Fast jede Textaufgabe gibt genügend Informationen, um die richtige Antwort berechnen zu können. Aber was man Ihnen gibt, müssen Sie auch benutzen. Schreiben Sie sich jede Zahl aus der Frage mit ihrer Bedeutung auf Ihr Notizblatt. Je nach Aufgabe müssen Sie Relationen zwischen Werten darstellen, Diagramme zeichnen oder Informationen schnell in einer Tabelle organisieren.

✔ **Stellen Sie eine Gleichung auf.** Bei einigen Aufgaben wird Ihnen eine Gleichung direkt angegeben. Bei anderen Textaufgaben müssen Sie die Gleichung anhand der sprachlich dargestellten Aufgabe selbst zusammenstellen. Wenn möglich, bilden Sie immer eine Gleichung aus den in der Aufgabe angegebenen Informationen.

✔ **Wissen, wann man aufhören muss.** Manchmal begegnet Ihnen eine Frage, die Sie einfach nicht lösen können. Entspannen Sie sich für einen Moment und lesen Sie sich die Frage noch einmal durch, falls Sie in der Eile etwas übersehen haben. Wissen Sie immer noch nicht, was zu tun ist, oder erinnern Sie sich nicht an das abgefragte mathematische Konzept, eliminieren Sie so viele Antworten wie möglich und tippen auf das wahrscheinlichste Ergebnis.

Nun einige Beispiele für Textaufgaben aus dem GMAT.

A survey reveals that the average income of a company's customers is $ 45,000 per year. If 50 customers responded to the survey and the average income of the wealthiest 10 of those customers is $ 75,000, what is the average income of the other 40 customers?

(A) $ 27,500

(B) $ 35,000

(C) $ 37,500

(D) $ 42,500

(E) $ 50,000

Zuerst sollte klar sein, das Komma ist kein Dezimaltrennzeichen, sondern ein Tausendertrennzeichen. Es stehen also recht große Zahlen in der Frage.

Lesen Sie die Frage durch und seien Sie sich im Klaren darüber, was gefragt wird. Die Textaufgabe behandelt Umfragen und Durchschnitte, also dreht es sich um Statistik. Sie fragt nach dem Durchschnittseinkommen von 40 aus 50 Kunden und sie sagt Ihnen, dass die anderen 10 im Schnitt 75.000 $ verdienen. Außerdem sei der Durchschnitt für alle 50 Kunden 45.000 $.

Sie können Antwort D schon direkt streichen, weil die 40 Kunden mit dem niedrigeren Einkommen kein höheres Einkommen als der Gesamtdurchschnitt haben können. Auch Antwort D ist vermutlich falsch, weil das Durchschnittseinkommen der obersten 10 zu hoch im Vergleich zum Gesamtdurchschnitt ist. Denkt man darüber nach, muss man ein Einkommen ausgleichen, dass 30.000 $ über dem Durchschnitt liegt und Antwort D besitzt mit 42.500 $ nur eine Differenz von 2.500 $ zum Durchschnitt von 45.000 $. Multiplizieren Sie 2.500 $ mit 40, erhalten Sie 100.000 $. Aber 10 Einkommen mal 30.000 $ ist schon 300.000 $. Also muss das gesuchte Einkommen noch niedriger liegen, um die insgesamt 300.000 $ ausgleichen zu können. Sie wissen also, dass es sich um die Antworten A, B oder C dreht, ohne dass Sie auch nur richtig mit der Lösung der Aufgabe begonnen haben.

Wenn Sie am Anfang schnell Antworten ausschließen, kann Sie das vor flüchtigen Rechenfehlern bewahren. Der GMAT ist trickreich zusammengestellt und beim Testdesign wurden bereits mögliche Rechenfehler in den falschen Antworten berücksichtigt, weil es ja sonst zu einfach wäre, wenn ihr falsches Ergebnis nicht in den Antwortmöglichkeiten auftaucht. So kann es einem passieren, dass man eine falsche Antwort ankreuzt, die man bei einer zweiten Chance auch als falsch identifiziert hätte. Eliminiert man offensichtlich falsche Antworten vorher, verringert das die Wahrscheinlichkeit, durch Rechenfehler auf Antworten zu kommen, die schon aus logischer Sicht nicht richtig sein können.

Sie können das Gesamteinkommen der ganzen 50 Verbraucher und das Gesamteinkommen der 10 wohlhabendsten Verbraucher berechnen, indem Sie die Formel für den Durchschnitt verwenden. Der Durchschnitt ist gleich der Summe der Werte einer Gruppe geteilt durch die Anzahl der Werte einer Gruppe. Diese Formel wenden Sie an, um das Gesamteinkommen der 50 Verbraucher zu berechnen. Genauso verfahren Sie mit dem Einkommen der 10 wohlhabendsten Verbraucher. Dann subtrahieren Sie die beiden Zahlen voneinander und sie haben das Gesamteinkommen der restlichen 40 Verbraucher. Diesen Wert teilen Sie dann durch 40 und Sie bekommen das Durchschnittseinkommen der restlichen 40. Und so geht's im Einzelnen:

 Die ganze Rechnung wird einfacher, wenn wir drei Nullen von den Gehältern weglassen. Bei dieser Aufgabe kürzen wir also die 45.000 \$ zu 45 \$ und die 75.000 \$ zu 75 \$. Wir dürfen bloß nicht vergessen, nachher bei der Lösung die drei Nullen wieder anzufügen.

1. Berechnen Sie das Gesamteinkommen für die Gruppe der 50.

Das Durchschnittseinkommen ist 45 \$ und die Anzahl der Gruppenmitglieder ist 50, also lautet die Formel für die Summe (x):

Durchschnitt = Summe der Werte ÷ Anzahl der Werte

$$45 = x/_{50}$$
$$2.250 = x$$

2. Berechnen Sie das Gesamteinkommen für die Gruppe der 10.

Das Durchschnittseinkommen ist 75 \$ und die Anzahl der Gruppenmitglieder ist 10, also lautet die Formel für die Summe (y):

Durchschnitt = Summe der Werte ÷ Anzahl der Werte

$$75 = y/_{10}$$
$$750 = y$$

3. Berechnen Sie das Gesamteinkommen der restlichen 40 Verbraucher.

Subtrahieren Sie das Gesamteinkommen der Gruppe der 10 (y) von der Gruppe der 50 (x):

$$2.250 - 750 = 1.500$$

4. Berechnen Sie das Durchschnittseinkommen der restlichen 40.

Die Summe der Einkommen in dieser Gruppe ist 1.500 $ und die Anzahl der Gruppenmitglieder ist 40. Wenden Sie obige Formel an:

Durchschnitt = Summe der Werte ÷ Anzahl der Werte

Durchschnitt = 1.500 ÷ 40

Durchschnitt = 37,5

Nun fügen Sie wieder die drei Dezimalstellen dazu, die Sie vor der Berechnung gestrichen haben und Sie erhalten die Antwort. Das Durchschnittseinkommen der verbleibenden 40 Verbraucher ist 37.500 $, das ist Antwort C.

An electronics firm produces 300 units of a particular MP3 player every hour of every day. Each unit costs the manufacturer $ 60 to produce, and retailers immediately purchase all the produced units. What is the minimum wholesale price (amount the manufacturer receives) per unit that the manufacturer should charge to make an hourly profit of $ 19,500?

(A) $ 60

(B) $ 65

(C) $ 95

(D) $ 125

(E) $ 145

Schreiben Sie auf, was in der Frage angegeben ist und wonach gefragt wird. Die Frage gibt die Einheiten pro Stunde und die Kosten pro Einheit an. Sie sagt auch etwas über den erwünschten Profit aus. Sie müssen den nötigen Verkaufspreis pro Einheit berechnen.

Als Erstes sollten Sie die offensichtlich falschen Antwortmöglichkeiten ausschließen. Wenn Sie die Frage sorgfältig durchgelesen haben, wissen Sie, dass Sie einen Verkaufspreis berechnen müssen, der einen bestimmten Profit von 19.500 $ pro Stunde ermöglicht (der aus dem Verkaufspreis minus den Kosten entsteht). Da als Antwort der Einzelverkaufspreis gesucht wird, fallen die Antworten A und B weg. Die Produktionskosten je Einheit sind 60 $. Würde das Unternehmen die MP3-Player zum selben Preis wie die Produktionskosten verkaufen, würde kein Profit bei der Sache herausspringen, also ist A offensichtlich falsch. Antwort B ist auch nicht viel besser. Bei einem Preis von 65 $ ergibt das einen Profit von 5 $ je Einheit und damit 1.500 $ je Stunde – bei weitem nicht die anvisierten 19.500 $.

Nun haben Sie zwei Antwortmöglichkeiten eliminiert. Nun müssen Sie sich die Daten genauer anschauen, um die Lösung zu finden. Sie wissen, dass 300 Einheiten je Stunde fabriziert werden und dass diese 300 Einheiten einen Profit von 19.500 $ erbringen sollen. Wenn Sie den Profit je Einheit wüssten, könnten Sie den zu den Kosten je Einheit hinzuaddieren und damit den minimalen Verkaufspreis berechnen. Setzen Sie also eine Gleichung auf mit x als dem Profit pro Einheit:

$x = 19.500\ \$ \div 300$

$x = 65\ \$$

Das Unternehmen muss also einen Profit von 65 $ je Einheit machen. Wenn Sie nun nicht aufgepasst haben und jetzt aufhören, würden Sie B auswählen. Da Sie aber schlauerweise B vorher ausgeschlossen haben, machen Sie weiter, denn Sie sind noch nicht fertig.

Sie müssen den Profit zu den Produktionskosten hinzuaddieren, um den Verkaufspreis zu bekommen:

$$60\ \$ + 65\ \$ = y$$
$$125\ \$ = y$$

Die richtige Antwort ist also D.

Sie können diese Aufgabe auch durch reines Schätzen lösen. Die nächste größere, einfach durch 300 teilbare Zahl ist 21.000. Rechnen Sie einfach 21 durch 3 im Kopf und Sie erhalten 7. Das bedeutet, der Gewinn müsste etwas weniger als 70 $ betragen, was einem Verkaufspreis von etwas weniger als 130$ entspricht (weil 60 $ + 70 $ = 130 $). Die einzige passende Zahl steht eben bei Antwort D.

Und nun alle zusammen: Ein Miniübungsmatheteil

16

In diesem Kapitel...

▶ Verfeinerung Ihrer GMAT Mathekenntnisse durch Übungsfragen

▶ Besseres Verständnis durch erklärte Antworten für jede Frage

---

*N*un haben Sie die Chance, Ihre Kenntnisse für den mathematischen Teil des GMAT zu prüfen, bevor Sie sich ins wirkliche Abenteuer des Tests stürzen. Dieses Kapitel enthält ausschließlich mathematische Aufgaben, die auch im GMAT vorkommen könnten. Wenn Sie die Aufgaben versuchen möchten, sollten Sie in etwa 40 Minuten mit den Fragen durch sein. Sie können sich aber auch den Zeitdruck jetzt noch ersparen und sich stärker auf das Beantworten der Fragen konzentrieren. Sie können den Ernstfall auch später simulieren, nämlich bei den Übungstests in den Kapiteln 17 und 19.

Ist die Aufgabe eine Data-Sufficiency-Frage, dann wählen Sie:

✔ A: Aussage (1) ist ALLEIN hinreichend, aber Aussage (2) ist allein nicht hinreichend, um die gestellte Frage zu lösen.

✔ B: Aussage (2) ist ALLEIN hinreichend, aber Aussage (1) ist allein nicht hinreichend, um die gestellte Frage zu lösen.

✔ C: Beide Aussagen (1) und (2) sind ZUSAMMEN hinreichend, um die Frage zu beantworten, jedoch NICHT EINZELN.

✔ D: Aufgrund jeder der beiden Aussagen allein kann die Frage beantwortet werden.

✔ E: Die Aussagen (1) und (2) sind ZUSAMMEN NICHT hinreichend, um die Frage zu beantworten. Es sind weitere Informationen nötig.

 Lesen Sie sich alle Erklärungen zu den Antworten durch (auch zu den Fragen, die Sie richtig beantwortet haben), weil Ihnen etwas in den Erklärungen auch bei der Beantwortung anderer Fragen hilfreich sein könnte.

Hier sind nun 18 Fragen für den mathematischen Teil des GMAT. Nehmen Sie sich einen Bleistift, setzen Sie Ihren Timer auf 40 Minuten und los geht's!

1. If $\left(\dfrac{3}{y}+2\right)(y-5)=0$ and $y \neq 5$, then y =

   (A) $-\frac{3}{2}$

   (B) $-\frac{2}{3}$

   (C) $\frac{2}{3}$

   (D) $\frac{3}{2}$

   (E) 6

Der GMAT beginnt normalerweise mit einer Aufgabe mittleren Schwierigkeitsgrades und dies ist eine aus dieser Klasse. Wenn das Produkt der beiden Faktoren 0 ergibt, dann muss mindestens einer der Faktoren gleich 0 sein (weil alles mit 0 multipliziert 0 ergibt). Deswegen muss auch in dieser Gleichung einer der Faktoren 0 sein. Sie wissen, dass es nicht der zweite sein kann, weil y nicht gleich 5 ist und y müsste 5 sein, wenn der zweite Term 0 wäre.

Deswegen müssen Sie nun eine Gleichung aufstellen, die den ersten Faktor gleich 0 setzt und nach y auflösen. Und so verarbeiten Sie den ersten Faktor:

$$\left(\dfrac{3}{y}+2\right)=0$$

Subtrahieren Sie 2 auf beiden Seiten:

$$\dfrac{3}{y}=-2$$

Multiplizieren Sie beide Seiten mit y:

$$3=-2y$$

Teilen Sie beide Seiten durch –2:

$$-\dfrac{3}{2}=y$$

Die richtige Antwort: A

2. If Esperanza will be 35 years old in 6 years, how old was she x years ago?

   (A) $41-x$

   (B) $x-41$

   (C) $35-x$

   (D) $x-29$

   (E) $29-x$

Wenn Esperanza in 6 Jahren 35 Jahre alt sein wird, ist sie nun 29 (35 – 6 = 29). Um ihr Alter vor x Jahren zu bestimmen, müssen Sie einfach x von ihrem aktuellen Alter von 29 Jahren abziehen: $29 - x$. *Richtige Antwort:* E.

3. What is the value of $\dfrac{x}{3}+\dfrac{y}{3}$?

    (1) $\dfrac{x+y}{3}=6$

    (2) $x + y = 18$

        (A)   (B)   (C)   (D)   (E)

Wichtig bei dieser Aufgabe ist, zu erkennen, dass $\dfrac{x}{3}+\dfrac{y}{3}$ dasselbe ist wie $\dfrac{x+y}{3}$.

Die erste Aussage besagt, dass $\dfrac{x+y}{3}=6$ ist, und da $\dfrac{x}{3}+\dfrac{y}{3}=\dfrac{x+y}{3}$ muss also auch $\dfrac{x}{3}+\dfrac{y}{3}$ gleich 6 sein. Also ist die erste Aussage ausreichend für die Beantwortung der Frage und die Antwort ist entweder A oder D. Um dies zu entscheiden, müssen Sie Aussage (2) begutachten. Ist mit ihr auch die Frage lösbar, dann ist die Antwort D, wenn nicht, ist die Antwort A.

Wenn $\dfrac{x}{3}+\dfrac{y}{3}=\dfrac{x+y}{3}$ ist, dann müssen Sie nur noch mit Hilfe von Aussage (2) den Ausdruck $x + y$ durch 18 ersetzen, was $^{18}\!/_{3}$ ergibt. Sie wissen auch, dass 18 ÷ 3 = 6 ist und so gibt auch Aussage (2) genügend Informationen für die Lösung der Aufgabe. *Richtige Antwort:* D.

4. Sofa King is having »a sale on top of a sale!« The price of a certain couch, which already had been discounted by 20 percent, is further reduced by an additional 20 percent. These successive discounts are equivalent to a single discount of which of the following?

    (A) 40 %

    (B) 38 %

    (C) 36 %

    (D) 30 %

    (E) 20 %

Der einfachste Weg für die Lösung solcher Aufgaben ist es, reale Zahlen in den Bedingungen zu verwenden. Um es sich einfach zu machen, nehmen Sie einfach eine schöne runde Zahl als Preis, wie etwa 100 $.

Wenn ein Sofa ursprünglich 100 $ gekostet hat und ein Rabatt von 20 % darauf gegeben wurde, multiplizieren Sie die 100 $ mit 20 % (also 0,2) und ziehen das Ergebnis von

100 $ ab und erhalten schließlich den herabgesetzten Preis (100 × 0,2 = 20 und 100 − 20 = 80). Nach dem ersten Herabsetzen kostet das Sofa nur noch 80 $.

Dann wurde das Sofa nochmals um 20 % herabgesetzt. Nun müssen Sie die Rechnung von vorhin noch einmal wiederholen und benutzen dieses Mal die 80 $ als ursprünglichen Preis (80 × 0,2 = 16 und 80 − 16 = 64). Das Sofa kostet, zwei Mal herabgesetzt, nun 64 $.

Sie sind jetzt aber noch nicht fertig. Sie müssen den gesamten prozentualen Rabatt ausrechnen. Das Sofa kostete früher einmal 100$ und jetzt nur noch 64 $. Der Nachlass ist dementsprechend 100 $ − 64 $, also 36 $. Um den Prozentsatz herauszufinden teilen Sie einfach 36 $ durch die ursprünglichen 100 $ und erhalten 36 % ($\frac{36}{100}$ = 0,36 oder 36 %).

Richtige Antwort: C.

5. If x is a member of the set {44, 45, 47, 52, 55, 58}, what is the value of x?

    (1) x is even.

    (2) x is a multiple of 4.

    (A)   (B)   (C)   (D)   (E)

Betrachten Sie sich Aussage (1). Wenn Sie wissen, dass x gerade ist, kommen Sie nicht viel weiter. Es gibt drei gerade Zahlen in dieser Menge: 44, 52 und 58. Also hilft Ihnen Aussage (1) nicht dabei weiter, x auf einen Wert einzugrenzen. Die Antworten sind also nicht A oder D.

Zwei Zahlen in der angegebenen Menge sind durch 4 teilbar: 44 und 52. Deswegen bringt Sie die Aussage, dass x ein Vielfaches von 4 ist auch nicht gerade weiter. Also ist Aussage (2) auch nicht ausreichend und es bleiben nur noch die Antwortmöglichkeiten C und E. Sie müssen jetzt nur noch eins bedenken: Geben beide Aussagen zusammen genügend Informationen für die Lösung?

Die beiden durch die Aussage (2) gefilterten Werte sind 44 und 52. Auf beide Werte trifft Aussage (1) jedoch gleichermaßen zu, weil eben beide Zahlen gerade sind. Beide Aussagen zusammen können die Frage also auch nicht eindeutig beantworten und den Wert von x festmachen.

Richtige Antwort: E.

6. In a given year, the United States census estimated that there were approximately 6.5 billion people in the world and 300 million in the United States. Approximately what percentage of the world's population lived in the United States that year?

    (A) 0.0046 %

    (B) 0.046 %

    (C) 0.46 %

    (D) 4.6 %

    (E) 46 %

Hier sollten Sie daran denken, dass der GMAT auf Englisch ist und sich die Bedeutung für »*billion*« von der deutschen »Billion« unterscheidet. Die englische »*billion*« entspricht 1.000.000.000, also einer Milliarde. Eine Milliarde sind 1000 Millionen.

6,5 Milliarden sind ausgeschrieben 6.500.000.000. und 300 Millionen sind 300.000.000. Um die Prozentzahl zu berechnen, teilen Sie einfach 300.000.000 durch 6.500.000.000 in einem Bruch:

$$\frac{300.000.000}{6.500.000.000}$$

Das ganze Ding können Sie um 100.000.000, also 100 Millionen, kürzen. Sie teilen also nur 3 durch 65.

Sie müssten das eigentlich nicht ganz ausrechnen, weil alle Antworten Derivate von 46 sind. Sie müssen nur wissen, dass wenn Sie 3 durch 65 teilen, eine Dezimalzahl mit einer 0 hinter dem Komma herauskommt. Können Sie das nicht im Kopf rechnen, schreiben Sie sich schnell die Division auf ein Stück Papier und markieren Sie sich die Kommastelle in Ihrer Antwort.

Also 3 ÷ 65 ergibt 0,046…, aber die Aufgabe verlangt eine Prozentangabe. Um die Dezimalzahl in eine Prozentzahl umzuwandeln, verschieben Sie das Komma zwei Stellen nach links und fügen ein Prozentzeichen hinzu. Die Lösung ist dann 4,6 %. *Richtige Antwort:* D.

7. The symbol © represents one of the following operations: addition, subtraction, multiplication, or division. What is the value of 4 © 5?

   (1) 0 © 1 = 0

   (2) 0 © 1 = 1

   (A)　(B)　(C)　(D)　(E)

Um den Wert von 4 © 5 zu finden, müssen Sie heraus bekommen, welche der vier Grundrechenarten durch das Symbol dargestellt wird. Dabei setzt man jede der Grundrechenarten in die Operationen der einzelnen Aussagen ein und schaut, ob diese die Eingrenzung auf nur eine Grundrechenart erlauben.

Aussage (1) gibt 0 © 1 = 0 vor. Nun setzen Sie jede Grundrechenart ein und prüfen, ob die Rechnung aufgeht. Addition und Subtraktion funktionieren schon mal nicht, weil man nicht 1 zu einer Zahl zuzählen oder abziehen kann und dabei dieselbe Zahl heraus kommt. Jedoch funktionieren sowohl Multiplikation als auch Division: $0 \times 1 = 0$ und $0 \div 1 = 0$. Deswegen gibt einem Aussage (1) nicht genügend Informationen, weil man die Aussage nicht eindeutig treffen kann. Die Antwort ist also nicht A oder D.

Aussage (2) ist 0 © 1 = 1. Der einzige Unterschied zu Aussage (1) ist das Ergebnis. Hier funktionieren Multiplikation und Division nicht, denn das Ergebnis beider Operationen müsste 0 sein. Bei der Subtraktion würde –1 heraus kommen, also ist die einzige funktionierende Operation die Addition (0 + 1 = 1). Das heißt, dass Aussage (2) genügend Informationen gibt, um die Frage zu beantworten, welches Ergebnis 4 © 5 hat.

Richtige Antwort: B.

 Data-Sufficiency-Fragen verlangen nicht unbedingt die Lösung der Gleichung, also halten Sie sich nicht damit auf, den Wert von 4 + 5 zu finden (nicht, dass es hier sehr lange dauern würde, aber trotzdem).

8. How many burritos did Dave's Wraps sell today?

    (1) A total of 350 burritos was sold at Dave's Wraps yesterday, which is 100 fewer than twice the number sold today.

    (2) The number of burritos sold at Dave's Wraps yesterday was 20 more than the number sold today.

    (A)   (B)   (C)   (D)   (E)

Untersuchen Sie jede Aussage dahingehend, ob man daraus die exakte Anzahl der verkauften Burritos am heutigen Tag ermitteln kann.

Aus Aussage (1) lässt sich eine Gleichung konstruieren. Die Unbekannte b ist die Anzahl der heute verkauften Burritos. Gestern wurden 350 und damit 100 weniger (also Subtraktion) Burritos verkauft, als das Doppelte ($2b$) von heute. Die Gleichung sieht also folgendermaßen aus:

$$350 = 2b - 100$$

Die Gleichung besitzt nur eine Variable, also können Sie sie einfach lösen und ein Ergebnis ausrechnen. (Das Ergebnis ist uninteressant. Es interessiert nur, ob es möglich ist!) Die Aussage ist also eindeutig und die Antwort ist damit entweder A oder D. Welche es ist, finden Sie mit Aussage (2).

Die zweite Aussage besagt, dass gestern 20 Burritos mehr als heute verkauft wurden. Das ergibt zwei Variablen. Sie wissen also nicht, wie viele Burritos heute *und* wie viele Burritos gestern verkauft wurden. Steht y für den gestrigen Verkauf, so ergibt sich folgende Gleichung: $y = 20 + b$. Mit dieser Gleichung lässt sich keine eindeutige Antwort ermitteln, also ist Aussage (2) bei der Lösung nicht hilfreich. *Richtige Antwort: A.*

(Ok, bevor Sie heute Nacht nicht schlafen können: Wir versichern Ihnen, dass heute 225 Burritos verkauft wurden. 450 = 350 + 100, $2b = 450$ und $b = 225$. Sie müssen für den GMAT ausgeschlafen sein!)

9. In the fictional country of Capitalistamia, to boost sales around holiday time the government dictates that a citizen may purchase goods up to a total value of \$ 1,000 tax-free but must pay a 7 percent tax on the portion of the total value in excess of \$ 1,000. How much tax must be paid by a citizen who purchases goods with a total value of \$ 1, 220?

    (A) \$ 14.00

    (B) \$ 15.40

    (C) \$ 54.60

    (D) \$ 70.00

    (E) \$ 87.40

Das erste, was Ihnen direkt auffallen sollte ist, dass die ersten 1.000$ der Einkäufe steuerfrei sind, Sie diese also nicht berücksichtigen müssen. Also ziehen Sie von der ausgegebenen Summe von 1.220 $ 1.000 $ ab und erhalten den zu versteuernden Betrag: 220 $.

Um den Steuerbetrag zu berechnen multiplizieren Sie 220 mit 7 % (also 0,07), aber Sie müssen die Rechnung nicht vollständig durchführen. Schätzen Sie! 200 ist an 220 ziemlich dicht dran und 200 × 0,07 = 14,00 und der Betrag ist dann etwas höher als 14,00 $.

Die einzige Antwort mit einem Betrag etwas höher als 14,00 $ ist B. Wenn Sie sich die Zeit nehmen, 220 mit 7 % zu multiplizieren, dann ergibt sich auch genau 15,40 $. Da aber die Zeit während des ganzen Tests knapp ist, vermeiden Sie wo immer möglich langwierige Rechnungen. *Richtige Antwort:* B.

10. In the following figure, $\dfrac{a+b}{b} = \dfrac{5}{2}$, what does b equal?

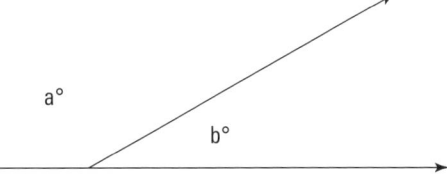

(A) 108

(B) 99

(C) 81

(D) 72

(E) 63

Der Trick bei dieser Aufgabe besteht darin, zu erkennen, dass *a* und *b* Ergänzungswinkel sind, das heißt, dass sie zusammen 180° ergeben. (Mehr zu Formen und Winkeln lesen Sie in Kapitel 12.)

Das einzige, was Sie jetzt tun müssen ist, in die angegebene Gleichung für *a* + *b* =180° einzusetzen und diese dann zu lösen:

$$\frac{a+b}{b} = \frac{5}{2}$$

$$\frac{180}{b} = \frac{5}{2}$$

Multiplizieren Sie mit 2 und mit *b*:

$$360 = 5b$$

Und teilen Sie beide Seiten durch 5:

$$72 = b$$

Richtige Antwort: D.

11. Is the value of x closer to 75 than it is to 100?

   (1) $100 - x > x - 70$

   (2) $x > 85$

      (A)   (B)   (C)   (D)   (E)

   Bei der Aufgabe hilft es, sich klar zu machen, dass 87,5 in der Mitte zwischen 75 und 100 liegt. Ist x also größer als 87,5, ist es näher an 100. Ist es kleiner, näher an 75. (Beträgt es genau 87,5, ist die Entfernung zu beiden Zahlen gleich groß.)

   Ist die Differenz zwischen 100 und x ($100 - x$) größer als die Differenz zwischen x und 70 ($x - 70$), dann muss x kleiner als 87,5 sein, weil bei Werten, die größer als 87,5 sind, $100 - x$ kleiner wäre als $x - 70$. Deswegen erkennen Sie aus Aussage (1) eindeutig, dass x näher an 75 liegt. Sie kann die Frage also eindeutig beantworten und deswegen ist die Antwort entweder A oder D.

   Wenn man weiß, dass $x > 85$ ist, hilft das nicht viel weiter, da bei Werten von mehr als 88 x näher an 100 wäre und bei den Werten 86 und 87 x näher an 75 wäre. Aussage (2) beantwortet die Frage also nicht.

   Richtige Antwort: A.

   Mehr zu Ungleichungen finden Sie in Kapitel 11.

12. How long did it take Ms. Nkalubo to drive her family nonstop from her home to Charlestown, West Virginia?

   (1) Ms. Nkalubo's average speed for the trip was 45 miles per hour.

   (2) If Ms. Nkalubo's average speed for the trip had been $1\frac{1}{4}$ as fast, the trip would have taken three hours.

      (A)   (B)   (C)   (D)   (E)

   Dies ist eine Entfernungsaufgabe, also müssen Sie für die Berechnung von Ms. Nkalubos Reisezeit die Geschwindigkeitsformel *Entfernung = Geschwindigkeit × Zeit* verwenden, kurz: $d = v \times t$ (siehe Kapitel 11).

   Aussage (1) lässt sich ziemlich einfach einschätzen. Wenn Sie nur die durchschnittliche Geschwindigkeit von 45 mph kennen, haben Sie in der Formel zwar die Geschwindigkeit, aber nicht die Entfernung und Sie können somit auch keine Zeit ausrechnen. Deswegen kann man mit Aussage (1) die Frage nicht beantworten und die Antwort kann nicht A oder D sein.

   Bei Statement 2 muss man ein wenig mehr nachdenken. Beim ersten Betrachten scheint die Aussage nicht genügend Informationen für die Reisezeit zu bieten. Aber wenn Sie etwas näher hinschauen, können Sie doch eine Gleichung dafür aufstellen.

   Die erste Gleichung ist Ms. Nkalubos eigentliche Fahrt (Fahrt 1). Wir nehmen also die allgemeine Distanzformel:

   $$d_1 = v_1 \times t_1$$

Dann erstellen wir ausgehend von der allgemeinen Formel eine zweite Gleichung für die theoretische Fahrt (Fahrt$_2$), wie sie in Aussage (2) beschrieben wurde:

$$d_2 = v_2 \times t_2$$

Mit Hilfe der Aufgabenstellung können wir die Gleichung ausformulieren. Die zweite Reise würde 3 Stunden dauern, also gilt $v_2 \times 3 = t_2$. Außerdem wissen wir, dass die Geschwindigkeit für die theoretische Reise (Fahrt$_2$) von Ms. Nkalubo $1\frac{1}{4} = \frac{5}{4}$ der Geschwindigkeit der ersten Reise (Fahrt$_1$) betrug: $v_2 = \frac{5}{4}v_1$. Für Fahrt$_2$ haben wir dann also

$$d_2 = \frac{5}{4}v_1 \times 3 \text{ Std.}$$

Die Entfernung ist bei beiden Gleichungen dieselbe (wir rechnen nicht relativistisch – so schnell fährt Ms. Nkalubo nicht), also können wir die beiden Gleichungen gleich setzen:

$$v_1 \times t = \frac{5}{4}v_1 \times 3$$

Bei dieser Gleichung können wir beide Seiten durch die Variable v teilen, der Wert der Gleichung ändert sich dadurch nicht und wir werden eine Variable los. Es bleibt ein übersichtlicher, einfach zu berechnender Term, der eine eindeutige Aussage ergibt:

$$t = \frac{5}{4} \times 3$$

Mit Hilfe von Aussage (2) lässt sich also die Aufgabe lösen.

Richtige Antwort: B.

(Die Fahrtzeit beträgt insgesamt $3\frac{3}{4}$ Stunden gefahren, ziemlich lange, wenn man keine Pause macht.)

13. The arithmetic mean and standard deviation for a certain normal distribution are 9.5 and 1.5, respectively. What value is more than 2.5 standard deviations from the mean?

   (A) 5.75

   (B) 6

   (C) 6.5

   (D) 13.25

   (E) 13.5

Lassen Sie sich nicht durch die ganzen statistischen Fachbegriffe verängstigen. Es handelt sich wirklich nur um die Anwendung der Grundrechenarten.

Das arithmetische Mittel beträgt 9,5 und eine Standardabweichung beträgt 1,5 und so müssen Sie die Abweichung von 1,5 verwenden, um die Streuung um den Mittelwert zu finden. Das bedeutet, die Werte innerhalb einer Standardabweichung streuen zwischen 8 und 11, das ist der Mittelwert (9,5) plus oder minus der Standardabweichung (1,5). Die Werte innerhalb zweier Standardabweichungen um den Mittelwert streuen zwischen 6,5 und 12,5. Die Werte erhalten Sie, wenn Sie zum Mittelwert zwei Standardabweichungen (2 × 1,5 = 3) hinzuaddieren oder abziehen. Die Werte innerhalb von drei Standardabweichungen streuen zwischen 5 und 14. Das sind die Zahlen, die sich ergeben, indem man drei Standardabweichungen (3 × 1,5 = 4,5) vom Mittelwert abzieht oder hinzuaddiert.

Um diese Aufgabe zu lösen, müssen Sie die Werte für die Abweichungen von 2,5 Standardabweichungen finden. Diese sind 5,75 und 13,25, weil 2,5 × 1,5 = 3,75 ist. Nun schauen Sie in den Antwortmöglichkeiten nach, welche Werte kleiner als 5,75 bzw. größer als 13,25 sind. Die Antwort ist 13,5. *Richtige Antwort:* E.

14. What is the measure of $\angle ABX$ in the following figure?

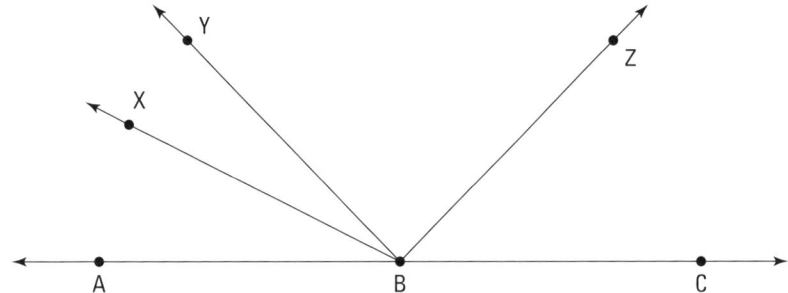

(1) *BX* bisects angle *ABY* and *BZ* bisects angle *YBC*.

(2) The measure of angle *YBZ* is 60 degrees.

   (A)   (B)   (C)   (D)   (E)

Sie müssen erkennen, dass diese vier Winkel entlang einer Geraden liegen, das heißt, sie ergeben zusammen 180°. (Wenn Sie Ihr Wissen über Winkel auffrischen wollen, lesen Sie Kapitel 12.)

Obwohl es ganz nett ist, wenn man weiß, dass *BX* die Winkelhalbierende (sie schneidet den Winkel genau in die Hälfte) des Winkels auf der linken Seite ist und auch, dass *BZ* den Winkel auf der rechten Seite halbiert. Aber wenn man nicht das Maß mindestens eines Winkels kennt, nutzt einem das Wissen über die Halbierenden gar nichts. Also reicht Aussage (1) für die Lösung der Aufgabe nicht aus und die Antwort ist demnach entweder B, C oder E.

Aussage (2) gibt das Maß eines Winkels an, was allein auch nicht besser ist, als die Information in Aussage (1). Deswegen reicht die Information aus Aussage (2) alleine auch nicht für die Lösung der Aufgabe.

Aber wir haben bereits bei Aussage (1) gesagt, dass wir das Maß mindestens eines Winkels benötigen und genau dieses Maß bekommen wir in Aussage (2) Zusammengenommen kann man mit den Aussagen (1) und (2) die Aufgabe über das Maß des Winkels $\angle ABZ$ lösen. *Richtige Antwort:* C.

Sie müssen eigentlich das Maß des Winkels nicht ermitteln und sind bereits mit der Aufgabe fertig, aber weil Sie ja so hartnäckig auf die komplette Lösung bestehen, wollen wir diese Ihnen nicht vorenthalten. Diesen Schritt müssen Sie im Test selbst nicht machen. Wenn Sie wissen, dass *BZ* den Winkel *YBC* halbiert und dass $\angle YBZ$ ein Maß von 60° besitzt, muss $\angle YBC$ insgesamt 120° haben. Somit verbleiben für $\angle ABY$ 60°. Nun ist die Gerade *BX* die Winkelhalbierende von $\angle ABY$, somit ist der Winkel *ABX* genau die Hälfte von $\angle ABY$, nämlich 30°.

15. On her annual road trip to visit her family in Seal Beach, California, Traci stopped to rest after she traveled ⅓ of the total distance and again after she traveled ¼ of the distance remaining between her first stop and her destination. She then drove the remaining 200 miles and arrived safely at her destination. What was the total distance, in miles, from Traci's starting point to Seal Beach?

(A) 250

(B) 300

(C) 350

(D) 400

(E) 550

Für diese Entfernungsaufgabe müssen Sie die drei Reiseabschnitte in einer Gleichung zusammenfassen, um die Gesamtstrecke zu bekommen. Dabei ist x die Gesamtentfernung. Traci legte ihren ersten Stopp nach ⅓ der Strecke ein, also ist der erste Teil ⅓x. Danach pausierte sie wieder nach einem Viertel der restlichen Strecke, also der Entfernung zwischen ihrem ersten Halt und ihrem Ziel. Den zweiten Abschnitt können Sie dann so beschreiben: $\frac{1}{4}\left(x - \frac{1}{3}x\right)$. Die Länge des dritten Abschnitts der Wegstrecke betrug 200 Meilen. Diese drei Teile können Sie zu folgender Formel zusammensetzen:

$$\frac{1}{3}x + \frac{1}{4}\left(x - \frac{1}{3}x\right) + 200 = x$$

Diese Gleichung lösen Sie nach x auf, zuerst vereinfachen:

$$\frac{1}{3}x + \frac{1}{4}\left(\frac{2}{3}x\right) + 200 = x$$

$$\frac{1}{3}x + \frac{1}{6}x + 200 = x$$

$$\frac{1}{2}x + 200 = x$$

Nun multiplizieren Sie die Gleichung mit 2 auf beiden Seiten und ziehen dann x ab:

$$x + 400 = 2x$$

$$x = 400$$

Richtige Antwort: D.

16. In the fraction $\frac{a}{b}$, where a and b are positive integers, what is the value of b?

(1) The lowest common denominator of $\frac{a}{b}$ and $\frac{1}{5}$ is 10.

(2) $a = 3$

    (A)   (B)   (C)   (D)   (E)

Die Lösung dieser Aufgabe erscheint leicht, doch wenn man sie zu schnell angeht, übersieht man vielleicht was. Also berücksichtigen Sie alle Möglichkeiten.

Und zwar ist Aussage (1) gefährlich. Sie kommen wahrscheinlich schnell zu dem Schluss, dass wenn der kleinste gemeinsame Nenner (KGN) der zwei Brüche 10 ist, b dann auch 10 sein muss. Jedoch könnte b auch gleich 2 sein, dann auch dann hätten die beiden Brüche den KGN von 10. Vielleicht hatten Sie auch den umgekehrten Gedanken, aber auf jeden Fall lässt Aussage (1) zwei Werte für b zu und sie führt deshalb nicht zu einer eindeutigen Lösung für die Aufgabe. Die Antwort ist also abhängig von Aussage (2) B, C oder E.

Aussage (2) ist einfacher zu bewerten. Der Wert im Zähler hat keinen Einfluss auf den im Nenner, sodass die Tatsache, dass a gleich 3 ist, keine nähere Information über b bringt. Also ist auch Aussage (2) nicht aussagekräftig, was nur noch die Antworten C und E zulässt.

Auch wenn $a = 3$ ist, kann b immer noch 10 oder 2 sein. Also können auch beide Aussagen zusammen die Frage nicht beantworten.

Richtige Antwort: E.

17. If n is a positive integer and $x + 3 = 4^n$, which of the following could NOT be a value of x?

    (A) 1

    (B) 13

    (C) 45

    (D) 61

    (E) 253

Die einfachste Art, diese Aufgabe zu lösen ist es, einfach alle Werte aus den Antwortmöglichkeiten in die Gleichung einzusetzen und die auszuwählen, bei der der Ausdruck nicht wahr wird. Ein »integer« ist übrigens eine ganze Zahl.

✔ Antwort A gibt 1 vor. Setzt man 1 in die Gleichung für x ein ergibt das: $1 + 3 = 4^n$. Dabei müsste $n = 1$ sein und 1 ist eine positive, ganze Zahl. A ist es schon mal nicht.

✔ Setzt man die 13 aus B ein, so ergibt die Gleichung $13 + 3 = 4^n$. 13 + 3 ist gleich 16 und 16 ist 4^2. 2 ist eine positive, ganze Zahl, so fällt auch B weg.

✔ Bei Antwort C setzt man 45 in die Gleichung ein: $45 + 3 = 4^n$. Dabei kommt die Gleichung $48 = 4^n$ heraus. Obwohl es so aussieht, dass 4 irgendeine Wurzel aus 48 ist, ist sie es nicht. Also ist C die richtige Antwort. Sie können jetzt C auswählen und weitermachen. Sicherheitsbedürftige checken lieber die verbleibenden Antwortmöglichkeiten noch durch.

✔ Setzt man die 61 aus D ein, erhält man $61 + 3 = 4^n$. Das ergibt 64 und 64 ist 4^3. 3 ist positiv und eine ganze Zahl, D fällt raus.

✔ Schließlich Antwort E, 253. $253 + 3 = 4^n$. 253 + 3 ergibt 256 und das ist 4^4. 4 ist ebenfalls eine positive, ganze Zahl, also kann es E auch nicht sein.

Richtige Antwort: C.

Seien Sie bei Aufgaben vorsichtig, die genau nach der Lösung fragen, die NICHT aufgeht. In solchen Fällen müssen Sie die funktionierenden Antwortmöglichkeiten ausschließen und nicht beibehalten. Immer ans Ziel der Aufgabe denken!

18. A downtown theater sells each of its floor seats for a certain price and each of its balcony seats for a certain price. If Matthew, Linda, and Jake each buy tickets for this theater, how much did Jake pay for one floor seat and one balcony seat?

    (1) Matthew bought four floor seats and three balcony seats for $ 82.50.

    (2) Linda bought eight floor seats and six balcony seats for $ 165.00.

    (A)   (B)   (C)   (D)   (E)

Das ist die letzte Frage, also ist sie wahrscheinlich schwierig. Zuerst denkt man, man könne die Frage mit einem Gleichungssystem aus zwei Gleichungen knacken, aber dem ist nicht so. Dazu aber erst später, fangen wir von vorne an und definieren die Plätze im Parkett (*floor*) als *f* und die im Rang (*balcony*) als *b*. Jetzt schauen wir auf die Aussagen.

Schreibt man Aussage (1) mathematisch auf, sieht Matthews Rechnung so aus: $4f + 3b = 82,50$. Wie bereits gesagt, Sie können keine Gleichung mit zwei Variablen lösen, wenn Sie nicht über weitere Informationen verfügen. Diese Aussage reicht also alleine nicht zur Lösung der Aufgabe, und die Antwort ist entweder B, C oder E.

Genauso ist es mit Behauptung (2). Auch sie führt zu einer Gleichung $8f + 6b = 165$ mit zwei Variablen, die für sich alleine genommen nicht reicht, die Aufgabe zu lösen. So fällt auch B weg und die Antwort ist C oder E.

Jetzt kommen wir wieder auf die zwei Gleichungen zurück. Sie haben sich wahrscheinlich gedacht, dass man aus den Aussagen (1) und (2) ein Gleichungssystem basteln kann, mit dem man die einzelnen Gleichungen gegeneinander ausspielen kann und so die Preise für Parkett oder Rang ermitteln. Beim genaueren Betrachten fällt auf, dass man so auch nicht weiter kommt, denn letztlich sind sie absolut identisch. Schauen Sie sich die zweite Gleichung näher an:

   $8f + 6b = 165$

Nun teilen sie diese durch 2:

   $4f + 3b = 82,50$

Das ist dieselbe Gleichung wie die aus Aussage (1). Linda hat also aus jeder Kategorie die doppelte Anzahl Karten gekauft und auch das Doppelte bezahlt. So können Sie die Gleichungen also nicht lösen. Da steh'n Sie nun, Sie armer Thor und sind so schlau als wie zuvor. *Richtige Antwort:* E.

Teil V
Übung macht den Meister

»Pass bloß auf, Sundance, der hat sich wochenlang auf den GMAT vorbereitet und ist jetzt echt stinksauer.«

In diesem Teil ...

Um sich auf einen standardisierten Test vorzubereiten, gibt es nichts Besseres als Übung – und in diesem Teil stellen wir Ihr Wissen mit einem Haufen Fragen auf die Probe. Hier finden Sie zwei vollständige GMAT-Übungstests und Tipps, wie Sie Ihr Abschneiden selbst bewerten können. Aber ehe Sie sich mit einem Bleistift ans Werk machen und auf dem Notizblock herumkritzeln, sollten Sie sich für jeden dieser Tests wenigstens dreieinhalb ungestörte Stunden Zeit nehmen, damit Sie am eigenen Leib spüren, wie sehr der GMAT einen im Ernstfall schlauchen kann.

Die auf die Übungstests folgenden Kapitel enthalten Erläuterungen zu den Lösungsmöglichkeiten sämtlicher Aufgaben. So können Sie herausfinden, warum die richtigen Lösungsmöglichkeiten richtig und die falschen Lösungsmöglichkeiten falsch sind. Die Erläuterungen bieten eine Menge nützlicher Informationen. Wir empfehlen Ihnen daher, sich alles genau durchzulesen, auch die Erläuterungen zu den Aufgaben, die Sie problemlos gelöst haben.

Der GMAT im Praxistest: Übungstest Nr. 1

In diesem Kapitel...

▶ Essays schreiben unter Zeitdruck

▶ Die Generalprobe für den GMAT-Matheteil

▶ Setzen Sie die Strategien für den GMAT-Sprachteil in die Tat um

A lso gut, jetzt haben Sie es drauf. Jetzt können Sie glänzen. Die folgende Prüfung besteht aus zwei Abteilungen Multiple-Choice-Aufgaben und zwei Vorgaben für analytische Schreibarbeiten. Sie haben 75 Minuten für die 37 Matheaufgaben, 75 Minuten für die 41 Sprachaufgaben und eine Stunde für die beiden Essays.

Um das Beste aus dem Übungstest herauszuholen, sollten Sie für Bedingungen sorgen, die denen am GMAT-Prüfungstag möglichst entsprechen:

1. **Suchen Sie sich einen Ort, an dem Sie ungestört sind. (Am besten so weit vom plärrenden Radio Ihrer Nachbarn entfernt wie möglich.)**

2. **Machen Sie den Übungstest nach Möglichkeit um die gleiche Tageszeit, zu der Sie auch den GMAT absolvieren wollen.**

3. **Benutzen Sie einen Wecker, um die Zeitvorgaben einzuhalten.**

4. **Gönnen Sie sich zwischen dem Mathe- und dem Sprachteil nicht mehr als zehn Minuten Pause.**

5. **Markieren Sie Ihre Lösungen durch Einkreisen der entsprechenden Ziffern im Text.**

6. **Verwenden Sie zum Rechnen und für Notizen ein unbeschriebenes Blatt Papier oder ein kleines Whiteboard.**

7. **Schreiben Sie Ihre Essays, falls möglich, auf einem Computer, aber deaktivieren Sie die Autokorrektur sowie die Funktion Rechtschreibung und Grammatik.**

8. **Legen Sie den Bleistift aus der Hand, sobald die Zeit für einen Testteil abgelaufen ist.**

Wenn Sie fertig sind, können Sie Ihre Lösungen für den Matheteil anhand des Lösungsschlüssels am Ende dieses Kapitels überprüfen. Ausführliche Erläuterungen zu diesem Übungstest finden Sie am in Kapitel 18.

Section 1: Analytical Writing Assessment

The analytical writing section consists of two tasks: analysis of an issue and analysis of an argument. You have 30 minutes to complete each of the two tasks. Try to write the two practice essays without taking a break between them. To best simulate the actual GMAT experience, compose your essays on a computer.

Analysis of an issue

Time: 30 minutes

One essay

Directions: In this section, you need to analyze the issue presented and explain your views on it. There is no correct answer. You should consider various perspectives as you develop your own position on the issue.

Think for a few minutes about the issue and organize your response before you start writing. Leave time for revisions when you're finished.

You'll be scored based on your ability to accomplish these tasks:

✔ Organize, develop, and express your thoughts about the given issue.

✔ Provide pertinent supporting ideas with examples.

✔ Apply the rules of standard written English.

»None of the major problems currently confronting the world can be contained within the borders of a single country, and no country can, through its own efforts, be protected from these threats. Therefore, the United States must work, on an equal basis, with all other countries of the world to try to lessen the impact of the many global threats that confront us in the twenty-first century.«

Discuss whether you agree or disagree with the opinion stated above. Provide supporting evidence for your views and use reasons and/or examples from your own experiences, observations, or reading.

Analysis of an argument

Time: 30 minutes

One essay

Directions: In this section, you're asked to write a critique of the argument presented. The prompt requests only your critique and does not ask you for your opinions on the matter.

Think for a few minutes about the argument and organize your response before you start writing. Leave time for revisions when you're finished.

You'll be scored based on your ability to accomplish these tasks:

✔ Organize, develop, and express your thoughts about the given argument.

✔ Provide pertinent supporting ideas with examples.

✔ Apply the rules of standard written English.

The following appeared as part of an editorial in a business magazine:

> »Studies show that Americans with Ph.D.'s in the humanities and social sciences earn less than Americans with MBA degrees. The average amount of time that it takes to earn a Ph.D. in one of these fields is five years after college graduation, while an MBA can be earned in just two or three years. It is, therefore, a waste of time and resources to have some of America's brightest young people studying subjects such as literature and philosophy for five or more years when they are destined to earn less money, and pay less in taxes, than a person with an MBA. The government should discontinue all funds directed toward students pursuing Ph.D's in the social sciences and humanities since this a waste of taxpayer money.«

Examine this argument and present your judgment on how well reasoned it is. In your discussion, analyze the author's position and how well the author uses evidence to support the argument. For example, you may need to question the author's underlying assumptions or consider alternative explanations that may weaken the conclusion. You can also provide additional support for or arguments against the author's position, describe how stating the argument differently may make it more reasonable, and discuss what provisions may better equip you to evaluate its thesis.

Section 2: Quantitative

Time: 75 minutes

37 questions

Directions: Choose the best answer from the five choices.

Use the following answer choices to answer the data sufficiency questions:

(A) Statement (1) ALONE is sufficient, but statement (2) alone is not sufficient to answer the question asked;

(B) Statement (2) ALONE is sufficient, but statement (1) alone is not sufficient to answer the question asked;

(C) BOTH statements (1) and (2) TOGETHER are sufficient to answer the question asked, but NEITHER statement ALONE is sufficient;

(D) EACH statement ALONE is sufficient to answer the question asked;

(E) Statements (1) and (2) TOGETHER are NOT sufficient to answer the question asked, and additional data are needed.

1. The number $3 - 0.5$ is how many times the number $1 - 0.5$?

   (A) 4

   (B) 4.5

   (C) 5

   (D) 5.5

   (E) 6

2. If n is an integer, what is the greatest possible value for n that would still make the following statement true:

   $11 \times 10^n < \dfrac{1}{10}$?

   (A) -4

   (B) -3

   (C) -2

   (D) -1

   (E) 0

3. Michelle and Beth each received a salary increase. Which one received the greater dollar increase?

   (1) Michelle's salary increased 4 percent.

   (2) Beth's salary increased 6 percent.

   (A)   (B)   (C)   (D)   (E)

4. In which of the following pairs are the two numbers reciprocals of one another?

   I. $\dfrac{1}{15}$ *and* $-\dfrac{1}{15}$

   II. $\sqrt{2}$ *and* $\dfrac{\sqrt{2}}{2}$

   III. 4 *and* $\dfrac{1}{4}$

   (A) I only

   (B) III only

   (C) I and II

   (D) II and III

   (E) I and III

5. A high-end clothing store purchased a black leather jacket for x percent less than its list price and sold it for y percent less than its list price. What was the list price of the leather jacket?

   (1) $y = 10$

   (2) $x - y = 10$

   (A)   (B)   (C)   (D)   (E)

6. Point (x, y) lies in which quadrant of the rectangular coordinate system shown in the figure below?

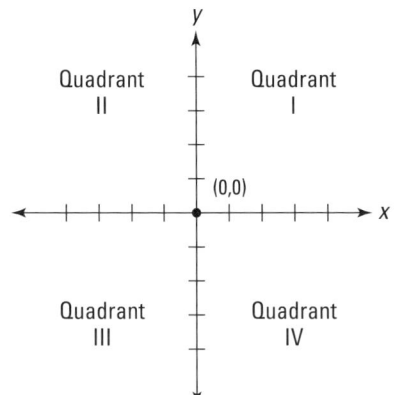

(1) $x = -2$

(2) $x + y < 0$

(A)   (B)   (C)   (D)   (E)

7. Which of the following is less than $\frac{1}{3}$?

(A) $\dfrac{8}{27}$

(B) $\dfrac{2}{5}$

(C) $\dfrac{18}{50}$

(D) $\dfrac{3}{8}$

(E) $\dfrac{4}{11}$

8. What was the total amount of money Eben and Emily invested to start their chocolate shop?

(1) Eben contributed 60 percent of the amount.

(2) Emily contributed $ 20,000.

(A)   (B)   (C)   (D)   (E)

9. What is the value of the positive integer x?

(1) $x^3 < 28$

(2) $x \neq x^3$

(A)   (B)   (C)   (D)   (E)

10. If basis points are defined so that 5 percent is equal to 100 basis points, then 7.5 percent is how many basis points greater than 5.5 percent?

(A) 0.04

(B) 40

(C) 400

(D) 4,000

(E) 40,000

11. Mr. Mulligan's $ 81,000 estate was divided among his spouse and two children. How much did the younger child receive?

(1) The younger child received $ 15,000 less than the older child and $ 30,000 less than the spouse.

(2) The spouse received 42 % of the sum from the estate.

(A)   (B)   (C)   (D)   (E)

12. The value of $-2 - (-8)$ is how much greater than the value of $-4 - (-9)$?

(A) 2

(B) 1

(C) 0

(D) –1

(E) –2

13. In the figure below, the product of the three numbers in the horizontal row equals the sum of the three numbers in the vertical column. What is the value of $x + y$?

		x	
6	12	3
	y	

(A) 12

(B) 24

(C) 114

(D) 204

(E) 216

14. If both a and b are nonzero numbers, what is the value of $\dfrac{a}{b}$?
    (1) $a = 5$
    (2) $a^2 = b^2$
    (A)   (B)   (C)   (D)   (E)

15. If x is an integer, is $\dfrac{24 - x}{x}$ an integer?
    (1) $x < 5$
    (2) $x^2 = 36$
    (A)   (B)   (C)   (D)   (E)

16. The population of Growthtown doubles every 50 years. If the number of people in Growthtown is currently 10^3 people, what will its population be in three centuries?
    (A) $3(10^3)$
    (B) $6(10^3)$
    (C) $(2^6)(10^3)$
    (D) $(10^6)(10^3)$
    (E) $(10^3)^6$

17. Greg's Goosebumps produces Halloween items. Greg's production costs consist of annual fixed costs totaling $\$120{,}000$ and variable costs averaging $\$4$ per item. If Greg's selling price per item is $\$20$, how many items must he produce and sell to earn an annual profit of $\$200{,}000$?
    (A) 20,000
    (B) 15,000
    (C) 3,333
    (D) 5,000
    (E) 1,333

18. Adam works at a constant rate and stuffs 400 envelopes in 2 hours. How much less time would it take to stuff the same number of envelopes if Adam and Matt worked together?
    (1) Adam and Matt stuff envelopes at the same rate.
    (2) It takes Adam twice as long to stuff all of the envelopes as it takes Adam and Matt to stuff all of them together.
    (A)   (B)   (C)   (D)   (E)

19. Can the positive integer y be expressed as the product of two integers, each of which is greater than 1?
    (1) $47 < y < 53$
    (2) y is even
    (A)   (B)   (C)   (D)   (E)

20. Which of the following fractions is equal to the decimal 0.375?
    (A) $\frac{3}{7}$
    (B) $\frac{3}{8}$
    (C) $\frac{4}{9}$
    (D) $\frac{2}{5}$
    (E) $\frac{1}{3}$

21. You are going to illustrate your monthly budget using a circle graph. If the size of each sector is proportional to the amount of budget it represents, how many degrees of the circle would you use to represent rent, which is 35 % of your budget?
    (A) 252
    (B) 189
    (C) 129.5
    (D) 126
    (E) 63

22. Is $x < 0$?
    (1) $x^3 < 0$
    (2) $-3x > 0$
    (A)   (B)   (C)   (D)   (E)

23. How many integers z are there such that $x < z < y$?
    (1) $y - x = 4$
    (2) x and y are not integers
    (A)   (B)   (C)   (D)   (E)

24. 5.6 percent of the people in the labor force of Pretendville were unemployed in September, compared to 5.9 percent in October. If the number of people in the labor force of Pretendville was the same for both months, how many people were employed in October of 2005?

   (1) 10,000 more people were unemployed in October than in September.

   (2) In May of the same year, the number of unemployed people in the labor force was 135,000.

   (A)   (B)   (C)   (D)   (E)

25. In the figure below, what is the least number of table entries that is needed to show the product of each number and each of the other four numbers?

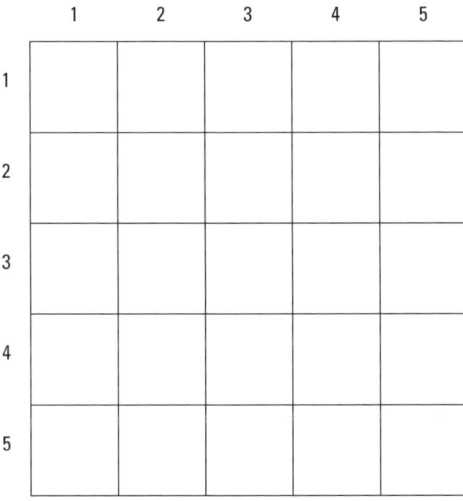

   (A) 0

   (B) 1

   (C) 4

   (D) 5

   (E) 10

26. If $(x - 4)$ is a factor of $(x^2 - kx - 28)$, then $k =$
   (A) –11
   (B) –7
   (C) –3
   (D) 3
   (E) 7

27. What is the radius of the circle below with center O?

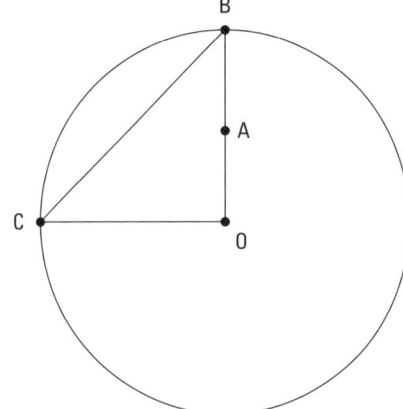

   (1) The ratio of OA to AB is 2 to 3.
   (2) Triangle OBC is isosceles.
   (A)   (B)   (C)   (D)   (E)

28. Is $ab < 12$?
   (1) $a < 3$ and $b < 4$
   (2) $\frac{1}{3} < a < \frac{2}{3}$ and $b^2 < 169$
   (A)   (B)   (C)   (D)   (E)

29. Angelo and Isabella are both salespersons. In any given week, Angelo makes $ 550 in base salary plus 8 percent of the portion of his sales above $ 1,000 for that week. Isabella makes 10 percent of her total sales for any given week. For what amount of weekly sales would Angelo and Isabella earn the same amount of money?
   (A) 23,500
   (B) 24,500
   (C) 25,500
   (D) 26,500
   (E) 27,500

30. Two trains, FastTrain and SlowTrain, started simultaneously from opposite ends of a 900-mile route and traveled toward each other on parallel tracks. FastTrain, traveling at a constant rate, completed the 900-mile trip in 3 hours. SlowTrain, traveling at a constant rate, completed the same trip in 5 hours. How many miles had FastTrain traveled when it met SlowTrain?

    (A) 360

    (B) 540

    (C) 562.5

    (D) 580.5

    (E) 600

31. The circular base of a swimming pool lies in a level rectangular yard and just touches two straight sides of a fence, one at point *A,* as shown in the figure below. How far from the center of the pool's base, designated by point *C,* is point *A?*

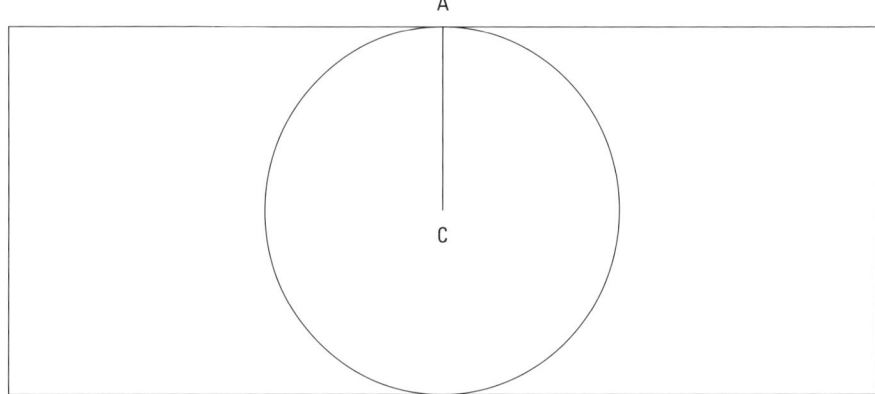

    (1) The base has an area of 1,000 square feet.

    (2) The length of the fence is 50 feet.

    (A)   (B)   (C)   (D)   (E)

32. If $a \neq 0$, is $b > 0$?

    (1) $ab = 14$

    (2) $a + b = 9$

    (A)   (B)   (C)   (D)   (E)

33. $\dfrac{1\frac{3}{5} - 2\frac{2}{3}}{\frac{1}{3} - \frac{2}{5}} = E$

    (A) −16

    (B) −15

    (C) 1

    (D) 14

    (E) 16

34. If n is a positive integer and n^2 is divisible by 98, then the largest positive integer shown that must divide n is

    (A) 2

    (B) 7

    (C) 14

    (D) 28

    (E) 56

35. Becky sets up a hot dog stand in her busy neighborhood and purchases x pounds of hot dogs for p dollars per pound. If she has to throw away s pounds of hot dogs due to spoilage and she sells the rest of the hot dogs for d dollars per pound, which of the following represents the net profit on the sale of the hot dogs?

    (A) $(x - s)p - sd$

    (B) $xp - (xd - sd)$

    (C) $xd - sp$

    (D) $(x - s)d - xp$

    (E) $(s - p)d - xp$

36. What is the area of the rectangular region in the figure below?

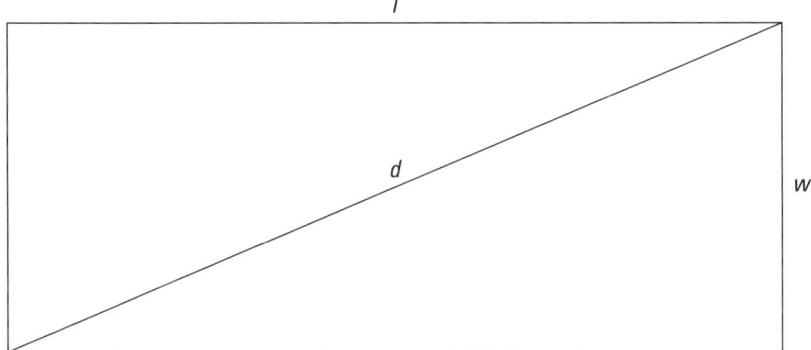

    (1) $2l + 2w = 16$

    (2) $d^2 = 24$

    (A)   (B)   (C)   (D)   (E)

37. If $t = \dfrac{9r}{2s}$ and $s \neq 0$ what is the value of t?

    (1) $r = \dfrac{3}{4}$

    (2) $r = 3s$

    (A)   (B)   (C)   (D)   (E)

Section 3: Verbal

Time: 75
41 questions
Directions: Follow these directions for each of the three question types:

✔ Sentence correction questions give you a sentence with an underlined portion. Choose the answer choice that best phrases the underlined words according to the rules of standard English. The first answer choice duplicates the phrasing of the underlined portion, so if you think the sentence is best as it is, choose the first answer. The other four answers provide alternative phrasings. Choose the one that rephrases the sentence in the clearest, most grammatically correct manner.

✔ Answer reading comprehension questions based on what the passage states directly or implicitly. Choose the best answer to every question.

✔ Critical reasoning questions present you with an argument and a question about the argument. Pick the choice that best answers the question.

1. The total debt owed by America's households and businesses has increased dramatically in the last two decades. In 1990, the average credit card debt for each household with at least one credit card was $ 2,966. By 2005, that amount had risen to $ 9,205. In the same period, the number of bankruptcies filed in America nearly doubled. Clearly, increased credit card debt among Americans has led to the rising number of bankruptcy filings.

   Which of the following, if true, would most weaken the author's conclusion?

   (A) In addition to credit card debt, most people who file for bankruptcy have other large debts like medical or legal bills.

   (B) The bankruptcies mentioned in the argument include business bankruptcies, which account for a large percentage of all bankruptcies.

   (C) Increased housing values have also led to larger mortgages, but having large mortgages rarely leads to bankruptcy.

   (D) The citizens of other nations have much lower levels of debt and are much less likely to file for bankruptcy.

   (E) The average interest rate on credit cards is nearly 20 percent per year, and many Americans can only afford to pay the interest.

2. A researcher found that Americans work an average of three hours longer per week than French or German workers and about five weeks more per year. In total, Americans work over 1,800 hours a year while their French and German counterparts work less than 1,500 hours. This is because workweeks in many European countries are limited by the government and the government requires a minimum amount of vacation time. The researcher also found that American workers would like to work less, but only if their friends, colleagues, and competitors would also work less.

   Which of the following conclusions is best supported by the information above?

   (A) Americans workers are more dedicated to their jobs than are French and German workers.

   (B) Americans are often outnumbered by vacationing Europeans in many U.S. national parks.

(C) European workers are happier than are American workers.

(D) American companies will outcompete European companies over the coming decades.

(E) The best way to allow Americans to work fewer hours and take more vacation is through national legislation.

Questions 3–4 are based on the following:

Allen: Our state has a ten-cent deposit on all carbonated beverage containers. This ensures that plastic and glass bottles and aluminum cans are recycled. Your state should have a bottle deposit program.

John: My state has a comprehensive recycling program that features curbside recycling and recycling bins at highway rest stops, parks, and other public places. Studies have shown that comprehensive recycling programs more effectively encourage recycling than do bottle deposit programs alone. Therefore, my state should not adopt a bottle deposit program.

3. John's conclusion would be most weakened by which of the following?

(A) Ten-cent bottle deposit programs are more effective than five-cent deposit programs.

(B) Americans in every state are much more likely to recycle now than they were in the 1970s when most deposit laws were passed.

(C) Beverage bottles, on average, account for only 8 percent of the litter along highways and 4 percent of the solid waste in landfills.

(D) Many states, including Allen's, have both a bottle deposit program and a comprehensive recycling program.

(E) Bottle deposit programs and comprehensive recycling programs are more effective at encouraging recycling than are ad campaigns.

4. John would also like to argue that the deposit laws are unfair because they don't apply equally to all industries. Which of the following, if true, best supports that contention?

(A) Citizens of some states pay bottle deposits while citizens of other states do not.

(B) The bottle deposit collected in Allen's state only applies to carbonated beverages, not uncarbonated sports drinks, juices, and ice tea.

(C) A two-liter bottle is counted as one container and is subject to only one deposit while a six-pack of cans requires six times the deposit.

(D) People living near a state border may drive across the border to buy their beverages in a state that doesn't collect a deposit.

(E) The deposit is charged on all carbonated beverages, including soft drinks from small, local companies, organic sodas, diet sodas, and even carbonated water.

5. Standing as monuments in the desert, Native Americans used the saguaro cactus as a provider of food, water, and spiritual inspiration.

(A) Native Americans used the saguaro cactus as a provider of food, water, and spiritual inspiration.

(B) Native Americans used the saguaro cactus to provide them with food, water, and spiritual inspiration.

(C) the saguaro cactus provided Native Americans with food, water, and spiritual inspiration.

(D) the saguaro cactus provided food, water, and spiritual inspiration needed by the Native Americans.

(E) food, water and spiritual inspiration were provided to the Native Americans by the saguaro cactus.

6. To Harry Truman, politics was a job just like any other, and during the Great Depression <u>we were glad to have any job at all</u>.

    (A) we were glad to have any job at all.

    (B) we was glad to have any job at all.

    (C) they were glad to have any job at all.

    (D) one was glad to have any job at all.

    (E) he was glad to have any job at all.

7. A period of sixty days is <u>as much as even</u> the most patient homebuyers are willing to wait for the current owners to turn over a piece of property.

    (A) as much as even

    (B) even so much that

    (C) even as much as

    (D) even so much as

    (E) so much as even

Questions 8–12 refer to the following passage:

The animal bones [found in a region of Africa by the anthropologists] exhibit numerous cutmarks, and they were often broken for the extraction of marrow. The implica-
5   tion is that the Klasies people consumed a wide range of game, from small, greyhound-size antelope like the Cape grysbok to more imposing quarry like buffalo and eland, as well as seals and penguins. The number and
10 location of stone tool cutmarks and the rarity of carnivore tooth marks indicate that the people were not restricted to scavenging from lions or hyenas, and they often gained first access to the intact carcasses of even
15 large mammals like buffalo and eland. But the bones also show that the people tended to avoid confrontations with the more common—and more dangerous— buffalo to pursue a more docile but less
20 common antelope, the eland. Both buffalo and eland are very large animals, but buffalo stand and resist potential predators, while

eland panic and flee at signs of danger. The Klasies people did hunt buffalo, and a bro-
25 ken tip from a stone point is still imbedded in a neck vertebra of an extinct »giant« long-horned buffalo. The people focused, however, on the less threatening young or old members in buffalo herds.
30 The stone points found at Klasies could have been used to arm thrusting spears, but there is nothing to suggest that the people had projectiles that could be launched from a distance, and they may thus have limited
35 their personal risk by concentrating on eland herds that could be chased to exhaustion or driven into traps. The numerous eland bones in the Klasies layers represent roughly the same proportion of prime-age
40 adults that would occur in a living herd. This pattern suggests the animals were not victims of accidents or endemic diseases, which tend to selectively remove the very young and the old, but rather that they
45 suffered a catastrophe that affected individuals of all ages equally. The deposits preserve no evidence of a great flood, volcanic eruption, or epidemic disease, and from an eland perspective, the catastrophe was probably
50 the human ability to drive whole herds over nearby cliffs.

This passage is excerpted from *The Dawn of Human Culture*, by Richard G. Klein (Wiley Publishing, 2002).

8. The main argument advanced by the author of this passage is

    (A) It was easier for the Klasies people to hunt eland than buffalo.

    (B) The Klasies were unique among prehistoric people in that they consumed large land animals, such as buffalo, as well as smaller mammals from the sea.

    (C) The Klasies people were at least partially responsible for the catastrophic extinction of the prehistoric antelope called the eland.

(D) Because the Klasies people lacked the use of projectile weapons and were therefore unable to hunt buffalo successfully, they diversified their diet to include smaller prey.

(E) The prehistoric Klasies people had a diverse diet and advanced hunting skills and were probably not restricted to scavenging.

9. What signs indicate to the anthropologists that Klasies people were not restricted to scavenging?

(A) The number and location of stone tool cutmarks and the absence of carnivore teeth marks in the animal bones.

(B) The fact that the animals consumed were not the victims of accidents or disease as would be expected from natural deaths.

(C) The presence of a stone spear tip in the neck of a giant long-horned buffalo.

(D) The variety of different species whose bones were found in the Klasies camp, such as penguins, seals, and antelope.

(E) The lack of any evidence of a catastrophic event such as a flood, volcanic eruption, or epidemic disease.

10. According to the author's theory, why did the Klasies people focus on eland instead of buffalo?

(A) The eland were more numerous than the buffalo.

(B) The eland would stand and fight while the buffalo would usually panic and flee.

(C) The buffalo would stand and fight while the eland would usually panic and flee.

(D) The eland were more easily obtained from other animals through scavenging.

(E) The eland were easily killed using the projectiles that the Klasies favored when hunting.

11. Which of the following game animals is NOT listed in the passage as a probable part of the Klasies diet?

(A) penguins

(B) hyenas

(C) seals

(D) giant long-horned buffalo

(E) small, greyhound-sized antelope

12. Which of the following evidence does the author present to support the assertion that the catastrophe the eland suffered was caused by human beings?

(A) The presence of bones from prime-age animals found in the Klasies site.

(B) The broken tip of a stone point embedded in the neck of an eland skeleton.

(C) The lack of any carnivore tooth marks on the eland bones at the Klasies site.

(D) The number and location of tool marks found on the bones of a variety of animals at the Klasies site.

(E) The lack of any signs of a flood, volcanic eruption, or epidemic disease.

13. The corporate strategic plan included provisions to <u>expand operations, manufacturing would be streamlined, and introduce a new line of lower-priced items.</u>

(A) expand operations, manufacturing would be streamlined, and include a new line of lower-priced items.

(B) create expanded operations, work to streamline manufacturing, and include a new line of lower-priced items.

(C) expanded operations, streamlined manufacturing, and introduced a new line of lower-priced items.

(D) expand operations, streamline manufacturing, and introduce a new line of lower-priced items.

(E) expand operations, streamline manufacturing, and a new line of lower-priced items.

14. People are usually quick to admit that they don't remember specific information such as names, dates or faces, <u>but they rarely acknowledge that these lapses may indicate the onset of significant memory problems.</u>

(A) but they rarely acknowledge that these lapses may indicate the onset of significant memory problems.

(B) yet rarely does one acknowledge the possibility of significant memory problems.

(C) but not the possibility of serious memory problems.

(D) still we don't usually acknowledge the fact that this may indicate possible serious memory problems.

(E) and they don't seem to realize that this may indicate the onset of significant memory problems.

15. If you go on the game show and place first or second, <u>either you will receive the parting gift of a trip to Hawaii or the big money round.</u>

(A) either you will receive the parting gift of a trip to Hawaii or the big money round.

(B) either you will win the trip to Hawaii or the big money round.

(C) you will either win the trip to Hawaii or go on to the big money round.

(D) either you will go to Hawaii or the big money round.

(E) your prize will be either a trip to Hawaii or you will go to the big money round.

16. <u>Many people contemplate leasing a car instead of buying one, they are unaware of both the large initial payment that is required and the possibility of another sizeable payment due at the end of the lease.</u>

(A) Many people contemplate leasing a car instead of buying one, they are unaware of both the large initial payment that is required and the possibility of another sizeable payment due at the end of the lease.

(B) Many people who contemplate leasing a car instead of buying one are unaware of both the large initial payment that is required and the possibility of another sizeable payment due at the end of the lease.

(C) Many people contemplate leasing a car instead of buying one, and we are unaware of both the large initial payment that is required and the possibility of another sizeable payment due at the end of the lease.

(D) Many people who contemplate leasing a car instead of buying one are unaware of both the large initial payment that are required and the possibility of another sizeable payment due at the end of the lease.

(E) Many people contemplate leasing a car instead of buying one, since they are unaware of either the large initial payment that is required and the possibility of another sizeable payment due at the end of the lease.

17. The newest trend in home buying is interest-only mortgages. These mortgages require a borrower to pay only the interest on the loan. This means that the principle (which is the amount borrowed) never gets any smaller. Buyers never accumulate any equity in their homes and often have to default. Therefore, these loans are bad for Americans and should be made illegal.

The argument in the above passage depends on which of the following assumptions?

(A) Homeowners can't afford to pay more than the interest on the loan.

(B) Some things that are bad for Americans should be made illegal.

(C) Interest-only mortgages don't require the buyer to pay more than the interest.

(D) Buyers with no equity in their homes often have to default on their loans.

(E) Owners won't accumulate equity based on the increasing value of their house.

18. The Earth's magnetic field has reversed a number of times in its history. Before the poles actually flip, the magnetic field weakens and the magnetic poles drift away from »true« north and south. On average, the magnetic north and south poles flip about once every 200,000 years. The last time the poles flipped was 780,000 years ago. Therefore, the poles are in the process of reversing.

Which of the following, if true, most strengthens the conclusion that the poles are reversing?

(A) Magnetic north has recently been moving toward closer alignment with »true« north.

(B) Sometimes the magnetic fields go for over one million years without reversing.

(C) The earth's atmosphere has warmed about one degree Celsius over the past century.

(D) The strength of the magnetic field has declined by over ten percent since 1845, the first year it was measured.

(E) The location of the magnetic poles has remained unchanged for as long as magnetic compasses have been in use.

19. Obesity often leads to health problems, such as heart attacks, Type II diabetes, strokes, and cancer. A person who is considered clinically obese has a three-times-greater chance of heart trouble. Obesity is also responsible for as many as 90,000 cancer deaths per year. The earlier a person becomes obese, the greater the health problems and risk of death. By the year 2010, it is predicted that half the children in North and South America will be clinically obese compared to about one-third of children in 2000.

The above premises most logically lead to which of the following conclusions?

(A) Children will become more and more obese in the coming years.

(B) Children in North and South America are more obese than children in Europe or Asia.

(C) Obesity that begins in childhood poses a greater risk of health problems and death than does obesity that begins in adulthood.

(D) Today's children may be the first generation in centuries to have a shorter average life span than their parents.

(E) Parents should not be concerned about childhood obesity because kids have plenty of time to lose the weight.

Questions 20–23 refer to the following passage:

It wasn't that long ago that entrepreneurs were considered to be mavericks, rebels, or even social deviants. They stood out because Corporate America was built on a foundation of loyalty and conformity. Big was better and economies of scale provided formidable barriers to entry. The last two decades, however, have placed a number of entrepreneurs in the limelight who have marched to the tune of a different drummer.

Today's entrepreneurs have been heralded for having the same qualities exhibited by this country's first colonists. The colonists had contempt for the way things were done, and they weren't afraid to break away from the establishment. The entrepreneurs who are heralded by the media created their own firms so they could be free to pursue new opportunities and try new approaches. They showed that bigger isn't always better and that the legacy systems and bureaucratic practices of most established firms can be like anvils that keep them from keeping pace with changes in the marketplace. Each day, entrepreneurs create agile new ventures that change the way the game is played. America is known as the »Land of the free and the home of the brave.« This country encourages individuality and self-determination. It also encourages people to »go for it.« Entrepreneurship has become an integral part of this country's culture and economic system because it reflects the courage to break away from the pack and the desire to be the master of one's own destiny. Three statistics capture the entrepreneurial spirit in this country. First, 6.8 million households (7.2 percent of the country's total) include someone who is trying to start a business. Second, between 700,000 and 1 million new businesses are created each year. Third, at least 90 percent of the richest people in the United States generated their wealth through entrepreneurial endeavors.

This passage is excerpted from *Extraordinary Entrepreneurship: The Professional's Guide to Starting an Exceptional Enterprise*, by Stephen C. Harper (Wiley Publishing, 2004).

20. Which of the following statements best describes the main idea of the passage?

(A) Becoming an entrepreneur is very hard, considering that 6.8 million households are trying to start a business every year and, at most, 1 million succeed.

(B) Entrepreneurs were once considered to be trivial sideshows in an America dominated by corporations, but now entrepreneurs are recognized to be vital to the nation's economy.

(C) American entrepreneurs are chasing quick riches instead of contributing to the American economy through loyalty to the corporations that built this country.

(D) Entrepreneurs have demonstrated that in business smaller is now better.

(E) Big businesses can no longer keep pace with changes in the market, and entrepreneurs will dominate American business in the future.

21. The author of the passage most likely includes the statistic concerning the richest people in the United States in order to

(A) prove that everyone who starts a business is bound to succeed

(B) contrast the conservative nature of today's entrepreneurs with the mavericks and rebels of past decades

(C) show that entrepreneurs are »playing the game« better than big corporate America

(D) highlight the challenges and difficulties that entrepreneurs face in an ever-changing marketplace

(E) point out the absurdity of the statistic that 90 percent of America's richest people are entrepreneurs

22. According to the passage, how are today's entrepreneurs viewed compared to the entrepreneurs of the past?

(A) Today's entrepreneurs are heralded for the things that got entrepreneurs of the past criticized.

(B) Today's entrepreneurs are treated with much greater skepticism than entrepreneurs of the past.

(C) Entrepreneurs of the past were »in the limelight« because they »walked to the beat of a different drummer.«

(D) It is much easier for today's entrepreneurs to get financing for their new projects.

(E) Today's entrepreneurs are praised as »mavericks, rebels, and even social deviants.«

23. Which of the following is NOT one of the phrases used by the author to praise entrepreneurship?

(A) »the courage to break away from the pack«

(B) »built on a foundation of loyalty and conformity»

(C) »create agile new ventures that change the way the game is played«

(D) »integral part of this country's culture and economic system«

(E) »desire to be the master of one's own destiny«

24. Healthy human beings can't tickle themselves. This is because they anticipate the sensation and reduce their touch perception accordingly. Reducing the perception of completely predictable sensations allows the brain to focus on crucial changes in the environment not produced by the person's own actions. A person who tries to tickle himself and is simultaneously tickled by another person will have a heightened sense of the other person's touch compared to his own. Healthy people also can't mistake their own voice as coming from another person. Schizophrenics, however, may hear their own voices and, having not anticipated the sounds, not recognize the voice as their own.

Which of the following statements can be correctly inferred from the passage above?

(A) Human beings can't tickle themselves because they anticipate the sensation.

(B) Further research in this area may lead to a better understanding of why certain people are more susceptible to tickling.

(C) A healthy human hearing a tape of her own voice won't recognize the voice because she won't anticipate the sounds.

(D) Tickling yourself as someone else is tickling you will reduce your sensory perceptions and cause you not to react to the tickling.

(E) Healthy humans constantly anticipate the sound of their own voice and differentiate it from other voices.

25. One of the factors that the IRS considers when deciding whether to audit a tax return is the dollar amount of the deduction claimed for business travel. Salespeople and self-employed entrepreneurs often claim large deductions for mileage on their tax returns. If the IRS does decide to audit such a return, one of the things the auditors expect to see is a mileage log. Unfortunately, keeping mileage logs up-to-date can become a burden, and many busy people end up neglecting their mileage logs. The best solution to this problem is an electronic mileage log that runs on a personal digital assistant.

Which of the following is an assumption made in drawing the conclusion above?

(A) The cost of the electronic mileage log is not too much for salespeople or the self-employed.

(B) Keeping electronic mileage logs up-to-date is less of a burden than traditional pen and paper logs.

(C) The IRS expects to see a mileage log whenever a large mileage deduction is claimed.

(D) Salespeople and the self-employed already have personal digital assistants on which to run the electronic mileage logs.

(E) Electronic mileage logs are preferred by the IRS because they can't be falsified.

Questions 26–27 are based on the following:

Sara: Anthropologists estimate that diseases brought to the Western Hemisphere by the first Europeans, including smallpox, hepatitis, typhus, and measles, killed 95 percent of the Native American population and allowed Europeans to begin their conquest of the continent. If the Native American population had been twenty times greater, only 4.75 percent of the population would have died, and the Europeans would never have been able to conquer North and South America.

Michele: Those death rates are way too high. The average rate of death in Europe from the most virulent epidemic in recorded history, the Black Death of the 14th century, was only 33 percent. Even if the Native American populations were extremely vulnerable due to their never having been exposed to these diseases, the cumulative death rate of all of the diseases should not have been more than 50 to 75 percent on average.

26. Which of the following, if true, would most weaken Michele's conclusion?

(A) Native Americans generally lacked the enzyme that would allow them to digest the sugars in milk.

(B) Knowledge of medicine in Native America was much more advanced than in Europe at the time of Columbus.

(C) At the time of Columbus, Native Americans were much less genetically diverse than Europeans, so there were fewer possibilities of natural immunity.

(D) The death rates from the Black Death were higher than 33 percent in specific locations.

(E) Diseases that quickly kill more than 75 percent of their infected hosts usually die off with their host's extinction.

27. Sara's argument relies on which of the following assumptions?

(A) European technology was superior to the technology available to Native Americans at the time.

(B) Diseases brought to the Western Hemisphere killed 95 percent of the Native American population.

(C) The same number of Native Americans would have died of illnesses introduced by Europeans if the population of Native Americans had been twenty times greater.

(D) Native Americans were the only people to be seriously affected by disease in the 1500s.

(E) Diseases like smallpox, hepatitis, and measles were first brought to the Western Hemisphere by Europeans.

28. Scientists have recently discovered that nearly all of the world's sharks live at ocean depths of 2,000 meters or less; leaving them well within reach of the deadly fishing nets of modern deep-sea trawlers.

(A) leaving them well within reach of the deadly fishing nets of modern deep-sea trawlers.

(B) they are, therefore, well within reach of the deadly fishing nets of modern deep-sea trawlers.

(C) leaving us well within reach of the deadly fishing nets of modern deep-sea trawlers.

(D) and this creates a danger zone within reach of modern deep-sea trawlers' deadly fishing nets.

(E) which makes them well within reach of the deadly fishing nets of modern deep-sea trawlers.

29. Jason and Max founded an organic yogurt company, and he is now the largest employer in the county.

(A) and he is now the largest employer in the county.

(B) and they are now the largest employer in the county.

(C) and it is now the largest employers in the county.

(D) which is now the largest employer in the county.

(E) that is now the largest employer in the county.

30. The best ways to store berries picked during the summer months is to either freeze them or have it made into jam.

(A) is to either freeze them or have it made into jam.

(B) is to either freeze them or make them into jam.

(C) are to either freeze them or have them made into jam.

(D) are to either freeze them or make them into jam.

(E) is to either freeze them and have them made into jam.

31. Employers lose millions of work hours from employees every year during the NCAA basketball tournament known as March Madness. The men's and women's tournaments are conducted simultaneously, and tens of millions of American workers enter contests where they pick the winner of each game. Because some early round games actually take place during work hours, many employees are constantly checking basketball scores instead of working. Even employees who don't watch basketball at any other time of the year get caught up in the excitement.

Which of the following is the most appropriate conclusion to the premises above?

(A) The NCAA tournament is appropriately named because of the »madness« it creates among employees in March of every year.

(B) Employees should not be allowed to check sports scores during business hours.

(C) American businesses should indulge their employees during these two special weeks of the year.

(D) The men's and women's NCAA tournaments combined form the world's most popular sporting event.

(E) Everyone seems to have a different strategy for picking the winners, such as using team name, mascot, or uniform color.

Questions 32–35 refer to the following passage:

Human error is, by far, the most common and most frequent cause of business disasters. By definition, human errors are unintentional, and because they occur randomly,
5 we hope that the overall impact on your business operations will be negligible. Each of us has had the experience of developing a new document by revising an older document or by using a template. When we finish
10 our work, we hit the »save« button and immediately realize that we have just written over with new text an old document that we will need again in the future. The same is true when we reorganize our files to reduce
15 the clutter we made in the last month and unintentionally delete a whole folder of important documents.

Unfortunately, there is no single simple solution. We have to expect that human
20 errors will be made, and we must be able to protect our businesses from ourselves to the extent possible. I often notice that managers hope that their employees will be careful

with important files, and when they inadvertently delete a file, they hope a backup file
25 exists. I usually suggest keeping track of these events. If you do so, you will begin to realize that these errors occur with greater frequency than you thought. A CD burner is enthusiastically used for backing up data
30 and then forgotten after a few weeks have passed. And the corrective action taken is most often less than satisfactory. In fact, we frequently have observed that the loss of a file is either not even realized or simply
35 never reported, until someone runs nervously through the company asking if anyone still has a copy of a particular file. By that time, it is usually much too late to recover this file from backup systems and it would
40 require more time to retrieve the deleted file than to create a new one. IT managers often have businesspeople making requests of them such as »Could you see if we still have a backup file of the presentation we gave to
45 our most important client last year? I don't remember the name of the document, but I wrote it in the first quarter of the year.« This is not an efficient use of anyone's time, and as a small business owner or manager,
50 you know that experienced IT professionals are too expensive to be used in this manner and you have too many other important tasks for them.

Small businesses need a solution that is a
55 combination of user training and a backup mechanism from which users themselves can recover unintentionally deleted files. It helps both the users and the IT staff because the users no longer have to request the IT
60 staff to recover files for them, which can be needlessly time-consuming. And as a small business owner, you do not need to hire someone to operate the backup system in the event your staff needs to retrieve files.
65

This passage is excerpted from *Contingency Planning and Disaster Recovery: A Small Business Guide,* by Donna R. Childs and Stefan Dietrich (Wiley Publishing, 2002).

32. The primary purpose of this passage is to

(A) inform small business owners of the consequences of human error, the most common and frequent of business disasters

(B) advocate that small business owners work toward a system of backing up data that allows employees to recover their own files in the case of human error

(C) explain the futility of attempting to recover data or documents that were deleted more than a few hours ago

(D) recommend that small business owners hire more IT staff so that employees don't have to try to retrieve their own documents in case of human error

(E) advise small business owners to train employees to never delete files, reorganize files, or save any file and thereby prevent the possibility of data loss through human error

33. In the second paragraph, what do the authors argue is a waste of an IT manager's time?

(A) purchasing and installing a CD-burner to back up data when the equipment is soon forgotten

(B) training staff to use backup procedures more efficiently to prevent the loss of documents or data

(C) implementing a backup system that allows users to quickly access backups of their own data

(D) keeping track of human errors where data is lost or backup files are used

(E) trying to recover a lost document from a vague description months after it was lost

34. Why do the authors suggest that managers keep track of events that result in data loss or data recovery?

(A) to track which employees are most likely to make errors and use that information in their evaluations

(B) so that the manager can determine how many IT staff members are needed to deal with data recovery

(C) to prove that human errors resulting in data loss occur very infrequently

(D) so that the manager can see that these events occur much more frequently than anticipated

(E) because this information is very important to IT professionals seeking to establish data backup procedures

35. In the final paragraph, which of the following is NOT an advantage listed by the authors in their discussion of the preferred backup system?

(A) Users themselves can uncover accidentally deleted files.

(B) The backup system saves IT workers' time.

(C) The backup system prevents human error.

(D) Small business owners don't need to hire someone to run the backup system.

(E) The backup system saves users' time.

36. Astronomers estimate that the new sunspot cycle will be 30 to 50 percent more active than the current cycle. Solar activity, including sunspots and solar flares, ejects huge quantities of charged particles into space. These particles are responsible for the phenomenon known as the *aurora borealis*, or »northern lights.« The same particles also interfere with radio signals, disrupt satellite communications, and impede the transmission of power across high-voltage lines. Even though the new cycle of solar activity is predicted to be less intense than the peak cycle of a decade ago, the impacts will be felt by many more people around the world.

Which of the following, if true, would provide the strongest reason for the paradox of the weaker solar activity's causing greater disruption?

(A) Radio signals have become stronger and less likely to be disrupted, but many people rely on a satellite signal for the music and news they hear on their radios.

(B) There are actually fewer high-voltage power lines in the Upper Midwest than there were a decade ago.

(C) There has been an exponential increase in the number of people around the world with cell phones that could be disrupted by solar activity.

(D) The northern lights are usually seen only in the very highest latitudes, but during periods of intense activity, they can be seen as far south as Chicago.

(E) Fiber optic cables that supply the Internet connections for tens of millions of Americans are not affected by solar activity the way that radio and satellite signals are.

37. The following advertisement appeared on behalf of a new breakfast cereal:

»Healthy-Oh's breakfast cereal is one-of-a-kind good for you! Among breakfast cereals, only Healthy-Oh's has five grams of psyllium fiber. Psyllium fiber is good for your heart and helps you to lose weight. Doctors and nutritionists recommend at least twenty grams of fiber per day, so why not get twenty-five percent of your fiber the easy way with Healthy-Oh's cereal?«

Which of the following, if true, would most weaken the product's claim to be »one-of-a-kind good for you«?

(A) Healthy-Oh's is, in fact, the only cereal to use psyllium fiber.

(B) Any fiber, including that found in many other cereals, has the same benefits to health as psyllium fiber.

(C) Many doctors and nutritionists actually recommend at least twenty-five grams of fiber per day, and they base their recommendations on total calorie intake.

(D) Another brand of cereal used to contain psyllium fiber, but it was not successful and is no longer on the market.

(E) Psyllium fiber is also found in other products, such as powdered fiber supplements.

38. <u>Many people who used to work cross-word puzzles now prefer Sudoko, a type of puzzle that relies on logic instead of knowledge of obscure words.</u>

    (A) Many people who used to work crossword puzzles now prefer Sudoko, a type of puzzle that relies on logic instead of knowledge of obscure words.

    (B) Many persons who used to work crossword puzzles now prefer Sudoko, one of the types of puzzle that rely on logic instead of knowledge of arcane words.

    (C) Many people who used to choose to work on crossword puzzles now choose to prefer Soduko, a type of puzzle that relies on logic instead of knowledge of obscure words.

    (D) Many who worked crossword puzzles now do Sudoko, it uses logic instead of obscure words.

    (E) Many people have chosen to try Sudoko, which uses logic instead of crossword puzzles, which relies on knowledge of obscure words.

39. Another interest rate increase was announced today, and along with the continued robust housing sales, this seems <u>as if to indicate that</u> the housing market remains strong.

    (A) as if to indicate that

    (B) indicative of

    (C) like an indication of

    (D) like it is indicative that

    (E) to indicate that

40. The border between the United States and Canada is the longest undefended border in the world, and many lawmakers are starting to argue that <u>if parts of the border are not secured, the citizens of United States have faced an unknown threat.</u>

    (A) if parts of the border are not secured, the citizens of the United States have faced an unknown threat.

    (B) the citizens of the United States will always face an unknown threat if they did not secure it.

    (C) without securing it, the citizens of the United States will always face an unknown threat.

    (D) always would the citizens of the United States face an unknown threat if it is not secured.

    (E) if parts of the border are not secured, the citizens of the United States will always face an unknown threat.

41. Most Americans seem to think <u>that the Denver-Boulder area receives a lot of snow each year because they are so close to the mountains.</u>

    (A) that the Denver-Boulder area receives a lot of snow each year because they are so close to the mountains.

    (B) as the Denver-Boulder area receives a lot of snow each year because it is so close to the mountains.

    (C) that the Denver-Boulder area receives a lot of snow each year because it is so close to the mountains.

    (D) that the Denver-Boulder area receives a lot of snow each year because we are so close to the mountains.

    (E) that the Denver-Boulder area received a lot of snow each year because it is so close to the mountains.

Übungstest 1: Lösungsschlüssel

Section 2		Section 3	
Löungsschlüssel Matheteil		Lösungsschlüssel Sprachteil	
1. C	20. B	1. B	22. A
2. B	21. D	2. E	23. B
3. E	22. D	3. D	24. E
4. D	23. C	4. B	25. B
5. E	24. A	5. C	26. C
6. E	25. E	6. E	27. C
7. A	26. C	7. A	28. B
8. C	27. E	8. E	29. D
9. E	28. B	9. A	30. D
10. B	29. A	10. C	31. A
11. A	30. C	11. B	32. B
12. B	31. A	12. E	33. E
13. D	32. C	13. D	34. D
14. E	33. E	14. A	35. C
15. B	34. C	15. C	36. C
16. C	35. D	16. B	37. B
17. A	36. C	17. E	38. A
18. D	37. B	18. D	39. E
19. A		19. D	40. E
		20. B	41. C
		21. C	

Übungstest Nr. 1: Erläuterungen zu den Lösungen

So, nun haben Sie den Test geschafft, aber das war noch nicht alles. Jetzt ist es Zeit, Ihre Lösungen unter die Lupe zu nehmen. Lesen Sie sich, wenn Sie genug Zeit haben, alle Erläuterungen durch, auch die zu den Aufgaben, mit denen Sie keine Probleme hatten. Vielleicht stoßen Sie in den Erläuterungen ja auf etwas, das Sie zuvor noch gar nicht bedacht haben.

Erläuterungen zum Analytical Writing Assessment

Die Bewertung der Übungsessays unterscheidet sich ein wenig von der Bewertung des Sprach- und des Matheteils. Es liegt nun an Ihnen, Ihre Essays einer ehrlichen Prüfung zu unterziehen und sich selbst fair zu »benoten«. Natürlich können Sie auch einen im Schriftlichen bewanderten Freund oder einen Englischlehrer in Ihrem Bekanntenkreis darum bitten, sich Ihre Aufsätze anzuschauen und eine Beurteilung zu wagen. Um Ihnen ein wenig bei der Selbsteinschätzung zu helfen, geben wir Ihnen eine Handvoll Musteressays samt Erläuterungen ihrer Stärken und Schwächen an die Hand. Nutzen Sie diese Hilfsmittel, um sich besser über Ihre eigenen Stärken und Schwächen klar zu werden, und üben Sie das Aufsatzschreiben, bevor Sie sich dem Ernstfall aussetzen.

Die Themenanalyse

Zuerst mussten Sie ein vorgegebenes Thema analysieren. Diese Aufgabe wird auf einer Skala von 0 bis 6 bewertet. Bei 0 haben Sie komplett das Thema verfehlt, sich einer anderen Sprache als Englisch bedient oder einfach die Themenvorgabe abgeschrieben. Im Fall einer 2 stimmt etwas mit der Gliederung nicht, Ihre Arbeit lässt überzeugende Argumente und Beispiele vermissen oder weist gravierende Mängel in Hinblick auf die Grammatik, den Gebrauch und die Regeln des Schriftenglischen auf. Die Note 4 zeigt an, dass Sie Stellung bezogen und Ihre Gedanken klar gegliedert haben und die Regeln des Schriftenglischen weitgehend beherrschen. Die Bestnote 6 haben Sie nur dann verdient, wenn Sie eine herausragende, klar gegliederte, aussagekräftige und überzeugende Arbeit abgeliefert haben, die Scharfsinn mit schlagkräftigen Beispielen verbindet und die vollständige Beherrschung des Schriftenglischen verrät.

Muster einer Themenanalyse

Bei der Themenanalyse (*analysis of an issue*) sollten Sie zu der Auffassung Stellung beziehen, nach der die Vereinigten Staaten von Amerika mit anderen Staaten auf Augenhöhe zusammenarbeiten sollten, um einer Vielzahl weltweiter Bedrohungen entgegenzuwirken. Und so könnte ein Musteressay zu dieser Themenvorgabe aussehen:

It is certainly true that the problems facing the world are increasingly international, and the idea that America should work on an equal basis with all countries of the world seems noble. However, because the United States enjoys more abundant resources than most other nations, it has a responsibility to take on a larger role than other nations do when it comes to confronting global problems of the twenty-first century, like preserving the environment, maintaining international security, and combating disease.

Environmental issues such as global warming, deforestation, increased pollution of the air and water, and the threat of extinction of many species present difficult challenges. The United States is uniquely poised to take the lead on these issues. Developed countries create much more pollution and contribute more to global warming than do other countries. As the most developed large nation in the world, the United States creates more pollutants and greenhouse gases than any other country. The United States has a greater responsibility for the world's pollution and therefore must do more to lessen its impact. As the world's technological leader, the United States is most capable to develop pollution reduction technology to remove harmful contaminants throughout the world. Issues of deforestation and species' extinction are largely focused on developing nations like those in the tropical regions of the world. As the world's richest nation, the United States is in a better position to contribute the kind of economic assistance that allows for the preservation of species-rich areas like the tropical rain forests.

International security is another area of concern for the world in the twenty-first century. The United States spends about half of the total military spending in the entire world. With the most effective army in the world, the United States has to take the lead in international security. Combating terrorism, wars, and genocide will take effective leadership and cooperation from all nations, but the United States has the duty to assume greater responsibility because of its military might.

Technology has diminished the distances among nations, which exacerbates the spread of global diseases. The SARS virus spread through modern transportation networks from Asia to Canada in one week. New diseases constantly evolve and previously controlled infections, like strains of strep, can become immune to current antibiotics. The Aids virus spread from relatively contained roots in Africa to take over the whole world. And now the Avian Flu threatens to develop into pandemic the likes of which have not been experienced since the Spanish Flu epidemic almost a century ago. The United State's resources of money, food, and scientists make it one of the richest in the world, which therefore makes it the most logical source of assistance for the mounting threat of global disease.

Environmental concerns, international security, and disease present just three areas of potential calamity for the world in the twenty-first century. Because the United States possesses greater means to take on these global threats and others, it is not enough for the nation to play an equal role with other nations. The United States must assume a much larger role in defending the world against the widespread disasters that could destroy it.

Da diese Arbeit eine logische, stichhaltige Themenanalyse mit gutem Schriftenglisch kombiniert, wäre eine 5 hier durchaus angemessen. Außerdem:

✔ Der Autor beginnt seinen Essay mit einer klaren und wohlbegründeten Stellungnahme.

✔ Der Autor führt drei globale Probleme auf und liefert überzeugende, genau ausgeführte Argumente, warum sich die USA bei der Bekämpfung dieser Probleme in jedem Fall an die Spitze setzen sollten. Der Essay weist eine klare Gliederung auf und arbeitet folgerichtig alle wichtigen Punkte ab. Der größte Teil der Arbeit ist der Verteidigung der Argumente gewidmet, ohne sich lange mit unnötigen Informationen aufzuhalten.

✔ Der Autor verwendet Beispiele wie SARS, AIDS und die Vogelgrippe, um die Tragweite weltweiter Epidemien und Umweltgefahren sowie die Verantwortung der USA für die Lösung derartiger Probleme herauszuarbeiten. Allerdings hätte der Autor auch den Absatz über die internationale Sicherheit mit aussagekräftigen Beispielen unterfüttern können.

✔ Der Essay enthält keine gravierenden Fehler im Hinblick auf die Grammatik oder den Satzbau. Abgesehen von ein paar unbedeutenden Fehlern (wie die Schreibweise *Aids* anstelle von *AIDS*) hat der Autor in Anbetracht der zur Verfügung stehenden Zeit eine relativ saubere Arbeit abgeliefert. Der Aufsatz besticht durch abwechslungsreiche Satzkonstruktionen, eine genaue Wortwahl und durch den überwiegenden Gebrauch des Aktivs.

Die Argumentationsanalyse

Als Nächstes mussten Sie eine Argumentation analysieren. In diesem Fall müssen Sie etwas andere Bewertungskriterien beachten. Auch hier kommt es auf die Beherrschung des Schriftenglischen und eine deutliche Stellungnahme an, darüber hinaus sollten Sie aber auch auf folgerichtige Übergänge von einem Unterpunkt zum nächsten achten.

Bei einer 2 haben Sie, statt der Argumentationsvorgabe zu folgen und die Argumentation zu beleuchten, womöglich nur den Standpunkt des Autors unklar wiedergegeben. Die Note 4 hingegen zeigt an, dass Sie die Argumentation vollständig analysiert haben, ohne dabei jedoch für ausreichend klare Übergänge zur Verknüpfung Ihrer Gedanken zu sorgen. Eine mit der Bestnote 6 ausgezeichnete Arbeit dagegen erfasst alle Seiten der Argumentation, arbeitet einen gut gegliederten Standpunkt hinsichtlich ihrer Genauigkeit und Überzeugungskraft heraus und sorgt für folgerichtige Übergänge.

Muster einer Argumentationsanalyse

Bei der Argumentationsanalyse (*analysis of an argument*) sollten Sie einen Text beleuchten, der sich mit der staatlichen Unterstützung von Doktoranden in den Geistes- und Sozialwissenschaften befasst. Und so könnte ein Musteressay zu dieser Argumentationsvorgabe aussehen:

> The first impression of an argument supporting discontinued funding of Ph.D's that result in lower earning may be favorable, but a closer analysis of the issue demonstrates that the benefits of supporting Ph.D.'s in the social sciences and humanities actually outweigh the costs. What are the actual costs to state and federal government of helping a student earn a Ph.D. in social sciences and humanities? For the federal government the costs are actually quite minimal. Direct federal aid to students usually takes the form of guaranteed student loans or small need-based grants. Most Ph.D.'s repay their student loans and the cost to the federal government is a trivial amount. Need-based grants are

generally very small, only a couple of thousand dollars, and have no real impact on the federal budget.

State governments often contribute much more to Ph.D. students than does the federal government. This is especially true given that many of the biggest Ph.D. granting schools in America are state universities. The majority of Ph.D. students in the humanities and social sciences have graduate assistantships requiring them to either teach or research. In exchange their tuition and fees are waived and the student gets a stipend each month to cover rent, food, and the other costs of living. This arrangement usually costs the state around ten thousand dollars per year per student in stipend money as well as lost tuition. One other cost to both the state and federal government is lost taxes that students are not paying during the years they are in school. However, they can make up this amount by earning more after graduation.

What, then, are the benefits of having Ph.D.'s in the social sciences and humanities? Just as the primary costs are borne by the states, so the states also reap the most obvious benefits. Ph.D. students work for their tuition waiver and monthly stipend. These graduate assistants either teach classes or conduct research. In many cases the student is performing work that would otherwise have to be done by a professor. State universities get cheap labor from enthusiastic graduate students who happily perform duties that more experienced professors might shun. In addition, upon graduation the new Ph.D.'s become professors at state and private universities and educate future generations in English, literature, political science, philosophy, and all of the other social science and humanities courses. One final benefit of the graduate assistantship is that because Ph.D.'s often graduate with few loans, they can afford to work for much lower salaries than M.B.A.'s, M.D.'s, or J.D.'s.

Ph.D.'s in the social sciences and humanities cost the federal government very little and benefit the entire country. States contribute more to each new Ph.D. but they also reap more of the benefits. It is true that these Ph.D.'s make less than do holders or business or professional degrees, but this simply acts to keep college costs from rising any higher than they have already risen. This argument fails because the cost-benefit analysis on which it relies is flawed. The benefits that Ph.D.'s in the social sciences and humanities create for society, the government, and the economy are much greater than the costs.

Obwohl dieser Essay eine sprachlich interessante, wohl begründete Argumentation mit aussagekräftigen Beispielen, gut gewählten Worten, klaren Übergängen und abwechslungsreichen Satzkonstruktionen bietet, unterliegt der Verfasser einem grundlegenden Irrtum. Der Schwerpunkt seiner Arbeit liegt auf der Frage, ob der Staat Doktoranden auf dem Gebiet der Geistes- und Sozialwissenschaften finanziell unterstützen sollte, ohne sich groß damit zu beschäftigen, wie gut die Autorin des vorgegebenen Textes ihren Standpunkt vertreten hat – was das Thema der Aufgabenstellung gewesen wäre. Der Musteressay könnte als Themenanalyse bestehen, leider muss das Hauptaugenmerk einer Argumentationsanalyse aber auf der Argumentation selbst und nicht auf ihrem Thema liegen.

Der Testteilnehmer hätte seinen Essay mit drei Gründen für die Schwäche der Argumentation beginnen und jeden dieser Gründe in den folgenden Absätzen näher erläutern müssen. Aber da er sich nicht darauf konzentriert hat, aus welchen Gründen die Verfasserin der Vorgabe ihr Ziel argumentativ verfehlt hat, hat der Autor des Musteressays seinerseits sein

Thema verfehlt. Damit kann sich die Benotung einer ansonsten gelungenen Arbeit durchaus um zwei Punkte verschlechtern.

Erläuterungen zu den Mathematikaufgaben

1. **C.** Um diese relativ einfache Aufgabe zu den vier Grundrechenarten zu lösen, müssen Sie die beiden zu vergleichenden Terme subtrahieren:

   $3 - 0,5 = 2,5$

   $1 - 0,5 = 0,5$

   Um zu berechnen, wie oft 0,5 in 2,5 geht, müssen Sie bloß dividieren: Sie wissen, dass $25 \div 5 = 5$ ist und so geht 0,5 5 Mal in 2,5. Also ist $3 - 0,5$ 5 Mal so groß wie $1 - 0,5$. Die Lösung ist 5.

2. **B.** Die vermutlich einfachste Herangehensweise an diese Exponentialaufgabe ist es, die einzelnen Antwortmöglichkeiten für n einzusetzen. Beginnen sie am besten mit −2, weil das der mittlere Wert der Antwortmöglichkeiten ist. Wird das Ergebnis zu groß, fahren Sie mit −3 und −4 fort, wird das Ergebnis zu klein, machen Sie mit −1 und 0 weiter.

   Setzt man −2 für n ein, bekommen Sie 11×10^{-2} oder einfach 0,11 (verschieben Sie einfach das Komma um zwei Stellen nach links). Dann müssen Sie sich fragen, ob 0,11 kleiner als (<) 0,1 (0,1 = $\frac{1}{10}$). 0,11 ist schließlich genau um $\frac{1}{100}$ größer als 0,1. Deswegen müssen Sie das Komma um eine weitere Stelle nach links verschieben, was bedeutet, dass n gleich −3 sein muss um 11×10^n kleiner als $\frac{1}{10}$ zu machen. Die Antwort ist also −3.

   Auch mit −4 wird 11×10^n kleiner als $\frac{1}{10}$, jedoch fragt die Aufgabe nach dem *größten* möglichen Wert und −3 ist größer als −4.

3. **E.** Hier ist Ihre erste Data-Sufficiency-Frage. Benutzen Sie das Diagramm in Kapitel 15, um Antworten bei Data-Sufficiency-Fragen besser ausschließen zu können.

   Bei dieser Aufgabe sollen Sie die Informationen über die Lohnzuschläge von Beth und Michelle untersuchen und herausfinden, wer von beiden den höheren Zuschlag bekommen hat.

   Zuerst untersuchen Sie Aussage (1), die Ihnen den Prozentsatz von Michelles Lohnerhöhung angibt. Da Sie jedoch Michelles ursprünglichen Lohn nicht kennen, können Sie anhand der Prozentangabe nicht den Dollarbetrag berechnen. Aussage (1) ist alleine also nicht aussagekräftig, da bedeutet, die Antwort ist nicht A oder D.

   Aussage (2) gibt Ihnen dieselbe Information über Beths Zuschlag. Auch hier können Sie keinen Dollarbetrag ausrechnen, weil sie nicht Beths Ausgangslohn kennen. So ist auch Aussage (2) nicht aussagekräftig, sodass die Antwort entweder C oder E ist. Jetzt müssen Sie prüfen, ob sich vielleicht mit beiden Aussagen die Frage klären lässt.

   Da keine der beiden Aussagen eine Berechnung des Dollarbetrages zulässt, kann man sie auch nicht zusammen verwenden, also müssen Sie E wählen.

Beim GMAT darf man keine Informationen annehmen, die nicht angegeben sind. Haben Sie C gewählt, weil Beths prozentualer Zuschlag höher ist als Michelles, haben Sie angenommen, dass beide vorher den gleichen, oder einen sehr ähnlichen Ausgangslohn hatten.

4. **D.** Bei solchen Aufgaben mit römischen Zahlen bewerten Sie I, II und III jeweils einzeln und streichen dann die die Antwortmöglichkeiten anhand Ihrer Ergebnisse.

»*Reciprocal*« bedeutet Kehrwert. Der Kehrwert ist die Umkehrung eines Bruches. Nehmen Sie einfach den ursprünglichen Bruch und vertauschen Sie Zähler und Nenner. Um zu prüfen, ob Sie den Kehrwert eines Bruchs vor sich haben, multiplizieren Sie ihn einfach mit dem ursprünglichen Bruch. Multipliziert man einen Bruch mit seinem Kehrwert, ergibt sich immer 1.

Die Werte bei I sind keine Kehrwerte, weil ihr Produkt nicht 1 ergibt. $\frac{1}{15} \times -\frac{1}{15} = -\frac{1}{225}$. Stattdessen sind sie additiv invers (eine ist positiv, die andere ist negativ).

Die Zahlen bei II sind vielleicht etwas knifflig. Auf den ersten Blick sehen die Zahlen nicht unbedingt wie Kehrwerte aus, aber sie sind es wirklich. Der Kehrwert von $\sqrt{2}$ ist $\frac{1}{\sqrt{2}}$. Aber Sie erinnern sich vielleicht noch an Ihre frühen Mathestunden (für viele schon verdammt lang her, verdammt lang…) und das Mathematiker nichts mehr hassen als Wurzeln unter dem Bruchstrich. Deswegen multiplizieren Sie den Zähler und Nenner des Bruchs mit der entsprechenden Wurzel (ergibt dasselbe wie die Multiplikation mit 1 und das verändert den Wert nicht):

$$\frac{1}{\sqrt{2}} \times \frac{\sqrt{2}}{\sqrt{2}} = \frac{\sqrt{2}}{2}$$

Wenn Sie die beiden Werte in II multiplizieren, erhalten Sie 1. Deshalb sind die beiden Kehrwerte und die Antwort ist D.

Falls Sie sich wirklich III näher anschauen möchten, nur für den Fall, werden Sie sehen, dass die Kehrwerte bei III Sie regelrecht anspringen. 4 ist dasselbe wie $\frac{4}{1}$ und der Kehrwert von $\frac{4}{1}$ ist $\frac{1}{4}$. Außerdem ist $4 \times \frac{1}{4} = 1$.

5. **E.** Diese Data-Sufficiency-Frage verlangt die Ermittlung des Listenpreises einer Jacke.

Aussage (1) gibt den prozentualen Rabatt des Listenpreises, bei dem die Jacke verkauft wurde. Wenn Sie aber nur den Prozentsatz kennen, ohne den neuen heruntergesetzten Preis, können Sie nichts über den Listenpreis sagen. Daher ist (1) nicht aussagekräftig und Sie können A und D streichen.

Bei Aussage (2) wird der prozentuale Unterschied zwischen Listenpreis und Einkaufspreis bzw. Verkaufspreis der Jacke angegeben. Das ist zwar sehr erleuchtend bezüglich der Preispolitik des Modegeschäfts aber nicht bezüglich des Listenpreises. Deswegen ist auch sie nicht aussagekräftig, sodass Sie nun auch B ausschließen können und nun prüfen müssen, ob vielleicht nicht beide Aussagen zusammen genügend Information zur Lösung der Frage enthalten.

Beide Aussagen geben Ihnen irgendwelche prozentualen Zu- und Abschläge aber keinen absoluten Betrag, von dem Sie ausgehen können. Es gibt also für Sie keine Möglichkeit, den Listenpreis zu ermitteln. Auch zusammengenommen können die Aussagen nicht die Frage lösen. Streichen Sie C und die Antwort ist E.

6. **E.** Diese Data-Sufficiency-Frage beschäftigt sich mit den Quadranten in einem Koordinatensystem. Sie müssen einen bestimmten Punkt einem Quadranten zuordnen und benötigen Informationen darüber. Dabei reicht es, wenn Sie wissen, ob die einzelnen Koordinaten negativ oder positiv sind.

Aussage (1) besagt, dass x negativ ist. So wissen Sie, dass der Punkt in der linken Hälfte des Koordinatensystems zu finden ist, aber nicht, in welchen beiden der linken Quadranten. Streichen Sie Antwort A und D und gehen Sie zur nächsten Aussage.

Sie können die Gleichung in Aussage (2) entweder nach $y < -x$ oder $x < -y$ auflösen. Aber keine dieser Auflösungen besagt, ob die Werte definitiv negativ oder positiv sind. Also streichen Sie B, weil (2) auch nicht aussagekräftig ist. Nun berücksichtigen Sie beide Aussagen zusammen.

Wenn Sie die beiden Aussagen in zwei Gleichungen ausdrücken, ergibt das $x = -2$ und $y < 2$:

$$x + y < 0$$

$$-2 + y < 0$$

$$y < 2$$

Sie kennen zwar den Wert von x, aber können immer noch nicht eindeutig sagen, ob y positiv oder negativ ist. Deswegen wissen Sie auch nicht genau, in welchem Quadranten der Punkt liegt. Auch zusammengenommen können beide Aussagen nicht die Frage lösen, also können Sie C streichen und E ist die richtige Antwort.

7. **A.** Wenn Sie sich die häufigsten Dezimalzahlen eingeprägt haben, wissen Sie, dass $\frac{1}{3}$ etwa 0,33 oder 33 Prozent entspricht. Sie suchen also nach Brüchen, die kleiner als 0,33 oder 33 % sind.

Wenn Sie jede Antwortmöglichkeit untersuchen, schauen Sie nach Abkürzungen um langwierige Divisionen zu vermeiden. Dazu erweitern oder kürzen Sie die Brüche.

Schauen Sie sich A an. $\frac{1}{3}$ ist dasselbe wie $\frac{9}{27}$ ($\frac{1}{3} \times \frac{9}{9} = \frac{9}{27}$). $\frac{8}{27}$ ist ein wenig kleiner als $\frac{9}{27}$. Jetzt könnten Sie schon die erste Antwort auswählen und zur nächsten Frage weitergehen. Wenn Sie aber noch ein wenig Zeit haben, prüfen Sie die anderen möglichen Antworten, um sich noch einmal zu versichern.

Bei B steht $\frac{2}{5}$, was auch $\frac{4}{10}$ beziehungsweise 0,4 entspricht. 0,4 ist größer als 0,33.

Die $\frac{18}{50}$ bei C sind gleich $\frac{36}{100}$ oder 0,36. Auch 0,36 ist größer als 0,33.

Den Bruch bei Antwort D kann man nicht so einfach umwandeln. Führen Sie jedoch eine schnelle Division durch, erhalten Sie 0,375, was ebenfalls größer als 0,33 ist.

Wenn Sie bei Antwort E 4 durch 11 teilen, erhalten Sie etwas mehr als 0,36, also eine größere Zahl als 0,33.

8. **C.** Diese Aufgabe präsentiert eine weitere Data-Sufficiency-Frage. Sie fragt danach, was man braucht, um die Investitionen ins Geschäft von Eben und Emily zu ermitteln. Um den Investitionsumfang zu berechnen, muss man wissen, wie viel beide dazu beigetragen haben.

Aussage (1) besagt, dass Eben 60 % der Investitionssumme getragen hat, was bedeutet, dass Emily dann 40 % der Investitionen aufwendete. Da Sie aber die Gesamtsumme nicht kennen, können Sie nicht den Aufwand für jeden einzelnen der beiden berechnen. Da (1) alleine nicht aussagekräftig ist, streichen Sie A und D.

Aussage (2) besagt, dass Emily 20.000 $ zu den Investitionen beigetragen hat, sagt aber nichts über Ebens Investitionen. Allein genommen bringt Aussage (2) auch nicht genügend Licht in die Frage über die jeweiligen Investitionen der beiden. Streichen Sie also B und berücksichtigen Sie beide Aussagen zusammen.

Nachdem Sie nun aus Aussage (2) wissen, wie viel Emily beigesteuert hat, können Sie nun mit den Prozentsätzen aus Aussage (1) die Gesamtsumme ermitteln. Wenn Eben 60 % der Investitionen trug, hat Emily 40 % beigesteuert und ihre 40 % entsprechen 20.000 $. Also können Sie eine Gleichung aufstellen, um die Gesamtsumme (T) zu errechnen:

$$40\ \%\times T=20.000\ \$$$

Da Sie T nun berechnen können, wissen Sie, dass beide Aussagen zusammen die Frage lösen können. Streichen Sie E und die richtige Antwort ist C.

Die eigentliche Frage brauchen Sie nicht zu lösen. Verschwenden Sie keine Zeit, um T auszurechnen.

9. **E.** Dies ist eine Data-Sufficiency-Frage, die nicht als Textaufgabe gestellt ist.

Aussage (1) besagt, dass $x^3 < 28$ ist, was bedeutet, dass x nur 1, 2 oder 3 sein kann, denn diese Zahlen mit 3 potenziert ergeben 1, 8 und 27. 4^3 ergäbe bereits 64, das ist größer als 28. Die Aussage ergibt jedoch keinen eindeutigen Wert für x. Daher ist sie nicht aussagekräftig und Sie können A und D streichen.

Aus Aussage (2) erfahren Sie, was x nicht ist, aber nicht was x genau ist. Wenn $x \neq x^3$, dann ist $x \neq 1$, denn 1 ist die einzige ganze Zahl, die man in diese Gleichung einsetzen kann. Deswegen bringt einen auch Aussage (2) nicht näher an die Lösung für x und so können Sie auch B streichen.

Betrachten Sie beide Aussagen zusammen, können Sie für x immer noch 2 oder 3 annehmen. Nach Aussage (1) ist x entweder 1, 2 oder 3 und nach Aussage (2) ist x nicht 1. Man hat also immer noch zwei mögliche Werte für x, was immer noch einer zu viel für die Lösung der Aufgabe ist. Streichen Sie C, die richtige Antwort ist E.

10. **B.** Verschwenden Sie keine lange Zeit darüber, sich zu überlegen, was Basispunkte sind. Es sind bloß Maßeinheiten für irgendetwas.

Diese Aufgabe prüft lediglich Ihr Wissen über Proportionen. Sie wissen, dass 5 % 100 Basispunkten entsprechen. Gesucht ist die Differenz in Basispunkten zwischen 5,5 % und 7,5 %. Die Differenz ist dabei 2 %. Sie müssen nun berechnen, wie vielen Basispunkten die Differenz von 2 % entspricht:

$$\frac{5\,\%}{100} = \frac{2\,\%}{x}$$

$$\frac{0{,}05}{100} = \frac{0{,}02}{x}$$

Multiplizieren Sie mit 100 und mit x:

$$0{,}05x = 2$$

$$x = 40$$

Die Lösung ist 40: B

11. **A.** Bei dieser Data-Sufficiency-Frage geht es wieder ums Geld (der GMAT ist ja auch ein Test für ein Business-Studium – klar geht es da um Geld). Die Gesamterbmasse beträgt 81.000 $ und sie wird unter drei Personen geteilt. Sie müssen nun herausfinden, welche Aussage einen Aufschluss über das Erbe des jüngeren Kindes erlaubt.

Aussage (1) gibt einem genügend Information zum Aufstellen einer Gleichung, wobei x das gesuchte Erbe des jüngeren Kindes ist. Den Betrag kann man also allein mit der Aussage (1) berechnen. So stellen Sie die Gleichung auf: Wenn das jüngere Kind 15.000 $ weniger als das ältere Kind erhielt und 30.000 $ weniger als die Ehegattin, kann man x als den Betrag für das jüngere Kind einsetzen. Damit ist dann x + 15.000 der Betrag für das ältere Kind und x + 30.000 der Betrag für die Gattin. Zusammengenommen ergibt das den Betrag des Gesamterbes:

$$x + (x + 15.000) + (x + 30.000) = 81.000$$

Diese Gleichung lässt sich für x lösen, aber verwenden Sie darauf keine Zeit. Aussage (1) erlaubt die Lösung der Frage, also ist die Antwort entweder A (wenn Aussage (2) nicht zur Lösung beiträgt) oder D (wenn Aussage (2) auch zur Lösung beiträgt).

Aussage 2 besagt, dass die Gattin 42 % des Erbes bekommen hat. Das sagt einem, wie viel die Gattin bekam, sagt jedoch nichts über die Aufteilung des Rests zwischen den beiden Kindern, also auch nichts darüber, wie viel das jüngere Kind erbte. (2) ist also nicht aussagekräftig für die Lösung der Frage, also können Sie D ausschließen. A ist die Antwort.

 Wenn Sie herausbekommen haben, dass nur eine der beiden Aussagen für die Lösung genügend Information bereit hält, brauchen Sie nicht mehr beide Aussagen zusammen zu berücksichtigen. Antwort C ist nur dann eine Option, wenn beide Aussagen einzeln die Frage nicht lösen können. Das Diagramm in Kapitel 15 hilft Ihnen bei der Lösung von Data-Sufficiency-Fragen.

12. **B.** Bei dieser Aufgabe müssen Sie nur wissen, wie man negative Zahlen subtrahiert. Wenn Sie eine negative Zahl subtrahieren, heben sich die beiden negativen Vorzeichen

gegenseitig auf und Sie erhalten die Addition einer positiven Zahl. Also ist –2 –(–8) dasselbe wie –2 + 8 und –2 + 8 = 6. –4 –(–9) ist dasselbe wie –4 + 9 und –4 + 9 = 5. Da 6 um 1 größer ist als 5, ist die Antwort B.

13. **D.** Auch diese Frage können Sie durch das Aufsetzen einer Gleichung lösen. Das Produkt der drei Zahlen in der horizontalen ist $6 \times 12 \times 3$. Ohne Taschenrechner ist es einfacher, zuerst 6×3 zu rechnen (ergibt 18) und das dann mit 12 zu multiplizieren. $18 \times 12 = 216$. Also ist die Summe der Zahlen in der vertikalen auch 216:

$$x + 12 + y = 216$$

$$x + y = 204$$

14. **E.** Bei dieser Data-Sufficiency-Frage brauchen Sie genügend Informationen, um die Werte von a und b zu berechnen.

Aussage (1) ergibt den Wert von a, sagt aber nichts über b aus. Sie können also Antwort A und D streichen, weil Aussage (1) nicht für die Lösung ausreicht. Untersuchen Sie die andere Aussage.

Aussage (2) sagt überhaupt nichts über den Wert von a und b aus. Also streichen Sie Antwort B und überlegen Sie, ob beide Aussagen zusammen die beiden Werte ermitteln lassen.

Wenn Sie wissen, dass $a = 5$ und dass $a^2 = b^2$ ist, sieht es zuerst so aus, als könnten Sie den Wert für b finden. Sie denken vielleicht, dass man für a den Wert 5 einsetzen kann um so die Gleichung für b zu lösen. Auf den ersten Blick scheint es, dass weil $a = 5$ ist, b auch gleich 5 sein muss. Aber Obacht!

Wenn $a^2 = b^2$ ist, heißt das noch lange nicht, dass $a = b$ ist. Setzen Sie 5 für a ein, kann b immer noch zwei Lösungen haben. 5^2 ist 25 und $25 = b^2$. Also kann b gleich 5 oder –5 sein. Beide ergeben quadriert 25.

Die beiden Aussagen zusammen können die Frage auch nicht lösen. Streichen Sie C, die Antwort ist E.

15. **B.** Ganze Zahlen (»integer«) sind keine Dezimalzahlen oder Brüche. Sie sind positiv, negativ oder 0.

Wenn also $\frac{24 - x}{x}$ eine ganze Zahl sein soll, muss x ein positiver oder negativer Faktor von 24 sein, wie 3 oder –12. Setzen Sie mal 3 in die Gleichung ein, um zu sehen, was wir damit meinen:

$$\frac{24 - 3}{3} = \frac{21}{3} = 7$$

Schauen Sie, ob Aussage (1) einen Faktor von 24 ergibt: wenn $x < 5$ ist, kann x 4, 3, 2 und 1 sein, alles Faktoren von 24. x kann aber auch –5, –7 oder –9 sein, die keine Faktoren von 24 sind. Diese Aussage ergibt also nicht in jedem Fall einen Faktor von 24. Sie ist nicht aussagekräftig. Sie können A und D streichen.

Aussage (2) besagt, dass $x^2 = 36$ ist. Das bedeutet, dass x 6 oder –6 sein kann. Beides sind Faktoren von 24 und ergeben im Ausdruck $\dfrac{24-x}{x}$ eingesetzt eine ganze Zahl. Also gibt Aussage (2) genügend Informationen, die Frage zu lösen. Streichen Sie C und E, die Antwort ist B.

16. **C.** Wenn sich die Bevölkerung alle 50 Jahre verdoppelt, so hat sie sich in drei Jahrhunderten (300 Jahre) insgesamt 6 Mal verdoppelt. Das können Sie auch als 2^6 ausdrücken. Die 2 bedeutet Verdopplung und 6 bedeutet 6 Mal. Also müssen Sie die 2^6 mit 10^3 multiplizieren. Diese Arbeit können Sie sich sparen, denn Antwort C gibt genau das an: $(2^6)(10^3)$.

17. **A.** Denken Sie sich zu dieser Testaufgabe folgende Gleichungen:

Gewinn = Umsatz – Produktionskosten

Umsatz = Anzahl verkaufter Artikel × Preis

Produktionskosten = Fixkosten + variable Kosten

Nehmen Sie y als die Anzahl die Greg produzieren und verkaufen muss, um einen jährlichen Gewinn von 200.000 $ zu erwirtschaften. Setzen Sie eine Gleichung auf und lösen Sie:

Gewinn = Umsatz – Kosten

$200.000 = (y \times 20) - (120.000 + 4y)$

$200.000 = 20y - 120.000 - 4y$

$200.000 = 16y - 120.000$

$320.000 = 16y$

$20.000 = y$

Die Antwort ist A.

18. **D.** Diese Data-Sufficiency-Frage beschäftigt sich im Entfernten mit Geschwindigkeiten. Sie wollen ermitteln, um wie viel schneller zwei Leute eine bestimmte Menge Briefumschläge verpacken können, als einer alleine. In der Aufgabe wird angegeben, dass Adam alleine 400 Umschläge pro Stunde verpacken kann. Wenn Sie wissen, wie schnell Matt im Verpacken ist, können Sie die Aufgabe lösen.

Aussage (1) besagt, dass beide die Umschläge gleich schnell verpacken, also wissen Sie nun, wie viel Umschläge Matt je Stunde schafft. Das ist genau die Information, die Sie für die Lösung benötigen, also ist Ihre Antwort entweder A oder D. (Sie brauchen gar nicht darüber nachzudenken, dass die beiden nur die halbe Zeit brauchen, die Umschläge zu verpacken.) Nun müssen Sie nur noch feststellen, ob die zweite Aussage auch die Frage lösen kann oder nicht.

Aussage (2) gibt einfach an, wie viel Zeit die beiden brauchen, die Umschläge zu verpacken, also ist sie auch aussagekräftig. Wenn Adam alleine doppelt so lange braucht, als wenn er mit Matt zusammenarbeiten würde, brauchen beide 1 statt 2 Stunden. Da beide Aussagen die Frage auch einzeln lösen könnten, ist die Antwort D.

19. **A.** Diese Data-Sufficiency-Frage möchte eigentlich nur wissen, ob y keine Primzahl ist, denn nur eine Primzahl kann als Produkt von sich selbst und 1 ausgedrückt werden.

Aussage (1) gibt einen Bereich vor, in dem y liegen soll. Die Zahlen in diesem Bereich sind 48, 49, 50, 51 und 52. Keine dieser Zahlen ist eine Primzahl. Damit ist die Frage auch schon beantwortet. Also kommen nur noch Antworten A und D in Frage.

Aussage (2) gibt vor, dass y gerade ist. Es gibt aber eine gerade Zahl, die eine Primzahl ist, nämlich die 2. Man kann also ausgehend von (2) nicht sicher sagen, dass y keine Primzahl ist. Damit kann D ausgeschlossen werden, die Antwort ist A.

20. **B.** Wenn Sie nicht schon aus Ihrer bisherigen Lebenserfahrung wissen, dass $\frac{3}{8} = 0{,}375$ sind, müssen Sie hier ein wenig rechnen. Dafür müssen Sie bei jeder Frage den Zähler durch den Nenner teilen und die falschen ausschließen. Vorher können Sie schon garantiert falsche Möglichkeiten ausschließen, wie E $\frac{1}{3}$, das ja, wie Sie aus jahrelangem Mathematikunterricht schon wissen, etwas mehr als 0,33 ist.

✔ Die 7 geht mindestens 4 Mal in die 30 ($7 \times 4 = 28$), also wird die entsprechende Dezimalzahl mit einer 4 beginnen. Damit können Sie A ausschließen.

✔ Die 8 geht mindestens 3 Mal in die 30 ($8 \times 3 = 24$), also ist B eine mögliche Antwort und bleibt erst einmal offen.

✔ Die 9 geht mindestens 4 Mal in die 40 ($4 \times 9 = 36$). C kann gestrichen werden.

✔ Auch D können Sie streichen, denn die 5 geht genau 4 Mal in die 20, und die Dezimalzahl von $\frac{2}{5}$ ist somit 0,4.

Da Sie E bereits gestrichen haben, bleibt nur noch B übrig.

Alternativ können sie die Dezimalzahl in einen Bruch umwandeln. 0,375 sind $\frac{375}{1000}$ und dass lässt sich Kürzen auf $\frac{3}{8}$ in Antwort B.

21. **D.** Ein Kreis hat 360°. Um den Abschnitt zu bestimmen, der 35 % darstellt, müssen sie einfach 35 % von 360° nehmen. Also multiplizieren Sie $360 \times 0{,}35$.

$$360 \times 0{,}35 = 126$$

Da Sie beim Test keinen Taschenrechner haben, rechnen Sie schneller mit Brüchen. 0,35 sind $\frac{35}{100}$ das sind gekürzt $\frac{7}{20}$. $360 \times 7 \div 20 = 126$.

22. **D.** Bei dieser Data-Sufficiency-Frage müssen Sie mit Ungleichungen hantieren.

Sie müssen keinen bestimmten Wert für x definieren, Sie müssen nur wissen, ob x kleiner als 0 ist.

Aussage (1) besagt, dass $x^3 < 0$ ist, also ist dann auch x kleiner als 0. Da x^3 eine negative Zahl ist, muss die Kubikwurzel auch negativ sein, weil nur eine negative Zahl mit 3 potenziert ein negatives Ergebnis bringt. Zum Beispiel muss -1^3 negativ sein, denn $-1 \times -1 \times -1 = -1$. Ausgehend von dieser Aussage muss x negativ sein, also ist die Antwort entweder A oder D.

Um zu bestimmen, ob auch Aussage (2) ausreichend ist, lösen Sie die Ungleichung für x indem Sie diese durch –3 dividieren.

Wenn Sie eine Ungleichung durch eine negative Zahl dividieren, müssen Sie das Ungleichheitszeichen umkehren, sodass es in die andere Richtung zeigt.

$-3x > 0$

Teilen Sie beide Seiten durch –3.

$x < 0$

Auch Aussage (2) gibt einem alles, was man braucht, um zu bestimmen, dass x kleiner als 0 ist. Streichen Sie also A und nehmen Sie die Antwort D.

23. **C.** Bei dieser Frage müssen Sie bestimmen, wie viele ganze Zahlen zwischen x und y liegen.

Aussage (1) scheint auf den ersten Blick ausreichend. Wenn $x - y = 4$ ist, müssen 3 ganze Zahlen zwischen x und y liegen.

Sie wissen aber nicht, ob x und y selber ganze Zahlen sind. So können Sie nicht wirklich sagen, wie viele ganze Zahlen zwischen x und y liegen. Ist zum Beispiel $x = 1$ und $y = 5$, so liegen 3 ganze Zahlen dazwischen (2, 3 und 4). Ist hingegen $x = 1,5$ und $y = 5,5$, so liegen 4 ganze Zahlen dazwischen (2, 3, 4 und 5). Also ist Aussage (1) doch nicht ausreichend und die Antwort ist B, C oder E.

Aussage (2) sagt selbst gar nichts aus. Zwischen zwei nicht ganzen Zahlen können beliebig viele ganze Zahlen liegen. Streichen Sie also B und nehmen Sie beide Aussagen zusammen.

Da sieht es wieder anders aus, denn nun wissen Sie, dass es 4 Zahlen für z geben muss. Wie Sie aus Aussage (1) schon wissen, können zwischen x und y entweder 3 oder 4 ganze Zahlen liegen je nachdem ob x und y ganze Zahlen sind oder nicht. Da Aussage (2) besagt, dass sie es nicht sind. Daher müssen es 4 ganze Zahlen sein. Die Antwort ist C.

24. **A.** Diese Aufgabe befasst sich mit Prozentzahlen. Um zu wissen, wie viele Leute im Oktober Arbeit hatten, müssen Sie etwas über die Anzahl der arbeitenden oder arbeitslosen Bevölkerung im September oder Oktober wissen.

Aussage (1) gibt Ihnen darüber Auskunft, wie viele Leute im Oktober mehr arbeitslos waren, als noch im September. Da Sie die Differenz bereits in den Prozentzahlen haben (5,9 % – 5,6 % = 0,3 %) und sie wissen, dass diese Differenz 10.000 arbeitslosen Personen entspricht, können Sie einfach eine Gleichung darüber aufstellen, wie viele Menschen insgesamt arbeitsfähig waren.

$0,003y = 10.000$

Nun wissen Sie, wie viele Leute arbeitsfähig sind (y) und können daraus dann die Anzahl der arbeitenden Leute berechnen. Deren Prozentsatz beträgt 94,1 % (100 % – 5,9 %). O steht dabei für die Arbeitenden Leute im Oktober:

$O = 0{,}941y$

Also ist Aussage (1) ausreichend, weil Sie die Anzahl der arbeitenden Menschen berechnen können. Die Antwort ist entweder A oder D.

Aussage (2) besagt gar nichts, denn die im Mai ermittelten Werte haben mit denen im Oktober gar nichts zu tun. So ist Aussage (2) nicht ausreichend und Sie können D streichen. Die Antwort ist A.

25. **E.** Lesen Sie die Frage langsam und genau durch. Gefragt sind nur die Zellen, die das Produkt der Zahl mit den jeweils anderen vier Zahlen zeigen. Wie in der Abbildung gezeigt (Zellen mit dem Kreuz), braucht man in der ersten Zeile 4 Zellen, in der zweiten 3, in der dritten 2 und in der vierten eine. $4 + 3 + 2 + 1 = 10$ also Antwort E.

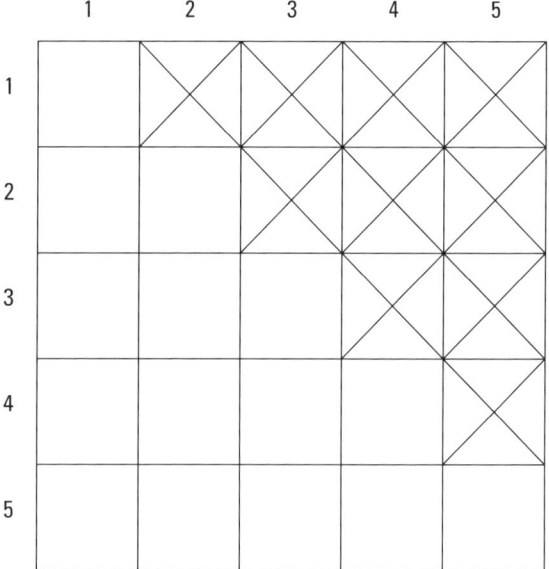

26. **C.** Die quadratische Gleichung in der Aufgabe ($x^2 - kx - 28$) hat zwei Faktoren und die Aufgabe gibt außerdem noch an, dass ein Faktor ($x - 4$) ist. Um den anderen Faktor zu berechnen, konzentrieren Sie sich auf den letzten Term der Gleichung (–28). Fragen Sie sich, welche Zahl mit –4 multipliziert –28 ergibt. $-28 \div -4 = 7$, also enthält der andere Faktor eine positive 7, also ($x + 7$). Nun können Sie die beiden Faktoren multiplizieren und ausklammern ($x - 4$) $\times$ ($x + 7$) $= x^2 + 3x - 28$. Der mittlere Term ist also $+3x$.

Seines Sie vorsichtig, wenn Sie aus den Antwortmöglichkeiten den Wert für k auswählen. Dort sind nämlich 3 und auch –3 angegeben. In der Aufgabe wird k mit einem negativen Vorzeichen angegeben ($x^2 - \boldsymbol{k}x - 28$). Dementsprechend müssen Sie unter den Antworten auch die negative Möglichkeit (–3) nehmen, also C.

27. **E.** Diese Data-Sufficiency-Frage testet Ihr Geometrie-Wissen. Sie müssen den Radius finden, also die Länge der Strecke *OB* oder *OC*. Aussage (1) gibt Ihnen ein Verhältnis von zwei Streckenabschnitten auf *OB*, aber diese Information hilft Ihnen nicht, die Länge von *OB* zu finden, da Sie kein einziges Maß besitzen. Da Aussage (1) nicht ausreichend ist, streichen Sie A und D.

Aussage (2) erzählt Ihnen auch nichts Neues. Da *OB* und *OC* beides Radien (das heißt, sie haben die gleiche Länge) und Schenkel des Dreiecks OBC sind, muss das Dreieck OBC auch gleichschenklig sein. Also ist Aussage (2) selbstverständlich und damit auch nicht hilfreich für das Finden der Radien. Also kann es auch nicht Antwort B sein.

Sie müssen jetzt nicht beide Aussagen zusammen bewerten. Aussage (1) war unzureichend und Aussage (2) gab keine zusätzlichen Informationen preis, sodass eine Betrachtung von (1) und (2) zusammen keine neuen Erkenntnisse bringt. Streichen Sie also C, die Antwort ist E.

28. **B.** Bei dieser Data-Sufficiency-Frage müssen Sie Ihre Rückschlüsse aus einer Ungleichung ziehen. Data-Sufficiency-Fragen handeln oft über Ungleichungen, weil Ihre Ergebnisse so schön mehrdeutig sind. Bei dieser Aufgabe müssen Sie herausfinden, ob das Produkt von *a* und *b* kleiner als 12 ist.

Aussage (2) besagt, dass *a* kleiner als 3 und *b* kleiner als 4 ist. Das klingt erst mal ganz nett und man ist versucht zu sagen, dass wegen $3 \times 4 = 12$ eben *a* und *b* beide kleiner als 3 bzw. 4 sein müssen und das Ganze dann schon ausreichend ist.

Aber Pustekuchen, wenn man wirklich alle Möglichkeiten bedenkt, und man für *a* und *b* negative Zahlen einsetzt, klappt das auch nur bis –3 bzw. –4. Deren Produkt ist gleich 12 und schon passt es nicht mehr. Geht man noch weiter ins Negative für *a* und *b*, so wird das Produkt noch größer.

Also ist Aussage (1) doch nicht ausreichend um auszusagen, dass $ab < 12$ ist, also streichen Sie Antwort A und D.

Nun zu Aussage (2). Beginnen Sie mit der Ungleichung für b^2. Lösen Sie die Ungleichung, indem Sie die Quadratwurzel auf beiden Seiten ziehen und dabei berücksichtigen, dass es eine positive und negative Lösung gibt:

$b^2 < 169$

$b < 13$ oder -13

Die andere Information ist, dass *a* größer als $\frac{1}{3}$ aber kleiner als $\frac{2}{3}$ ist. Multipliziert man also *a* und *b*, dann erhält man höchstens $\frac{2}{3} \times 13 = \frac{26}{3}$ oder $\frac{82}{3}$. Also ist das Produkt von *a* und *b* auf jeden Fall kleiner und zwar für alle *a*. Über den negativen Wert von *b* brauchen Sie sich nicht zu kümmern, weil eine negative Zahl mit einer positiven multipliziert immer negativ wird und damit auch auf jeden Fall kleiner als 12. Also ist Aussage (2) ausreichend und Sie können die Möglichkeiten C und E streichen. Die Antwort ist B.

29. **A.** Die Aufgabe fragt nach dem wöchentlichen Umsatz, bei dem Angelo und Isabella jeweils das gleiche Geld verdienen. Dazu schreiben Sie eine Gleichung, bei der Sie Angelos und Isabellas Bezahlung gegenüberstellen, wobei x der wöchentliche Umsatz ist.

Der wöchentliche Verdienst berechnet sich aus einem Grundgehalt plus prozentualer Kommission. Angelos Verdienst berechnet sich mit $550 + 0{,}08 \times (x - 1.000)$ und Isabellas Verdienst ist einfach $0{,}10x$. Diese setzen Sie nun gleich und lösen die Gleichung:

$$550 + 0{,}08 \times (x - 1.000) = 0{,}10x$$

Multiplizieren Sie die 0,08 aus:

$$550 + 0{,}08x - 80 = 0{,}10x$$

Kombinieren Sie die Terme und ziehen Sie $0{,}08x$ von beiden Seiten ab:

$$470 = 0{,}02x$$

Nun teilen Sie beide Seiten durch 0,02 (oder schneller – multiplizieren Sie mit 50):

$$23.500 = x$$

Die Antwort ist A.

30. **C.** Diese Textaufgabe ist die klassische Entfernungs-/Geschwindigkeitsaufgabe.

 Die Formel für Geschwindigkeit ist: $Geschwindigkeit = \dfrac{Weg}{Zeit}$ oder $v = \dfrac{s}{t}$

Zuerst sollten Sie die Geschwindigkeit der beiden Züge berechnen. Der schnelle Zug fährt die 900 Meilen in 3 Stunden, der langsame in 5 Stunden:

Geschwindigkeit = Weg ÷ Zeit

Geschwindigkeit des schnellen Zuges = $^{900}\!/_{3}$ oder 300 Meilen/Stunde (wow!!)

Geschwindigkeit des »langsamen« Zuges = $^{900}\!/_{5}$ oder 180 Meilen/Stunde

 Nun fragen Sie sich, welche der drei Elemente der Formel (Geschwindigkeit, Weg oder Zeit) beide Züge gemeinsam haben, wenn Sie sich auf der Strecke treffen. Die Geschwindigkeit ist es schon mal nicht, denn die haben Sie ja schon berechnet. Auch die zurückgelegte Wegstrecke wird es nicht sein, denn zum einen wird nach ihr gefragt, und zum anderen legt der schnelle Zug in der Zeit ja eine weitere Strecke zurück als der langsamere. Also muss es die Zeit sein. Die Züge fahren gleichzeitig los und treffen sich gleichzeitig, also ist für jeden Zug die gleiche Zeit verstrichen (auch hier rechnen wir nicht mit der Relativitätstheorie). Lassen Sie sich nicht durch die Angabe der 3 Stunden und der 5 Stunden verwirren. Das ist die Gesamtzeit für jeden Zug.

Stellen Sie also die Geschwindigkeitsformel etwas um, sodass die Zeit vor dem Gleichheitszeichen steht ($t = {}^{s}\!/_{v}$) und setzen Sie eine Gleichung auf, bei der die Zeiten gleich gestellt werden. Die 1 steht dabei für den schnellen Zug, die 2 für den langsameren.

$$s_1/v_1 = s_2/v_2$$

Nun setzen Sie die Werte in die Gleichung ein, wobei x die zurückgelegte Strecke des schnellen Zuges ist. Wenn der schnelle Zug x Meilen zurückgelegt hat, hat der langsamere Zug zum Zeitpunkt des Treffens $900 - x$ Meilen zurückgelegt, also die Differenz zwischen den 900 Meilen insgesamt und der Wegstrecke des schnellen Zuges.

$$\frac{x}{300} = \frac{900 - x}{180}$$

Multiplizieren Sie mit 300 und 180 und lösen Sie die Gleichung für x:

$$180x = 300(900 - x)$$

Multiplizieren Sie die 300 aus:

$$180x = 270.000 - 300x$$

Addieren Sie $300x$ auf beiden Seiten:

$$480x = 270.000$$

Teilen Sie beide Seiten durch 480:

$$x = 562,5$$

Da Sie auch hier keinen Taschenrechner zur Verfügung haben, schreiben Sie die letzte Division als Bruch und kürzen dann (wenn nötig in mehreren Schritten): $^{270.000}\!/_{480}$ (kürzen durch 30) = $^{9.000}\!/_{16}$ (kürzen durch 8) = $^{1.125}\!/_{2}$ = 562,5. Letzteres lässt sich einfacher im Kopf rechnen als die sehr großen Zahlen zu Beginn.

Die Antwort ist C.

31. **A.** Bei dieser Data-Sufficiency-Frage brauchen Sie etwas Geometrie.

Die in der Aufgabe gesuchte Strecke CA ist der Radius des kreisrunden Schwimmbeckens, Wenn Sie also den Radius des Kreises berechnen können, sind Sie im Geschäft.

Aussage (1) gibt einem die Fläche des Schwimmbeckens und damit die Fläche des Kreises an. Wenn Sie sich an die Formel für die Kreisfläche erinnern, wissen Sie, dass diese $A = r^2\pi$ ist. Die Fläche A ist angegeben und π ist bekannt. Also könnten Sie den Radius ausrechen. Das müssen Sie nicht, es reicht, dass Sie wissen, dass es geht. Aussage (1) ist ausreichend und Sie streichen B, C und E.

Aussage (2) gibt Ihnen die Länge des Zauns um die rechteckige Fläche und damit den Umfang des Rechtecks. Das hilft Ihnen aber nicht, denn was Sie vom Rechteck brauchen, wäre die Breite. Die wäre dann der Durchmesser des Kreises und das Doppelte vom Radius. Der Umfang hilft Ihnen aber nicht weiter und so ist Aussage (2) nicht ausreichend. Streichen Sie D! A ist die Antwort.

32. **C.** Mit dem Wissen, dass a nicht 0 ist, müssen Sie herausfinden, ob Sie entscheiden können, ob b größer als 0 ist.

Aussage (1) gibt an, dass das Produkt von a und b gleich 14 ist. Durch die Regeln der Multiplikation wissen Sie, dass wenn a positiv ist, b auch positiv sein muss und wenn a negativ ist, b auch negativ sein muss. Da Sie aber den Wert von a nicht kennen, können Sie auch nicht sagen, ob b größer als Null ist. Also ist (1) nicht ausreichend und weder A noch D ist die Antwort.

Aussage (2) besagt, dass die Summe von a und b gleich 9 ist. Unendliche viele Zahlenkombinationen von positiven und negativen Zahlen können die Summe 9 ergeben (4 und 5, 10 und –1 oder 72 und –63 und so weiter). Also ist auch (2) nicht ausreichend. Sie können B streichen und beide Aussagen zusammen betrachten.

Die Kombination der beiden Aussagen gibt Ihnen zwei Gleichungen mit zwei Variablen. Dabei können Sie eine Gleichung nach einer Variablen auflösen und das Ergebnis in die zweite Gleichung einsetzen. Die zwei Aussagen scheinen ausreichend, aber sicherheitshalber wollen Sie vielleicht nochmal durchrechnen.

Lösen Sie die Gleichung aus Aussage (2) nach a auf:

$$a + b = 9$$

$$a = 9 - b$$

Nun setzen Sie den Wert für a in die erste Gleichung ein:

$$ab = 14$$

$$b(9 - b) = 14$$

Multiplizieren Sie b aus:

$$-b^2 + 9b = 14$$

Multiplizieren Sie die Gleichung mit –1 um den Term b^2 positiv zu machen:

$$-1(-b^2 + 9b = 14)$$

$$b^2 - 9b = -14$$

Das ist eine quadratische Gleichung:

$$b^2 - 9b + 14 = 0$$

Zerlegen Sie diese in Ihre Faktoren:

$$(b - 7)(b - 2) = 0$$

$$b = +7 \text{ und } b = +2$$

Wie sie sehen, sind beide Ergebnisse der quadratischen Gleichung positiv, also sind beide Aussagen zusammen ausreichend. Die Antwort ist C.

Wenn Sie zuerst nach b aufgelöst und die Gleichung dann für a gelöst haben, müssen Sie aus den Gleichungen die entsprechenden Werte für b ausrechnen. Sie kommen aber zum selben Ergebnis.

33. **E.** Für diese Aufgabe müssen Sie wissen, wie man Brüche subtrahiert und dividiert. (Zum Auffrischen lesen Sie Kapitel 10)

$$\frac{1\frac{3}{5} - 2\frac{2}{3}}{\frac{1}{3} - \frac{2}{5}}$$

Wandeln Sie die gemischten Zahlen im Zähler in reine Brüche um:

$$\frac{\frac{8}{5} - \frac{8}{3}}{\frac{1}{3} - \frac{2}{5}}$$

Finden Sie den gemeinsamen Nenner in den Brüchen in Zähler und Nenner des großen Bruchs.

$$\frac{\frac{24}{15} - \frac{40}{15}}{\frac{5}{15} - \frac{6}{15}}$$

Da alle vier Nenner der kleinen Brüche in Zähler und Nenner des großen Bruchs gleich sind, kürzen sie sich gegenseitig weg. Wenn Sie die Werte in Zähler und Nenner subtrahieren erhalten Sie folgenden Bruch:

$$\frac{-16}{-1}$$

Das ist gleich 16, die Antwort ist E.

34. **C.** Sie suchen nach der Quadratwurzel einer durch 98 teilbaren Zahl. Am schnellsten ist es, Sie suchen in den Vielfachen von 98 nach Quadratzahlen. Das geht schnell, denn bereits $98 \times 2 = 196$ ist eine Quadratzahl, nämlich 14^2. Die größte ganze Zahl, durch die 14 teilbar ist, ist 14. 14 ist auch durch 7 und 2 teilbar, Sie suchen aber die größte Zahl und die steht bei C.

35. **D.** Wenn Sie ein MBA-Studium aufnehmen wollen, ist das eine Aufgabe, die Sie lösen können sollten.

   Gewinn = Umsatz – Kosten

   Umsatz = Menge × Einzelpreis

Um die Formel für den Gewinn anwenden zu können, müssen Sie Beckys Umsätze mathematisch ausdrücken: Beckys Umsatz sind die verkauften Pfunde an Hotdogs mal den Preis pro Pfund. Die verkauften Pfund ermitteln sich aus den gekauften Pfund x minus dem Verlust s. Der Preis pro Pfund verkaufter Hotdogs ist d. Also können Sie den Umsatz ermitteln:

   Beckys Umsatz = $(x - s)d$

Beckys Kosten bestehen aus den Ausgaben für den Kauf der Hotdogs. Die Kosten sind gleich der Menge der gekauften Hotdogs x mal dem Einkaufspreis p. Die Formel für die Kosten ist also:

Beckys Kosten $= xp$

Diese beiden Ausdrücke setzen Sie nun in die Formel für den Gewinn ein und erhalten: Gewinn $= (x - s)d - xp$. Die Antwort ist D.

36. **C.** Um die Fläche des Rechtecks zu berechnen, müssen Sie die Länge (l) und die Breite (w) kennen: $A = l \times w$. Suchen Sie also in den Aussagen nach Informationen über Länge und Breite des Rechtecks.

Die Formel in Aussage (1) ist der Umfang des Rechtecks. Diese können Sie nach einer der Variablen auflösen. Zum Beispiel ergibt die Auflösung nach l: $l = 8 - w$. Dies können Sie für l in die Formel für die Fläche einsetzen, aber sie haben immer noch zwei Variablen und Sie können die Gleichung nicht lösen:

$A = (8 - w)w$

Also ist Aussage (1) nicht ausreichend. Sie können A und D streichen und gehen zu Aussage (2).

Aussage (2) gibt Ihnen die Länge der Diagonalen des Rechtecks im Quadrat.

Die Diagonale eines Rechtecks teilt es in zwei rechtwinklige Dreiecke und bildet bei beiden die Hypotenuse. Entsprechend dem Satz des Pythagoras entspricht bei rechtwinkligen Dreiecken das Quadrat der Hypotenuse der Summe der Quadrate der beiden Katheten. Die Katheten der beiden Dreiecke bilden die Seiten des Rechtecks, so können Sie eine Formel für die Länge der Diagonalen d (oder Hypotenuse) aus den Längen der Seiten bilden.

$l^2 + w^2 = d^2$

Sie wissen nun, dass $d^2 = 24$ ist, also ist auch $l^2 + w^2$ gleich 24. Sie haben aber auch hier noch zwei Variablen und nicht genügend Informationen um die Fläche zu ermitteln. Aussage (2) ist demnach auch nicht ausreichend und die Antwort ist entweder C oder E.

Fassen Sie die Informationen beider Aussagen zusammen, erhalten Sie zwei Gleichungen mit denselben beiden Unbekannten. Wenn Sie alle Terme in der Gleichung aus Aussage (1) durch 2 teilen und dann beide Seiten der Gleichung quadrieren, erhalten Sie Terme, die auch in der Pythagorasformel aus Aussage (2) vorkommen:

$$2l + 2w = 16$$
$$l + w = 8$$
$$(l + w)^2 = 8^2 \text{ (benutzen Sie die erste binomische Formel)}$$
$$l^2 + 2lw + w^2 = 64$$

Wie sie sehen, enthält diese Gleichung die Terme $l^2 + w^2$, und aus Aussage (2) wissen Sie, dass $l^2 + w^2 = 24$ ist. Sie können also 24 für $l^2 + w^2$ einsetzen:

$$l^2 + w^2 + 2lw = 64$$
$$24 + 2lw = 64$$
$$2lw = 40$$
$$lw = 20$$

Da Länge × Breite (*lw*) die Fläche ergeben, sind beide Aussagen zusammen ausreichend. Streichen Sie E, die Antwort ist C.

37. **B.** Um *t* lösen zu können, müssen Sie *r* in Relation zu *s* oder *s* in Relation zu *r* kennen, sodass sich eine Variable herauskürzt.

Aussage (1) gibt einen numerischen Wert für *r* an, lässt aber keine Relation auf *s* zu, sodass es immer noch zwei Variablen zu lösen gibt. Aussage (1) ist also nicht ausreichend und weder A noch D sind richtig.

Aussage (2) gibt *r* in Relation zu *s* an, also ist sie höchstwahrscheinlich ausreichend. Sie können direkt B auswählen, aber wenn Sie sich versichern wollen, setzen Sie 3*s* für *r* in die ursprüngliche Gleichung ein:

$$t = \frac{9r}{2s}$$
$$t = \frac{9(3s)}{2s}$$
$$t = \frac{27s}{2s}$$
$$t = \frac{27}{2}$$

Aussage 2 gibt genügend Informationen, um *t* aufzulösen. B ist die richtige Antwort.

Erläuterungen zu den Sprachaufgaben

1. **B.** Bei dieser Logikaufgabe müssen Sie eine kausale Beweisführung entkräften.

 Um diese auf einer Beziehung von Ursache und Wirkung beruhende Schlussfolgerung zu entkräften, sollten Sie sich für eine Lösungsmöglichkeit entscheiden, die eine andere logische Ursache für die angegebene Wirkung enthält oder die infrage stellt, ob die in der Beweisführung aufgeführte Ursache die angegebene Wirkung auch tatsächlich nach sich zieht. Wählen Sie daher eine Lösungsmöglichkeit aus, die die argumentative Verbindung von mit Kreditkartenschulden belasteten Haushalten und zunehmenden Konkursen auflöst.

C können Sie sofort ausschließen, da von Immobilienpreisen überhaupt nicht die Rede ist und C auch keinen anderen möglichen Grund für die zunehmenden Konkurse anbietet. Auch D und E können Sie vergessen, da beide Lösungsmöglichkeiten die Schlussfolgerung durch weitere Anhaltspunkte für eine Verbindung von Kreditkartenschulden und Konkursen eher noch unterstützen. A könnte infrage kommen, da diese mögliche Antwort darauf abzielt, dass Menschen, die Konkurs anmelden, gewöhnlich auch noch anderweitig hoch verschuldet sind und zum Beispiel Ihre Krankenversicherung nicht mehr bezahlen können. Andererseits hatten Amerikaner schon immer Versicherungskosten zu tragen, sodass der ausschlaggebende Grund für Konkursanmeldungen tatsächlich die Überlastung der Kreditkarten sein könnte. Die richtige Lösungsmöglichkeit ist B, denn viele Konkurse haben nichts mit Kreditkartenschulden zu tun, weil es sich dabei um Geschäftspleiten handelt.

2. **E.** Bei dieser Logikaufgabe müssen Sie eine Schlussfolgerung ziehen, die alle Prämissen berücksichtigt. Die beste Schlussfolgerung sollte also in Rechnung stellen, dass Amerikaner mehr arbeiten, weil die Gesetze in Europa mehr Urlaubstage für Arbeitnehmer vorsehen, und zudem berücksichtigen, dass auch die Amerikaner gerne weniger arbeiten würden, dies aber nur dann wirklich tun würden, wenn ihre Landsleute insgesamt weniger Arbeitstage abreißen müssten.

Schließen Sie zunächst alle Lösungsmöglichkeiten aus, die nicht durch die Prämissen gestützt werden. B kommt nicht in Betracht, weil in den Prämissen nicht erwähnt wird, wo Europäer am liebsten Urlaub machen (obwohl es ganz sicher stimmt, dass Europäer vorzugsweise amerikanische Nationalparks besuchen!) Eliminieren Sie auch D, weil es in den Prämissen ebenso wenig um die Produktivität amerikanischer und europäischer Unternehmen geht. Auch A und C sind falsch, denn obwohl diese beiden Lösungsmöglichkeiten scheinbar auf den Prämissen basieren, ist es nicht unbedingt richtig, dass Europäer glücklicher sind, weil sie weniger arbeiten müssen (womöglich haben sie ja wegen der vielen Freizeit ein schlechtes Gewissen), oder dass Amerikaner weniger Urlaub nehmen, weil sie von Natur aus fleißiger sind (vermutlich würden Amerikaner mit der Erlaubnis ihrer Regierung ebenfalls mehr Urlaub machen). Entscheiden Sie sich für E, weil diese Lösungsmöglichkeit alle Prämissen berücksichtigt und nicht mit Informationen aufwartet, die in der Beweisführung gar nicht vorkommen.

3. **D.** Die Aufgaben 3 und 4 beziehen sich auf eine Diskussion, die John und Allen über eine Flaschenpfandregelung führen, die in Johns Heimatstaat eingeführt werden soll. Diese Aufgabe erwartet von Ihnen, dass Sie Johns Schlussfolgerung entkräften, nach der sein Staat diese Regelung nicht übernehmen sollte. John belegt seine Schlussfolgerung durch Studien, denen zufolge das bisher in seinem Staat geltende Wiederverwertungsprogramm besser ist als die vorgeschlagene Flaschenpfandregelung.

Sie sollten sich für eine Lösungsmöglichkeit entscheiden, die eine von Johns Prämissen widerlegt oder die logische Verbindung der Prämissen mit der Schlussfolgerung außer Kraft setzt.

Verwerfen Sie A, weil es John nicht darum geht, ob 5 Cent Pfand mehr bringen als 10 Cent. C können Sie auch ausschließen, denn das Thema der Diskussion lautet Recycling und nicht Abfallentsorgung. Lösungsmöglichkeit E beschäftigt sich mit Werbekampagnen, die ebenfalls nicht Gegenstand der Beweisführung sind und die Schlussfolgerung daher nicht entkräften. B scheint Johns Schlussfolgerung, dass eine Flaschenpfandregelung nicht erforderlich ist, zunächst zu stützen, da diese mögliche Antwort darauf hinweist, dass die Bürger aller Bundesstaaten »recyceln«, auch die von Staaten ohne

Flaschenpfandregelung. D macht Johns Schlussfolgerung durch den Angriff auf die logische Verknüpfung seiner Prämissen mit der Schlussfolgerung zunichte. Wenn viele Staaten sich auf Wiederverwertung plus Pfand verlassen, kommt diese Lösung grundsätzlich auch für Johns Staat in Betracht. Dass Recycling allein dem Flaschenpfand allein möglicherweise vorzuziehen wäre, bedeutet nicht, dass Johns Heimatstaat nicht beide Möglichkeiten kombinieren könnte.

4. **B.** Auch hier haben Sie es noch mit John und Allen zu tun. Nachdem John seinen letzten Streitpunkt (dank Ihrer richtigen Entscheidung!) aufgeben musste, setzt er nun auf das Argument, dass Flaschenpfandregelungen ungerecht sind, weil sie nicht auf alle Hersteller gleich angewendet werden. Dieses Mal müssen Sie dabei helfen, dass der Punkt an John geht. Sie sollten sich also für eine Lösungsmöglichkeit entscheiden, die zu den Prämissen passt, die Ihnen zur Bekräftigung der neuen Beweisführung bereits zur Verfügung stehen. Die Ideallösung schlägt eine Brücke zwischen Johns und Allens vorheriger Auseinandersetzung und Johns neuer Schlussfolgerung.

Verwerfen Sie A auf der Stelle, weil Bürger nicht mit Herstellern identisch sind und die unterschiedliche Behandlung von Bürgern unterschiedlicher Staaten nicht zu Johns Schlussfolgerung führt. Schließen Sie auch E aus, denn diese Lösungsmöglichkeit entkräftet Johns Beweisführung, weil sie eher beweist, dass alle Hersteller von kohlensäurehaltigen Getränken gleich behandelt werden. B, C und D kommen in die engere Wahl, allerdings können Sie C gleich wieder vergessen, da eine Zweiliterflasche ungeachtet der größeren Füllmenge ebenso ein Einzelbehälter ist wie die einzelnen Bestandteile eines Sechserpacks. D können Sie ebenfalls verwerfen, denn obwohl diese mögliche Antwort auf Ungleichbehandlung abzielt, geht es um die Ungleichbehandlung von Groß- und Einzelhandel auf der Basis unterschiedlicher Standorte und nicht um die Ungleichbehandlung unterschiedlicher Hersteller. Also ist B die richtige Lösung, da sich die Flaschenpfandregelung ausschließlich an die Hersteller von kohlensäurehaltigen Getränken wendet, nicht aber an die von Säften, Tee oder Energiedrinks.

5. **C.** Bei dieser Satzaufgabe müssen Sie auf einen Bestimmungsfehler achten.

So wie der Satz dasteht, hat es den Anschein, dass nicht die Saguarokakteen, sondere die amerikanischen Ureinwohner wie Monumente in der Wüste herumstehen. Das liegt daran, dass die einleitende Wendung stets das Subjekt des Satzes bestimmt. Und da das Subjekt unterstrichen ist, wissen Sie, dass Sie, um diese Aufgabe zu lösen, das Subjekt ändern müssen.

Da der Satz fehlerhaft ist, können Sie A schon mal ausschließen. B korrigiert den Fehler nicht, da die Ureinwohner auch hier noch als Subjekt des Satzes fungieren. E ersetzt die Indianer als Subjekt durch Nahrung, Wasser und spirituelle Inspiration, sodass nun all dies die Wüste monumental ziert. C und D machen zwar beide die Saguarokakteen zum Satzsubjekt, aber C ist die bessere Wahl, weil diese Lösungsmöglichkeit kürzer, eindeutiger und unmittelbarer daherkommt als D. D verwendet, um die unnötige Information einzuschieben, dass die amerikanischen Ureinwohner Nahrung, Wasser und spirituelle Inspiration brauchen, die unschöne Passivform.

6. **E.** Bei dieser Satzaufgabe sollten Sie über ein falsch verwendetes Pronomen stolpern. Das passende Pronomen anstelle des Eigennamens Harry Truman ist *he* und nicht *we*.

Sie können die Lösungsmöglichkeiten A, B und C verwerfen, da alle drei ein im Plural stehendes Pronomen für eine Einzelperson einsetzen. D kommt nicht in Betracht, weil *one* kein Personalpronomen ist, das als Ersatz für einen Eigennamen dienen könnte. Nur E verwendet das richtige im Singular stehende Pronomen.

7. **A.** Dieser Satz enthält keinen offensichtlichen Fehler. Der unterstrichene Teil stellt einen Vergleich an, scheint aber idiomatisch korrekt zu sein. Vermutlich ist A die richtige Lösungsmöglichkeit, aber schauen Sie sich erst mal die übrigen möglichen Antworten an und überzeugen Sie sich davon, dass Sie nichts übersehen haben. B, C und D verändern fälschlicherweise die Stellung von *even* im Satz und B, D und E verwenden, um auf Ähnlichkeiten hinzuweisen, die fehlerhaften Wendungen *so much that* und *so much as*. Also ist der Satz, so wie er dasteht, richtig.

8. **E.** Die Aufgaben 8 bis 12 beziehen sich auf einen geisteswissenschaftlichen Text über archäologische Funde in Afrika. Lesen Sie sich zunächst den Text genau durch und verschaffen Sie sich einen Überblick über die darin enthaltenen Informationen. Im ersten Absatz geht es darum, welche Erkenntnisse Wissenschaftler anhand von Tierknochen über die Jagdgewohnheiten des Klasie-Volkes gewonnen haben. Der nächste Absatz behandelt die Ansicht, dass die Klasie offenbar mehr sanftmütige Antilopen als ungestüme Büffel gejagt haben. Der Text schließt mit einer sehr detailfreudigen Beschreibung der Antilopenjagd. Als Erstes müssen Sie die Hauptaussage des Textes bestimmen.

 Versuchen Sie die Hauptaussage immer schon während der Textlektüre auszumachen. Da auf fast alle Texte eine Frage nach dem Hauptthema folgt, können Sie sich so auf alle Eventualitäten vorbereiten. In diesem Fall wissen Sie, dass die Hauptaussage irgendetwas damit zu tun hat, dass die Funde der Anthropologen Aufschluss über die Jagdgewohnheiten der Klasie zu tun hat.

A greift lediglich einen Teil des Textes auf, während die Hauptaussage die Botschaft des Textes im Ganzen enthält. B geht von Kenntnissen hinsichtlich anderer prähistorischer Völker aus, die im Text gar nicht vorkommen. C bezieht sich ebenfalls auf einen bestimmten Textabschnitt und befasst sich schlussfolgernd mit der Ausrottung von Antilopen, um die es im Text aber nicht vordringlich geht. Lösungsmöglichkeit D könnte zwar das Hauptthema enthalten. Doch der Aufgabentext besagt, dass Antilopen große Tiere sind. Die Aussage, dass sich die Klasie vorzugsweise von Kleintieren ernährten, ergibt daher keinen Sinn. E dagegen steht nicht im Widerspruch zu den im Text gegebenen Informationen und deckt die Beschreibungen, die das Hauptthema enthalten, am besten ab.

9. **A.** Bei dieser Aufgabe müssen Sie auf Einzelheiten in einem bestimmten Textabschnitt achten.

 Oft hebt der Computer den Textabschnitt, der die gesuchten Informationen enthält, für Sie hervor. Bei dieser Aufgabe könnte der folgende Satz des ersten Absatzes markiert sein: »*The number and location of stone tool cutmarks and the rarity of carnivore tooth marks indicate that the people were not restricted to scavenging from lions or hyenas.*« Die Lösungsmöglichkeit A wiederholt damit mehr oder weniger die Aussage des Textabschnitts.

10. **C.** Die richtige Lösung dieser Aufgabe, bei der es wieder um eine Einzelinformation geht, ist bedauerlicherweise nicht so offensichtlich vorgegeben wie bei der vorigen Aufgabe. Im dritten Absatz vermutet der Autor, dass die Klasie Antilopen wegen des geringeren Risikos lieber gejagt haben könnten. Im zweiten Absatz (in dem es darum geht, warum die Klasie offenbar lieber Antilopen als Büffel gejagt haben) heißt es, dass dieses Volk den Antilopen den Vorzug gegeben hat, weil diese Tiere in Panik vor den Jägern flohen, während die gefährlichen Büffel sich mutig dem Kampf stellten. Das war es wohl, was der Autor mit Risikovermeidung gemeint hat.

Der Text gibt ab, dass Archäologen zahllose Antilopenknochen gefunden haben, aber nicht, dass es grundsätzlich mehr Antilopen als Büffel gab. Stattdessen heißt es im zweiten Absatz, dass Antilopen sogar seltener vorkamen, sodass Sie sich unmöglich für A aussprechen können. Die in B enthaltene Information steht im direkten Widerspruch zum Aufgabentext, der nichts über Nahrungssuche im Zusammenhang mit Antilopen sagt und außerdem nahe legt, dass die Klasie über keine Waffen mit großer Reichweite verfügten. D und E können also nicht richtig sein.

11. **B.** Bei dieser Aufgabe müssen Sie die einzige *nicht zutreffende* Lösungsmöglichkeit ausschließen.

 Ausschlussfragen konfrontieren Sie mit einer weiteren Situation, in der Sie sich den Text womöglich noch einmal durchlesen sollten. Gehen Sie den Text noch mal durch nachdem Sie sich die Lösungsmöglichkeiten angesehen haben und eliminieren Sie so viele mögliche Antworten, wie Sie können.

Im Text kommen vier oder fünf der in den Lösungsmöglichkeiten als mögliche Nahrungsquellen der Klasie aufgezählten Tierarten vor. In einem Satz des ersten Absatzes stoßen Sie auf Büffel, Antilopen, Seehunde und Pinguine. Daher ist B, Hyänen, offensichtlich die richtige Lösung.

12. **E.** Auch hier müssen Sie wieder eine bestimmte Information finden. In diesem Fall sollten Sie erkennen, wodurch der Autor die Behauptung belegt, dass die Antilopen keiner Naturkatastrophe zum Opfer fielen, sondern den Menschen.

Vermutlich wissen Sie noch, dass der Verfasser des Aufgabentextes im dritten Absatz auf das Verschwinden der Antilopen zu sprechen kommt. Die richtige Lösung verbirgt sich daher mit einiger Wahrscheinlichkeit im letzten Absatz. Im vorletzten Satz findet sich die Vermutung, dass diese Tiere kaum einem Missgeschick oder einer Seuche zum Opfer gefallen sein können, weil auch die kräftigen, ausgewachsenen Exemplare getötet wurden und nicht bloß die jungen und alten. Der letzte Satz liefert dann den Beweis dafür, dass diese Katastrophe durch Menschen verursacht wurde und damit die Lösung des Rätsels. Der Autor argumentiert, dass vermutlich Menschen die Tiere über Klippen gehetzt haben, da es keine Hinweise auf mögliche Katastrophen wie Flutwellen, Vulkanausbrüche oder Seuchen gibt, und das entspricht der Lösungsmöglichkeit E. Zum Beweis dafür, dass zahlreiche Antilopen an etwas starben, das Tiere jeden Alters traf, führt der Verfasser Knochenfunde an, die aber allein nicht erklären, auf welche Weise die Antilopen ums Leben kamen. A ist also falsch. Und die Steinspitze ragte aus den Überresten eines Büffels, nicht aus denen einer Antilope, womit auch Lösungsmöglichkeit B ausfällt. C und D bringen es nicht, weil die fehlenden Spuren von Fleischfresserzähnen oder

Werkzeugen schon im ersten Absatz als Anhaltspunkt dafür gebracht wurden, dass die Klasie nicht nur auf Kadaversuche gingen, sondern selbst auch Jäger waren.

13. **D.** Diese Satzaufgabe enthält einen Parallelismusfehler. Die drei Elemente der unterstrichenen Aufzählung müssten formal eigentlich einander entsprechen, doch das zweite Element (*manufacturing would be streamlined*) ist ein Teilsatz und kein Infinitiv wie die beiden übrigen Elemente (*to expand* und *to include*). Da der Satz also offensichtlich fehlerhaft ist, kann die Lösungsmöglichkeit A nicht richtig sein.

Da *to* nicht zum unterstrichenen Teil des Satzes gehört und daher die Aufzählung einleitet, wissen Sie, dass es sich bei den Elementen der Aufzählung um Infinitive handelt. Sie können also alle Lösungsmöglichkeiten verwerfen, deren Aufzählungselemente nicht alle mit einem Verb anfangen.

Expanded ist kein Infinitiv, C kommt also keinesfalls infrage. Da das letzte Element der Lösungsmöglichkeit E nicht mit einem Verb beginnt, können Sie diese mögliche Antwort ebenfalls vergessen. B und D beheben zwar den Fehler, da in beiden Lösungsmöglichkeiten jedes Aufzählungselement mit der Infinitivform eines Verbs beginnet, doch B verändert den Sinn des Satzes ein wenig: *create expanded operations* ist etwas anderes als *expand operations* und davon abgesehen ist B viel zu wortreich formuliert.

14. **A.** Diese Satzaufgabe kommt Ihnen mit einem langen, komplizierten unterstrichenen Textabschnitt. Es handelt sich dabei um einen Nebensatz mit eigenem Subjekt und Prädikat sowie einem dritten Element, der auf den ersten Blick keinerlei Fehler aufweist. Daher drängt sich A als richtige Lösung auf, allerdings sollten Sie sich, damit Ihnen nichts entgeht, auch noch die anderen Lösungsmöglichkeiten ansehen. E können Sie ausschließen, weil diese mögliche Antwort dem im Plural stehenden Subjekt *people* im ersten Teil des Satzes das im Singular stehende Substantiv *one* im zweiten Teil folgen lässt, obwohl beide Substantive sich auf denselben Sachverhalt beziehen. So wie C formuliert ist, könnte man meinen, dass sich die Leute nicht an die Möglichkeit erinnern, an Gedächtnisstörungen leiden zu können, was jedoch keinen Sinn ergibt. D wechselt im selben Zusammenhang von der dritten Person (*people*) in die erste Person (*we*), ist also auch Nonsens. Und Lösungsmöglichkeit E bringt einen unklaren Pronomenbezug ins Spiel: Schwer zu sagen, ob *this* sich auf die Gedächtnislücken oder auf das bereitwillige Eingeständnis derselben bezieht. Daher ist der Satz, so wie er dasteht, in bester Ordnung.

15. **C.** In diesem Satz haben Sie es mit mehreren fehlerhaften Parallelismen zu tun.

Either steht an der falschen Stelle; richtig müsste es direkt vor den beiden durch *or* voneinander abgehobenen Sachverhalten erscheinen. Und da *receive* das einzige Verb in der mit *either* und *or* gebildeten Wendung ist, besagt der Satz so wortwörtlich, dass man sowieso die Chance auf den Hauptgewinn bekommt. (Lassen Sie *either* und *the parting gift of a trip to Hawaii* weg, dann sehen Sie, was wir meinen.) Und da der Satz so keinen Sinn ergibt, müssen Sie hier etwas unternehmen.

Dass Sie A ausschließen könne, wissen Sie ja bereits. B ersetzt *receive* nur durch *win* und die Chance auf den Hauptgewinn als Preis ist offensichtlich Quatsch. D ersetzt *receive* dagegen durch *go*, was sowohl zu Hawaii als auch zur Chance auf den Hauptgewinn passen könnte, sich aber trotzdem irgendwie seltsam anhört und außerdem auch das Problem mit der Stellung von *either* nicht löst. *Either* müsste schon direkt vor *Hawaii* stehen, damit der Satzbau wieder stimmt, da alle Wörter vor *Hawaii* sich auf die beiden durch *or* getrennten Sachverhalte beziehen. Auch E hilft Ihnen bei *either* nicht wirklich weiter. Um den Satzbau sinnvoll richtig zu stellen, müsste *either* vor *your prize* stehen. Die einzige Lösungsmöglichkeit, die die fehlerhafte Parallelstruktur berichtigt, ist damit C. *Either* leitet hier die beiden durch *or* miteinander verknüpften und gleich konstruierten Sachverhalte ein.

Wann immer Sie zwei durch ein Komma verbundene Hauptsätze sehen, haben sie es mit einer Kommapaarung zu tun. Sie können den Satz entweder in zwei unabhängige Sätze zerlegen, nach dem Komma *and* einfügen, das Komma durch ein Semikolon ersetzen oder einen der beiden Hauptsätze in einen Nebensatz verwandeln.

16. **B.** Da der Satz einen Fehler enthält, können Sie A von vornherein vergessen. Alle anderen Lösungsmöglichkeiten korrigieren die Kommapaarung, drei davon sorgen aber für neues Ungemach. C setzt nach dem Komma *and*, wechselt jedoch durch den Gebrauch von *we* von der dritten Person in die erste Person. Lösungsmöglichkeit D macht einen der Hauptsätze durch *who* zum Nebensatz, bringt aber die Subjekt-Prädikat-Kongruenz durcheinander, indem sie das im Singular stehende Substantiv *payment* mit dem im Plural stehenden Verb *are* kombiniert. E enthält die idiomatisch falsche Wendung *either ... and* anstelle von *either ... or*. Nur B korrigiert die Kommapaarung durch die Verwandlung eines Hauptsatzes in einen Nebensatz und bringt auch keine neuen Fehler ins Spiel.

17. **E.** Bei dieser Logikaufgabe müssen Sie die stillschweigende Voraussetzung erkennen.

Halten Sie nach einer Aussage Ausschau, durch die die Prämissen mit der Schlussfolgerung verknüpft werden. Da die Voraussetzung eine stillschweigende ist, erscheint sie nicht ausdrücklich. (Sie müssen auch dann vom Wahrheitsgehalt der Prämissen ausgehen, wenn der Text Ihnen keinerlei Beweisgrundlage dafür an die Hand gibt.)

Schließen Sie B aus, weil diese Lösungsmöglichkeit lediglich einen Teil der Schlussfolgerung neu formuliert. C kann keine stille Voraussetzung sein, da hier nur der Gehalt einer der beiden Prämissen wiedergegeben wird. Auch D wiederholt im Grunde nur eine der Prämissen. A liegt dagegen ganz gut im Rennen, denn es ist verständlich, dass die meisten Menschen, die sich dafür entscheiden, nur die Hypothekenzinsen zu bezahlen, dies tun, weil sie sich mehr nicht leisten können. Andererseits hängt die Schlussfolgerung nicht von dieser Voraussetzung ab, sondern von der in E aufgeführten Voraussetzung, dass Käufer, die ihr Darlehen nicht vollständig abbezahlen, auch nicht von der Wertsteigerung ihrer Immobilien profitieren.

18. **D.** Bei dieser Aufgabe müssen Sie die Schlussfolgerung bekräftigen, der zufolge die Polkappen in der letzten Zeit in Bewegung geraten sind. A widerspricht der Schlussfolgerung indes sogar, denn nur wenn der magnetische Nordpol sich vom »eigentlichen« Nordpol *entfernen* würde, wäre das ein Hinweis darauf, dass die Polkappen in Bewegung

geraten sind. Auch B entkräftet die Schlussfolgerung (Konklusion), da seit der letzten Polverschiebung 780 000 Jahre und nicht eine Million Jahre vergangen sind. E widerspricht der Schlussfolgerung ebenfalls, weil auch diese mögliche Antwort von stabilen Polen ausgeht. C können Sie vergessen, da die Erderwärmung durch den Klimawandel nichts mit der Verschiebung der Pole zu tun hat. D ist die einzig richtige Lösung, die auf ein Nachlassen des irdischen Magnetfelds und auf einen Trend zu einer erneuten Polverschiebung hinweist.

19. **D.** Bei dieser Logikaufgabe müssen Sie aus den gegebenen Prämissen die richtige Schlussfolgerung ziehen.

 Suchen Sie nach einer Schlussfolgerung, die alle vorgegebenen Prämissen berücksichtigt, ohne dabei Informationen von außerhalb heranzuziehen. Eliminieren Sie A, weil es in den Prämissen nicht darum geht, ob Kinder ab 2010 immer fettleibiger werden. Lösungsmöglichkeit B vergleicht Kinder in Nord- und Südamerika mit europäischen und asiatischen Kindern, aber in der Beweisführung spielen Kinder aus Europa und Asien keine Rolle. C ist eine Neuformulierung der Prämisse, nach der Fettleibigkeit bei Kindern gefährlicher ist als bei Erwachsenen. E widerspricht den Prämissen sogar und kann daher auch nicht des Rätsels Lösung sein. Nur D berücksichtigt sowohl die mit Kinderfettleibigkeit einhergehenden Gesundheitsrisiken als auch die Zunahme der Fettleibigkeit bei Kindern.

20. **B.** In diesem Wirtschaftstext geht es um Unternehmer. Der erste Absatz vergleicht die gegenwärtige Wertschätzung von Unternehmern mit deren Wertschätzung vor zwei Jahrzehnten, als Unternehmer noch eher übel beleumundet waren. Im zweiten Absatz wird der Unternehmergeist mit dem Pioniergeist der ersten Einwanderer in Amerika verglichen. Und der letzte Absatz liefert statistische Daten, die den Standpunkt des Autors untermauern sollen, dem zufolge freies Unternehmertum einen wesentlichen Bestandteil unserer Kultur darstellt.

Wie gewöhnlich bezieht sich die erste Frage zu diesem Text auf dessen Hauptaussage. Dabei geht es im Wesentlichen darum, wie Unternehmer wahrgenommen werden, und um ihre gesellschaftliche Bedeutung. A können Sie von vornherein ausschließen, denn auch wenn der Gedanke richtig sein mag, handelt der Text nicht davon, wie schwer es ist, als Unternehmer Fuß zu fassen. C ist falsch, weil diese mögliche Antwort sogar im Widerspruch zur These des Autors steht, nach der Unternehmer zum Wohlstand des Landes beitragen. D wirkt auf den ersten Blick logisch, doch auch wenn der Autor das Unternehmertum preist, geht er nicht so weit zu behaupten, dass kleinere Unternehmen besser sind als große. Zwar weist er darauf hin, dass Großunternehmen oft zu schwerfällig agieren, deutet jedoch nicht einmal an, dass Unternehmer die amerikanische Wirtschaft dominieren könnten, E kann also auch nicht die richtige Lösung sein. Die richtige Lösung ist B, denn diese Lösungsmöglichkeit kombiniert die veränderte Wertschätzung von Unternehmern mit ihrer Rolle im Wirtschaftsleben.

21. **C.** Bei dieser Ableitungsfrage müssen Sie herausfinden, aus welchem Grund der Autor eine Statistik heranzieht, der zufolge 90 Prozent der reichsten Amerikaner Unternehmer sind.

Schließen Sie A von vornherein aus, da der Aufgabentext nicht mal annähernd andeutet, dass alle Unternehmer Erfolge verbuchen können. In Wahrheit zeigt die Statistik, dass nur einer von sieben Amerikanern eine Firma gründet und dass eine Menge Anfänger scheitern. Auch für die Lösungsmöglichkeit B liefert der Text keinerlei Anhaltspunkte, denn nichts weist darauf hin, dass Unternehmer heutzutage notwendigerweise konservativ sind.

Achten Sie bei Aufgaben, bei denen es Ableitungen geht darauf, logische Sprünge zu vermeiden. Halten Sie sich ausschließlich an das, was der Text tatsächlich hergibt.

D könnte eine auf andere Statistiken zutreffende Lösung sein, aber die Verwendung einer Statistik, nach der 90 Prozent der reichsten Amerikaner Unternehmer sind, betont doch eher die Erfolgsaussichten als die Risiken des Unternehmertums. Möglicherweise stimmen Sie ja mit der Auffassung überein, der zufolge es unsinnig ist, dass so viele Superreiche Unternehmer sind, aber bei der Aufgabe geht es nicht um Ihre Meinung. E wird nicht durch den Text gestützt. Unternehmer schlagen sich offenbar besser als andere Menschen und werden dafür in manchen Fällen mit sehr, sehr viel Geld belohnt. Aus diesem Grund ist C die richtige Lösung.

22. **A.** Bei dieser Textaufgabe geht es um eine bestimmte Information. Sie müssen das öffentliche Bild heutiger Unternehmer von dem ihrer Vorgänger abheben. Der Text trifft diese Unterscheidung in den ersten beiden Absätzen. Zuerst erfahren Sie, dass Unternehmer früher eher schlecht angesehen waren, anschließend werden Sie davon in Kenntnis gesetzt, dass Unternehmer heutzutage allgemein für ihren Nonkonformismus und ihre Risikobereitschaft gepriesen werden.

Lösungsmöglichkeit A macht einen guten Eindruck, aber werfen Sie erst noch einen Blick auf die Alternativen, um sich vor der Richtigkeit Ihrer Wahl zu überzeugen. B widerspricht dem im Text geäußerten Gedanken. C gibt die im Text enthaltenen Informationen falsch wieder. Nicht die Unternehmer der Vergangenheit, sondern die _von heute_ stehen im Rampenlicht, weil Sie nach einem anderen Takt marschieren als ihre Vorgänger. D enthält Informationen über Finanzierungsfragen, die im Text gar nicht vorkommen. Und E beschreibt modernen Unternehmern irrtümlich als »_mavericks, rebels, and even social deviants_« (»Heißsporne, Rebellen und gesellschaftlich Unangepasste«).

23. **B.** Bei dieser Aufgabe müssen Sie nach dem Ausschlussprinzip verfahren und nach einer unpassenden Lösungsmöglichkeit suchen. Gehen Sie den Text durch und sieben Sie die Wendungen aus, mit denen der Verfasser die Unternehmer preist.

Manchmal ist es schwerer, ganze Wendungen auszuschließen als einzelne Wörter, schauen Sie sich deshalb jede mögliche Lösung genau an.

Die Aussage A findet sich im dritten Absatz wieder. Die in B aufgeführte Wendung scheint überhaupt nicht zu den Gedanken des Autors zu passen, der eher die Unangepasstheit heutiger Unternehmer lobend hervorhebt. Die einzige Stelle, an der er indes von Loyalität und Konformität spricht, findet sich in dem Absatz über »*corporate America*«. Halten Sie, falls Sie genug Zeit haben, im Text nach den letzten drei Wendungen Ausschau. C kommt am Ende des zweiten Absatzes vor, während die Lösungsmöglichkeiten D und E dem dritten Absatz entnommen sind.

24. **E.** Ist Ihnen schon mal aufgefallen, dass Sie sich unmöglich selbst kitzeln können? Jetzt wissen Sie, warum das so ist. Diese Logikaufgabe erwartet von Ihnen, dass Sie eine Schlussfolgerung ziehen, die über die Argumentation des Autors hinausgeht. Sie suchen nach einer Aussage, die sich logisch aus einer der Prämissen ergibt, ohne wortwörtlich ausgeführt zu sein. Der Text enthält die in A enthaltene Information, die damit nicht in Betracht kommt. B können Sie verwerfen, weil es in der Argumentation nicht um zukünftige Forschungen geht. C ist eine unlogische Erweiterung der Argumentation. Im Text wird erwähnt, was geschieht, wenn jemand spricht, nicht aber, was passiert, wenn jemand ein Tonband abhört. Lösungsmöglichkeit D widerspricht der Behauptung des Verfassers, dass Menschen empfindlicher auf das Kitzeln durch andere reagieren, wenn sie sich dabei selbst kitzeln und ist deshalb falsch. E wird durch die Prämisse gestützt, dass gesunde Menschen unmöglich ihre Stimme mit der eines anderen Menschen verwechseln können und liefert eine Begründung dafür, die im Text vorausgesetzt, aber nicht ausgesprochen wird.

25. **B.** Hierbei handelt es sich um ein Steuerproblem, aus dem sich eine Menge herausholen lässt! Suchen Sie bei dieser Aufgabe nach einer stillschweigenden Voraussetzung, auf der die Beweisführung beruht.

Diese Art Aufgabe hat viel mit den Aufgaben gemeinsam, bei denen Sie Ableitungen vornehmen müssen, bloß dass Sie diesmal nicht nach einer logischen Erweiterung der Beweisführung Ausschau halten, sondern nach einer Prämisse, die der Autor unerwähnt lässt, die für die Schlussfolgerung aber unbedingt notwendig ist. Die richtige Voraussetzung für diese Beweisführung verbindet die Schwierigkeiten bei der Feststellung des Kilometerstands mit der Lösung des Problems dank elektronischer Fahrtenschreiber.

Verwerfen Sie C, da der Text ausdrücklich erwähnt, dass das Finanzamt genaue Angaben über den Kilometerstand verlangt, C ist daher keine Voraussetzung. E können Sie ebenfalls vergessen, weil das Finanzamt in dieser Lösungsmöglichkeit zwar vorkommt, zugleich aber die unbegründete Behauptung aufgestellt wird, dass die Steuerbehörde elektronische Fahrtenschreiber bevorzugt. A und D bringen Sie nur schlau vom rechten Weg ab, denn beide Lösungsmöglichkeiten scheinen mit überzeugenden Voraussetzungen aufzuwarten. Aber selbst wenn elektronische Fahrtenschreiber nicht teuer sind und Handlungsreisende und Selbstständige längst über ein PDA verfügen, führt das noch lange nicht zu der Schlussfolgerung, dass elektronische Fahrtenschreiber eine geringere Belastung darstellen. Andererseits enthält B die richtige Voraussetzung, dass elektronische Fahrtenschreiber in der Tat geringeren Aufwand erfordern und deshalb von viel beschäftigten Menschen nicht so leicht vernachlässigt werden.

26. **C.** Die Logikaufgaben 26 und 27 basieren auf einer Diskussion zwischen Sara und Michele über die Sterblichkeitsrate der amerikanischen Ureinwohner im 16. Jahrhundert. Sie sollen Micheles Schlussfolgerung entkräften, nach der die Sterblichkeitsrate von 95 Prozent statistisch viel zu hoch angesetzt ist und dass eine Rate von 50 bis höchstens 75 Prozent der Wahrheit näher kommt. Da Michele sich auf eine Analogie zwischen dem

Schwarzen Tod in Europa während des ausgehenden Mittelalters und der Sterblichkeit der amerikanischen Ureinwohner beruft, lässt sich ihre Schlussfolgerung am besten durch den Nachweis entkräften, dass die beiden Sachverhalte keine Analogien zulassen.

A können Sie von vornherein ausschließen. Die Beweisführung sagt nichts über Zucker in der Milch oder stellt eine Verbindung zu den Pocken oder anderen Krankheiten her. Verwerfen Sie auch D, denn selbst wenn die Sterblichkeitsrate während der Pestzeiten an manchen Orten sehr hoch war, geht es in Micheles Argumentation um Durchschnittswerte. B und E bekräftigen Micheles Beweisführung, denn wenn die amerikanischen Ureinwohner mehr über Medizin gewusst hätten als die Europäer, wären sie vermutlich nicht in so großer Zahl dahingerafft worden. Und wenn die meisten Krankheiten kaum mehr als 75 Prozent der Befallenen umbringen oder sogar deren Ausrottung nach sich ziehen könnten, wäre eine Sterblichkeitsrate von 95 Prozent zu hoch. Nur C entkräftet die Beweisführung, da die Feststellung, dass es den amerikanischen Ureinwohnern im Vergleich zu den Europäern an genetischer Vielfalt mangelte, zeigt deutlich, dass Michele nicht vergleichbare Gesellschaften in einen Topf wirft.

27. **C.** Sara schlussfolgert, dass die Europäer niemals mit ihrer Eroberung hätten beginnen können, wenn nicht annähernd 95 Prozent der amerikanischen Ureinwohner von europäischen Krankheiten getötet worden wären. Sie müssen nun die Voraussetzung finden, auf die Sara sich bei dieser Behauptung beruft. B und E geben lediglich Informationen wieder, die bereits in den Prämissen von Saras Beweisführung enthalten sind, und ausdrücklich herangezogene Prämissen können nicht gleichzeitig stillschweigende Voraussetzungen sein. A kann nicht die richtige Lösung sein, weil höher entwickelte Technik den Eroberern aus Europa mit oder ohne eingeschleppte Seuchen geholfen hätte. D schließlich stellt eine irrelevante Behauptung, die zudem nicht durch die Argumentation gestützt wird. Bleibt also noch die richtige Lösung C. Sara setzt voraus, dass die tatsächliche Anzahl der Todesfälle infolge europäischer Krankheiten auch bei zwanzig mal mehr Ureinwohnern in der Neuen Welt die gleiche geblieben wäre, was wiederum bedeutet, dass es eine viel höhere Zahl von Ureinwohnern gegeben hätte, die sich gegen die europäischen Eroberer zur Wehr hätten setzen könnten.

28. **B.** Diese Satzaufgabe enthält einen Hauptsatz, der durch ein Semikolon mit einem Teilsatz verbunden ist. Das Semikolon wäre angebracht, wenn es sich bei dem Teilsatz ebenfalls um einen Hauptsatz handeln würde, aber das ist nicht der Fall. Nur B und D liefern Ihnen mögliche Lösungen mit Hauptsätzen (also vollständigen Sätzen). Sie können daher A, C und E von vornherein ausschließen. Die Lösungsmöglichkeit D enthält ein unklar zugeordnetes Pronomen, da man nicht feststellen kann, ob sich *this* auf die wissenschaftliche Entdeckung oder auf den Lebensraum der Haifische bezieht. Also ist B die richtige Lösung.

29. **D.** Bei dieser Satzaufgabe geht es um ein häufig abgefragtes Problem hinsichtlich des Pronomenbezugs.

Da der Satz von zwei Männern handelt, wird nicht deutlich, auf wen sich *he* eigentlich bezieht. Das im Hinblick auf eine Firma passende Pronomen wäre natürlich *it*. B kommt Ihnen mit *they*, was sich auf Jason und Max beziehen könnte, aber *they* ist ein Plural und passt nicht zu dem im Singular stehenden Substantiv *employer*. Um *they* verwenden zu können, müsste man zunächst *employer* in *employers* verwandeln. C verwendet das richtige Pronomen *it*, das aber nicht dem Plural *employers* entspricht. Damit bleiben Ihnen noch D und E. *Which* ist angemessen, weil es einen nicht restriktiven Nebensatz einleitet (was Sie an dem Komma davor erkennen können). Daher ist D richtig und E falsch.

30. **D.** Der unterstrichene Abschnitt dieses Satzes enthält einen Parallelismusfehler, ein Problem hinsichtlich der Übereinstimmung von Subjekt und Prädikat sowie ein falsches Pronomen. Der offensichtlichste Fehler besteht darin, dass *it* ein Pronomen im Singular ist, das sich hier aber auf das im Plural stehende *berries* bezieht. Um den Fehler zu beheben, müssen Sie statt *it* das Pronomen *them* einsetzen. Alle Lösungsmöglichkeiten außer E erfüllen diese Grundvoraussetzung. Der nächste auffallende Fehler ist das im Singular stehende Verb *is*, das nicht zu dem im Plural stehenden Subjekt *ways* passt. Nur C und D beheben diesen Mangel. Aber D ist die bessere Wahl, da C nicht berücksichtigt, dass die in der mit *either … or* gebildeten Konstruktion vorkommenden Verben dieselbe Zeitform aufweisen müssen, um auch den Parallelismusfehler zu korrigieren.

31. **A.** Bei dieser Logikaufgabe müssen Sie aus den vorgegebenen Prämissen die beste Schlussfolgerung ziehen. Bedenken Sie dabei, dass eine logische Schlussfolgerung alle Prämissen aufgreifen und ohne Zusatzinformationen auskommen muss. D können Sie verwerfen, da diese Lösungsmöglichkeit das NCAA-Basketballturnier als das beliebteste Sportereignis der Welt bezeichnet, was in den Prämissen aber keine Rolle spielt. Auch E beruht auf Informationen von außen, wobei es hier darum geht, wie sich die Sportfans auf die Turniersieger festlegen. Vielleicht stimmen sie mit B darin überein, dass Arbeitnehmer sich nicht um Sportergebnisse zu kümmern haben, oder meinen mit C, dass die Arbeitgeber ihre Mitarbeitern einfach gewähren lassen sollten, aber in beiden Fällen handelt es sich lediglich um Meinungen und nicht um angemessene Schlussfolgerungen. Die richtige Lösung ist A, da hier alle Prämissen berücksichtigt sind und keine Zusatzinformationen herangezogen werden.

32. **B.** Dieser Wirtschaftstext behandelt das Problem menschlichen Versagens am Computer. Der erste Absatz stellt zunächst typische Computerfehler vor. Der zweite Absatz bietet Lösungen an, die anschließend wieder verworfen werden. Und der dritte Absatz bringt eine allgemein gültige Problemlösung ins Spiel.

Die erste Aufgabe besteht darin, zu bestimmen, in welcher Absicht die Autoren ihren Text geschrieben haben. Die Hauptaussage ist, dass menschliches Versagen immer wieder vorkommt und dass der Schaden sich am besten durch die Entwicklung eines Back-up-Systems begrenzen lässt, das es Computernutzern erlaubt, ihre Fehler selbst zu korrigieren. Aber die Autoren liefern nicht bloß Informationen – sie streiten auch zugunsten eines derartigen Systems für Kleinunternehmer.

Schließen Sie A aus, da der Zweck des Textes nicht nur die Information des Lesers ist. Der Umstand, dass menschliches Versagen letztlich unvermeidbar bleibt, ist nur ein Nebenkriegsschauplatz und nicht das Hauptthema. C verliert sich in Einzelheiten, statt sich mit der Hauptaussage zu befassen. D widerspricht den Empfehlungen der Autoren, kommt daher also auch nicht infrage. Die Verfasser sprechen sich für Back-up-Systeme aus, die auch von einfachen Angestellten benutzt werden können, und zugleich für die Notwendigkeit, IT-Personal zu reduzieren. E können Sie ebenfalls ausschließen, denn die Autoren vermeiden Radikallösungen wie die Neuorganisation oder das Verbot der

Löschung von Dateien. Entscheiden Sie sich für Lösungsmöglichkeit B, denn den Autoren kommt es vor allem darauf an, Kleinunternehmern die Entwicklung von Back-up-Systemen zu empfehlen, die es Nutzern erlaubt, ihre Dateien im Falle von menschlichem Versagen eigenhändig zu retten.

33. **E.** Bei dieser Aufgabe dreht sich alles um den zweiten Absatz des Textes. Sie sollten herausfinden, womit Netzwerkadministratoren den Autoren zufolge ihre Zeit verschwenden. Sehen Sie sich dazu am besten den zweiten Textabsatz genau an. Sie finden die Lösung in den drei letzten Sätzen, wo es darum geht, dass Netzwerkadministratoren häufig darum gebeten werden, auf der Grundlage bruchstückhafter Beschreibungen versehentlich gelöschte Dateien wiederzufinden. Dabei stellen die, Autoren fest, dass auf diese Weise niemand seine Zeit effizient nutzt (»*this is not an efficient use of anyones time*«). Die einzige Lösungsmöglichkeit, die diesem Textabschnitt auch nur annähernd entspricht, ist die Umschreibung in E.

34. **D.** Bei dieser Textaufgabe kommt es ebenfalls auf eine Einzelinformation an, nur dass Sie hier keinen bestimmten Absatz durchstöbern müssen, denn der Teil des Textes, in dem sich die Besonderheit versteckt, wird womöglich auf Ihrem Computerbildschirm hervorgehoben. Sie finden die gesuchte Information am oberen Ende des langen zweiten Absatzes. Ein Satz darin besagt, dass ein aufmerksamer Manager bemerken wird, dass Ereignisse der infrage stehenden Art häufiger vorkommen, als er gedacht haben mag. Die Lösungsmöglichkeit, die dieser Information entspricht, ist D.

35. **C.** Bei der letzten Frage nach einer bestimmten Einzelheit müssen Sie etwas ausschließen. Sie kennen das ja: Streichen Sie so lange Lösungsmöglichkeiten, bis nur noch eine nicht in die Reihe passende übrig bleibt. Die Aufgabe lenkt Ihre Aufmerksamkeit auf den letzten, sehr kurzen Absatz. In diesem Absatz finden Sie alle angebotenen Lösungen außer C wieder. Also muss C die richtige Lösung sein, denn der Autor behauptet an keiner Stelle, dass irgendein System menschliches Versagen verhindern kann.

36. **C.** Bei dieser Logikaufgabe sollten Sie eine Begründung für die Eigentümlichkeit finden, dass schwächere Sonnenaktivität Kommunikations- und Energietechnologien besonders stark beeinträchtigt. Ungeachtet der etwas anderen Formulierung geht es hier im Wesentlichen darum, die Schlussfolgerung zu bekräftigen. Sie müssen also einen Grund dafür finden, warum die Sonnenaktivität heute größere Probleme verursacht als noch vor zehn Jahren.

D können Sie sofort verwerfen. Die Beweisführung erwähnt zwar die Nordlichter, aber nicht im Zusammenhang mit Störungen. B und E können Sie ebenfalls ausschließen, da diese Lösungsmöglichkeiten die Auswirkungen der Sonnenaktivität eher als gering einschätzen. A kommt in die engere Wahl, da hier der verstärkte Einsatz von Satelliten beim Empfang von Radiosignalen erwähnt wird, allerdings geht es auch darum, dass normale Radiosignale heute stärker als früher sind, sodass die Auswirkungen auf die Kommunikation eigentlich kompensiert sein müssten und daher weder stärker noch schwächer sein dürften als vor einem Jahrzehnt. C ist die richtige Lösung, weil die Verbreitung der Handys dazu geführt haben könnte, dass Sonneneruptionen sich heute stärker auswirken als zu einer Zeit, als die Handys noch nicht so beliebt waren.

37. **B.** Hier sollten Sie den Werbetext widerlegen, nach der Healthy-O einmalig gut für Sie (»*one-of-a-kind good for you*«) ist. Dazu könnten Sie entweder nachweisen, dass Healthy-O nicht einmalig ist, oder darauf abzielen, dass Ihnen die Marke keineswegs gut tut. Verwerfen Sie erst einmal Lösungsmöglichkeit C, die mit der Behauptung des Werbetextes nichts zu tun hat. Als Nächstes können Sie A und D ausschließen, die sich beide für die angebliche Einzigartigkeit von Healthy-O aussprechen. B und E hingegen scheinen diese Aussage zu widerlegen, doch die Behauptung von Healthy-Os Einzigartigkeit bezieht sich auf Frühstücksflocken, aber in E geht es um ganz andere Produkte. Daher kann nur B die richtige Lösung sein.

38. **A.** Diese Satzaufgabe ist komplett unterstrichen, aber der Satz sieht so, wie er da steht, eigentlich ganz gut aus. Prüfen Sie die übrigen Lösungsmöglichkeiten. B fügt dem Ganzen einen Übereinstimmungsfehler beim Subjekt und Prädikat hinzu, denn das im Singular stehende Subjekt *one* erfordert das ebenfalls im Singular auftretende Verb *relies*. Verwerfen Sie C, da diese mögliche Lösung überflüssige Wörter wie *choose to* enthält. Lösungsmöglichkeit D enthält eine Kommapaarung. Und auch in E passen Subjekt und Prädikat nicht zusammen, denn *relies* steht im Singular und bezieht sich auf das im Plural stehende Substantiv *puzzles*. Das Verb müsste also eigentlich *rely* heißen.

39. **E.** Der unterstrichene Abschnitt dieses Satzes enthält die unschöne und wortreiche Formulierung *as if to indicate that*, womit A schon mal nicht infrage kommt. Auch B ist falsch, weil die Präposition *of* nicht die richtige Einleitung für das Satzglied *the housing market remains strong* ist. Schließen Sie C aus, weil diese Lösungsmöglichkeit idiomatisch falsch ist, denn es müsste heißen *indication that* und nicht *indication of*. D bringt mit *it is indicative* ein unnötiges Satzglied ins Spiel, sodass E als richtige Lösung übrig bleibt. Nur hier wird die Formulierung des Satzes gelichtet, ohne neue Fehler zu produzieren.

40. **E.** Der unterstrichene Teil dieses Satzes enthält eine unpassende Zeitform beim Verb. Die Wendung *have always faced* steht in der Vergangenheitsform, doch es geht in dem Satz darum, was in Zukunft passieren wird. Damit können Sie A ausschließen. Auch B ist falsch, weil nicht klar wird, worauf sich das Pronomen *it* bezieht und das Verb immer noch in der Vergangenheit steht. In der Lösungsmöglichkeit C ist der Satzbau missraten und der Bezug des Pronomens *it* genauso unklar wie in D. Nur E korrigiert die falsche Zeitform in der Aufgabenstellung und schafft kein neues Ungemach.

41. **C.** Bei dieser letzten Satzaufgabe bekommen Sie es mit einem der immer wieder gern genommenen Pronomenfehler zu tun. Das Substantiv *Denver-Boulder area* steht im Singular und müsste von dem ebenfalls im Singular stehenden Pronomen *it* und nicht von der Pluralform *they* begleitet werden. Also können Sie A verwerfen. B kommt nicht in Betracht, weil die Formulierung *think as* idiomatisch falsch ist. Und D wechselt in einem Satz von der dritten Person zur ersten Person, womit C und E als mögliche Lösungen übrig bleiben. Beide Lösungsmöglichkeiten korrigieren den Fehler, aber E verwendet die Vergangenheitsform *received*, obwohl der Rest des Satzes in der Gegenwart steht. Damit ist C die beste aller denkbaren Antworten.

Der GMAT im Praxistest: Übungstest Nr. 2

19

In diesem Kapitel...

▶ Aufsätze als Versuchsballon

▶ Der GMAT-Matheteil auf Probe

▶ Die Strategien für den GMAT-Sprachteil als Versuchsanordnung

*J*etzt können Sie noch einmal zeigen, was Sie bisher gelernt haben. Die zweite Prüfung besteht abermals aus zwei Vorgaben für analytische Schreibarbeiten und zwei Abteilungen Multiple-Choice-Aufgaben. Geben Sie sich eine Stunde für die beiden Essays, 75 Minuten für die 37 Matheaufgaben und 75 Minuten für die 41 Sprachaufgaben.

Um das Beste aus dem Übungstest herauszuholen, sollten Sie für Bedingungen sorgen, die denen am GMAT-Prüfungstag nach Möglichkeit entsprechen:

1. **Suchen Sie sich einen Ort, an dem Sie ungestört sind. (Am besten so weit vom Nuklearlabor Ihrer Nachbarn entfernt wie möglich.)**

2. **Machen Sie den Übungstest nach Möglichkeit um die gleiche Tageszeit, zu der Sie auch den GMAT absolvieren wollen.**

3. **Benutzen Sie, um die Zeitvorgaben einzuhalten, einen Wecker.**

4. **Gönnen Sie sich zwischen dem Mathe- und dem Sprachteil nicht mehr als zehn Minuten Pause.**

5. **Markieren Sie Ihre Lösungen durch Einkreisen der entsprechenden Ziffern im Text.**

6. **Verwenden Sie zum Rechnen und für Notizen ein unbeschriebenes Blatt Papier oder ein kleines Whiteboard.**

7. **Schreiben Sie Ihre Essays, falls möglich, auf einem Computer, aber deaktivieren Sie die Autokorrektur sowie die Funktion Rechtschreibung und Grammatik.**

8. **Legen Sie den Bleistift aus der Hand, sobald die Zeit für einen Testteil abgelaufen ist.**

Wenn Sie fertig sind, können Sie Ihre Lösungen für den Matheteil anhand des Lösungsschlüssels am Ende dieses Kapitels überprüfen. Ausführliche Erläuterungen zu diesem Übungstest finden Sie dieses Mal in Kapitel 20.

Section 1: Analytical Writing Assessment

The analytical writing section consists of two tasks: analysis of an issue and analysis of an argument. You have 30 minutes to complete each of the two tasks. Try to write the two essays without taking a break between them.

Analysis of an issue

Time: 30 minutes

One essay

Directions: In this section, you need to analyze the issue presented and explain your views on it. There is no correct answer. Instead, you should consider various perspectives as you develop your own position on the issue.

Think for a few minutes about the issue and organize your response before you start writing. Leave time for revisions when you're finished.

You'll be scored based on your ability to accomplish these tasks:

✔ Organize, develop, and express your thoughts about the given issue.

✔ Provide pertinent supporting ideas with examples.

✔ Apply the rules of standard written English.

»Graduate business courses with a technical component, such as accounting, marketing, or economics, should teach factual information and skills and should leave ethics to designated business ethics courses.«

Discuss whether you agree or disagree with the opinion stated above. Provide supporting evidence for your views and use reasons and/or examples from your own experiences, observations, or reading.

Analysis of an argument

Time: 30 minutes

One essay

Directions: In this section, you will be asked to write a critique of the argument presented. The prompt requests only your critique and does not ask you for your opinions on the matter.

Think for a few minutes about the argument and organize your response before you start writing. Leave time for revisions when you're finished.

You'll be scored based on your ability to accomplish these tasks:

✔ Organize, develop, and express your thoughts about the given argument.

✔ Provide pertinent supporting ideas with examples.

✔ Apply the rules of standard written English.

The following appeared as part of a letter to the editor in a local newspaper:

»The growth of radio, television, movies, and other forms of mass media has led to the loss of intellectual creativity and curiosity among average Americans. A few writers now tell stories to tens of millions of Americans through songs played on the radio, television shows, and popular movies. Where one hundred years ago average Americans used to actively tell their own stories to countless small audiences, most Americans are now passive members of a much greater audience, all mesmerized (hypnotisiert) by the same mass media offerings and reduced to commenting on the quality of various movies, sporting events, pop songs, and reality TV shows.«

Examine this argument and present your judgment on how well reasoned it is. In your discussion, analyze the author's position and how well the author uses evidence to support the argument. For example, you may need to question the author's underlying assumptions or consider alternative explanations that may weaken the conclusion. You can also provide additional support for or arguments against the author's position, describe how stating the argument differently may make it more reasonable, and discuss what provisions may better equip you to evaluate its thesis.

Section 2: Quantitative

Time: 75 minutes

37 questions

Directions: Choose the best answer from the five choices.

Use the following answer choices to answer the data sufficiency questions:

(A) Statement (1) ALONE is sufficient, but statement (2) alone is not sufficient to answer the question asked;

(B) Statement (2) ALONE is sufficient, but statement (1) alone is not sufficient to answer the question asked;

(C) BOTH statements (1) and (2) TOGETHER are sufficient to answer the question asked, but NEITHER statement ALONE is sufficient;

(D) EACH statement ALONE is sufficient to answer the question asked;

(E) Statements (1) and (2) TOGETHER are NOT sufficient to answer the question asked, and additional data are needed.

1. Which of the following equations is NOT equivalent to $b^2 - 9 = 16a^2$?

    (A) $\dfrac{b^2 - 9}{16} = a^2$

    (B) $b^2 = 16a^2 + 9$

    (C) $b - 3 = 4a$

    (D) $2b^2 - 18 = 32a^2$

    (E) $(b - 3)(b + 3) = 16a^2$

2. How many multiples of 3 are there between 15 and 81, inclusive?

    (A) 22

    (B) 23

    (C) 24

    (D) 25

    (E) 26

3. If n is an integer, then n is divisible by how many positive integers?

    (1) n and 3^4 are each divisible by the same number of positive integers.

    (2) n is the product of two different prime numbers.

    (A)   (B)   (C)   (D)   (E)

4. If 80 percent of a rectangular park is covered by a rectangular football field that is 120 yards by 50 yards, what is the area of the park in square yards?

    (A) 4,800

    (B) 6,000

    (C) 7,200

    (D) 7,500

    (E) 10,000

5. Alison, the company CEO, wants to schedule a one-hour meeting on Monday for herself and three other managers, Bob, Colleen, and David. Is there a one-hour period on Monday available to all four people?

    (1) On Monday, Bob has an open period from 12:00 p.m. to 3:00 p.m. and David has an open period from 2:00 p.m. to 5:00 p.m.

    (2) On Monday, Alison and Colleen have an open period from 11:00 a.m. to 3:00 p.m.

    (A)   (B)   (C)   (D)   (E)

6. What is the ratio of a to b?

    (1) The ratio of $0.4a$ to $3b$ is 4 to 7.

    (2) a is 3 less than 4 times b.

    (A)   (B)   (C)   (D)   (E)

7. Each of the three people individually can complete a certain job in 3, 4, and 5 hours, respectively. What is the lowest fraction of the job that can be done in 1 hour by 2 of the people working together at their respective rates?

(A) $\dfrac{1}{3}$

(B) $\dfrac{9}{20}$

(C) $\dfrac{8}{15}$

(D) $\dfrac{7}{12}$

(E) $\dfrac{2}{3}$

8. If x and y are two different integers, is $x + y$ divisible by 9?

(1) x and y are both divisible by 6.

(2) The digit(s) that make up both x and y, respectively, add up to 9.

(A)　(B)　(C)　(D)　(E)

9. What is the value of x?

(1) $1 - x = 2x + 21$

(2) $\dfrac{1}{3x} = -1$

(A)　(B)　(C)　(D)　(E)

10. In the rectangular coordinate system in the figure below, the shaded region is bound by straight lines. Which of the following is NOT an equation of one of the boundary lines?

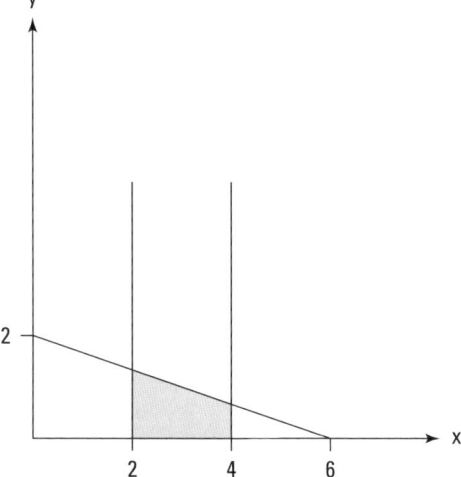

(A) $x = 2$

(B) $y = 0$

(C) $x = 4$

(D) $x + 3y = 6$

(E) $x + 2y = 6$

11. Is the prime number p equal to 5?

(1) $p = n^2 + 1$ where n is an integer greater than 1

(2) $p^2 < 26$

(A)　(B)　(C)　(D)　(E)

12. How many minutes does it take to travel 140 miles at 200 miles per hour?

(A) 1

(B) $1\dfrac{3}{10}$

(C) 14

(D) 21

(E) 42

13. If the perimeter of a rectangular swimming pool is 40 feet and its area is 75 square feet, what is the length of each of the shorter sides?

   (A) 5 ft

   (B) 10 ft

   (C) 15 ft

   (D) 20 ft

   (E) 25 ft

14. What is Dori's age now?

   (1) Dori is now 3 times as old as she was 6 years ago.

   (2) Dori's sister Lauren is now twice as old as Dori was exactly 10 years ago.

   (A)   (B)   (C)   (D)   (E)

15. If a, b, c, d, and e are different positive integers, which of the five integers is the median?

   (1) $a < b < c$

   (2) $c + d < e$

   (A)   (B)   (C)   (D)   (E)

16. If the number of airline tickets sold per week (t) varies with the price (p) in dollars, according to the equation $t = 1,000 - 2p$, what would the total weekly revenue be from the sale of $ 200 airline tickets?

   (A) $ 600

   (B) $ 1,000

   (C) $ 1,400

   (D) $ 120,000

   (E) $ 280,000

17. Ethan has earned revenues of $ 230, $ 50, and $ 120 at his last three garage sales, and he plans to hold one additional sale. If Ethan earns an average (arithmetic mean) revenue of exactly $ 160 on the 4 sales, the revenue of the fourth sale must be:

   (A) $ 220

   (B) $ 230

   (C) $ 240

   (D) $ 250

   (E) $ 260

18. If $a + b = 27$, what is the value of ab?

   (1) a and b are consecutive integers

   (2) a and b are positive integers

   (A)   (B)   (C)   (D)   (E)

19. If X is a set of four numbers, a, b, c, and d, is the range of the numbers in X greater than 4?

   (1) a is the greatest number in X

   (2) $a - d > 4$

   (A)   (B)   (C)   (D)   (E)

20. In the triangle in the figure below, what is *a* in terms of *b*?

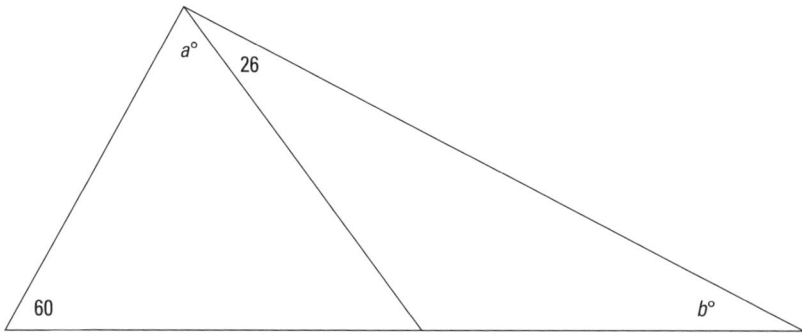

(A) $b + 94$

(B) $94 - b$

(C) $b - 94$

(D) $70 - b$

(E) $70 + b$

21. What is the maximum number of $1\frac{3}{4}$ foot pieces of wood that can be cut from 4 pieces of wood that are 12 feet in length?

(A) 6

(B) 14

(C) 21

(D) 24

(E) 27

22. If *b* is greater than 120 percent of *a*, is *b* greater than 70?

(1) $b - a = 20$

(2) $a > 70$

(A)　(B)　(C)　(D)　(E)

23. Hoses A and B simultaneously fill an empty swimming pool. If the flow of each hose is independent of the flow in the other hose, how many hours will it take to fill the pool?

(1) Hose A alone would take 24 hours to fill the pool.

(2) Hose B alone would take 30 hours to fill the pool.

(A)　(B)　(C)　(D)　(E)

24. If the total price of *n* equally priced laptop computers was $ 13,000, what was the price per laptop computer?

(1) If the price per laptop computer had been $ 3 less, the total price of the *n* laptop computers would have been 4 percent less.

(2) If the price per laptop computer had been $ 2 more, the total price of the *n* laptop computers would have been $ 400 more.

(A)　(B)　(C)　(D)　(E)

25. If 3 pounds of dried cherries that cost *x* dollars per pound are mixed with 4 pounds of dried apple chips that cost *y* dollars per pound, what is the cost, in dollars, per pound of the mixture?

(A) $3x + 4y$

(B) $\dfrac{3x + 4y}{x + y}$

(C) $\dfrac{3x + 4y}{xy}$

(D) $\dfrac{3x + 4y}{12}$

(E) $\dfrac{3x + 4y}{7}$

26. $\dfrac{24}{125} =$

    (A) 0.192

    (B) 0.194

    (C) 0.198

    (D) 0.205

    (E) 0.209

27. If $a \neq 0$, what is the value of $\left(\dfrac{a^x}{a^y}\right)^3$?

    (1) $a = 2$

    (2) $x = y$

    (A)   (B)   (C)   (D)   (E)

28. What is the number of 360-degree rotations that Tashi's unicycle wheel made while rolling 50 meters in a straight line without slipping?

    (1) The diameter of the unicycle wheel, including the tire, was 0.25 meters.

    (2) The unicycle wheel made ten 360-degree rotations per minute.

    (A)   (B)   (C)   (D)   (E)

29. If $X = \{3, 4, 1, 0, 12, 10\}$, how much greater than the median of the numbers in X is the mean of the numbers in X?

    (A) 0.5

    (B) 1.0

    (C) 1.5

    (D) 2.0

    (E) 2.5

30. Joshua's Jewelry earned $ 10 million last year. If this year's earnings are projected to be 125 percent greater than last year's earnings, what are Joshua's Jewelry's projected earnings this year?

    (A) $ 12.5 million

    (B) $ 15 million

    (C) $ 18 million

    (D) $ 20 million

    (E) $ 22.5 million

31. If x, y, and z are real numbers, does $x = 24$?

    (1) The average (arithmetic mean) of x, y, and z is 8.

    (2) $y = -z$

    (A)   (B)   (C)   (D)   (E)

32. If a and b are both integers, is a greater than b?

    (1) $a - 1$ and $b + 1$ are consecutive positive integers.

    (2) b is an odd integer.

    (A)   (B)   (C)   (D)   (E)

33. The table in the figure below shows the amount of waste material in pounds thrown away by each of five different families in a single year and the amount of waste material in pounds recycled by each of the five families in that same year. According to the table, which family had the highest ratio of waste material recycled to waste material thrown away?

Family	Waste Material Thrown Away	Waste Material Recycled
A	100	30
B	50	22
C	20	7
D	55	30
E	10	4

(A) Family A

(B) Family B

(C) Family C

(D) Family D

(E) Family E

34. When 12 is divided by the positive integer x, the remainder is $x - 6$. Which of the following could be the value of x?

(A) 18

(B) 9

(C) 7

(D) 5

(E) 4

35. On the number line in the figure below, the segment from 0 to 1 has been divided into fourths, as indicated by the large tick marks, and also into fifths, as indicated by the small tick marks. What is the least possible distance between any of the two tick marks?

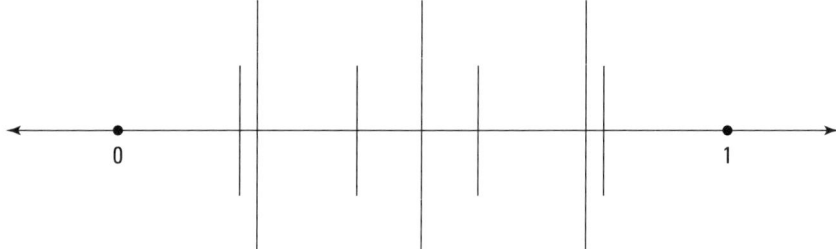

(A) $\dfrac{1}{40}$

(B) $\dfrac{1}{20}$

(C) $\dfrac{1}{10}$

(D) $\dfrac{1}{9}$

(E) $\dfrac{1}{5}$

36. In the figure below, segments *AB* and *CD* represent two different ways the same steel girder can support wall *EC*. The length of *AE* is how much greater than the length of *DE*?

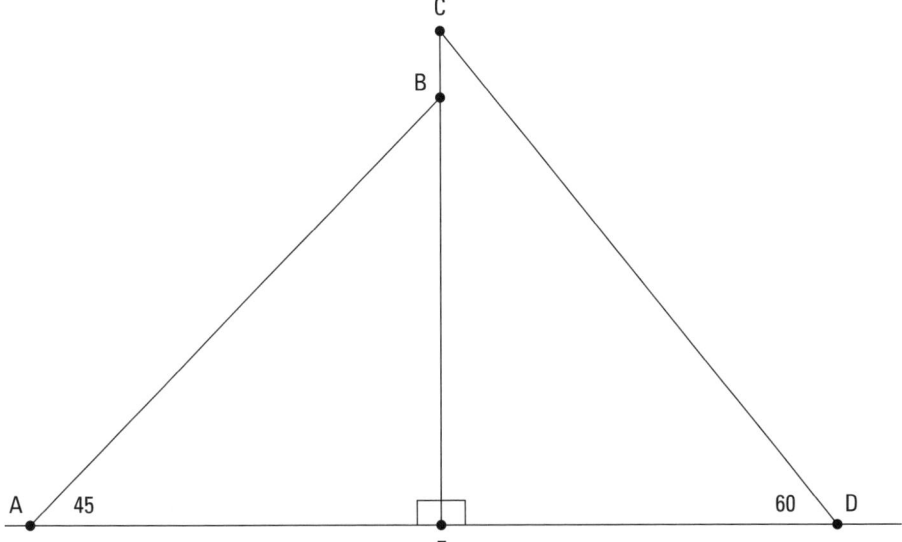

(1) The length of *AB* is 20 meters.

(2) The length of *DE* is 8 meters.

(A) (B) (C) (D) (E)

37. If $xy \neq 0$, is $\dfrac{2}{x} + \dfrac{2}{y} = 8$

(1) $x + y = 4xy$

(2) $x = y$

(A)   (B)   (C)   (D)   (E)

Section 3: Verbal

Time: 75 minutes

41 questions

Directions: Follow these directions for each of the three question types:

✔ Sentence correction questions give you a sentence with an underlined portion. Choose the answer choice that best phrases the underlined words according to the rules of standard written English. The first answer choice duplicates the phrasing of the underlined portion, so if you think the sentence is best as is, choose the first answer. The other four answers provide alternative phrasings. Choose the one that rephrases the sentence in the clearest, most grammatically correct manner.

✔ Answer reading-comprehension questions based on what the passage states directly or implicitly. Choose the best answer to every question.

✔ Critical-reasoning questions present you with an argument and a question about the argument. Pick the choice that best answers the question.

Questions 1 and 2 are based on the following passage:

Steve: Our company manufactures a device that stores and plays electronic music. Customers buy music over the Internet and download it using our software. The
5 downloaded music can be played on only our devices. This is because we have incorporated technology that prevents the music from being copied, which is necessary to protect the rights of the artists.
10 Justine: Music purchased and downloaded using your company's software should be compatible with other music devices manufactured by different companies. If a customer were to purchase a CD of the music,
15 she would be able to play that CD in any brand of CD player. Your company is trying to create an unfair advantage by forcing consumers who download music using your popular software to also buy one of your
20 electronic devices rather than another manufacturer's device.

1. Which of the following is an underlying assumption of Justine's conclusion?

(A) Copyright protections are no longer necessary in the twenty-first century.

(B) The electronic devices manufactured by Steve's company are not as well-made as the devices made by other companies.

(C) Other manufacturers of electronic music players don't also have popular software that customers could choose.

(D) Customers who buy and download electronic music files using the Internet no longer purchase CDs.

(E) Forcing customers who use the popular software created by Steve's company to also buy an electronic device from that company would create an unfair advantage.

2. Which of the following, if true, would most weaken Steve's argument?

   (A) If Steve's company didn't protect musical copyrights, it would be responsible to compensate artists for their lost revenues.

   (B) Effective copyright protections that would still allow music to be played on other manufacturers' devices could be employed.

   (C) Customers are extremely loyal to Steve's company and don't usually even consider buying other manufacturers' devices.

   (D) A single copy of a song downloaded using Steve's company's software can only be stored on one of his company's devices at any time.

   (E) No copyright protection is completely foolproof, and illegal software exists that can override the copyright protections used by Steve's company.

Questions 3–7 refer to the following passage:

Plant injury resulting from high light intensity is due not to the light per se but to an excess of light energy over that utilized by photosynthesis. When light reaching the
5 leaves is not used for photosynthesis, the excess energy triggers production of free radicals that can damage cells (oxidative damage). This often occurs when light intensity is high but photosynthesis is inhib-
10 ited due to stress from temperature extremes, drought, or excessive soil water. When light intensity is at a low level where photosynthesis and respiration reach equilibrium and the net carbon gain is zero, no
15 plant growth will occur. This light level is the light compensation point (LCP). Leaves exposed to light levels below the LCP for an extended period of time will eventually senesce. Both LSP and LCP vary among
20 turfgrass species and with temperature and CO_2 concentration.

Under high irradiance, warm-season grasses maintain a higher rate of photosynthesis than cool-season grasses. However, cool-
25 season grasses have a lower LCP and exhibit higher photosynthetic rates under low light levels compared to warm-season grasses. Photosynthetic rates of both warm-season and cool-season grasses exhibit a diurnal
30 pattern on clear, sunny days, increasing from sunrise, reaching a maximum around noon, and then decreasing to the lowest levels by sunset. Photosynthesis is affected by light duration because it occurs only during daylight. In-
35 creasing light duration may not increase the rate of carbon fixation, but the total amount of carbon fixed by photosynthesis will increase due to increased light exposure. Sunlight has all the colors of visible light
40 and is composed of different wavelengths. Not all wavelengths are equally effective in driving photosynthesis, however. Most photosynthetic activity is stimulated by blue and red wavelengths — chlorophylls absorb blue
45 and red light and carotenoids absorb blue light. Green light is reflected, thus giving plants their green color. Green-yellow and far red are transmitted through the leaf.

This passage is excerpted from *Applied Turfgrass Science and Physiology,* by von Jack Fry and Bingru Huang (Wiley Publishing, 2004).

3. The authors of the passage are primarily concerned with

   (A) discussing the impacts of light energy and photosynthesis on warm-season and cool-season grasses.

   (B) arguing in favor of warm-season grasses, which are less prone to oxidative damage than cool-season grasses.

   (C) exploring the important role of photosynthesis in sustaining turfgrass production.

(D) comparing different kinds of turfgrasses according to their responses to various levels of light energy.

(E) clarifying the scientific details of recent research into the photosynthesis of turfgrass.

4. In the context of the passage, which of the following is the best definition for the word *senesce* (used in the next-to-last sentence of the first paragraph)?

(A) Grow faster

(B) Grow slower

(C) Turn darker green

(D) Die back

(E) Evolve

5. According to the passage, which of the following is an important difference between warm-season and cool-season grasses?

(A) Cool-season grasses can better withstand higher light intensities such as those found nearer the equator, while warm-season grasses are better suited to northern climates.

(B) Warm-season grasses can handle the higher light levels of summer, while cool-season grasses can grow during the lower light conditions of winter.

(C) Most of the photosynthesis in warm-season grasses takes place during the day, while cool-season grasses usually photosynthesize at night.

(D) Warm season grasses use only the blue and red spectrums of light for photosynthesis, while reflecting harmful green light.

(E) Excess light reaching cool-season grasses can be responsible for damage to the plant's cells, while warm-season grasses are unharmed.

6. Which of the following can be inferred from the discussion on oxidative damage (in the first paragraph)?

(A) Oxidative damage most frequently occurs about one hour after sunrise and one hour before sunset.

(B) Homeowners should water their lawns as often as possible because damage to grass is caused by drought and not simply by light intensity.

(C) Oxidative damage to grass occurs when light reaching the leaves is not used for photosynthesis and, therefore, forms carbon fixation.

(D) Damage to grass occurs because of the high intensity of light and homeowners can do nothing to preserve their lawns.

(E) Both overwatering and underwatering a lawn can inhibit photosynthesis and damage grass.

7. According to the passage, each of the following is true of turfgrass photosynthesis EXCEPT

(A) Its rate depends only on the amount of light energy.

(B) It occurs only during daylight.

(C) It is stimulated by blue and red wavelengths of light.

(D) It is inhibited by temperature extremes.

(E) It peaks around noon on clear, sunny days.

8. The ivory-billed woodpecker has been considered extinct for the past several decades. Recently, researchers claim to have found a pair of ivory-billeds in Arkansas. Their best evidence is a video that shows a large woodpecker flying away from the camera. The bird has the characteristic large white patches on the trailing edge of the wings. This is one of the factors that distinguishes ivory-billeds from the closely related pileated woodpecker. However, skeptics of the discovery argue that some abnormal pileateds can have extra white on the wing and that the bird in the video is most likely an abnormal pileated. They conclude that the ivory-billed has not been found and is still extinct.

Which of the following, if true, would most strengthen the skeptic's conclusion that the ivory-billed woodpecker is still extinct?

(A) Before this discovery, the last reported ivory-billeds were seen in Louisiana.

(B) In the same area where the video was shot, researchers also heard the distinctive double-tap used by ivory-billeds.

(C) The first person to discover the ivory-billeds was not a specialist, but professional ornithologists were soon brought in to confirm the identification.

(D) Of the five key fieldmarks that identify ivory-billeds, only the extra white on the wing has been seen and this is also the only feature that occurs on abnormal pileateds.

(E) The bird in the video is clearly seen using the shallow wing beats of the ivory-billed rather than the deeper wing beats of the pileated.

9. The following is a concept plan developed by the Men's and Women's Professional Tennis Tour:

»Television viewers around the world are becoming more interested in reality TV. In America, viewers flock to shows about people stranded on a deserted island, racing around the world, auditioning to become singing stars, or trying to find a spouse. Reality TV has caught on in other countries around the world as well. Tennis players are already popular for their appearance and personalities as well as for their tennis ability. Therefore, the Tennis Tour can become even more popular with TV viewers if we add some elements of reality TV to our broadcasts. As a first step, we will begin interviewing players before the matches and having coaches wear microphones during the matches.«

Which of the following, if true, would most strengthen the conclusion that adding reality television elements will increase the popularity of tennis on TV?

(A) TV viewers who occasionally watch tennis would be more interested if they knew more about the players.

(B) The reality television elements will actually alienate much of tennis's current TV audience.

(C) Personal information about the players is already widely available on the Internet and some of the websites of women's tennis stars are extremely popular.

(D) The tennis stars are very enthusiastic about the changes because they feel like the increased exposure could lead to endorsements, modeling, and even movie roles.

(E) The summer and winter Olympics have been using reality TV elements for many years.

10. The interior Western United States is sinking. The area of the U.S. between the Sierra Nevada mountains and the Colorado Plateau is known as the Basin and Range. This area has been sinking for millions of years due to expansion of the Earth's crust. The lowest point in North America, Death Valley, California, is part of the Basin and Range. Since the southern portion of the region is sinking much faster than the northern portion, places like Phoenix, Arizona, at just over 1,100 feet of elevation, are very low, and places farther north, like Reno, Nevada, at almost 4,500 feet of elevation, are higher. The fact that the elevation of the southern part of the region is getting progressively lower allows more moisture from the Gulf of California to bypass places like Phoenix and penetrate farther into the northern part of the region.

Which of the following is the most appropriate conclusion to the premises above?

(A) Therefore, the region known as the *Basin and Range* will continue to expand into areas currently part of the Colorado Plateau.

(B) As the northern portion of the region continues to sink, the southern areas of the region will receive more moisture.

(C) Therefore, the drier climate of places like Phoenix is attributable to the compression of the Earth's crust.

(D) The southern portion of the region includes areas that are very dry and well below sea level.

(E) As the area continues to sink, Phoenix, Arizona, will become drier and drier, while areas to the north will receive more moisture.

11. <u>Hurry and get your special eclipse-viewing glasses, the United States is due for a total solar eclipse in 2017!</u>

(A) Hurry and get your special eclipse-viewing glasses, the United States is due for a total solar eclipse in 2017!

(B) Hurry to get your special eclipse-viewing glasses, the United States is due for a total solar eclipse in 2017.

(C) Hurry to get your special eclipse-viewing glasses, because the United States is due for a total solar eclipse in 2017!

(D) Hurry and get your special eclipse-viewing glasses, because the United States is due for a total solar eclipse in 2017.

(E) Hurriedly get your special eclipse-viewing glasses, the United States is due for a total solar eclipse in 2017.

12. Some movie producers have tried to offer their movies on DVD and in the movie theaters simultaneously, <u>but theater operators has refused to co-operate.</u>

(A) but theater operators has refused to cooperate.

(B) theater operators have refused to cooperate.

(C) but theater operators have refused to cooperate.

(D) but theater operators' cooperation has been refused.

(E) but theater operators hasn't co-operated.

13. Historically, the stock market frequently loses money during the summer months and generally gains value over the winter, <u>so serious investors often withdraw from the stock market in the spring and reinvest in the fall.</u>

(A) so serious investors often withdraw from the stock market in the spring and reinvest in the fall.

(B) so the serious investor often withdraw from the stock market in the spring and reinvest in the fall.

(C) so serious investors often withdraw from the stock market in the spring and then usually decide to reinvest in the fall.

(D) so serious investors often withdraw from the stock market in the spring and do their reinvesting in the fall.

(E) so serious investors often withdraw from the stock market in the spring and reinvest in the fall, if they are serious.

14. <u>Cautioning against taking excessively high doses of certain vitamins and minerals, Americans are being warned by nutritionists.</u>

(A) Cautioning against taking excessively high doses of certain vitamins and minerals, Americans are being warned by nutritionists.

(B) Nutritionists are cautioning Americans against taking excessively high doses of certain vitamins and minerals.

(C) Cautioning against taking doses of certain vitamins and minerals that are too high, Americans are warned by nutritionists.

(D) Nutritionists caution and warn Americans against taking doses of certain vitamins and minerals that are too high.

(E) To caution against taking excessively high doses of certain vitamins and minerals, Americans are being warned by nutritionists.

Questions 15–18 refer to the following passage:

One obvious goal of any public relations campaign is to stand out from the crowd. And when it comes to nonprofits, there is always a crowd.

People in the nonprofit world often don't like to think of themselves as being in competition in the way that businesses are. But the competition is there just the same, and it can be ferocious.

No matter what your organization's field of activity — health care, community service, education, the arts, environmental protection, promotion of cultural activities, historical preservation, or any other worthwhile cause — you are, in effect, in competition with all the other organizations that specialize in the same area. And not only are you competing with your sister organizations, but you are also in de facto competition with organizations that operate in other areas. Despite the focus of your efforts, the odds are that you and your competitors are reaching out to many of the same people.

The reality is that people usually don't support just one organization. More typically, they support concerns ranging from the local to the global. It is not unusual for one person to support his local library, homeless shelter, and symphony orchestra while being involved with organizations that protect whales in the Pacific or support medical research in the Amazon or care for orphans in Africa. And then there is your organization, trying desperately to be heard above the clamor. That one individual may receive letters, appeals, and newsletters from literally dozens of organizations, all asking for attention and support. Therefore, one obvious job that your public relations efforts should accomplish is to help your organization stand out from the background noise by making a personal connection. In more hard-nosed terms, public relations can be a tool to help you beat the competition.

This passage is excerpted from *The Public Relations Handbook for Nonprofits: A Comprehensive and Practical Guide*, by von Art Feinglass (Wiley Publishing, 2005).

15. Which of the following statements best describes the main idea of the passage?

    (A) Nonprofit organizations don't compete directly with each other for donor dollars.

    (B) Individuals who donate to nonprofits often help a number of different organizations, from the local to the international level.

    (C) The nonprofit world is crowded with organizations that are all appealing to same set of generous donors.

    (D) Making your nonprofit organization stand out from the crowd through effective public relations is vital to its success.

    (E) Sending letters soliciting support is no longer an effective way to raise funds for nonprofit organizations.

16. What does the article imply when, in the first sentence of the second paragraph, it says, »People in the nonprofit world often don't like to think of themselves as being in competition in the way that businesses are«?

    (A) Those who work in nonprofits think of competition for donor dollars as more cutthroat than normal business competition.

    (B) People who work for nonprofits think that the pot of donor dollars from which they draw is endless.

(C) Nonprofits' public relations managers don't have the business skills necessary to compete for a limited supply of donations.

(D) Workers at local nonprofits recognize that they are competing against other local nonprofits but don't see that they are also competing against sister organizations.

(E) Many who work for nonprofits think that because they are doing something good, they don't also have to compete.

17. Which of the following is NOT listed in the passage as a type of nonprofit that people support?

    (A) Medical research in the Amazon

    (B) Food banks

    (C) Symphony orchestra

    (D) Protecting whales in the Pacific

    (E) Local library

18. According to the passage, what is the »obvious« way that public relations efforts can help an organization stand out from the crowd?

    (A) By making a personal connection with the donor who receives dozens of other requests for support.

    (B) By encouraging donors to support more than one type of nonprofit organization.

    (C) By undermining the credibility of sister organizations that are competing for the same donor dollars.

    (D) By helping the organization to beat the competition.

    (E) By focusing the organization's efforts on donors who have a natural affinity for the group through location, personal history, or interests.

19. Hearing loss is sometimes called a loss of intimacy <u>because the more hearing ability declines</u>, the ability to pick out a voice over background noise is one of the first things to go.

    (A) because the more hearing ability declines

    (B) as hearing ability declines

    (C) because as hearing ability declines

    (D) because hearing ability declines as

    (E) because when hearing abilities declines

20. The powerful Medici family, <u>that dominated the Italian Renaissance, used chocolate as a political tool,</u> only serving a special kind of chocolate flavored with Jasmine to important allies.

    (A) that dominated the Italian Renaissance, used chocolate as a political tool,

    (B) was able to dominate the Italian Renaissance, using chocolate as a political tool,

    (C) that dominated the Italian Renaissance by using chocolate as a political tool,

    (D) who dominated the Italian Renaissance, used chocolate as a political tool,

    (E) who's domination of the Italian Renaissance was based on the use of chocolate as a political tool,

21. <u>Alumni that earn bachelor's degrees from a large state institution are more likely to attend its alma mater's sporting events,</u> while alumni from smaller liberal arts colleges frequently show their allegiance by donating money.

    (A) Alumni that earn bachelor's degrees from a large state institution are more likely to attend its alma mater's sporting events,

    (B) Alumni that earn bachelor's degrees from large state institutions are more likely to attend their alma maters' sporting events,

    (C) Alumni that earn bachelor's degrees from large state institutions are more likely to attend their alma maters sporting events,

    (D) Alumni, who each earn a bachelor's degrees from a large state institution, are more likely to attend their alma maters' sporting events,

    (E) Alumni who's bachelor's degrees come from a large state institution are more likely to attend its alma mater's sporting events,

22. Scientists have recently analyzed glass spherules (Kügelchen) that were created by the meteor impact near the Yucatan Peninsula in Mexico <u>and have concluded that the infamous meteor arrived 300,000 years too early to have killed the dinosaurs.</u>

    (A) and have concluded that the infamous meteor arrived 300,000 years too early to have killed the dinosaurs.

    (B) but have concluded that the infamous meteor arrived 300,000 years too early to have killed the dinosaurs.

    (C) having concluded that the infamous meteor arrived 300,000 years too early to have killed the dinosaurs.

    (D) and have concluded that the infamous meteor arrived 300,000 years too early to kill the dinosaurs.

    (E) and concludes that the infamous meteor arrived 300,000 years too early to have killed the dinosaurs.

23. The U.S. Forest Service manages the National Forests for the American people, <u>yet they often sell timber below cost to private business and, in a recent year, it lost more than $ 2 billion of taxpayer money on these »sweetheart deals.«</u>

(A) yet they often sell timber below cost to private business and, in a recent year, it lost more than $ 2 billion of taxpayer money on these »sweetheart deals.«

(B) yet it often sell timber below cost to private business and, in a recent year, it lost more than $ 2 billion of taxpayer money on these »sweetheart deals.«

(C) yet the Service often sells timber below cost to private business and, in a recent year, it lost more than $ 2 billion of taxpayer money on this »sweetheart deals.«

(D) yet it often sells timber below cost to private business, in a recent year, it lost more than $ 2 billion of taxpayer money on these »sweetheart deals.«

(E) yet it often sells timber below cost to private business and, in a recent year, lost more than $ 2 billion of taxpayer money on these »sweetheart deals.«

24. Many names that people think of as Irish were actually brought to Ireland by the Anglo-Norman invasion of Ireland in the 12th century. Names like Seamus, Patrick, and Sean are so widespread because of the Catholic Church's requirements that Irish sons and daughters be named after saints. *Seamus* is the Gaelic version of *James*, and *Sean* is the Gaelic version of *John*. Criminal laws in Ireland from the 1500s to the 1900s forbade parents from giving their children traditional Irish names like Cathal, Aodh, and Brian. Now that parents are free to do so, they should give their children these long-forgotten, traditional names that are truly Irish.

Which of the following inferences can be drawn from the above argument?

(A) The author of the argument considers names like Aodh and Brian that were used in Ireland since before the 12th century to be »traditional.«

(B) Irish parents prefer to give their children names that are as traditionally Irish as possible.

(C) Parents in Ireland are now free to give their children any name that they choose.

(D) The author of the argument feels that, even after hundreds of years of use, names like Patrick, Seamus, and Sean are still not »truly Irish.«

(E) The author of the argument is still bitter about the introduction of non-Irish names into Ireland in the 12th century.

Questions 25–26 refer to the following passage:

Linda: You should bring a reusable mug. Foam plastic never decomposes. That cup you're drinking your coffee from will still be in the landfill in two hundred years!

Jane: I usually bring my own reusable plastic mug, but in the future, I might not have to feel so guilty about forgetting it. I just read that scientists have discovered that they can heat foam plastic to make liquid styrene, which is a certain kind of plastic that bacteria can eat. The bacteria store the carbon from the foam plastic in a form that ordinary bacteria in the soil can break down. The result is that less foam plastic ends up in the landfill; therefore, it's just as environmentally friendly for me to use this foam plastic cup as it is to bring my own mug.

25. If Linda wanted to weaken Jane's conclusion, which of the following, if true, would be her best response?

   (A) This special recycling process you describe requires energy, so the reusable mug is still more environmentally friendly.

   (B) Many coffee shops switched from foam plastic to coated paper cups long ago, even though the coated paper cups provide less insulation.

   (C) You should still bring your own mug with you because your mug provides superior insulation and keeps your coffee hot at least twice as long.

   (D) The real environmental problems associated with drinking coffee are in the tropics, where forests are continually being cleared to grow more coffee.

   (E) Most coffee shops and convenience stores consider it a refill if you bring your own mug and, therefore, charge only about half as much.

26. Jane's assertion that she may not have to feel so guilty about forgetting her mug in the future relies on which of the following assumptions?

   (A) She usually brings her reusable plastic mug with her, leading to a sense of guilt when she forgets it.

   (B) The recycling process will take place in America and create good jobs for moderately skilled workers.

   (C) The process discovered by the scientists will turn out to be practical and cost-effective enough to become widespread.

   (D) Linda feels just as guilty when she forgets to bring her reusable cloth shopping bag when she goes to the grocery store.

   (E) There will be no additional advances in material technology that even further reduce the impact of using a disposable cup.

27. The standard computer keyboard, called QWERTY because of the arrangement of the first six letters, is very inefficient. The letters were arranged in this odd but familiar manner when the first typewriters were being designed in the 1800s. When keys were arranged logically, typists could strike the keys very quickly. Early typewriters were so slow the fast typists caused mechanical problems in the machines. In order to slow down the typists, the keys were rearranged in a seemingly random order. If a manufacturer of computer keyboards were to arrange the keys in the most efficient manner, everyone would want to buy a new, improved keyboard.

If true, which of the following would most seriously weaken the above conclusion?

(A) Modern computer word-processing systems are much faster than the most accomplished typist and there is no reason to use the slower keyboard.

(B) Americans have universally adapted to the QWERTY keyboard and aren't interested in learning an entirely new system.

(C) Discovering the most efficient arrangement of keys would require extensive tests on typists and non-typists alike.

(D) The human brain is incredibly adaptable and can adapt to any arrangement of the keyboard, even if it is less efficient.

(E) Computer keyboards include many keys that were not needed on manual or electric typewriters.

Questions 28 –32 refer to the following passage:

Immediately after the execution of Socrates, Plato and his companions relocated to nearby Megara, where a small school of Socratic thought was established. During the next nine years (from 399 to 390 B.C.E.), 5 Plato committed his first works to writing, a body of works that included *Laches, Protagoras,* and *Apology.* These works are collectively known as Plato's Socratic dialogues, because they are heavily focused on and 10 influenced by his late teacher.

During this same period, it is speculated that Plato did a two-year stint (between 395 and 394 B.C.E.) with the military, possibly fighting in the Corinthian War, in which 15 Athens and a collection of other city-states banded together to overthrow Spartan rule. It is not known for sure if he did indeed fight in this war, though there are some legends that he fought well enough to gain 20 some decorations. During this time, Plato is also supposed to have journeyed to Egypt, where he visited Alexandria and possibly learned the secrets of the water clock, which he would bring back to Greek society. Again, 25 this information is not well documented, so it may fall under the category of apocrypha.

What is known for sure is that Plato traveled to southern Italy for the first time in 390 30 B.C.E., at the age of 37. There he met Archytas of Tarentum, who was leading a resurgence in the study of the works of Pythagoras. This exposure to Pythagoreanism had very profound effects on Plato; it formed the 35 foundation of the notion that mathematics was the truest way of expressing the universe that Man could use. These ideas showed up in many of his later works, including *Republic,* as Plato used mathemati- 40 cal concepts to describe the nature of the universe and the human mind.

This passage is excerpted from *Plato Within Your Grasp*, by Brian Proffitt (Wiley Publishing, 2004).

28. The primary purpose of this passage is to

    (A) argue for a new interpretation of Plato's early works that are collectively known as the Socratic dialogues.

    (B) explain the profound influence that Archytas of Tarentum had on Plato's view of man as described in the Republic.

    (C) chronicle Plato's military exploits as he fought for Athens during the Corinthian War.

    (D) detail the circumstances surrounding the establishment of a Socratic school of thought in Megara following Socrates' execution.

    (E) describe what is known of Plato's life from the time of Socrates' execution until Plato's visit to southern Italy in 390 B.C.E.

29. It can be inferred from the passage that the phrase »category of apocrypha« at the end of the second paragraph means:

    (A) Intentional lies meant to harm a reputation

    (B) Histories well-documented by ancient historians

    (C) Unnecessary information that detracts from historical truth

    (D) Stories of questionable authenticity

    (E) Tales of horror designed to impart fear

30. According to the passage, which of the following best describes the impact that Plato's visit to southern Italy in 390 B.C.E. had on his later works?

    (A) It injected into his writing the Pythagorean concept of mathematics as the truest way of expressing the universe.

    (B) It allowed him to bring back to Greece the secrets of an accurate water clock, which greatly impacted his view of time.

    (C) It forced him to get past the stifling influence that the execution of Socrates had on his works of the previous decade.

    (D) It had virtually no influence on his work, and the journey itself cannot even be confirmed.

    (E) His later works are infused with tragedy based on his military experience in southern Italy.

31. Which of the following books is NOT attributed to Plato in the passage?

    (A) *Apology*

    (B) *Phaedo*

    (C) *Laches*

    (D) *Protagoras*

    (E) *Republic*

32. It can be logically inferred from the passage that Sparta

    (A) was overthrown during the Corinthian War because of Plato's involvement.

    (B) ruled over Athens for some period of time prior to 395 B.C.E.

    (C) lacked the important philosophical schools found in Athens.

    (D) was responsible for the execution of Socrates.

    (E) was a military state constantly at war with its neighbors.

33. Almost the whole of Yellowstone National Park is located in one of the world's largest volcanic craters; the question is if the recent increased activity of the park's geysers and hot springs indicate that the volcano has become active.

    (A) if the recent increased activity of the park's geysers and hot springs indicate that the volcano has become active.

    (B) if recently observed increases in the activity of the park's geysers and hot springs indicate that the volcano has become active.

    (C) whether recently observed increases in the activity of the park's geysers and hot springs indicate that the volcano is becoming active.

    (D) whether recently observed increases in the activity of the park's geysers and hot springs indicate that the volcano has become active.

    (E) whether recently observed increases in the activity of the park's geysers and hot springs indicate they are becoming active.

34. On the Australian island of Tasmania, bulldog ants, known as *jack-jumpers,* kill more people each year than the total number of people that are killed by the various snakes, spiders, and other venomous creatures combined.

    (A) than the total number of people that are killed by the various snakes, spiders, and other venomous creatures combined.

    (B) than the total number of people who are killed by the combination of the various snakes, spiders, and other venomous creatures.

    (C) than all the various snakes, spiders, and other venomous creatures combined.

    (D) than people that are killed by the other creatures with venom, such as snakes and spiders.

    (E) than do the various snakes, spiders, and other venomous creatures.

35. The day, lunar month, and solar year all have natural, astronomical reasons for existence, while the two units of time that most tyrannize modern workers, the hour and the week, are artificial constructs.

    (A) while the two units of time that most tyrannize modern workers, the hour and the week, are artificial constructs.

    (B) while the two units of time most especially responsible for tyrannizing modern workers, the hour and the week, being constructed artificially.

    (C) whereas the two units of time that most tyrannize modern workers, the hour and the week, are artificial constructs.

    (D) whereas the two units that most tyrannize modern workers on the basis of time, the hour and the week, are artificially constructed.

    (E) while the hour and the week where constructed artificially, so that they are now the two units of time that most tyrannize modern workers.

36. In order to raise funds, the Copper Country Land Trust hosts a musical concert and potluck dinner in the fall, a family ski race in the winter, and puts together a trail run in the summer.

    (A) a family ski race in the winter, and puts together a trail run in the summer.

    (B) organized a family ski race in the winter, and puts together a trail run in the summer

(C) a family ski race in the winter, and a trail run in the summer.

(D) puts together a family ski race in the winter, and a summer trail run.

(E) a winter ski race, and it puts together a trail run in the summer.

37. Snakes exist on every continent except for Antarctica, which is inhospitable to all cold-blooded animals. The continent of Australia is home to many of the deadliest snakes in the world. However, the nearby island nation of New Zealand has no snakes at all. Scientists estimate that snakes originated about 100 million years ago when the continents were joined and the snakes stayed on the main land masses of the continents when they split apart. Snakes are absent from New Zealand because they are unable to swim and therefore could not make the journey.

Which of the following, if true, would most strengthen the conclusion of the above argument?

(A) Snakes are found in South America at latitudes farther south than New Zealand.

(B) Islands like Hawaii and New Zealand are very aggressive about preventing an accidental introduction of snakes.

(C) Sea snakes can swim and are present in the warmer oceans of the world.

(D) Snakes are also absent from other major islands, such as Hawaii, Ireland, and Greenland.

(E) Snakes are found on many other islands of the Pacific Ocean.

38. Major airlines claim that the fares they charge haven't increased in recent years. However, the various fees that used to be included in the quoted fare are now charged separately. The fees added to the quoted fare now include the 9/11 security fee, the fuel surcharge, and the airport departure fee. The airlines are just following the example of other travel-related industries that have added on fees and taxes for years. The rental car and hotel industries usually quote a rate that is 20 percent less than the actual bill. In major cities, restaurants and bars usually have an additional tax rate that is included on the bill with the sales tax. In fact, there isn't one aspect of traveling where the quoted price is the final price.

If true, which of the following facts concerning the costs of travel would most weaken the above conclusion?

(A) Many items ordered through the mail include shipping and handling fees that are more than the cost of the actual item.

(B) The price of a gallon of gasoline that is quoted at the pump and on the gas station signs already includes all the fuel taxes and is the actual, final price.

(C) When traveling outside of the United States and Canada, Americans should remember that the quoted price is often just the starting point for negotiations and that the final price is usually much lower.

(D) The quoted price for travel on most cruise ships doesn't include a variety of fees, including fees for excursions, beverages charges, and gratuities for the staff.

(E) The price quoted for a new car usually doesn't even include the destination charge, which is the cost of getting the car to the dealership.

39. The graduated income tax is the most progressive form of tax because people who make less money pay a lower percentage of their earnings in taxes, while those who earn more pay a higher percentage. The sales tax is more regressive because it is collected when people spend money rather than earn it. Since the same percentage tax is collected from everyone, regardless of income, and because people who make less money must spend a larger percentage of their income on necessities, the effective sales tax rate that people pay actually increases as they earn less money. Therefore, in order to be fair to all of its citizens, this state should increase income tax rates and eliminate the sales tax.

The conclusion drawn above is based on the assumption that

(A) a progressive tax is one that collects more money from people who make more money.

(B) a flat income tax would be fairer to all taxpayers because everyone would pay the same rate regardless of income.

(C) a higher sales tax rate actually encourages people to save more of their income because they aren't taxed until they spend the money.

(D) a regressive tax hits poor people the hardest.

(E) sales taxes are collected on all purchases, including necessities such as food and clothing.

40. In the year 2005 alone, about one-third of the coral reefs in the Caribbean died. The Caribbean coral are more fortunate than those in the Indian and Pacific Oceans, where death rates are near 90 percent. Scientist say that warm ocean temperatures are the cause of the unprecedented devastation. Coral may appear to be a hard, rocky substance, but coral reefs are actually huge colonies of living animals. Living reefs teem with fish and provide areas for fish and other sea life to reproduce. Living reefs are colorful and vibrant, while dead reefs are bleached white and devoid of life. Coral reefs grow only a fraction of an inch per year. Once a reef dies, it will probably never recover. Ocean temperatures are expected to continue to rise, and most of the remaining coral reefs in the world will probably begin to die within the next decade.

Which of the following is the most appropriate conclusion for these premises?

(A) Therefore, if you ever want the chance to see a healthy coral reef, go soon.

(B) Thus, rising ocean temperatures will have no impact on fish populations.

(C) Once the coral dies, it will be bleached white and devoid of life.

(D) SCUBA and snorkeling tourism is big business for many Caribbean nations.

(E) Coral reefs in the cooler waters at the edge of the tropics will probably survive the longest.

41. The following is taken from an advertisement for a new prescription drug:

    »Are you one of the millions of Americans who have occasional trouble sleeping? Do the stresses of modern life prevent you from getting enough exercise and keeping to a regular sleep schedule? Do you find yourself lying awake worrying about the sleep you're not getting? New Nocturna can help you get a full night's sleep every night. Ask your doctor about Nocturna. When nature needs a little help, try Nocturna.«

    Which of the following is implied by the above argument?

    (A) Many people wouldn't need to use a prescription drug if they got more exercise and kept to a regular sleep schedule.

    (B) Nocturna is more effective than similar sleep aids on the market.

    (C) Millions of Americans have occasional trouble sleeping.

    (D) Overuse of caffeine is one of the factors contributing to sleep problems among Americans.

    (E) The only way for you to get a good night's sleep is by taking Nocturna.

Übungstest 2: Lösungsschlüssel

Section 2

Löungsschlüssel Matheteil

1. C	20. B
2. B	21. D
3. D	22. B
4. D	23. C
5. C	24. D
6. A	25. E
7. B	26. A
8. B	27. B
9. D	28. A
10. D	29. C
11. C	30. E
12. E	31. C
13. A	32. A
14. A	33. D
15. E	34. B
16. D	35. B
17. C	36. D
18. A	37. A
19. B	

Section 3

Lösungsschlüssel Sprachteil

1. C	22. A
2. B	23. E
3. A	24. D
4. D	25. A
5. B	26. C
6. E	27. B
7. A	28. E
8. D	29. D
9. A	30. A
10. E	31. B
11. C	32. B
12. C	33. C
13. A	34. E
14. B	35. C
15. D	36. C
16. E	37. D
17. B	38. B
18. A	39. E
19. C	40. A
20. D	41. A
21. B	

Übungstest Nr. 2: Erläuterungen zu den Lösungen

Dieses Kapitel gibt Ihnen Gelegenheit, Ihre Lösungen zu überprüfen. Lesen Sie sich, wenn Sie genug Zeit haben, alle Erläuterungen durch, auch die zu den Aufgaben, die Sie ohne Schwierigkeiten gelöst haben. Die Erläuterungen könnten Informationen enthalten, die Ihnen zuvor noch entgangen waren.

Erläuterungen zum Analytical Writing Assessment

Die Bewertung der Übungsessays unterscheidet sich ein wenig von der Bewertung des Sprach- und des Matheteils. Es liegt nun an Ihnen, Ihre Essays einer ehrlichen Prüfung zu unterziehen und sich selbst fair zu »benoten«. Natürlich können Sie auch einen im Schriftlichen bewanderten Freund oder einen Englischlehrer in Ihrem Bekanntenkreis darum bitten, sich Ihre Aufsätze anzuschauen und eine Beurteilung zu wagen. Um Ihnen ein wenig bei der Selbsteinschätzung zu helfen, geben wir Ihnen eine Handvoll Musteressays samt Erläuterungen ihrer Stärken und Schwächen an die Hand. Nutzen Sie diese Hilfsmittel, um sich besser über Ihre eigenen Stärken und Schwächen klar zu werden, und üben Sie das Aufsatzschreiben, bevor Sie sich dem Ernstfall aussetzen.

Die Themenanalyse

Zuerst mussten Sie ein vorgegebenes Thema analysieren. Diese Aufgabe wird auf einer Skala von 0 bis 6 bewertet. Bei 0 haben Sie komplett das Thema verfehlt, sich einer anderen Sprache als Englisch bedient oder einfach die Themenvorgabe abgeschrieben. Im Fall einer 2 stimmt etwas mit der Gliederung nicht, Ihre Arbeit lässt überzeugende Argumente und Beispiele vermissen oder weist gravierende Mängel in Hinblick auf die Grammatik, den Gebrauch und die Regeln des Schriftenglischen auf. Die Note 4 zeigt an, dass Sie Stellung bezogen und Ihre Gedanken klar gegliedert haben und die Regeln des Schriftenglischen weitgehend beherrschen. Die Bestnote 6 haben Sie nur dann verdient, wenn Sie eine herausragende, klar gegliederte, aussagekräftige und überzeugende Arbeit abgeliefert haben, die Scharfsinn mit schlagkräftigen Beispielen verbindet und die vollständige Beherrschung des Schriftenglischen verrät.

Muster einer Themenanalyse

Bei der Themenanalyse (*analysis of an issue*) sollten Sie zu der Frage Stellung beziehen, ob Ethik fester Bestandteil wirtschaftswissenschaftlicher Lehrveranstaltungen sein sollte oder ob stattdessen eher gesonderte Vorlesungen in Wirtschaftsethik angeboten werden sollten. Und so könnte ein Musteressay zu dieser Themevorgabe auseinandersetzt:

Ethics is a key word in business today. Corporate scandals have repeatedly rocked the public's faith in business leaders. In fact, some business people such as those at Enron, Tyco, WorldCom and other infamous corporations, do seem to have low ethical standards. It would seem, therefore, that business schools should take every possible chance to discuss ethics, regardless of the official subject matter of the course. Even technical courses like accounting, marketing, and economics seem to be good places for ethics training, especially given the fact that each individual subject has its own ethics challenges. However, because business ethics is too important to be the subject of occasional mention in substantive courses, business ethics is best left to designated ethics courses.

Courses with a technical component have little spare time to properly explore ethics. Courses in accounting, marketing, and economics include complex subject matter, and professors often have difficulty finding the time necessary to teach the fundamentals of the course. Any discussion of ethics in these courses would be as an aside. Certainly business ethics deserves more than just a brief mention in between discussions of accounting practices.

A second reason that ethics instruction should be the domain of specific ethics courses is that teachers of subjects with a technical component are not used to teaching ethics courses. Business ethics teachers are experts in the subject and are used to fostering class discussion and helping students understand personal ethics. Ethics are more than a simple list of rules, but a teacher who is used to teaching economics may present ethics in the same way as the laws of supply and demand. Maybe ethics could be discussed in less technical general management classes, but not in the classes with technical component. Business ethics should be left to professional ethics teachers that can do justice to its importance.

Some have argued that people involved in more technical areas, particularly accounting, have had their own ethics problems recently and, therefore, ethics should be included in the instruction of these subjects. Although it is true that ethical violations have recently occurred in all areas of business, including accounting, this does not mean that a different version of ethics needs to be taught in accounting class. The ethical violations in the accounting scandals follow the same pattern as they do in other areas of business: lack of public disclosure, actual lies, insider trading, violation of the fiduciary duty to stockholders, and abuse of public trust. Aside from these general business ethics violations, the accountants involved in the recent scandals were also guilty of bad accounting. So, while business ethics needs to be taught in business ethics classes, accounting practices should be taught in accounting classes.

Some business schools have recently scaled back their offerings or requirements in the area of business ethics. Now is the wrong time to be reducing the emphasis on ethics in business. Graduate business schools need to make sure that every student gets a foundation in ethics before graduating. This will not be accomplished with the occasional mention of ethics in the middle of a marketing class. Schools should retain designated ethics courses in their MBA curriculum.

While businesses ethics should be emphasized as often as possible, business courses with a technical component are best place to education students on ethics. Business ethics is too important to be the subject of perfunctory mention in substantive courses. Business ethics is best left to designated ethics courses.

Kein in nur 30 Minuten geschriebener Essay ist perfekt. Und auch diesem Musteraufsatz würde eine weitere Bearbeitungsrunde sicher nicht schaden. Trotzdem ist die Arbeit gut gegliedert, auf den Punkt formuliert und durchaus scharfsinnig. Der Autor verwendet aussagekräftige und gut gewählte Beispiele und stützt jeden seiner Gedanken mit überzeugenden Argumenten.

Der Autor macht zunächst deutlich, warum dieses Thema überhaupt wichtig ist. Angesichts der zahlreichen Skandale, von denen das Geschäftsleben »immer wieder erschüttert« wurde, ist es kein Wunder, dass wirtschaftswissenschaftliche Fakultäten darüber nachdenken, Ethik zum festen Bestandteil jeder Lehrveranstaltung zu machen. Die Einführung weist scharfsinnig auf die Komplexität des Themas hin und bezieht schließlich klar Stellung dazu: Wirtschaftsethik sollte Gegenstand gesonderter Vorlesungen sein und nicht Bestandteil von Lehrveranstaltungen mit streng wirtschaftswissenschaftlichen Inhalten.

Die folgenden drei Absätze liefern Argumente, warum Ethik nicht Bestandteil von Lehrveranstaltungen über Marketing, Ökonomie oder Buchhaltung sein sollte. Diese Argumente werden anschließend klar benannt und untermauert. Die angeführten Beispiele sind hinlänglich aussagekräftig und konkret. Die Aufzählung moralischer Verfehlungen durch Manager ist ausführlich und die Schlussfolgerung, dass angehende Manager die bestmögliche Ausbildung erhalten sollten, um Skandale zukünftig zu vermeiden, zeugt von Scharfsinn. Darüber hinaus greift der Autor mögliche Argumente der Gegenseite auf und widerlegt sie; eine Vorgehensweise, die zwingend zu jeder gelungenen Themenanalyse gehört.

Im fünften Absatz stellt der Verfasser noch einmal die Bedeutung des Themas heraus. Da Vorlesungen über Wirtschaftsethik ohnehin immer häufiger dem Rotstift zum Opfer fallen, ist die Argumentation des Autors, der zufolge die Aufnahme wirtschaftsethischer Probleme in den regulären Lehrbetrieb diese Entwicklung weiter vorantreiben könnte, kaum von der Hand zu weisen. Am Ende des Essays steht dann die Wiederholung der Eingangsthese.

Der Musteraufsatz verdient wohl die Note 4 oder 5. In weiten Teilen verrät er, dass der Autor des Schriftenglischen durchaus mächtig ist. Außerdem verwendet er bei gleich bleibender Klarheit eine Vielzahl unterschiedlicher Satzkonstruktionen. Die genaue Wortwahl macht den Essay noch lesbarer. Während die Arbeit ein paar unbedeutende Fehler in Hinblick auf die Grammatik und den Satzbau erkennen lässt, finden sich keinerlei schwerwiegende sprachliche Mängel. Der Essay ist gut gegliedert und verwendet wirkungsvolle Übergänge, verzichtet aber auf Extravaganzen und den Versuch, seine Leser durch eine abgehobene Sprache zu beeindrucken. Und mit einiger Übung kann jeder Testteilnehmer dieses sprachliche Niveau erreichen.

Die Argumentationsanalyse

Als Nächstes mussten Sie eine Argumentation analysieren. In diesem Fall müssen Sie etwas andere Bewertungskriterien beachten. Auch hier kommt es auf die Beherrschung des Schriftenglischen und eine deutliche Stellungnahme an; darüber hinaus sollten Sie aber auch auf folgerichtige Übergänge von einem Unterpunkt zum nächsten achten.

Bei einer 2 haben Sie, statt der Argumentationsvorgabe zu folgen und die Argumentation zu beleuchten, womöglich nur den Standpunkt des Autors unklar wiedergegeben. Die Note 4 hingegen zeigt an, dass Sie die Argumentation vollständig analysiert haben, ohne dabei jedoch für ausreichend klare Übergänge zur Verknüpfung Ihrer Gedanken zu sorgen. Eine mit der Bestnote 6 ausgezeichnete Arbeit dagegen erfasst alle Seiten der Argumentation, arbeitet einen gut gegliederten Standpunkt hinsichtlich ihrer Genauigkeit und Überzeugungskraft heraus und sorgt für folgerichtige Übergänge.

Muster einer Argumentationsanalyse

Bei der Argumentationsanalyse (*analysis of an argument*) sollten Sie einen Text beleuchten, der behauptet, dass die Massenmedien Mitschuld an einem wachsenden Mangel an Neugier und Kreativität tragen. Und so könnte ein Musteraufsatz zu dieser Argumentationsvorgabe aussehen:

> The author of this letter argues that the prevalence of mass media in American society today has led to a great lack of intellectual creativity and curiosity among the average citizen. The author's statement that mass media permeates American culture is sound; the assumption he makes that the average American spends countless hours every day watching television and movies and listening to music is probably accurate. Very few American families live in a TV-free home, and anyone who has ridden in a car has probably listened to the radio. However, the conclusion that mass media exposure has contributed to a diminishment in creativity and curiosity is flawed. The author doesn't provide adequate proof that the prevalence of mass media has led to the demise of creativity, nor does the author prove that a lack of creativity actually exists.

> In making his argument that mass media has resulted in a lack of creativity, the author does not consider that there may be other causes for the alleged demise of originality and imagination. For example, people today are much busier than they were a hundred years ago. Americans work long hours and take fewer vacation days in an attempt to realize the American dream. Society's emphasis on »having it all« has contributed to Americans taking on more activities than they have time to accomplish. So, it could be the stress and exhaustion of modern living that contributes to a lack of creativity or curiosity at the end of the workday rather than the predominance of mass media. By failing to address other causes for the author's perceived diminishment of American ingenuity and inquisitiveness, the author does a disservice to his argument. If he had acknowledged and refuted the likelihood of other causes for the American creative sloth, the author's argument would have made a bigger impact.

> Furthermore, the author argument would have been stronger if he had proven that a lack of modern American creatively actually exists. He tries to promote the idea that before the prevalence of mass media in American culture, more people told stories. Although it's true that watching television has replaced singing around the campfire as a primary source of entertainment, his evidence does not support his assumption that modern Americans lack creativity. His only support for this argument is that before mass media more people told stories to a small audience and now a few people tell stories to a large audience. He offers no concrete evidence or specific examples to prove that the old way of communicating was more original than the current mode. And, again, he fails to address the opposing viewpoint. It could be that Americans have been inspired by pop culture to compose songs of their own, develop their own idea for a

screen play or novel, or try out for a part on a reality TV show. Ideas that may not have occurred to Americans living one hundred years ago without exposure to other's ideas.

The writer of this letter to the editor attempts to make a cause and effect argument, but he fails to prove that the cause he puts forth is the one and only cause for the effect. Nor does he prove that the effect even exists. The argument would have been much stronger if the author had provided clear evidence to support that mass media has ruined creativity in America and had show how no other cause promoted this lack. Similarly, it would have been much easier to jump on the bandwagon with the author if he had provided some clear examples of how Americans are less creative than they were before the prevalence of mass media. Without strong supporting evidence and an acknowledgment of the opposing viewpoint, this argument fails to convince.

Dieser Essay erfüllt die Anforderung, die Argumentationsweise der Vorgabe kritisch zu beleuchten. Der Verfasser verrät Einsicht in das Wesen einer überzeugenden Argumentation: aussagekräftige Beispiele, kritische Würdigung und Zurückweisung von Gegenargumenten. Darüber hinaus stellt er die Schwächen der Argumentation seinerseits durch stichhaltige Beweisgründe bloß. Beachten Sie, dass der Autor sich dabei nicht in Einzelheiten darüber verliert, wie er selbst über das Thema denkt. Die eigene Meinung wird nur angeführt, wo es darauf ankommt, dem Autor der vorgegebenen Argumentation Versäumnisse nachzuweisen. Der Autor hat die Aufgabe bewältigt, weil sein Essay insgesamt gut geschrieben und gegliedert ist und seinen Gegenstand nicht aus den Augen verliert. Diese Arbeit würde wohl mit einer 5, vielleicht sogar mit der Bestnote 6 belohnt werden.

Erläuterungen zu den Mathematikaufgaben

1. **C.** Bei dieser Ausschlussaufgabe streichen Sie jede Antwortmöglichkeit, die gleich zum Ausdruck $b^2 - 9 = 16a^2$ ist. Alle außer einer Antwortmöglichkeit sind einfache Manipulationen der ursprünglichen Gleichung. Antwort A teilt beide Seiten der gegebenen Gleichung durch 16. Antwort B subtrahiert von beiden Seiten 9, Antwort D multipliziert beide Seiten mit 2 und Antwort E zerlegt die linke Seite in ihre Faktoren, die die Differenz zweier Quadratzahlen darstellt.

   Oberflächlich betrachtet scheint Antwort C die Wurzel der gegebenen Gleichung zu sein. Doch obwohl $4a$ die Wurzel von $16a^2$ ist, ist $b - 3$ nicht die Quadratwurzel von $b^2 - 9$. Sie können aus einer Summe oder einer Differenz nicht einfach die Wurzel ziehen, indem Sie aus den einzelnen Termen die Wurzel ziehen. Wenn Sie dachten, dass C dasselbe ist wie $b^2 - 9 = 16a^2$, dann meinten Sie, dass $(b - 3)^2 = b^2 - 9$ ist. Wenn Sie aber $(b - 3)(b - 3)$ multiplizieren, erhalten Sie $b^2 - 6b + 9$, aber nicht $b^2 - 9$. C ist die richtige Antwort.

2. **B.** Sie können die Frage beantworten, indem Sie einfach die Vielfachen von 3 zählen: 15, 18, 21, 24, 27, 30, 33, 36, 39, 42, 45, 48, 51, 54, 57, 60, 63, 66, 69, 72, 75, 78, 81. (Das inklusive bedeutet, dass die 15 und die 81 mitgezählt werden.) Es gibt 23 Vielfache.

   Alternativ kommen Sie schneller ans Ziel, wenn sie 15 von 81 abziehen, was 66 ergibt. Da Sie die Vielfachen von 3 zählen wollen, teilen Sie dann 66 durch 3 und erhalten 22. Noch sind Sie nicht fertig. Sie müssen 1 hinzuzählen, weil die Menge die 15 und die 81 mit einschließt. Die Antwort ist 23, Antwort B.

3. **D.** Bei dieser Data-Sufficiency-Frage behalten Sie im Hinterkopf, dass Brüche und Dezimalzahlen nicht zu den ganzen Zahlen (»integers«) gehören.

Aussage (1) besagt, dass n und 3^4 dieselbe Anzahl von Teilern besitzen. Da Sie den Wert von 3^4 definitiv bestimmen können (81), können Sie auch die Anzahl der Teiler bestimmen. Da n dieselbe Anzahl von Teilern hat, gibt Ihnen die Aussage alle nötigen Informationen, die Sie zum Lösen der Aufgabe brauchen. Verschwenden Sie nicht Ihre Zeit damit, die Anzahl der Teiler von 81 zu bestimmen, das ist hier nicht gefragt.

Da Aussage (1) ausreichend ist, können Sie die Antworten B, C und E streichen und zu Aussage (2) übergehen. Ist sie auch ausreichend, ist die Antwort D, ist sie nicht ausreichend, ist die Antwort A.

Aussage (2) sagt Ihnen, dass n das Produkt zweier verschiedener Primzahlen ist. Da bedeutet, dass n das Produkt entweder von sich selbst und 1 oder der beiden multiplizierten Primzahlen ist. Das sind also insgesamt 4. Also ist Aussage (2) ausreichend, Sie können A streichen, D ist die Antwort.

4. **D.** Aus dieser Textaufgabe können Sie eine Gleichung konstruieren. x ist dabei die gesamte Fläche des Parks. 80 % des Parks werden durch ein Feld mit 120 Yards Länge und 50 Yards Breite belegt. Das Fußballfeld belegt also 6.000 »Quadratyards« ($A = lb$, also ist $A = 120 \times 50$). Nun müssen Sie nur noch die Fläche des gesamten Parks finden. 80 % der Gesamtfläche drücken Sie durch $0,80 \times x$ aus:

$$0,80x = 6.000$$

$$x = 7.500$$

5. **C.** Diese Data-Sufficiency-Frage verlangt nicht gerade viele mathematische Fähigkeiten. Sie müssen nur versuchen, verschiedene Terminkalender zu organisieren.

Aussage (1) gibt Ihnen Informationen über Bobs und Davids Terminkalender (sie könnten sich zwischen 2:00 und 3:00 Uhr treffen) sagt aber nichts über Alison und Colleen. Also ist Aussage (1) nicht ausreichend, streichen Sie A und D.

Aussage (2) enthält Informationen über Alisons und Colleens Terminplan (sie könnten sich zwischen 11:00 und 3:00 Uhr treffen), aber Bobs und Davids Terminplan wird nicht erwähnt. Aussage (2) ist allein also ebenfalls nicht ausreichend, aber Sie wissen noch von Aussage (1) über Bobs und Davids Terminkalender Bescheid und Aussage (2) gibt Ihnen Alisons und Colleens Zeiten. Zusammen können die beiden Aussagen die Frage lösen. Streichen Sie B und E, die Antwort ist C.

6. **A.** Um das Verhältnis aufzulösen, müssen Sie die Werte von a und b kennen.

Aussage (1) erlaubt Ihnen die Aufstellung einer einfachen Proportion, womit Sie a/b lösen können. ($\frac{0,4a}{3b} = \frac{4}{7}; \frac{a}{b} = \frac{4}{7} \div \frac{0,4}{3}$). Aussage (1) ist ausreichend, die Antwort ist also A oder D.

Durch Aussage (2) können Sie die Gleichung $a = 4b - 3$ aufstellen, aber diese Gleichung erlaubt nur die Auflösung von $(a + 3)/b$ aber nicht von a/b. Also ist (2) nicht ausreichend und Sie können D streichen. A ist die richtige Antwort.

7. **B.** Um den kleinsten Anteil der Arbeit, die zwei Leute zusammen erledigen, bestimmen zu können, wählen Sie die beiden langsamsten Arbeiter, also die, die allein für die Arbeit 4 beziehungsweise 5 Stunden benötigen.

   Der Arbeiter, der alleine 5 Stunden benötigt, erledigt in einer Stunde $\frac{1}{5}$ der Arbeit (er alleine braucht insgesamt 5 Stunden, also schafft er in einer Stunde entsprechend ein Fünftel). Genauso erledigt der Arbeiter, der für die Arbeit alleine 4 Stunden benötigt, in einer Stunde $\frac{1}{4}$ der gesamten Arbeit. Zusammen erledigen die beiden $\frac{1}{5} + \frac{1}{4} = \frac{4}{20} + \frac{5}{20} = \frac{9}{20}$ der Arbeit. Die Antwort ist B.

8. **B.** Diese Data-Sufficiency-Frage beschäftigt sich mit dem Thema Teilbarkeit.

   Wenn Sie Aussage (1) prüfen, indem sie für x und y kleine Zahlen einsetzen, finden Sie heraus, dass diese Information nicht ausreichend ist. Wenn man x und y _gleich_ 6 beziehungsweise 12 setzt ist $x + y = 18$, was teilbar durch 9 ist. Sind aber x und y 12 und 18, ergibt ihre Summe 30, was nicht durch 9 teilbar ist. Streichen Sie A und D und prüfen Sie die zweite Aussage.

   Aussage (2) besagt, dass die Quersumme von x und y den Wert 9 ergibt (so könnte x etwa 18 oder 81 sein). Das bedeutet auch, dass y und y durch 9 teilbar sind.

 Sind zwei Werte durch eine bestimmte Zahl teilbar (in diesem Falle 9), so ist auch ihre Summe durch dieselbe Zahl teilbar.

   Aussage (2) ist ausreichend, also können Sie C und E streichen und B ist die richtige Antwort.

9. **D.** Sie müssen wissen, ob Sie die Gleichungen in den beiden Aussagen für x lösen können. Aussage (1) gibt Ihnen eine Gleichung mit einer Variablen (x) und Sie wissen, dass Sie solche Gleichungen lösen können ($x = -\frac{20}{3}$). Damit ist Aussage (1) ausreichend und die Antwort ist A oder D.

   Dasselbe gilt für Aussage (2). Die Gleichung hat nur eine Variable (x) und sie können sie für x lösen ($x = -\frac{1}{3}$). Da auch Aussage (2) ausreichend ist, können Sie A streichen und D ist die richtige Antwort.

10. **E.** Bei dieser Aufgabe ist die Gerade gesucht, die die Form im abgebildeten Koordinatensystem NICHT begrenzt. So wird die Form von den vertikalen Linien $x = 2$ und $x = 4$ begrenzt, also können Sie A und C streichen. Genauso begrenzt die X-Achse die Form nach unten. Die X-Achse entspricht der Gleichung $y = 0$. So fällt auch B weg. Es bleibt die begrenzende Gerade nach oben, die muss entweder $x + 3y = 6$ (D) oder $x + 2y = 6$ (E) sein.

 Der einfachste Weg, eine Geradengleichung hinsichtlich ihres Verlaufs zu prüfen, ist das Aufstellen der Geradengleichung in der Form $y = mx + b$ und das einsetzen der angegebenen Werte.

Aus der abgebildeten Grafik können Sie erkennen, dass der *Y*-Achsenabschnitt (der Punkt, wo die Gerade die *Y*-Achse schneidet) 2 ist und ihre Steigung $-\frac{2}{6} = -\frac{1}{3}$ beträgt (die Gerade sinkt über 6 Einheiten auf der *X*-Achse 2 Einheiten auf der *Y*-Achse ab). Setzen Sie diese Werte nun in die Geradengleichung ein:

$$y = -\frac{1}{3}x + 2$$

Werden Sie den Bruch los, indem Sie die Gleichung mit 3 multiplizieren:

$$3y = -x + 6$$

Bringen Sie das *x* auf die andere Seite, indem Sie auf beiden Seiten *x* addieren:

$$x + 3y = 6$$

Dies ist die Gleichung aus Antwort D. So können Sie auch D streichen und E verbleibt als richtige Antwort.

11. **C.** Diese Aufgabe testet Ihr Wissen über Primzahlen.

Aussage (1) gibt Ihnen nicht genügend Informationen, um einen einzigen Wert für die Primzahl *p* festzulegen. Es könnte 5 sein ($n = 2$), 17 ($n = 4$) und so weiter. So könnte *p* viele Primzahlen darstellen. Also ist (1) nicht ausreichend und Sie können A und D streichen.

Aussage (2) erlaubt nicht mehr ganz so viele Möglichkeiten wie Aussage (1), aber sie grenzt *p* nicht auf einen einzigen Wert ein. Wäre $p = 2$, dann wäre $p^2 = 4$ und damit kleiner als 26. Oder Wäre $p = 3$, dann wäre $p^2 = 9$ und immer noch kleiner als 26. Auch bei $p = 5$ wäre p^2 mit 25 immer noch kleiner als 26. Alle größeren Werte für *p* würden bei p^2 zu größeren Werten als 26 führen. Also streichen Sie B und berücksichtigen Sie beide Aussagen zusammen.

Die beiden Aussagen zusammen genommen schmälern das Feld noch weiter. Der kleinste Wert für *p* aus Aussage (1) ist 5. Dadurch kommen die 2 und die 3 aus Aussage (2) nicht mehr in Frage. Wenn $p = n^2 + 1$ für alle *n* größer als 1 und $p^2 < 26$ gelten sollen, kann *p* nur noch 5 sein. Zusammengenommen sind beide Aussagen ausreichend, also können Sie E streichen und C ist die richtige Antwort.

12. **E.** Der Trick bei dieser Aufgabe ist es, zu bedenken, dass nach der Reisezeit in *Minuten* gefragt wird und nicht in *Stunden*. Die Formel für die Geschwindigkeit ist: $Geschwindigkeit(v) = \dfrac{Weg(s)}{Zeit(t)}$. Entsprechend ist $t = \dfrac{s}{v}$.

Setzen Sie die Werte aus der Frage in die Formel ein:

$$t = \frac{s}{v}$$

$$t = \frac{140 \text{ Meilen}}{200 \text{ Meilen/Stunde}}$$

$$t = \frac{7}{10} \text{ Stunden}$$

Die Aufgabe fragt aber nach den Minuten, also sind Sie noch nicht fertig. Multiplizieren Sie die $\frac{7}{10}$ Stunden mit 60 Minuten/Stunde und sie bekommen: $\frac{7}{10} \times \frac{60}{1} = \frac{420}{10} = 42$ Minuten. Antwort E.

13. **A.** Um diese Aufgabe zu lösen müssen Sie zwei Gleichungen mit zwei Unbekannten aufstellen: Eine für den Umfang und eine für die Fläche. Hier ist die Gleichung für den Umfang:

$$2l + 2w = 40$$

Und hier die Gleichung für die Fläche:

$$lw = 75$$

Nun lösen Sie die Gleichung für den Umfang nach l auf:

$$2l + 2w = 40$$
$$l + w = 20$$
$$l = 20 - w$$

Nun setzen Sie $20 - w$ in die Gleichung für die Fläche ein und lösen nach w auf:

$$lw = 75$$
$$(20 - w)w = 75$$
$$20w - w^2 = 75$$
$$w^2 - 20w + 75 = 0$$

Nun zerlegen Sie die quadratische Gleichung in ihre Faktoren (siehe Kapitel 11):

$$0 = (w - 15)(w - 5)$$

Lösen Sie jeden Faktor nach w auf was $w = 15$ und $w = 5$ ergibt. Da in der Aufgabe die kürzere Seite verlangt wird, nehmen Sie die 5, Antwort A.

Sie hätten sich die ganze Rechnerei allerdings auch sparen können: Sie kennen den Umfang (40 ft.) und wissen, dass es sich um ein Rechteck handelt, bei dem es zwei kurze und zwei lange Seiten gibt. Stellen Sie sich nun ein Quadrat mit dem Umfang 40 vor (Seitenlänge 10) und überlegen Sie, dass es sich bei gleichbleibendem Umfang in ein Rechteck umformen ließe, indem zwei Seiten verlängert und zwei verkürzt werden. Daraus folgt, dass die kürzere Seite eine Länge <10 haben muss. Antwort (A) ist daher die einzige mögliche Alternative.

14. **A.** Setzen Sie die in den Aussagen gemachten Informationen in Gleichungen um und prüfen Sie, ob sich daraus Doris' Alter ermitteln lässt.

Aussage (1) lässt das Aufstellen einer Gleichung mit einer einzelnen Unbekannten (Doris jetzigem Alter) zu. Wenn D Doris jetziges Alter ist, dann führt die Information in Aussage (1) zu folgender Gleichung:

$$D = 3(D - 6)$$

Sie müssen diese Gleichung jetzt nicht lösen, es reicht zu wissen, dass sie sich lösen lässt. Streichen Sie B, C und E und gehen Sie zur nächsten Aussage.

Aus Aussage (2) können Sie eine Gleichung mit zwei Unbekannten aufstellen: $L = 2(D - 10)$. Da Sie Laurens Alter nicht kennen, können Sie die Gleichung aus Aussage (2) nicht lösen. Aussage (2) ist nicht ausreichend, sie können D streichen und A ist die richtige Antwort.

15. **E.** Der Median ist der Wert an mittlerer Stelle von Daten die aufsteigend vom niedrigsten bis zum höchsten Wert sortiert wurden. Sie suchen also Information, um die Werte a bis e zu sortieren und den mittleren Wert festzulegen.

    Aussage (1) gibt die Reihenfolge von a, b und c an, besagt aber nichts über die Beziehung zu d und e. Aussage (1) ist also nicht ausreichend, also streichen Sie A und D.

    Aussage 2 besagt, dass c und d kleiner sind als e, aber Sie wissen weder, ob c größer bzw. kleiner ist als d noch wie die Beziehung zu a und b ist. Aussage (2) ist demnach auch nicht ausreichend, also streichen Sie B.

    Beide Aussagen zusammen bringen Sie ziemlich nah dran. Sie lassen jetzt nur noch die Reihenfolge a, b, c, d, e sowie a, b, d, c, e zu. Diese beiden Reihenfolgen lassen aber keine eindeutige Aussage über den Median zu, sodass sie auch zusammen nicht ausreichen. Streichen Sie C, die richtige Antwort ist E.

16. **D.** Benutzen Sie die angegeben Gleichung um diese Aufgabe zu lösen. Zuerst setzen Sie für p 200 ein, um zu ermitteln, wie viel Tickets verkauft wurden.

    $$t = 1.000 - 2p$$
    $$t = 1.000 - 2(200)$$
    $$t = 1.000 - 400$$
    $$t = 600$$

    Zuletzt multiplizieren Sie die 600 Tickets mit 200 $ Ticketpreis und erhalten 120.000 $.

17. **C.** Die Formel für das arithmetische Mittel ist: $\text{Mittelwert} = \dfrac{\text{Summe der Werte}}{\text{Anzahl der Werte}}$.

    Setzen Sie für den Erlös des letzten Verkaufs x an, setzen Sie eine Gleichung auf und lösen Sie:

    $$\text{Mittelwert} = \frac{\text{Summe der Werte}}{\text{Anzahl der Werte}}$$
    $$160 = \frac{230 + 50 + 120 + x}{4}$$
    $$160(4) = 230 + 50 + 120 + x$$
    $$640 = 400 + x$$
    $$240 = x$$

18. **A.** Suchen Sie nach Informationen, die Sie den Wert mindestens einer der Variablen ermitteln lässt. Da Sie die Summe der beiden Variablen kennen (27), reicht die Klärung einer Variablen aus.

Aussage (1) sagt, dass *a* und *b* aufeinanderfolgende Zahlen sind. Wenn beide zusammen-addiert 27 ergeben, muss eine von Ihnen 13 und die andere 14 sein. Diese Aussage gibt Ihnen also die Werte beider Variablen und Sie können einfach das Produkt *ab* berechnen. Aussage (1) ist ausreichend und die Antwort ist A oder D.

Aussage (2) gibt an, dass *a* und *b* beide positive ganze Zahlen sind, was Ihnen jede Menge Möglichkeiten für beide Variablen lässt (zum Beispiel 26 und 1, 25 und 2, 24 und 3…). Aussage (2) ist nicht ausreichend, also streichen Sie D. Die Antwort ist A.

19. **B.** Um diese Aufgabe zu lösen, müssen Sie in der Lage sein, mit Sicherheit zu sagen , ob das Intervall der Werte größer als 4 ist. »range« heißt hier »Intervall«.

Intervall = höchster Wert − niedrigster Wert

Aussage (1) gibt Ihnen nichts Hilfreiches um das Intervall zu ermitteln. Sie besagt, welche Variable die höchste ist, aber Sie kennen nicht deren Wert oder den niedrigsten Wert. Aussage (1) ist also nicht ausreichend und die Antwort ist B, C oder E.

Aussage (2) gibt Ihnen die Differenz zwischen den zwei Variablen *d* und *a*, die größer ist als 4. Das ist hilfreich, denn wenn zwei Zahlen in der Menge eine größere Differenz als 4 haben, dann ist das Intervall der gesamten Menge auf jeden Fall größer als 4 und nur das ist gefragt. Aussage (2) ist ausreichend. Sie können C und E streichen, die richtige Antwort ist B.

20. **B.** Bei dieser Aufgabe hilft Ihnen weiter, dass die Winkelsumme in einem Dreieck 180° beträgt. Da sich alle Winkel auf 180° aufaddieren, können Sie *a* mit Hilfe von *b* ausdrücken.

»*a* in terms of *b*« bedeutet *a* durch Bezug auf *b* und heißt, dass Sie den Wert von *a* angeben sollen, ohne einen festen Wert für *b* zu haben.

In der Abbildung sehen Sie ein großes Dreieck, dass aus zwei kleinen Dreiecken zusammengesetzt ist. Lassen Sie sich von den kleinen Dreiecken nicht irritieren, es zählt nur das große. Der Winkel in der oberen Spitze setzt sich aus zwei Winkeln zusammen. Der eine ist *a*, der andere 26°. Der Winkel links ist gegeben: 60°. Der Winkel auf der rechten Seite ist *b*. Da *a* mit Hilfe von *b* angegeben werden soll, können Sie *b* als Konstante betrachten und einfach in der Rechnung mit einfließen lassen. Alle Winkel setzen sich in einem Dreieck zu 180° zusammen. Setzen Sie nun die Informationen in eine Gleichung zusammen und lösen Sie nach *a* auf:

$$(a + 26) + b + 60 = 180$$
$$a + b + 86 = 180$$
$$a + b = 94$$
$$a = 94 - b$$

21. **D.** Um zu berechnen, wie viel $1\frac{3}{4}$-Fuß Stücke aus 12-Fuß Latten geschnitten werden können, müssen Sie einfach 12 durch $1\frac{3}{4}$ teilen und dabei den Rest (Schnittholz) ignorieren. Das Ergebnis multiplizieren Sie mit 4. Beginnen Sie, indem Sie $1\frac{3}{4}$ zu $\frac{7}{4}$ umrechnen:

$$\frac{12}{\frac{7}{4}} = 12 \times \frac{4}{7} = \frac{48}{7} = 6\frac{6}{7}$$

Ignorieren Sie den Rest von $6/7$. Das ist Schnittholz, was verworfen wird. Sie bekommen aus einer Latte 6 Stückchen. Da Sie 4 Latten haben, multiplizieren Sie die 6 mit 4 und erhalten 24.

22. **B.** Bei dieser Data-Sufficiency-Frage geht es um Prozentrechnung. Die Aufgabe gibt an, dass $b > 1{,}2a$ und sie fragt, ob b größer als 70 ist. Sie müssen also etwas über a herausfinden.

Aussage (1) besagt, dass die Differenz zwischen a und b 20 beträgt. Die Informationen $b - a = 20$ und $b > 1{,}2a$ reichen nicht aus, um sagen zu können, dass b größer als 70 ist. Ist zum Beispiel $a = 10$ und $b = 30$ sind beide Bedingungen erfüllt aber b ist nicht größer als 70. Auch $a = 60$ und $b = 80$ erfüllt beide Bedingungen und hier ist $b > 70$. Aussage (1) ist nicht ausreichend und so ist die Antwort B, C oder E.

Aussage (2) gibt an, dass $a > 70$ ist. Wenn a größer als 70 ist, dann ist b größer als 120 % von 70 (was natürlich größer als 70 ist). Also ist Aussage (2) ausreichend, sie können C und E streichen, die Antwort ist B.

23. **C.** Um diese Aufgabe zu lösen, müssen Sie den Wasserdurchlauf der einzelnen Schläuche kennen.

Aussage (1) gibt Ihnen nur den Wasserdurchlauf von Schlauch A an und deswegen ist die Aussage nicht ausreichend. Streichen Sie A und D.

Genauso gibt Aussage (2) nur den Wasserdurchlauf von Schlauch B an und ist allein genommen auch nicht ausreichend. Streichen Sie B.

Aber aus beiden Aussagen zusammen kennen Sie den Wasserdurchlauf beider Schläuche. Daraus könnten Sie berechnen, wie lange es dauert, das Becken zu füllen. Also sind beide Aussagen zusammen ausreichend, streichen Sie E, die Antwort ist C.

Nehmen Sie sich nicht die Zeit, um die Dauer des Beckenfüllens zu berechnen. Falls es Sie interessiert, wie man es rechnet, hier ist die Lösung:

Wenn Schlauch A 24 Stunden braucht, das Becken zu füllen, füllt der in einer Stunde $1/24$ des Beckens. Wenn Schlauch B 30 Stunden braucht, schafft er in einer Stunde $1/30$ des Beckenvolumens. Zusammen befüllen die Schläuche $3/40$ des Beckens in einer Stunde: $1/24 + 1/30 = 9/120 = 3/40$. Der letzte Schritt ist es, eine Gleichung aufzustellen und nach t aufzulösen:

$$\frac{3}{40} \times t = 1 \text{ (1 stellt das gesamte Beckenvolumen dar)}$$

$$t = 1 \div \frac{3}{40}$$

$$t = 1 \times \frac{40}{3}$$

$$t = 13\frac{1}{3} \text{ Stunden}$$

24. **D.** Wenn Sie n kennen, können Sie auch den Preis pro Laptop berechnen. Wenn Sie p als den Preis pro Laptop festlegen, wissen Sie aus der Aufgabenstellung, das $np = 13.000$ ist.

Aussage (1) erlaubt Ihnen das Aufstellen einer Gleichung mit zwei Unbekannten, die Sie nach n auflösen können. Mit dieser Aussage wissen Sie, dass:

$$n(p - 3) = 13.000 - (13.000 \times 0,04)$$

Zuerst denken Sie, sie hätten eine Gleichung mit zwei Unbekannten, die Sie nicht lösen können. Sie haben aber eine zweite Gleichung aus der Aufgabenstellung, nämlich $np = 13.000$. Wenn Sie die Gleichung aus Aussage (1) ausmultiplizieren, entsteht der Term np, den Sie durch die 13.000 ersetzen können. So können Sie n ausrechnen und Aussage (1) ist ausreichend. Die Antwort ist A oder D.

Aus Aussage (2) können Sie n direkt ausrechnen. Kostet ein Laptop 2 $ mehr, so kosten alle Laptops 400 $ mehr. Also sind es insgesamt 200 Laptops (400 $ ÷ 2 $). So ist Aussage (2) ausreichend und die Antwort ist damit D.

25. **E.** Lesen Sie sich die Aufgabe genau durch. Sie verlangt von Ihnen die Kosten *pro Pfund* der Mischung zu berechnen. Um die Kosten pro Pfund zu berechnen, müssen Sie zuletzt die Kosten durch das Gesamtgewicht teilen.

Stellen Sie eine Gleichung auf, um die Kosten der Mischung zu berechnen. Die Kosten sind $3x$ (Gesamtkosten der getrockneten Kirschen) + $4y$ (Gesamtkosten der getrockneten Äpfel).

Das Gesamtgewicht sind 7 Pfund (3 Pfund Kirschen und 4 Pfund Äpfel). Also ist die Formel für Gesamtkosten durch das Gesamtgewicht: $\dfrac{3x + 4y}{7}$.

26. **A.** Sie können die Aufgabe durch Division lösen, aber das ist relativ zeitaufwändig. Schauen Sie sich den Bruch mal etwas genauer an: $\dfrac{24}{125}$. Wäre der Bruch $^{25}/_{125}$ könnten Sie ihn zu $^1/_5$ kürzen, das ist 0,2. Der Bruch in der Aufgabe ist um $^1/_{125}$ kleiner, also können Sie alle Antworten größer als 0,2 (also D und E) ausschließen. $^1/_{125}$ entspricht 0,008, also ist das Ergebnis 0,192, Antwort A.

27. **B.** Sie müssen x und y kennen, um diese Aufgabe lösen zu können.

Aussage (1) gibt Ihnen den Wert von a, aber Sie wissen nichts von x oder y. Dadurch bekommen Sie $\left(\dfrac{2^x}{2^y}\right)^3$. Da Sie diese Gleichung nicht lösen können, ist Aussage (1) nicht ausreichend und A und D sind schon mal raus.

Aussage (2) gibt Ihnen Informationen über x und y. Da y und y gleich sind, können Sie den Ausdruck folgendermaßen umschreiben: $\left(\dfrac{a^x}{a^x}\right)^3$. Der Ausdruck innerhalb der Klammern ergibt 1 und $1^3 = 1$. Sie können also die Gleichung mit den Informationen in Aussage (2) lösen, also können Sie C und E streichen. Die Antwort ist B.

28. **A.** Um die Anzahl an 360° (eine volle Drehung) Drehungen zu auf der Strecke von 50 Metern zu berechnen, müssen Sie den Umfang des Rades in Metern kennen. Danach teilen Sie 50 durch den Umfang und Sie haben die Antwort. Um den Umfang zu kennen, brauchen Sie den Radius, denn $C = 2\pi r$.

Der Durchmesser ist das Doppelte des Radius, also gibt Ihnen Aussage (1) genug Informationen um den Radius zu berechnen und die Aufgabe zu lösen. Die Aussage ist ausreichend und die Antwort ist A oder D.

Die Aufgabe enthält keine Angaben über die Zeit, also hilft Ihnen die Angabe der Umdrehungen pro Minute in Aussage (2) herzlich wenig. Aussage (2) ist daher nicht ausreichend und Sie können D streichen. Die Antwort ist A.

29. **C.** Um diese Aufgabe zu lösen, müssen Sie den Mittelwert und den Median der Zahlenmenge berechnen. Den Mittelwert finden Sie mit der Formel:

$$\text{Mittelwert} = \frac{\text{Summe der Werte}}{\text{Anzahl der Werte}}$$
$$\frac{30}{6} = 5$$

Der Median ist der Wert an mittlerer Stelle, wenn man die Werte der Zahlenmenge nach der Größe sortiert. Bei einer ungeraden Anzahl an Werten ist der Median genau der mittlere Wert, bei einer geraden Anzahl ist er der Durchschnitt der beiden mittleren Zahlen.

Die Reihenfolge der Zahlen ist sortiert nach ihren Werten: 0, 1, 3, 4, 10, 12.

Die beiden mittleren Werte sind 3 und 4.

Der Median ist der Durchschnitt von 3 und 4: $(3 + 4)/2 = 3{,}5$.

Nachdem Sie nun Mittelwert und Median kennen, können Sie diese subtrahieren um die Aufgabe zu lösen: $5 - 3{,}5 = 1{,}5$. Antwort C.

30. **E.** Wenn der Verdienst in diesem Jahr 125 % größer sein soll als der Verdienst im letzten Jahr und der Verdienst im letzten Jahr 10 Millionen Dollar betrug, so wird der Ver-

dienst in diesem Jahr zusätzliche 10 Millionen und noch etwas mehr. Multiplizieren Sie die 10 Millionen aus dem letzten Jahr mit 125 % oder 1,25:

10 Millionen × 1,25 = 12,5 Millionen

Addieren Sie diese 12,5 Millionen zu den 10 Millionen und sie erhalten 22,5 Millionen. Antwort E.

31. **C.** Die einzige Information, die Ihnen in der Aufgabe gegeben wird, ist, dass x, y und z reelle Zahlen sind. Das bedeutet, Sie können jeden möglichen Wert, den Sie sich als Zahl vorstellen können, besitzen.

Wenn Sie wissen, dass der Mittelwert von x, y und z gleich 8 ist hilft Ihnen das für die Ermittlung des Wertes für x nicht weiter. Sie müssen den Wert von mindestens zwei der Variablen bekommen, um den Wert der anderen zu ermitteln. Aussage (1) kann Ihnen allein nicht weiterhelfen, also streichen Sie A und D.

Aussage (2) besagt, dass y und z invers sind. Auch diese Informationen hilft nicht dabei festzustellen, dass $x = 24$ ist. Sie können B streichen und dann die beiden Aussagen zusammen prüfen: Die zweite Aussage gibt Ihnen genau das, was Ihnen für die Auflösung von x in der ersten Aussage fehlt.

Wenn der Mittelwert von x, y und z 8 ist, muss die Summe der drei Variablen 24 sein ($24 \div 3 = 8$). Wenn y und z invers sind, heben sich Ihre Werte bei der Addition auf. Also muss $x = 24$ sein. Die richtige Antwort ist C.

32. **A.** Diese Data-Sufficiency-Frage behandelt wieder mal eine Ungleichung. Sie versuchen herauszubekommen, ob $a > b$.

Aussage 1 sagt Ihnen, dass $a -1$ und $b +1$ aufeinanderfolgende positive Zahlen sind. Das bedeutet, dass a auf jeden Fall größer als b ist. Versuchen Sie es mal und setzen ein paar Zahlen ein. a muss mindestens 2 sein, denn sonst käme bei $a - 1$ keine positive ganze Zahl heraus (0 ist weder positiv noch negativ) heraus. Hingegen kann $b = 0$ sein, damit $b + 1$ eine positive ganze Zahl ergibt. Versuchen Sie es mal mit $a = 23$. $a - 1$ wäre dann 22. Dann müsste b entweder 20 sein ($20 + 1 = 21$) oder 22 ($22 + 1 = 23$). Damit ist a mit 23 auf jeden Fall größer als b mit 20 oder 22. Aussage (1) ist ausreichend und die Antwort ist A oder D.

Ob b gerade oder ungerade ist, es hat keinen Einfluss darauf, ob es größer oder kleiner als a ist. Also ist (2) nicht aussagekräftig und sie können D streichen. A ist die korrekte Antwort.

33. **D.** Sie müssen bei dieser Aufgabe nicht viel rechnen. Schauen Sie die Tabelle durch und streichen Sie jede Familie, die weniger als 50 % ihres Abfalls recycelte.

Die einzige Familie mit einem Anteil von recyceltem Material von mehr als 50% ist Familie D (30 ist mehr als die Hälfte von 55).

34. **B.** Probieren Sie schnell alle Antwortmöglichkeiten durch und sehen Sie, ob sie die Bedingungen in der Aufgabe erfüllen. A (18) können Sie direkt auslassen, denn 18 ist größer als 12. (Streng genommen ist $12 \div 18 = 0$ Rest 12 und wegen $12 = 18 - 6$ ist A auch eine, allerdings triviale Lösung). Versuchen Sie B, also 9. 9 geht ein Mal in 12 mit einem Rest von 3 und $9 - 6 = 3$. Sie brauchen nicht weiter zu suchen.

35. **B.** Die kleinen Striche liegen bei $\frac{1}{5}$, $\frac{2}{5}$, $\frac{3}{5}$ und $\frac{4}{5}$. Die großen Striche liegen bei $\frac{1}{4}$, $\frac{2}{4}$ und $\frac{3}{4}$. Der kleinste gemeinsame Nenner für alle Striche ist 20 und so liegen die Striche in aufsteigender Reihenfolge bei $\frac{4}{20}$, $\frac{5}{20}$, $\frac{8}{20}$, $\frac{10}{20}$, $\frac{12}{20}$, $\frac{15}{20}$ und $\frac{16}{20}$. Der kleinste Abstand zwischen zwei Strichen auf dem Zahlenstrahl ist $\frac{1}{20}$.

36. **D.** Bedenken Sie, dass beide Dreiecke in der Abbildung rechtwinklige Dreiecke sind. Eines der Dreiecke ist ein 45:45:90-Dreieck mit einem Seitenverhältnis von $1:1:\sqrt{2}$ und das andere ist ein 30:60:90-Dreieck mit einem Seitenverhältnis von $1:\sqrt{3}:2$. Sie müssen auch beachten, dass beide Hypotenusen *AB* und *CD* gleich lang sind, weil sie denselben Stahlträger darstellen. Mit diesen wichtigen Informationshappen brauchen Sie nur noch die Länge einer Seite der Dreiecke, um alle übrigen Seiten beider Dreiecke berechnen zu können. Kennen Sie die Länger einer Seite, können Sie die Länge der Hypotenuse ausrechnen, welche dieselbe Länge hat wie die Hypotenuse des anderen Dreiecks. Dann berechnen Sie die Längen der anderen Seiten und Sie haben die geforderte Differenz zwischen *AE* und *DE*.

Aussage (1) gibt die Länge von *AB* an, also können Sie *AE* ausrechnen. Außerdem ist *AB* gleich lang wie *CD*, sodass Sie auch *DE* und damit auch die Differenz zwischen *AE* und *DE* ausrechnen können. Aussage (1) ist also ausreichend und die Antwort ist entweder A oder D.

Aussage (2) ist genauso hilfreich wie Aussage (1). Sie bekommen die Länge von *DE*. Damit können Sie *CD* ausrechnen. Da *CD* und *AB* gleich sind können Sie damit auch *AE* ausrechnen. Danach können Sie die Differenz zwischen *DE* und *AE* berechnen. Auch Aussage (2) ist ausreichend und damit ist die Antwort D.

37. **A.** Dies ist nun die letzte Data-Sufficiency-Frage (und auch die letzte mathematische Frage in diesem Buch überhaupt).

Wandeln Sie die Ursprüngliche Gleichung in der Aufgabe zu etwas Handlicherem um, das der Gleichung in Aussage (1) ähnlicher sieht. Beginnen Sie mit einem gemeinsamen Nenner:

$$\frac{2}{x} + \frac{2}{y} = 8$$
$$\frac{2y}{xy} + \frac{2x}{xy} = \frac{8xy}{xy}$$
$$2y + 2x = 8xy$$
$$x + y = 4xy$$

Da die Formel in Aussage (1) genauso aussieht wie diese Formel, ist Aussage (1) für die Angabe $\frac{2}{x} + \frac{2}{y} = 8$ ausreichend. Die Antwort ist entweder A oder D.

Aussage (2) besagt, dass $x = y$. Aber ohne deren genaue Werte zu kennen, wie $x = y = 1$ oder $x = y = 2$, können Sie nicht sagen ob $\frac{2}{x} + \frac{2}{y} = 8$ wahr ist. So macht $x = y = \frac{1}{2}$ die Aussage wahr aber $x = y = 1$ nicht. Aussage (2) ist nicht ausreichend. Streichen Sie D, die Antwort ist A.

Erläuterungen zu den Sprachaufgaben

1. **C.** Die Logikaufgaben 1 und 2 basieren auf einer Diskussion zwischen Steve und Justine über Programme zum Herunterladen von Musik. Zuerst müssen Sie die entscheidende Voraussetzung für Justines Schlussfolgerung finden, der zufolge Steves Firma sich einen unfairen Wettbewerbsvorteil zu verschaffen und Käufer dazu zu zwingen versucht, nur noch das von Steves Unternehmen angebotene Programm zu erwerben.

   A können Sie verwerfen, weil diese Lösungsmöglichkeit den Rahmen der Argumentation sprengt. Dass Justine auf das Thema Copyright zu sprechen kommt, bedeutet nicht, dass der Schutz von geistigem Eigentum heute nicht mehr erforderlich ist. Um die Qualität von Steves Programm geht es in der Argumentation nicht, daher kommt auch B nicht in Betracht. D hat mit der Argumentation nichts zu tun, da Justines Bemerkung über CDs nicht darauf abzielt, dass CDs überflüssig sind. Und E kann keine Voraussetzung sein, da dieser Gedanke im Text ausdrücklich erwähnt wird. C muss die richtige Lösung sein, da Justines Argument, dem zufolge Steves Firma auf einen unfairen Wettbewerbsvorteil aus ist, darauf beruht, dass Steves Firma die einzige ist, die eine beliebte Download-Software anbietet, während andere Hersteller keine derartige Software im Sortiment haben.

2. **B.** Hier geht es darum, Steves kausale Beweisführung zu entkräften, nach der die Software seiner Firma für den Schutz der Rechte von Musikern unabdingbar ist. Entscheiden Sie sich für eine Lösungsmöglichkeit, die zeigt, dass auch noch andere Wege zum Schutz des Copyrights führen.

    Da eine Beweisführung durch eine Ausnahme einer ansonsten allgemeingültigen Prämisse nicht widerlegt wird, können Sie die Lösungsmöglichkeit E vergessen.

   C bezieht sich nicht unmittelbar auf Steves Schlussfolgerung, da seine Argumentation auf der Notwendigkeit des Schutzes von geistigem Eigentum beruht und nicht auf der Treue oder Untreue der Käufer. A und D scheinen Steves Schlussfolgerung eher zu stützen. A liefert seiner Firma eine rechtliche Grundlage für den unbedingten Schutz des Copyrights und D weist darauf hin, dass das von Steves Unternehmen angebotene Programm den Schutz des geistigen Eigentums gewährleistet. Die richtige Lösung ist B, denn wenn auf eine Weise für Rechtschutz gesorgt werden könnte, die zudem Wettbewerb zuließe, wäre Steves Argument, dem zufolge die Einschränkung des Wettbewerbs für den Rechtschutz unabdingbar ist, äußerst zweifelhaft.

3. **A.** Die Aufgaben 3 bis 7 beschäftigen sich mit einem *faszinierenden* Wissenschaftstext, der die Auswirkungen von Lichtenergie auf Rasenflächen beschreibt. Der durchaus schwierige Text handelt von technischen Problemen und enthält einige anspruchsvolle wissenschaftliche Begriffe. Aber auch wenn Sie nicht alle auf Anhieb verstehen, sollten Sie eigentlich mitbekommen, worum es im Wesentlichen geht. Der erste Absatz befasst sich zunächst mit Pflanzenschäden durch starke Lichteinstrahlung im Allgemeinen und endet mit der Hinwendung zu Rasenflächen im Besonderen. Der zweite Absatz vergleicht die Fotosynthesestärken bei Sommer- und Winterrasen und stellt diese einander gegenüber. Und der dritte Absatz handelt im Einzelnen davon, welche Auswirkungen andauernder Lichteinfall auf die Fotosynthese hat.

Bei der ersten Aufgabe sollten Sie erkennen, worum es dem Autor vor allem geht. Aufgaben wie diese fragen über die Haupaussage hinaus danach, warum ein bestimmter Text geschrieben wurde. Bei Wissenschaftstexten geht es dem Verfasser meistens darum, Informationen zu vermitteln und nicht um die Verteidigung des eigenen Standpunkts, sodass Sie B schon wegen des ersten Worts *arguing* von vornherein ausschließen können. Denn der Autor will mit seinem Text gewiss keinen Streit vom Zaun brechen.

Sie haben erkannt, dass es um Lichtenergie, Fotosynthese und Rasenflächen geht. Bei genauerem Hinsehen werden Sie außerdem feststellen, dass es dem Autor vor allem darum geht, seine Leser über die Unterschiede zwischen Sommer- und Winterrasen zu unterrichten und Verständnis für die Faktoren zu wecken, die Rasenflächen schädigen können. Die Lösungsmöglichkeiten C, D und E befassen sich mit bestimmten Textabschnitten, nicht jedoch mit dem Text im Ganzen. Weder in C noch in E geht es um Licht (und im Text findet sich auch kein Hinweis auf den gegenwärtigen Forschungsstand) und E enthält kein Wort über die Fotosynthese. Die einzige Lösung, die alle wesentlichen Probleme berücksichtigt, ist A.

4. **D.** wenn Sie bei einer GMAT-Textaufgabe dazu aufgefordert werden, Begriffe zu definieren, sollten Sie die Definition immer im Textzusammenhang suchen und sich nicht auf Ihr Vorwissen verlassen.

   Die Gefahr, sich bei der Definition des gefragten Begriffs lieber auf Vorwissen zu verlassen, besteht in diesem Fall weniger, da der Begriff *senesce* nicht gerade eine Zierde zahlloser Alltagsgespräche darstellt. Lesen Sie sich zuerst den Satz, in dem der Begriff vorkommt, und das Umfeld genau durch. Der entsprechende Absatz handelt davon, dass Pflanzen, die nur Licht unterhalb der Kompensationsschwelle bekommen, allmählich absterben. Das bedeutet, dass das einfallende Licht nicht für die Fotosynthese ausreicht und das Gras daher nicht die gewünschte Höhe hält. Die Definition des Begriffs *senesce* scheint deshalb etwas mit dem »Zurückweichen« oder »Schrumpfen« des Rasens zu tun zu haben. Entscheiden Sie sich nun für die Lösungsmöglichkeit, die dieser Wortbedeutung am ehesten entspricht.

   Verwerfen Sie A und B, da der Text darauf schließen lässt, dass im Falle von *senesce* keinerlei langsames oder rasches Wachstum mehr vorliegt. Auch C und E haben nichts mit dem »Zurückweichen« oder »Schrumpfen« des Rasens zu tun. D ist die richtige Lösung, weil nur im »Absterben« die Vorstellung von »Schrumpfen« enthalten ist.

5. **B.** Bei dieser Aufgabe müssen Sie einen wesentlichen Unterschied zwischen Sommer- und Winterrasen erkennen. Der zweite Absatz beschäftigt sich mit diesen beiden Rasensorten. Sommerrasen hält höherer Lichtintensität stand, während Winterrasen in der kalten Jahreszeit nicht so schnell zurückgeht, weil diese Sorte mit weit weniger Lichtenergie auskommt. Schließen Sie C aus, da der Text darauf hinweist, dass alle Pflanzen, die bei der Fotosynthese Licht in Stärke umwandeln, dies am Tag vollbringen. Auch D ist falsch, denn der dritte Absatz lässt darauf schließen, dass alle grünen Pflanzen im gleichen Ausmaß Licht verarbeiten. E kommt nicht infrage, weil der erste Absatz darauf hinweist, dass sowohl Sommer- als auch Winterrasen durch zu viel Licht geschädigt wird. Stehen also noch A und B zur Auswahl, die beide den wesentlichen Unterschied der beiden Rasensorten hinsichtlich der Lichtverträglichkeit behandeln, doch A stellt die Behauptung auf, dass Winterrasen höhere Lichtintensität aushält, während tatsächlich

das Gegenteil richtig ist. Also weist nur B auf den wesentlichen Unterschied zwischen den Rasensorten hin.

6. **E.** Bei dieser Aufgabe müssen Sie eine Ableitung hinsichtlich der Erörterung von Oxidativschäden vornehmen. Der erste Absatz belehrt Sie darüber, das Oxidativschäden nicht nur infolge hoher Lichtintensität auftreten, sondern auch dann, wenn mehr Lichtenergie anfällt, als die Fotosynthese verarbeiten kann. Daher kann alles, was die Fotosynthese behindert, zu Oxidativschäden führen.

 Entscheiden Sie sich hier für eine Lösungsmöglichkeit, die sich logisch aus dem Text erschließen lässt, ohne dass Sie auf wilde Spekulationen angewiesen sind.

A kommt nicht in Betracht, weil die Lichtintensität um die Mittagszeit am höchsten ist und nicht etwa bei Sonnenaufgang oder -untergang. Und da Überwässerung die Fotosynthese beeinträchtigen und den Rasen schädigen kann, bleibt auch B außen vor. C können Sie ausschließen, weil Oxidativschäden eine Folge der Formation freier Radikaler sind und nicht der Kohlenstofffixierung sind. Auch D ist falsch, denn die Lichtintensität allein fügt dem Rasen keinen Schaden zu, Temperaturschwankungen, Austrocknen und Überwässerung können die Fotosynthese ebenfalls beeinträchtigen. Und da der Text all diese vermeidbaren Beeinträchtigungen der Fotosynthese aufzählt, lässt sich logisch schließen, dass Hausbesitzer einiges gegen Oxidativschäden an ihren Rasenflächen unternehmen können (zum Beispiel gießen), womit E sich als richtige Lösung entpuppt.

7. **A.** Um diese Ausschlussfrage zu beantworten, sollten Sie einfach noch mal in den Text schauen und alle Lösungsmöglichkeiten verwerfen, die der Beschreibung gerecht werden. Eliminieren Sie in diesem Fall die möglichen Antworten, die im Text vorkommen und auf die Fotosynthese zutreffen. Die in B und C enthaltene Information finden Sie im dritten Absatz wieder und können diese Lösungsmöglichkeiten damit vergessen. D stammt aus dem ersten und E aus dem zweiten Absatz, daher können Sie auch diese Lösungsmöglichkeiten verwerfen. A hingegen kommt nirgendwo im Text vor, widerspricht den dort aufgeführten Informationen sogar und muss deshalb die richtige Lösung sein.

8. **D.** Diese Logikaufgabe befasst sich mit dem Elfenbeinspecht, einer unlängst in Arkansas gesichteten Spechtart. Die Beweisführung beruht weitgehend auf einer Analogie. Da die beobachteten Vögel große weiße Flecken an den Flügeln hatten und die Flügel des Elfenbeinspechts durch große weiße Flecken gekennzeichnet sind, muss es sich bei den beobachteten Vögeln um Elfenbeinspechte gehandelt haben. Doch Skeptiker haben diesen Analogieschluss mit dem Einwand zu entkräften versucht, dass auch untypische Helmspechte dieses besondere Merkmal aufweisen. Sie sollen nun die Schlussfolgerung der Zweifler bekräftigen und müssen daher nach Lösungsmöglichkeiten Ausschau halten, die den Vergleich zwischen dem verwandten Helmspecht und den beobachteten Vögeln untermauern.

C scheint die Schlussfolgerung eher zu entkräften als zu bekräftigen, außerdem geht es den Skeptikern gar nicht um die Glaubwürdigkeit der fraglichen Vogelsichtungen. C kommt also nicht in Betracht. B und E entkräften die Schlussfolgerung. B weist darauf hin, dass die Forscher zweifelsfrei das typische Doppelklopfen des Elfenbeinspechts vernommen haben und E besagt, das der auf dem Video erkennbare Flügelschlag eher auf den Elfenbeinspecht als auf den Helmspecht schließen lässt. Damit stehen noch die Lösungsmöglichkeiten A und D zur Wahl. Doch A können Sie vergessen, da Louisiana an Arkansas grenzt und der Umstand, dass zuletzt ein Elfenbeinspecht in Louisiana beobachtet wurde, nicht unbedingt gegen die Sichtung in Arkansas spricht. Die richtige Lösung ist D. Wenn das einzige der fünf beobachteten Merkmale des Elfenbeinspechts zufällig das einzige Merkmal ist, über das auch ein untypischer Helmspecht verfügen könnte, würde dies die Schlussfolgerung der Zweifler stützen, der zufolge es sich bei dem beobachteten Vogel wohl eher um einen untypischen Helmspecht gehandelt hat.

9. **A.** Diese Logikaufgabe stellt Ihnen einen Konzeptentwurf aus dem Bereich des professionellen Tennissports vor. Sie sind aufgefordert, die Schlussfolgerung zu bekräftigen, nach der die Ergänzung von Sportübertragungen durch Reality-TV-Elemente dem Tennissport mehr Fernsehzuschauer bringen würde.

Dabei kommt es nicht darauf an, den Wahrheitsgehalt der mit den Lösungsmöglichkeiten gelieferten Informationen zu beurteilen. Gehen Sie ruhig davon aus, dass sämtliche Lösungsmöglichkeiten der Wahrheit entsprechen, und bewerten Sie lediglich, ob diese Lösungsmöglichkeiten die Schlussfolgerung untermauern oder eher nicht.

In diesem Fall können Sie die Lösungsmöglichkeiten D und E verwerfen, die sich beide nicht unmittelbar auf die Schlussfolgerung beziehen. Der Umstand, dass Tennisspieler meinen, dass Fernsehübertragungen ihrer Karriere förderlich sind, bedeutet nicht, dass sich dadurch noch mehr Fernsehzuschauer für ein bestimmtes Tennisturnier interessieren, und auch die Feststellung, dass bei den Olympischen Spielen im Sommer und Winter schon seit Jahren Reality-TV-Elemente zum Einsatz kommen, bedeutet gar nichts, solange nicht auch deren Auswirkungen auf die Einschaltquoten berücksichtigt werden. C hinterfragt (oder schwächt) das fragliche Vorhaben eher. Wenn alles, was die Zuschauer sich wünschen, im Internet schon zu haben ist, hält sich das Interesse an zusätzlichen Interviews vermutlich in Grenzen. Und B entkräftet die Schlussfolgerung eindeutig, denn wenn die neuen Elemente die Tennisfans vor den Kopf stoßen, werden die Einschaltquoten wohl eher in den Keller gehen. Daher bekräftigt nur A die Schlussfolgerung der Argumentation.

10. **E.** Bei dieser Logikaufgabe müssen Sie aus den gegebenen Prämissen die richtige Schlussfolgerung ableiten. Eine angemessene Schlussfolgerung berücksichtigt bei gleichzeitigem Verzicht auf Zusatzinformationen alle in den Prämissen enthaltenen Informationen. Es geht in der Beweisführung nicht um die Ausdehnung des fraglichen Gebiets, sondern um dessen Absinken, deshalb kommt A nicht in Betracht. C handelt von der *Verdichtung* der Erdkruste, während der Text darauf hinweist, dass die Ursache für das Absinken des Gebiets im Gegenteil deren *Ausdehnung* ist, also kann auch C nicht die richtige Lösung sein. Der Text liefert nicht genügend Beweisgrundlagen für die Schlussfolgerung in D. Diese Lösungsmöglichkeit besagt, dass Phoenix niedrig liegt, stellt aber zugleich eine Höhe von 1100 Fuß fest, womit die Stadt immer noch mehr als 1000 Fuß über dem Meeresspiegel liegt. B und E liefern widersprüchliche Schlussfolgerungen, aber die durch den Text gestützte Schlussfolgerung ist E, sodass Sie B ausschließen können. E legt die Vermutung nahe, dass der amerikanische Süden weiter ab-

sinken wird und dass diese Entwicklung die Trockenheit befördert; daher können Sie aus den Prämissen schließen, dass das Gebiet im Süden zukünftig immer trockener wird.

11. **C.** Das Problem mit diesem Satz ist die Kommapaarung. Das Komma verbindet zwei Hauptsätze, die bekanntlich nicht bloß durch ein Komma verknüpft werden dürfen. Korrigieren Sie, um den Fehler zu beheben, entweder die Interpunktion oder verwandeln Sie einen Teil des Satzes in einen Nebensatz.

Der Satz enthält darüber hinaus die idiomatisch fragwürdige Wendung *hurry and get*. Halten Sie nach einer Lösungsmöglichkeit Ausschau, die beide Fehler korrigiert, ohne neue Probleme zu verursachen. Da der Satz fehlerhaft ist, können Sie A von vornherein ausschließen. B und E taugen nicht zur Vermeidung des problematischen Bandwurmsatzes, da sie die beiden Hauptsätze immer noch durch ein Komma miteinander verbinden. Also weg damit. D korrigiert den Bandwurmsatz, lässt dafür aber *hurry and get* unbeanstandet, anstatt die eher passende Wendung *hurry to get* einzusetzen. Nur C korrigiert beide Fehler und ist deshalb die einzig richtige Lösung.

12. **C.** Der unterstrichene Teil dieses Satzes enthält einen Fehler hinsichtlich der Subjekt-Prädikat-Kongruenz. Das Substantiv *theater operators* steht im Plural, das Verb *has refused* indes im Singular. Andere Fehler gibt es nicht, entscheiden Sie sich daher für die Lösungsmöglichkeit, die das Verb in den Plural setzt, ohne Ihnen dabei andere Fehler aufzutischen. Da der Satz einen Fehler enthält, können Sie A von vornherein vergessen. E ändert nichts an der mangelnden Übereinstimmung von Subjekt und Prädikat, während B diesen Schaden zwar behebt, dafür aber einen neuen verursacht, da durch das Fehlen von *but* ein Hauptsatz und damit insgesamt ein fortlaufender Satz entsteht. Auch D korrigiert den Fehler, verwendet aber das Passiv und verändert dadurch den Sinn des Ganzen. Nur die Lösungsmöglichkeit C behebt den Fehler, ohne neue Probleme zu verursachen.

13. **A.** Hier scheint der unterstrichene Abschnitt keinerlei Fehler zu enthalten. Daher könnte A die richtige Lösung sein, aber schauen Sie sich zunächst kurz die übrigen Lösungsmöglichkeiten an, um sicherzugehen, dass Sie nichts übersehen haben. B bringt einen neuen Fehler hinsichtlich der Übereinstimmung von Subjekt und Prädikat ins Spiel. C und D sind unnötig weitschweifig und E fügt dem Ganzen ein überflüssiges Satzglied hinzu. Also ist der Satz so, wie er geschrieben steht, tatsächlich richtig.

14. **B.** Dieser Satz enthält eine einleitende Wendung, die Ihnen verrät, dass das Ganze möglicherweise einen Bestimmungsfehler enthält. So wie der Satz dasteht, warnen Amerikaner vor hohe Vitamindosen, während die wahren Mahner und Warner die Ernährungswissenschaftler sind.

 Einleitende Wendungen beziehen sich immer auf das Subjekt des Satzes, achten Sie daher darauf, dass alles seine Ordnung hat.

Entscheiden Sie sich für eine Lösungsmöglichkeit, die deutlich macht, dass die Ernährungswissenschaftler diejenigen sind, die warnen. C erhält die Konstruktion von A aufrecht, sodass Sie diese beiden Lösungsmöglichkeiten verwerfen können. E ändert die einleitende Wendung, korrigiert aber nicht den falschen Bezug auf die *Amerikaner* statt auf die *Ernährungswissenschaftler*. Schließen Sie deshalb auch diese mögliche Antwort aus. Bleiben noch B und D. Beide Lösungsmöglichkeiten ändern den Satzbau so, dass nun richtigerweise die Ernährungswissenschaftler als Warner fungieren, doch D verwendet überflüssigerweise zwei Verben (*caution* und *warn*) für denselben Sachverhalt. Außerdem findet sich in dieser Alternative die umständlichere Formulierung *that are too high* anstelle von *high doses* und platziert sie unnötig weit weg von dem Substantiv (*dose*), auf das sie sich bezieht. B ist die einzig richtige Wahl, die den falschen Bezug korrigiert, ohne neue Fehler zu produzieren.

15. **D.** Dieser Wirtschaftstext befasst sich mit der Tatsache, dass gemeinnützige Organisationen nicht »außerhalb des Wettbewerbs agieren« und sieht in wirksamer Öffentlichkeitsarbeit eine Möglichkeit für gemeinnützige Organisationen, auf sich aufmerksam zu machen.

Wie üblich geht es bei der ersten Aufgabe dazu um das Hauptthema des Textes. Beim Lesen ist Ihnen sicher sofort aufgefallen, dass der Text die Notwendigkeit wirksamer Öffentlichkeitsarbeit unterstreicht, damit gemeinnützige Organisationen im Konkurrenzkampf bestehen können. Die Formulierung der Hauptaussage sollte daher diese Information vermitteln.

A steht im Widerspruch zur Botschaft des Textes, sodass Sie die mögliche Lösung von vornherein verwerfen können. Außerdem geht es im Text nicht darum, welche Einnahmequellen womöglich nicht besonders ergiebig sprudeln, also sagt auch E Ihnen nichts über die Hauptaussage. B enthält immerhin Informationen, die auch im Text selbst vorkommen, übernimmt aber nur einen Teil der Message (nämlich das im dritten Absatz behandelte Thema). Auch C greift mit dem im zweiten Absatz erörterten Gedanken nur einen Ausschnitt des Textes auf. D hingegen berücksichtigt alle im Text enthaltenen Informationen und macht deutlich, wie sehr der Verfasser den Bedarf an Public Relation hervorhebt.

16. **E.** Bei dieser Textaufgabe müssen Sie auf der Basis eines bestimmten Satzes im Text einen indirekten Schluss ziehen. Der Satz weist darauf hin, dass Menschen, die für gemeinnützige Organisationen arbeiten, sich gewöhnlich nicht als Teilnehmer eines Konkurrenzkampfes sehen. Die richtige Lösung geht über dieses Argument hinaus und zielt auf dessen logische Implikationen. A können Sie von vornherein ausschließen, da die Aussage, dass Mitarbeiter von gemeinnützigen Organisationen den Konkurrenzkampf zwischen solchen Organisationen für härter halten als den unter Unternehmen der freien Wirtschaft, einen zu gewaltigen logischen Sprung macht. Für die in B enthaltene Ableitung müssten Sie die Gedanken und Implikationen im Text hinter sich lassen. Und ob die Mitarbeiter gemeinnütziger Organisationen glauben, dass sie auf Spenden in beliebiger Höhe zurückgreifen können, hat rein gar nichts mit ihrer Meinung über das Ausmaß des Konkurrenzkampfs zu tun. Und da der Autor sich für Öffentlichkeitsarbeit zum Wohle gemeinnütziger Organisationen ausspricht, ergibt auch C keinen Sinn. D könnte da schon eher infrage kommen, allerdings sagt der Text nichts darüber, wie Mitarbeiter den Wettbewerb mit Schwesterorganisationen im Unterschied zu dem mit fremden gemeinnützigen Organisationen sehen. D scheint außerdem zu unterstellen, dass gemeinnützige Organisationen wissen, dass sie mit verwandten Organisationen konkurrieren,

auch wenn sie sich für den gleichen guten Zweck einsetzen. E ist die richtige Lösung, weil es folgerichtig ist zu behaupten, dass gemeinnützige Organisationen sich nicht im Konkurrenzkampf wähnen, weil sie für einen guten Zweck arbeiten und nicht wie Wirtschaftsunternehmen auf Profit aus sind.

17. **B.** Gehen Sie den Text nun auf der Suche nach den Lösungsmöglichkeiten für diese Ausschlussfrage durch. Streichen Sie alle möglichen Antworten, auf die Sie auch im Text stoßen. Aufzählung gemeinnütziger Organisationen finden Sie im letzten Absatz. Aufgeführt sind Organisationen, die medizinische Forschung im Amazonasgebiet betreiben (A), Sinfonieorchester (C), Organisationen zum Schutz der Pazifikwale (D) und Leihbüchereien (E). Nur die Essensausgaben (B) tauchen nirgendwo auf und obwohl es auch dabei nicht um Gewinnstreben geht, haben die Essensausgaben nichts mit dem Text zu tun.

18. **A.** Um diese Textaufgabe, die nach einer bestimmten Information fragt, zu lösen, müssen Sie den Text durchgehen und nach einer Möglichkeit Ausschau halten, wie Public Relation einer bestimmten Organisation Geltung gegenüber anderen verschaffen kann. Das Wort »*obvious*« steht in Anführungszeichen, daher können Sie eine Menge Zeit sparen, wenn Sie im Text nach *obvious* oder der Formulierung »*stand out from the crowd*« suchen. *Obvious* finden Sie im vorletzten Satz des Textes. Auch die Formulierung »*stand out from the background noise*« fällt schnell ins Auge. Dem Text zufolge heben vor allem persönliche Kontakte Ihre Organisation von anderen ab. Lösungsmöglichkeit A erwähnt persönlichen Kontakt und ist daher vermutlich die richtige Lösung. Im Text ist zwar von Konkurrenzkampf die Rede, nicht aber im Zusammenhang mit einer Möglichkeit, eine Organisation von anderen abzuheben; daher ist D keine so gute Wahl wie A. Mit den Lösungsmöglichkeiten B und C hat der Text nichts gemeinsam, während E zunächst ganz nett und kuschelig klingt. Allerdings geht es im Text auch nicht um Spender mit einem natürlichen Hang zu einer bestimmten Organisation.

19. **C.** Der unterstrichene Abschnitt dieses Satzes enthält einen Ausdrucksfehler. Die idiomatisch richtige Wendung wäre hier *the more …, the more …*. Doch der Satz bringt den Gedanken nicht richtig zu Ende, sodass Sie A von vornherein ausschließen können. B scheint den Fehler durch das bessere Wort *as* zu beheben, bringt aber einen neuen Fehler ins Spiel, da der zweite Teil des Satzes ohne *because* zu einem Hauptsatz wird und das Ganze sich in einen Bandwurmsatz verwandelt. D setzt *as* ans Ende der Wendung, wodurch der Satz logisch fragwürdig wird. E wartet dank der Paarung des im Plural stehenden Substantivs *abilities* mit dem im Singular stehenden Verb *declines* mit einer mangelhaften Subjekt-Prädikat-Übereinstimmung auf. Nur C korrigiert die Wendung und lässt neue Fehler außen vor.

20. **D.** Das Pronomen *that* leitet gewöhnlich einen Relativsatz ein und muss nicht durch ein Komma angezeigt werden. Da das Komma nicht zum unterstrichenen Teil des Satzes gehört, müssen Sie *that* durch das für Personen zuständige Pronomen *who* ersetzen. A können Sie ausschließen. B behebt den Fehler nicht, weil das Komma das Subjekt *family* auf unstatthafte Weise vom Verb *was* trennt. C lässt *that* unangetastet und damit den ursprünglichen Fehler. Die Lösungsmöglichkeit E löst dieses Problem, präsentiert Ihnen aber einen unnötig weitschweifigen und redundanten Satzbau. D hingegen ersetzt *that* durch *who* und verzichtet auf die Einführung neuer Schwierigkeiten.

21. **B.** Dieser Satz enthält ein falsch verwendetes Pronomen. Das im Singular stehende Pronomen *is* scheint sich auf *college* zu beziehen, allerdings gehört das Pronomen eigentlich zu dem Substantiv *alumni* (das im Plural steht). Unter diesen Umständen bedarf es eines Pronomens im der dritten Person Plural. Wie immer, wenn der Aufgabentext fehlerhaft ist, kommt A nicht in Betracht. E korrigiert den Fehler nicht und schafft durch die falsche Verwendung des Possessivpronomens *whose* neues Kopfzerbrechen. Auch D verbessert den Fehler, schmuggelt aber unnötigerweise das Wort *each* in den Relativsatz ein. C korrigiert den Fehler ebenfalls, produziert aber durch den falschen Genitiv *alma maters* ein neues Problem. Die richtige Lösung B hingegen korrigiert den Pronomenfehler und bringt keine neuen Fehler ins Spiel.

22. **A.** Dieser Satz bedarf offenbar keiner Korrektur. Der unterstrichene Abschnitt enthält anscheinend keine Fehler und harmoniert mit dem Rest des Satzes. Dennoch sollten Sie die übrigen Lösungsmöglichkeiten unter die Lupe nehmen, bevor Sie sich endgültig für A entscheiden. B kommt nicht infrage, weil die richtige Konjunktion in diesem Satz *and* und nicht *but* ist. Schließlich steht der erste Teil des Satzes nicht im Widerspruch zum zweiten Teil. C verzichtet ganz auf die Konjunktion, wodurch der Satz sich so liest, als würde die Halbinsel Yucatan selbst ihre Schlüsse ziehen. D scheint eine denkbare Alternative zu liefern, allerdings sorgt die Veränderung beim Verb für neue Probleme. Natürlich müsste hier der Plusquamperfekt *to have killed* stehen, um anzuzeigen, dass der Meteoreinschlag stattfand, bevor die Wissenschaftler von dem Ereignis Kenntnis erhielten. E wartet dagegen mit dem falsch verwendeten Verb *concludes* auf. Das Subjekt *scientists* steht im Plural, das Verb *concludes* jedoch unpassend im Singular. Außerdem erfordert das Verb die Vergangenheit (oder Vorvergangenheit), damit es mit den übrigen Verben im Satz harmoniert. Die richtige Lösung ist also A.

23. **E.** Bei dieser Satzaufgabe müssen Sie einen anderen Pronomenfehler erkennen. Da der U.S. Forest Service ein Singular ist, müsste im unterstrichenen Teil des Satzes anstelle von *they* richtigerweise das Pronomen *it* erscheinen. Daher ist A diesmal nicht die richtige Lösung. B korrigiert zwar den Fehler, enthält aber einen Mangel hinsichtlich der Subjekt-Prädikat-Kongruenz (statt *sell* müsste das Verb *sells* lauten). Auch C produziert durch den Wechsel von *these* zu *this* einen neuen Fehler. Lösungsmöglichkeit D verwendet, um die beiden Hauptsätze zu verknüpfen, in Verbindung mit dem Komma keine Konjunktion. Nur E stellt den Pronomenfehler richtig, ohne neue Probleme zu verursachen.

24. **D.** Bei dieser Logikaufgabe geht es um die Wahl der Namen für irische Jungen. Die Argumentation erläutert, dass viele »irische« Namen den Iren in Wahrheit von angelsächsischen Invasoren aufgedrängt wurden, und Sie müssen nun auf der Grundlage der Argumentation eine Ableitung vornehmen.

 Normalerweise greift man zu diesem Zweck anstelle der Schlussfolgerung auf eine der Prämissen zurück und Ableitungen kommen in der Argumentation nicht ausdrücklich vor.

Lösungsmöglichkeit A gibt lediglich Informationen wieder, die der Autor ausdrücklich anführt, und kann daher keine Ableitung sein. Auch C greift eine Information aus den Prämissen auf. B und E sind in gegenteiliger Weise problematisch, da die in diesen Lösungsmöglichkeiten enthaltenen Informationen in den Prämissen überhaupt keine Rolle spielen und Sie außerdem nicht genug erfahren, um sie von den Prämissen abzuleiten. Die Vermutung, dass irische Eltern sich im Allgemeinen für möglichst traditionelle Namen entscheiden, ist ebenso weit hergeholt wie die, dass der Autor noch immer wegen der Einschleppung unirischer Namen nach Irland verbittert ist. Die einzig zulässige Lösung ist D. Wenn der Verfasser solche Namen für traditionell irisch hält, die vor dem 1200 in Irland gebräuchlich waren, kann er Namen wie Seamus, Sean und Patrick unmöglich für traditionell irische Namen halten.

25. **A.** Die Logikaufgaben 25 und 26 basieren auf einem Streitgespräch zwischen Linda und Jane über Kaffeebecher. Linda erinnert Jane daran, dass der Kunststoffbecher, aus dem sie ihren Kaffee trinkt, sie beide überdauern wird, worauf Jane mit ein paar eindrucksvollen wissenschaftlichen Entdeckungen kontert. Bei der ersten der beiden Aufgaben geht es darum, Linda mit einer Entgegnung zu wappnen, die Janes Schlussfolgerung entkräftet, der zufolge die Verwendung von Kunststoffbechern heutzutage unbedenklich ist, da Bakterien deren Entsorgung übernehmen, ökologisch. Sie müssen dabei nach einer Entgegnung suchen, die einerseits den von Jane angeführten wissenschaftlichen Fortschritt berücksichtigt, andererseits jedoch auf der ökologischen Überlegenheit wiederverwendbarer Kaffeebecher beharrt.

B können Sie von vornherein ausschließen. Es ist ja schön, dass in Cafés nach Möglichkeit weniger Kunststoffbecher verwendet werden, aber das hat nichts mit Janes Schlussfolgerung zu tun, nach der Bakterien ihren Kaffeebecher vertilgen können. C benennt eine weitere löbliche Eigenschaft wiederverwendbarer Kaffeebecher, doch die bessere Isolierung der Behältnisse sagt nichts über deren Umweltverträglichkeit aus. D ist für die Argumentation unerheblich, da diese Lösungsmöglichkeit auf eine Umweltbelastung hinweist, die mit dem Kaffeeanbau und nicht mit dem bei der Herstellung von Kaffeebechern verwendeten Material zu tun hat. E hebt den finanziellen Vorteil wiederverwendbarer Kaffeebecher hervor, während das Ökoargument hier gar keine Rolle spielt. Daher ist A die richtige Lösung, denn da der Kunststoffbecher während des Recyclingprozesses Energie verbraucht, ist der Nachteil für die Umwelt allemal größer als bei der Verwendung wiederverwendbarer Kaffeebecher.

26. **C.** Bei der zweiten Aufgabe zu Lindas und Janes Diskussion müssen Sie die Voraussetzung erkennen, auf die Jane sich bezieht, wenn sie angibt, bei der Verwendung von Kunststoffbechern in Zukunft kein schlechtes Gewissen mehr haben zu müssen. Die gesuchte Voraussetzung bleibt zwar unausgesprochen, ohne sie könnte Jane aber kaum zu ihrer Schlussfolgerung gelangen. Da A in den Prämissen ausdrücklich erwähnt wird, kann diese Lösungsmöglichkeit keine stillschweigende Voraussetzung enthalten. Ob der Recyclingprozess in Amerika stattfindet oder nicht, ist eine ökonomische Frage, die für Gewissensbisse hinsichtlich ökologischer Probleme eigentlich nicht in Betracht kommt; trotzdem bleibt B so lange auf der Liste, wie Sie keine bessere Lösung finden. D können Sie verwerfen, weil es für Janes Schuldgefühle wegen ihres Kaffeebechers nicht von Belang ist, ob Linda ihre Einkaufstasche vergisst oder nicht. E würde bedeuten, dass Jane nicht mit weiteren Fortschritten auf dem Gebiet der Materialentwicklung rechnet. Allerdings müsste sich Jane, falls entsprechende Fortschritte die Umweltschäden durch Wegwerfbecher vermindern würden, zukünftig noch weniger mit Schuldgefühlen plagen. Die richtige Lösung ist C, weil Janes Gewissensbisse durch die Wiederaufbereitung

ihres Wegwerfbechers beruhigt würden, aber damit das passiert, müsste die Entwicklung, Schaumstoff durch Bakterien vertilgen zu lassen, auch bis in ihre Heimatstadt vordringen.

27. **B.** Bei dieser Logikaufgabe geht es darum, die Schlussfolgerung zu entkräften, nach der mehr Menschen bessere Computertastaturen kaufen würden, wenn es sie denn gäbe. Dazu müssen Sie nach einer Lösungsmöglichkeit Ausschau halten, die hinlänglich begründet, dass die Käufer die besseren Tastaturen gar nicht annehmen würden. Durch C wird die Argumentation weder bekräftigt noch entkräftet. Der Umstand, dass die Entwicklung neuer Tastaturen lange Testreihen erfordert, sagt nichts über deren Zurückweisung durch die Kundschaft. E liegt ähnlich daneben, da eine höhere Anzahl Tasten weder etwas über die Verbesserung der Anordnung noch darüber sagt, dass die Menschen diese Verbesserung nicht annehmen würden. A bekräftigt die Schlussfolgerung durch das Argument, dass die Verwendung der amerikanischen QWERTY-Computertastatur durch nichts mehr gerechtfertigt ist, und kann deshalb nicht die richtige Lösung sein. D entkräftet die Schlussfolgerung ein Stück weit durch die Feststellung, dass das menschliche Gehirn sich gut an die gebräuchliche Tatenreihenfolge gewöhnt, aber schauen Sie sich auch noch B an, ob diese Lösungsmöglichkeit nicht doch die bessere ist. In der Tat liefert B den gewichtigsten Einspruch gegen die Behauptung, dass jeder gerne eine neue Computertastatur hätte. Wer sein ganzes Leben mit der handelsüblichen QWERTY-Tastatur gearbeitet hat, verspürt wenig Lust, sich auf eine neue Tastenanordnung einzustellen und stürmt nicht die Läden, bloß weil eine neue Tastatur auf dem Markt ist.

28. **E.** Dieser geisteswissenschaftliche Text erzählt Ihnen etwas über den griechischen Philosophen Platon. Wie immer kommt es bei der ersten Aufgabe auf die Hauptaussage des Textes an. Das heißt hier, dass Sie herausfinden müssen, mit welcher Absicht dieses Pamphlet über Platon (eine kleine Alliteration ist immer gut!) verfasst wurde. Um die Intention des Autors zu bestimmen, müssen Sie nur das Hauptthema erkennen und anschließend auf der Grundlage von Anhaltspunkten im Text herausfinden, warum der Verfasser eigentlich zur Feder (oder was auch immer) gegriffen hat. In diesem Fall verwendet der Autor einen didaktischen Stil, also geht es ihm nicht darum, einen Standpunkt zu vertreten, sondern um die Vermittlung von Informationen.

Jede der Lösungsmöglichkeiten im Angebot enthält irgendetwas aus dem Text, aber A, B, C und D beschäftigen sich mit Unterpunkten, nicht jedoch mit der Hauptaussage. A kommt auch deshalb nicht in Betracht, weil der Autor nichts über die Interpretation der frühen Schriften von Platon sagt. B wartet da schon mit genaueren Informationen auf, bezieht sich aber lediglich auf den letzten Absatz des Textes. C bleibt vage, da der Text zwar kurz auf die Glaubwürdigkeit von Geschichten über Platons militärische Heldentaten eingeht, diese aber keineswegs im Einzelnen vermerkt. Und D befasst sich nur mit einem Unterpunkt im ersten Absatz. Also muss E die richtige Lösung sein, denn das Hauptthema ist die Frühzeit des Philosophen.

29. **D.** Bei dieser Aufgabe geht es um eine Formulierung, deren Bedeutung Sie ableiten müssen. Weiter vorne im selben Satz beklagt der Autor hinsichtlich der fraglichen Information eine mangelhafte Quellenlage, sodass Sie davon ausgehen können, dass »*the category of apocrypha*« (die Kategorie der Apokryphen) sich auf etwas bezieht, für das es

wenig Beweisgrundlagen gibt. Die Lösungsmöglichkeit, die dieser Bedeutung entspricht, ist D.

30. **A.** Bei dieser Textaufgabe kommt es auf eine bestimmte Information über den Einfluss von Platons Italienreise auf sein Spätwerk an. Die Italienreisen tauchen erst im letzten Absatz auf, der die Bedeutung von Platons Berichterstattung für die pythagoräische Philosophie unter Einschluss ihrer Auswirkung auf Platons *Staat* zum Thema hat. A greift die pythagoräische Philosophie auf, ist also vermutlich die richtige Lösung, aber prüfen Sie zur Sicherheit auch den Rest des Angebots. Der Text erwähnt im Zusammenhang mit Platons Ägyptenreise die Wasseruhr, von Italien ist nirgendwo die Rede, B kommt daher nicht infrage. C können Sie ausschließen, weil der Text sich an keiner Stelle damit befasst, dass der Einfluss des Sokrates auf Platon erdrückend war. D vermischt die früheren Geschichten über militärische Heldentaten mit der belegten Reise nach Süditalien und fällt damit ebenfalls flach. Und E ist falsch, weil Platons Militärdienst schon vor der Italienreise in Griechenland stattgefunden haben muss. Bleiben Sie daher bei der Lösungsmöglichkeit A.

31. **B.** Ausschlussfragen sind am Computer leichter zu lösen, da der Text auf dem Bildschirm unmittelbar neben der Aufgabe erscheint.

Halten Sie im Text einfach nach Titeln platonischer Werke Ausschau und streichen Sie alle, die Sie dort finden. In diesem Fall sind die Schriften kursiv hervorgehoben, sodass Sie diese Aufgabe vermutlich besonders schnell erledigen konnten. Drei Schriften, *Laches*, *Protagoras* und die *Apologie* kommen im ersten Absatz vor und der *Staat* im letzten Absatz. Damit bleibt der *Phaidon*, der zwar auch zu Platons Werken zählt, im Text aber nicht erwähnt wird.

32. **B.** Diese Ableitungsfrage macht Sie auf einen bestimmten Textabschnitt aufmerksam, sodass Sie sich, um die Nuss zu knacken, vermutlich ein wenig mehr anstrengen müssen als bei der vorigen Aufgabe. Der Verfasser erwähnt die Spartanerherrschaft im zweiten Absatz; konzentrieren Sie sich deshalb auf diesen Textteil. Eliminieren Sie alle offensichtlich nicht in Betracht kommenden Lösungsmöglichkeiten und schauen Sie dann nötigenfalls wieder in den Text. A können Sie verwerfen, weil der Autor bezweifelt, ob Platon tatsächlich Kriegsteilnehmer war.

 Verlassen Sie sich beim Lösen der Aufgaben nie auf Ihr Wissen aus anderen Quellen. Selbst wenn Sie im Geschichtsunterricht gelernt haben, dass Sparta sich ständig im Krieg befand und zur Zeit der Hinrichtung des Sokrates auch über Athen herrschte, hat es keinen Sinn, Textaufgaben mit Ihrem Vorwissen zu Leibe zu rücken.

Da im Text kein Wort über die kriegerischen Neigungen Spartas oder die Herrschaft über Athen steht, können Sie E und D schon mal vergessen. Ein Vergleich der philosophischen Erziehung in Athen mit der in Sparta kommt auch nirgends vor, sodass die Lösungsmöglichkeit C auch nicht infrage kommt. Die einzig ergiebige Information findet sich in B. Wenn Athen Sparta 395 v. Chr. besiegt hat, muss Sparta irgendwann *davor* über Athen geherrscht haben.

33. **C.** Lösungsmöglichkeit A können Sie sofort ausschließen, weil der unterstrichene Abschnitt dieser Satzaufgabe mindestens drei Fehler aufweist:

   ✔ Wenn, wie in diesem Fall nur zwei Möglichkeiten existieren, verwendet man _whether_ anstelle von _if_.

   ✔ Der zweite Fehler betrifft die Übereinstimmung von Subjekt und Prädikat. Das Subjekt des Satzteils ist _activity_ und steht im Singular, daher müssen Sie das Verb _indicates_ im Singular verwenden und nicht dessen Pluralform indicate.

   ✔ Da die vulkanische Aktivität dabei ist, sich zu entfalten, ist es besser, statt _has become active_ die »Verlaufsform« _is becoming active_ zu wählen.

   Verwerfen Sie B, da diese Lösungsmöglichkeit _if_ statt _whether_ verwendet und das Verb am Ende des Satzes nicht in Form bringt. Die Alternativen lösen das Problem mit der Subjekt-Prädikat-Kongruenz und der Wortwahl, aber D ändert nichts an der falschen Verwendung des Verbs. Daher ist C die einzig richtige Lösungsmöglichkeit, die alle drei Mängel behebt.

34. **E.** Hier verrät Ihnen der Satzbau wortwörtlich, dass die »Jack Jumper« mehr Menschen töten als die Gesamtzahl der getöteten Menschen. Gemeint ist jedoch, dass diesen australischen Ameisen mehr Menschen zum Opfer fallen als anderen Tierarten des Subkontinents. A können Sie damit von vornherein ausschließen. B ist genauso unbeholfen formuliert wie A und kommt deshalb ebenfalls nicht in Betracht. C lässt vermuten, dass die Anzahl der durch Ameisen ums Leben gekommenen Menschen größer ist als die Zahl der durch Ameisen getöteten Schlangen, Spinnen und anderen Tierarten, aber das ist nicht der Sinn der Aufgabenstellung. D behauptet, dass die Ameisen mehr Menschen umbringen als Menschen. E stellt den Vergleich klar und ist daher die richtige Lösungsmöglichkeit.

35. **C.** Bei dieser Satzaufgabe ist der komplette Nebensatz unterstrichen. Auf den ersten Blick scheint der Satz fehlerfrei zu sein. Doch wenn Sie die Alternativen durchgehen, wird Ihnen auffallen, dass einige Lösungsmöglichkeiten den Satzteil mit dem Wort _whereas_ beginnen, welches für den Zusammenhang dieses Satzes eindeutig die bessere Wahl ist. _While_ bedeutet gewöhnlich _at the same time_ (zur selben Zeit) und sollte lieber nicht im Sinne von _although_ oder _but_ verwendet werden. A kann also nicht richtig sein. Auch B und E verwenden _while_, sodass Sie auch diese beiden Lösungsmöglichkeiten verwerfen können. Damit bleibt Ihnen die Wahl zwischen C und D. D korrigiert die fehlerhafte Wortwahl, ersetzt jedoch das klarere _of time_ durch _on the basis of time_ und entfernt die Wendung zudem weiter von dem Substantiv, auf das sie sich bezieht. Geben Sie deshalb C den Vorzug.

36. **C.** Dieser Satz hat ein Parallelismusproblem. Das Verb _hosts_ bezieht sich auf die beiden ersten Bestandteile der Aufzählung (das Konzert und das Skirennen für die ganze Familie), doch mit dem dritten Element der Aufzählung kommt eine neue Verbwendung ins Spiel (_puts together_). Aber um der Parallelstruktur Genüge zu tun, muss _hosts_ bei allen drei Elementen Verwendung finden oder jedes erhält ein eigenes Verb. Daher ist klar, dass Sie A von vornherein ausschließen können. Weder D noch E lösen das Parallelismusproblem, sodass Sie diese möglichen Antworten ebenfalls verwerfen können. D stellt dem zweiten Aufzählungselement ein eigenes Verb voran, nicht aber dem dritten. E

bringt beim dritten Aufzählungselement ein Subjekt (*it*) ins Spiel und verwandelt es dadurch von einer Wendung in einen Teilsatz. B gönnt jedem Aufzählungselement ein eigenes Verb und behebt dadurch den Parallelismusfehler, doch *organized* ist Vergangenheitsform, währen die beiden anderen Verben in der Gegenwartsform erscheinen. B kann also auch nicht des Rätsels Lösung sein. C löst das Problem, indem *hosts* sich auf alle drei Bestandteile der Aufzählung beziehen darf, und ist daher die richtige Lösung.

37. **D.** Bei dieser Logikaufgabe geht es um die Tatsache, dass es auf der Insel Neuseeland keine Schlangen gibt. Sie sollen die Schlussfolgerung bekräftigen, der zufolge dieses Kuriosum darauf zurückzuführen ist, dass Schlangen nicht schwimmen können. Um die kausale Beweisführung zu stützen, müssen Sie eine Lösungsmöglichkeit ausfindig machen, die in der Unfähigkeit von Schlangen, sich über Wasser zu halten, den Beweisgrund für deren Abwesenheit sieht. A befasst sich überhaupt nicht mit dem Thema Schwimmen, kann die Argumentation also unmöglich untermauern. Außerdem geht es nicht darum, ob es in der Nachbarschaft von Neuseeland irgendwelche Schlangen gibt. B erklärt, warum Schlangen nicht später zufällig nach Neuseeland gelangen konnten, sagt aber nichts darüber, warum es dort nicht schon seit jeher Schlangen gegeben hat. C beschäftigt sich mit Seeschlangen, die sich von den auf dem Festland lebenden Schlangen, um die es im Text geht, unterscheiden, sodass deren Eigenschaften nicht auf die Schlussfolgerung des Verfassers angewendet werden können. Lösungsmöglichkeit E entkräftet die Schlussfolgerung, denn wenn auf anderen Inseln Schlangen vorkommen, müssen sie irgendwie dorthin gelangt sein, ob sie nun schwimmen können oder nicht. Die richtige Lösung ist D, denn wenn auch auf anderen großen Inseln keine Schlangen existieren, liegt das vermutlich daran, dass Schlangen Nichtschwimmer sind.

 Lassen Sie sich durch Ihr Wissen, dass es zum Beispiel auf Hawaii Schlangen gibt, nicht von der richtigen Entscheidung abhalten. Denken Sie daran, dass Sie immer davon ausgehen sollten, dass die Lösungsmöglichkeiten wahr sind, auch wenn Sie es eigentlich besser wissen.

38. **B.** Bei dieser Logikaufgabe sollten Sie Schlussfolgerung entkräften, nach der die von den Reiseveranstaltern avisierten Reisekosten nicht den tatsächlich entstehenden Reisekosten entsprechen. Um diese Schlussfolgerung zu entkräften, müssen Sie eine Art des Reisens finden, die ohne versteckte Kosten auskommt. Die Lösungsmöglichkeiten A und E weisen darauf hin, dass es in anderen Geschäftszweigen ebenfalls versteckte Kosten gibt (die sogar noch höher ausfallen können als in der Tourismusbranche), aber dieser Vergleich vermag die Schlussfolgerung, der zufolge die Tourismusindustrie mit versteckten Kosten arbeitet, nicht zu entkräften. D führt ein Beispiel aus der Tourismusbranche an, bei dem die avisierten Kosten nicht mit den tatsächlichen Kosten übereinstimmen, und kommt daher nicht in Betracht. C argumentiert, dass die tatsächlichen Reisekosten manchmal sogar unter den angegebenen Kosten liegen, aber der Endpreis unterscheidet sich auch hier vom Angebot des Reiseveranstalters, sodass C die Beweisführung eher bekräftigt. B indes weiß von einem Fall, in dem sich die tatsächlichen Reisekosten mit den avisierten Kosten decken, damit ist die Schlussfolgerung, nach der »die tatsächlichen Reisekosten nie mit den avisierten Reisekosten übereinstimmen« eindeutig widerlegt und B ist die beste unter den fünf angebotenen Lösungsmöglichkeiten.

39. **E.** Bei dieser Logikaufgabe müssen Sie die der Schlussfolgerung zugrunde liegende Voraussetzung ausfindig machen. Die Argumentation kommt zu dem Schluss, dass der Staat, um allen Bürgern gerecht zu werden, die Einkommensteuer erhöhen und dafür die Umsatzsteuer herabsetzen sollte. A kann keine Voraussetzung sein, weil die Prämisse bereits in der Argumentation vorkommt. Da es in der Beweisführung nicht um eine einheitliche Besteuerung geht, kann auch B keine Voraussetzung des Verfassers sein. Ebenso wenig ermutigt der Text die Bürger zum Sparen, sodass auch C irrelevant ist und nichts zur Problemlösung beiträgt. D wäre eine gute Wahl, wenn es darum ginge, etwas aus dem Text abzuleiten, aber Sie sollen ja eine Voraussetzung finden. Die beste Lösungsmöglichkeit ist E, denn damit die Umsatzsteuer wirklich regressiv ist, müssen zum Leben notwendige Waren genauso besteuert werden wie Luxusgüter. Und um argumentieren zu können, dass die Umsatzsteuer die Ärmeren belastet, muss der Autor von der Voraussetzung ausgehen, dass die Umsatzsteuer auch beim Allernotwendigsten anfällt, denn sonst würde die Umsatzsteuer nicht auch Menschen betreffen, die sich nur das Allernotwendigste leisten können.

40. **A.** Hier müssen Sie aus den gegebenen Prämissen eine Schlussfolgerung zum Thema der weltweiten Zerstörung von Korallenriffen ziehen. Dabei sollten Sie, anstatt nur eine Prämisse zu berücksichtigen, beide Prämissen miteinander verknüpfen. B wird durch die Prämissen nicht gestützt, denn die Fischbestände werden durch den Verlust Ihrer Laichplätze mit Sicherheit beeinträchtigt. C gibt lediglich eine der beiden Prämissen wieder. Da abgestorbene Korallen ausgebleicht und verwaist sind, kann C unmöglich eine Schlussfolgerung sein. Lösungsmöglichkeit D enthält womöglich Wahres, vernachlässigt jedoch die Feststellung, dass die Korallenriffe verschwinden. Auch E ist nicht ganz verkehrt, verknüpft aber nicht die Prämissen des Autors miteinander, sondern wartet mit einer weiteren Prämisse auf. Die richtige Lösung ist A, denn der Verfasser argumentiert, dass die Korallenriffe weltweit zurückgehen und deshalb vermutlich nicht mehr lange bestehen.

41. **A.** Bei dieser Logikaufgabe müssen Sie eine Aussage finden, die in einer der Prämissen der Werbeanzeige für ein verschreibungspflichtiges Medikament mit enthalten ist. B würde Ihnen der Hersteller womöglich gerne weismachen, aber die Anzeige vergleicht Nocturna nicht mit anderen Schlafmitteln, sodass diese Ableitung jeder Grundlage entbehrt. Da C in den Prämissen bereits ausdrücklich erwähnt wird, kann es sich bei dieser möglichen Lösung *per definitionem* nicht um eine Implikation handeln. Der Hersteller des fraglichen Schlafmittels unterstellt keineswegs, dass Koffein für die Schlafstörungen so vieler Menschen verantwortlich ist, also können Sie auch D vergessen. E könnte eine mögliche Schlussfolgerung der Argumentation sein, aber keine sich aus einer der Prämissen ergebende Implikation, denn hier geht es um Menschen im Allgemeinen und nicht um solche mit Schlafstörungen. Wiederum ist A die beste aller Lösungsmöglichkeiten, weil der zweite Satz der Argumentation eindeutig unterstellt, dass zwei der möglichen Ursachen für Schlaflosigkeit Bewegungsmangel und unregelmäßige Schlafenszeiten sind. Aus diesen Informationen können Sie ableiten, dass Bewegung und ein geregelter Tagesablauf den Schlaf fördern.

Teil VI
Der Top-Ten-Teil

Brad kam sich reichlich blöd vor, als er sich von einer Fliege an der Wand vom GMAT ablenken ließ.

In diesem Teil ...

Wir haben Ihnen ja schon in den vorigen Kapiteln eine Menge Informationen geliefert. In diesem Teil fassen wir einige dieser Informationen noch mal zu hübschen, kleinen Listen zusammen. Wir zeigen Ihnen zehn Aufgabentypen, die besonders leicht zu lösen sind, zehn Fehler, die Sie in Ihren Essays unbedingt vermeiden sollten (und nach denen Sie bei den Satzaufgaben Ausschau halten sollten), und zehn besonders wichtige mathematische Formeln, die Sie am Prüfungstag draufhaben sollten. Wenn Sie sich alle Listen genau einprägen, kann im GMAT-Ernstfall eigentlich kaum noch was schiefgehen.

Zehn Aufgaben, die Sie mit Bravour lösen können

21

In diesem Kapitel...

▶ Bei welchen Aufgaben Sie gut abschneiden könnten

▶ Die Vorteile eher leichter Aufgaben

Die ganzen Mathe-, Grammatik- und Logikaufgaben können einem beim Gedanken an den GMAT schon ordentlich Kopfschmerzen bereiten. Und dass Sie innerhalb einer Stunde auch noch zwei Essays zustande bringen müssen, macht die Sache auch nicht besser. Warum lässt Ihnen der Test nicht ein bisschen Bewegungsfreiheit? Na, aber das tut er doch ... auf eine gewisse Weise. Immerhin lassen sich einige GMAT-Aufgaben müheloser lösen als andere. So können Sie in jedem Testteil ein bisschen Zeit für die härteren Brocken schinden.

Fragen zur Hauptaussage eines Textes

Textaufgaben (reading comprehension questions) verlangen Ihnen im Allgemeinen nicht so viel ab wie Logikaufgaben (critical reasoning questions), da die Lösung direkt vor Ihnen auf dem Bildschirm zu finden ist – Sie müssen Sie nur noch erkennen. Ein Grund, warum Textaufgaben, bei denen es um das Hauptthema geht, besonders leicht zu lösen sind, ist der Umstand, dass 90 Prozent der Texte Ihnen ihr Hauptthema ungeschminkt verraten. Eigentlich müssten Sie die Hauptaussage auf Anhieb erkennen, sodass Sie nicht mal auf den Text zurückgreifen müssen, um die Frage danach zu beantworten. Zudem gehen drei der fünf Lösungsmöglichkeiten gewöhnlich am Thema vorbei oder verlieren sich in Einzelheiten, sodass Sie sich nur noch zwischen zwei Lösungsmöglichkeiten entscheiden müssen.

Fragen zu bestimmten Informationen

Fragen, die auf irgendwelche Einzelheiten im Text abzielen (*specific information questions*), nehmen unter den Textaufgaben breiten Raum ein, Sie werden sich also schnell daran gewöhnen. Sie haben bei diesen Aufgaben gute Chancen, weil der Computer den Teil des Textes, in dem sich die richtige Antwort verbirgt, für Sie hervorhebt. Lesen Sie sich, um die richtige Lösung zu finden, den markierten Text also gut durch (ohne dabei das Drumherum zu vernachlässigen). Mit der nötigen Konzentration müssten Sie bei diesen Schätzchen eigentlich jede Menge Volltreffer landen!

Satzaufgaben

Auch wenn es die Satzaufgaben (sentence correction questions) auf den ersten Blick in sich zu haben scheinen, hilft ein wenig Übung, um Ihnen die Sache erheblich zu erleichtern. Der

GMAT legt Ihnen im Grunde immer wieder die gleiche Sorte Fehler vor, sodass Sie nach ein paar Übungstests wissen, worauf Sie besonders achten müssen. Wenn Sie merken, dass die gleichen Fehler häufig wiederkehren, können Sie ebenso häufig die richtigen Lösungen finden.

Ausschlussfragen

Bei Aufgaben dieser Art (exception questions) müssen Sie sich für die Lösungsmöglichkeit entscheiden, die nicht durch den Text gedeckt ist. Dabei müssen Sie nur alle Lösungs-möglichkeiten ausschließen, die im Text vorkommen. Die verbleibende mögliche Antwort ist die einzig richtige.

Bekräftigen oder Entkräften von Beweisführungen

Aufgaben, bei denen es darauf ankommt, eine Argumentation zu bekräftigen oder zu ent-kräften basieren meistens auf kausalen oder analogen logischen Schlüssen. Wenn ein Autor durch die Verknüpfung von Ursache und Wirkung zu einer Schlussfolgerung gelangt, sollten Sie sich für eine Lösungsmöglichkeit entscheiden, die entweder andere Ursachen für die angegebene Wirkung enthält (um die Beweisführung zu entkräften) oder die deutlich macht, dass es keine andere Ursache für die angegebene Wirkung geben kann (um die Beweisfüh-rung zu bekräftigen). Um eine analoge Beweisführung zu entkräften, sollten Sie eine Lö-sungsmöglichkeit wählen, die zeigt, dass die verglichenen Sachverhalte nichts miteinander zu tun haben, während eine Lösungsmöglichkeit, die Gemeinsamkeiten hervorhebt, die Beweisführung eher bekräftigt.

Mathematische Data-Sufficiency-Fragen

Normalerweise benötigen Sie für Data-Sufficiency-Fragen weniger Zeit als für sonstige Text-aufgaben. Sie müssen die Aufgabe an sich nicht lösen um die Frage richtig zu beantworten. Folgen Sie nur der Schritt-für-Schritt-Anleitung in Kapitel 15 und bleiben Sie konzentriert.

Mathematische Aufgaben mit Bildern lösen

Das schwierigste bei den Textaufgaben ist der Anfang. Sie werden zuerst vielleicht Schwie-rigkeiten haben, die richtigen Informationen aus den Fragen zu sieben, aber eine Abbildung hilft Ihnen, die Information klar zu erfassen. Betrachten Sie die Informationen in Ihrer Ab-bildung und lösen Sie dann die Aufgabe.

Mathematische Aufgaben mit Grundrechenarten

Einige Aufgaben zeigen Ihnen eine Gleichung oder eine einfache Textaufgabe, die sich mit Arithmetik, Exponenten oder anderen grundlegenden Operationen lösen lassen. Sie arbeiten schon seit Ihrer frühesten Schulzeit mit solchen Operationen, also müssen Sie bloß die Aufgaben aufmerksam durchlesen.

Aufgaben mit Einsetzen lösen

Wird bei den Mathematikaufgaben von Ihnen verlangt ein Symbol durch einen Wert zu ersetzen, ist dies ganz einfach, wenn Sie verstanden haben, was Sie tun müssen. In den meisten Fällen reicht es aus, das Symbol durch einen Wert in einer sonst recht einfachen Gleichung auszutauschen.

Grafiken und Diagramme interpretieren

Grafiken und Diagramme bringen üblicherweise einfache und klare Antworten für die dazugehörige Aufgabe. Machen Sie es sich nicht unnötig schwer in dem Sie zu viel in die Aufgabe hineinlesen.

Zehn vermeidbare Schreibfehler

In diesem Kapitel...

▶ Zehn Fallen, die Sie als guter Schreiber unbedingt meiden sollten

▶ Wie Sie im Analytical Writing Assessment am besten bestehen

In Kapitel 8 erfahren Sie alles, was Sie beim *analytical writing assessment* (AWA) beherzigen sollten, aber ein guter Schreiber wird man nur durch Übung. Zum Glück können Sie Ihren Schreibstil erheblich verbessern (und Ihre AWA-Bewertung noch dazu), wenn Sie den folgenden zehn Fehlern strikt aus dem Weg gehen!

Komplizierter Satzbau

Das Risiko, jede Menge Grammatik- und Interpunktionsfehler zu machen, wächst mit der Länge und Umständlichkeit Ihrer Sätze. Wenn Sie Ihre Fähigkeiten als Autor auf die Schnelle aufmotzen wollen, sollten Sie als Erstes auf Einfachheit achten. Kommen Sie auf den Punkt, bringen Sie Ihren Satz zu Ende – und weiter geht's. Denken Sie immer daran, dass Ihre Gutachter nicht nur einen Testteilnehmer bewerten müssen. Muten Sie Ihren Lesern, was das Verständnis Ihrer Sätze angeht, also nicht zu viel zu. Sie dürfen (und sollten) sich, um Abwechslung beim Satzbau bemühen, aber formulieren Sie immer möglichst schlicht.

Sätze im Passiv

Das Aktiv ist immer eindeutiger und aussagekräftiger als das Passiv. Das Passiv braucht mehr Wörter als nötig und verdunkelt den Sinn eines Satzes eher. Im Passiv können Ihnen leicht Fehler beim Gebrauch der Verben unterlaufen. Denken Sie daran, dass das Passiv im Grunde nur dann angebracht ist, wenn der Handlungsträger in einem Satz unbekannt oder unwichtig ist, wie zum Beispiel in wissenschaftlichen Texten. (Im Abschnitt »Bauen Sie nicht auf Sand: Grundlagen der Grammatik« in Kapitel 3 erfahren Sie alles über den Gebrauch des Aktiv und des Passiv.)

Falls Sie Ihre Kenntnisse über den Unterschied von Aktiv und Passiv auffrischen wollen, schauen Sie sich die beiden folgenden Sätze an: »*Active voice should be used on the GMAT*« steht im Passiv, da hier kein Handlungsträger auftritt, »*You should use active voice on the GMAT*« hingegen steht eindeutig im Aktiv.

Abgehobene Wortwahl

Sie könnten versucht sein, die Leser Ihrer Essays mit Ihrem Wortschatz zu beeindrucken. Aber wenn Sie sich der Bedeutung eines Wortes nicht hundertprozentig sicher sind, sollten Sie es beim GMAT auch nicht verwenden. Die GMAT-Gutachter achten sowieso mehr auf die Gliederung Ihrer Essays und darauf, wie Sie Ihre Argumente untermauern, als auf Wortakrobatik. Der falsche Gebrauch von Wörtern kann sogar Ihre Bewertung beeinträchtigen. Sie haben nur 30 Minuten Zeit, um Ihren Gedankengang auszuarbeiten, vergeuden Sie die kostbare Zeit daher nicht mit fünfsilbigen Wörtern, es sei denn, Sie verwenden solche Wörter auch in Ihren Alltagsgesprächen.

Unklare oder gar keine Übergänge

Machen Sie Ihren Lesern durch deutliche Übergänge klar, worauf Sie mit Ihrer Argumentation hinauswollen. Ein oder zwei Wörter genügen schon, um anzuzeigen, ob der nächste Absatz Ihren letzten Gedanken erneut aufgreift oder widerlegt oder eine neue Richtung einschlägt. Gelungene Übergänge können Ihre Bewertung entscheidend beeinflussen.

Zu viele Allgemeinplätze

Sorgen Sie, um Ihren Standpunkt zu verdeutlichen und Ihre Gutachter zu begeistern, für ausreichend lebendige und unmissverständliche Beispiele anstelle von schwammigen Allgemeinplätzen (wie *interesting*, *great* und *awful*). Ihre Essays machen größeren Eindruck und erzielen eine bessere Bewertung, wenn Sie Ihre Argumentation mit einer aussagekräftigen Sprache untermauern.

Informelles Englisch

Sparen Sie sich Umgangssprache, kreative Groß- und Kleinschreibung oder eigenwillige Zeichensetzung für den E-Mail-Verkehr mit Ihren Freunden und Arbeitskollegen auf. Halten Sie sich beim GMAT streng an die Regeln des Schriftenglischen, wie Sie es in der Schule gelernt haben.

Ermüdende Beispiellisten

Erfreuen Sie Ihre Gutachter mit wenigen ausgewählten Beispielen zur Untermauerung Ihrer Argumente anstelle von unausgegorenen Beispiellisten. Ihre Leser achten viel mehr auf die Überzeugungskraft Ihrer Beispiele als auf deren Quantität. Schon ein einziges wohl überlegtes Beispiel kann Ihnen die Bestnote 6 eintragen.

Unvollständige Sätze

Ihre Essays sollten sich deutlich von Ihren Entwürfen unterscheiden. Entwickeln Sie Ihre Gedanken in vollständigen Sätzen und gut gegliederten Absätzen und achten Sie auf angemessene Interpunktion.

Isolierte Stellungnahmen

Beide Aufsatzvorgaben erfordern eine Stellungnahme. Aber lediglich Ihren Standpunkt zu verkünden und dann sofort in die Argumentation einzusteigen reicht nicht aus. Beginnen Sie Ihre Essays mit einer kurzen Analyse der Argumentations- oder der Themenvorgabe, damit der Leser sieht, dass Sie wissen, worüber Sie schreiben.

Schlampen beim Korrekturlesen

Achten Sie darauf, dass Sie am Ende der 30 Minuten noch genug Zeit haben, sich Ihren Essay noch mal durchzulesen und offensichtliche Fehler zu korrigieren. Planen Sie dafür mindestens drei Minuten ein, um Ihre Bewertung so vielleicht um eine ganze »Note« zu verbessern.

Zehn Formeln, die Sie beim Test kennen müssen

23

In diesem Kapitel...

▶ Alle wichtigen Formeln, die Sie kennen müssen an einem Platz

▶ Füllen Sie Ihren Kopf mit Informationen, an die Sie sich nach dem Test nicht erinnern

Dieses Kapitel bietet Ihnen eine Übersicht über die vielen Formeln, die Sie im mathematischen Teil des GMAT benötigen werden.

Lösung von Aufgaben über Arbeitsleistung

Die *Produktion* steht für die gesamte Arbeit, die erledigt wird. Und so berechnen Sie sie:

Produktion = Arbeitsleistung × Zeit

Diese Formel funktioniert sehr gut bei Textaufgaben. Nehmen wir zum Beispiel mal zwei Maurer, Sarah und Joe, die an einer Mauer arbeiten. Sarah legt 16 Reihen am Tag, Joe legt an einem Tag 20 Reihen. Wenn Sie 8 Stunden am Tag arbeiten, wie viele Reihen legen beide zusammen in einer Stunde, vorausgesetzt sie arbeiten gleichmäßig schnell? Zuerst rechnen Sie aus, wie viele Reihen beide zusammen pro Tag legen und benutzen dann die Formel, um die Arbeitsleistung pro Stunde auszurechnen. (16 + 20 = 36; 36 ÷ 8 = 4,5 Reihen).

Aufgaben über Geschwindigkeit meistern

Die Formel für die Berechnung der Geschwindigkeit ist:

$$Geschwindigkeit = \frac{Weg}{Zeit}$$

Sie können damit jede Aufgabe über Entfernung, Reisedauer und Geschwindigkeit knacken, Sie müssen nur die Formel entsprechend umstellen.

Die drei binomischen Formeln

Wenn Sie diese Formeln behalten, wird das Ausmultiplizieren von Binomen viel einfacher:

$$(x + y)^2 = x^2 + 2xy + y^2$$
$$(x - y)^2 = x^2 - 2xy + y^2$$
$$(x + y)(x - y) = x^2 - y^2$$

Die Geradengleichung

Die Eigenschaften einer Gerade können mit dieser Formel dargestellt werden. Die Gleichung zeigt generell y als eine Funktion von x.

$$y = mx + b$$

In der Geradengleichung ist m eine Konstante, die die Steigung der Geraden angibt. Die Konstante b ist der Y-Achsenschnittpunkt, also der Punkt $(0; y)$. Eine Gerade mit der Geradengleichung $y = 3x + 4$ hat eine Steigung von 3 und einen Y-Achsenschnittpunkt von 4.

Ermittlung der Steigung

Mit den zwei Punkten $(x_1; y_1)$ und $(x_2; y_2)$ können Sie die Steigung durch diese handliche Formel finden:

$$\frac{y_2 - y_1}{x_2 - x_1}$$

Besondere rechtwinklige Dreiecke

Wenn Sie sich diese Verhältnisse bei besonderen rechtwinkligen Dreiecken merken, haben Sie es viel einfacher, die Seiten von Dreiecken zu berechnen. Hier sind einige häufige Seitenverhältnisse rechtwinkliger Dreiecke:

✔ 3:4:5

✔ 5:12:13

Hier nun einige Seitenverhältnisse von Dreiecken mit besonderen Winkelmaßen:

✔ **45°:45°:90°-Dreieck:** $s : s : s\sqrt{2}$ (wenn s die Länge einer Kathete ist) und

$\frac{s}{\sqrt{2}} : \frac{s}{\sqrt{2}} : s$ (wenn s die Länge der Hypotenuse ist).

✔ **30°:60°:90°-Dreieck:** $s : s\sqrt{3} : 2s$ (wobei s die kürzeste Seite ist).

Formel für das arithmetische Mittel

Um den *Mittelwert* einer Menge von Zahlen zu berechnen, verwenden Sie folgende Formel:

$$Mittelwert = \frac{Summe\ der\ Werte}{Anzahl\ der\ Werte}$$

Formel für Gruppenaufgaben

Hier ist die Formel, die Sie bei der Lösung von Aufgaben mit der Einteilung von Menschen oder Objekten in Gruppen benötigen:

Gruppe 1 + Gruppe 2 – beide Gruppen + keine Gruppe = Gesamtsumme

Wahrscheinlichkeit für ein Ereignis

Um die Wahrscheinlichkeit eines *Ereignisses*, bei dem alle *Ergebnisse* gleich wahrscheinlich sind, zu berechnen, nehmen Sie diese Formel:

$$P(E) = \frac{Anzahl\ der\ günstigen\ Ergebnisse\ (E)\ der\ Ereignisse}{Gesamtanzahl\ der\ Ereignisse}$$

Wahrscheinlichkeit mehrerer Ereignisse

Es gibt mehrere Arten, die Wahrscheinlichkeit zweier Ereignisse (A oder B) zu berechnen, je nachdem, ob sich die Ereignisse gegenseitig ausschließen:

Schließen sich die Ereignisse gegenseitig aus, nehmen Sie die *spezielle Additionsregel:*

P (A oder B) = P (A) + P (B)

Schließen sich die Ereignisse nicht gegenseitig aus, so verwendet man die *allgemeine Additionsregel*:

P (A oder B) = P (A) + P (B) – P (A und B)

Um die Wahrscheinlichkeit zu berechnen, dass beide Ereignisse zusammen stattfinden, und die Ereignisse unabhängig voneinander stattfinden verwendet man die *spezielle Multiplikationsregel*:

P (A und B) = P (A) × P (B)

Beeinflusst das erste Ereignis die Wahrscheinlichkeit des zweiten Ereignisses, nimmt man die *allgemeine Multiplikationsregel*:

P (A und B) = P (A) × P (B | A)

Stichwortverzeichnis

D(U+M)+(M-I^E)/S = MATHE SCHNELL, LEICHT UND MIT VIEL SPASS GELERNT

Algebra für Dummies
ISBN 978-3-527-70267-1

Analysis für Dummies
ISBN 978-3-527-70336-4

Analysis II für Dummies
ISBN 978-3-527-70509-2

Differentialgleichungen für Dummies
ISBN 978-3-527-70527-6

Geometrie für Dummies
ISBN 978-3-527-70298-5

Grundlagen der Mathematik für Dummies
ISBN 978-3-527-70441-5

Lineare Algebra für Dummies
ISBN 978-3-527-70316-6

Mathematik für Naturwissenschaftler
für Dummies
ISBN 978-3-527-70419-4

Statistik für Dummies
ISBN 978-3-527-70108-7

Trigonometrie für Dummies
ISBN 978-3-527-70297-8

Übungsbuch Statistik für Dummies
ISBN 978-3-527-70390-6

Wahrscheinlichkeitsrechnung
für Dummies
ISBN 978-3-527-70304-3

Weiterführende Statistik für Dummies
ISBN 978-3-527-70413-2

Wirtschaftsmathematik für Dummies
ISBN 978-3-527-70375-3

WERKZEUGE FÜR ZAHLENMENSCHEN

Balanced Scorecard für Dummies
ISBN 978-3-527-70450-7

Bilanzen erstellen und lesen für Dummies
ISBN 978-3-527-70475-0

Buchführung und Bilanzierung
für Dummies
ISBN 978-3-527-70287-9

Crystal Reports für Dummies
ISBN 978-3-527-70482-8

Controlling für Dummies
ISBN 978-3-527-70153-7

Strategische Planung für Dummies
ISBN 978-3-527-70365-4

Wirtschaftsmathematik für Dummies
ISBN 978-3-527-70375-3

Oh Grammatik, mir graut vor dir

ISBN 978-3-527-70447-7

ISBN 978-3-527-70505-4

Latein ist ein unbeliebtes Schulfach, gesprochen wird es auch nicht mehr, wichtig ist es dennoch. Zwischen Konjugationen und Deklinationen erfahren die Leser in diesem Buch viel über die römische Gesellschaft, Literatur und über den ganzen Rest, der Latein auch noch heute interessant macht. Dies ist der ideale Einsteiger- und Auffrischungskurs für die Lateiner von morgen.

Dies ist die Waffe für den Kampf mit der englischen Grammatik. Geraldine Woods hilft all jenen, die sie jetzt pauken müssen und deren Schulenglisch schon ein wenig eingerostet ist. Locker, witzig und leicht verständlich erklärt sie auch die kompliziertesten Regeln der englischen Sprache. Und auf einmal macht Grammatik lernen Spaß.

Ordnung ist das halbe Leben

ISBN 978-3-527-70275-6

Wer sich selbst und seine Projekte gut organisieren kann, hat immer gute Karten. Für alle, die MS Project 2007 einsetzen und damit jede Menge Zeit sparen wollen, ist dieses Buch genau das Richtige. Die Leser erfahren, was neu ist bei MS Project 2007, wie sie viel Zeit und Nerven sparen, wie man MS Project und MS Office zusammenarbeiten lässt und alles weitere, um MS Project 2007 erfolgreich und kreativ zu nutzen.

ISBN 978-3-527-70369-2

Ist man gut organisiert, hat man weniger Arbeit, weniger Stress, mehr Freizeit und mehr Entspannung. Eileen Roth zeigt, wie man den Arbeitsplatz richtig gestaltet, das Zuhause sauber hält und schnell findet, was man sucht. Hier kann jeder lernen, Computerdaten richtig zu ordnen und den Urlaub so zu planen, dass man von der Abreise bis zur Heimreise entspannen kann.

ISBN 978-3-527-70345-6

Stanley Portny zeigt, wie man Projekte richtig plant, durchführt und kontrolliert, damit man die Ziele nicht aus den Augen verliert und den Überblick behält. Dazu gehört natürlich auch zu wissen, was ein gutes Projektteam ausmacht und wie man die Leute bei der Stange hält. Er geht auf die neuesten Projektmanagement-Techniken ein und stellt verschiedene Computerprogramme vor, die das Projektmanagement erleichtern.

ISBN 978-3-527-70363-0

Zeit ist Mangelware und strukturiertes Arbeiten ist daher immer wichtiger. Jeffrey J. Mayer zeigt, wie man seine Arbeit und seine Freizeit so strukturiert, dass man wieder Zeit für die schönen Dinge des Lebens hat. Er erklärt, wie man durch Ordnung, effizientes Arbeiten und geplantes Vorgehen Zeit sparen kann und welche Software und technischen Entwicklungen dabei helfen.

Fit für den Job mit den »Pocketbüchern für Dummies«

ISBN 978-3-527-70491-0

Zugegeben, es ist nicht ganz leicht, einen Arbeitsplatz zu finden. Aber die richtige Bewerbungsstrategie steigert die Erfolgschancen erheblich. Andrea Schimbeno gibt Tipps und Tricks zum erfolgreichen Vorstellungsgespräch und erläutert, wie man einen guten Eindruck macht, sich auf Fragen im Gespräch vorbereitet und Gruppenübungen meistert.

ISBN 978-3-527-70454-5

Neu im Job und schon unter Aktenbergen begraben? Schaffen Sie mit cleverem Zeitmanagement Abhilfe und organisieren Sie Ihren Arbeitsplatz: Mit To-do-Listen, Tagesplaner und Kontaktmanagement koordinieren Sie Ihre Aufgaben, planen Termine und Meetings und behalten den Überblick trotz Telefon, E-Mail und BlackBerry. Machen Sie Zeitdiebe ausfindig und erledigen Sie sie!

ISBN 978-3-527-70462-0

Teamfähigkeit ist in allen Unternehmen gefragt. Doch oft ist die Zusammenarbeit verschiedener Persönlichkeiten gar nicht so einfach. Erfahren Sie, wie mit Know-How zu Planung, Kommunikation und Konfliktmanagement die Arbeit im Team zum Kinderspiel wird. Der Leitfaden für Teamplayer und Teamleader.

ISBN 978-3-527-70456-9

Was ist NLP? Dieses Buch erklärt, was sich hinter neuro-linguistischem Programmieren verbirgt und wie man es für sich nutzen kann. Die Autoren erläutern, wie man versteht, was andere mit ihren Worten meinen, wie man mit schwierigen Menschen zurechtkommt und erfolgreich kommuniziert.